普通高等教育机电类系列教材

# 机械优化设计及应用

主　编　张宝珍　樊军庆
副主编　马庆芬　呼英俊
参　编　赵　越　王　文
主　审　杨晓清

机械工业出版社

本书主要内容分为两大部分：第一部分介绍了优化设计的基本概念及数学基础；第二部分介绍了具体的优化设计方法，包括一维搜索方法、无约束优化方法、线性规划、约束优化方法等。

本书从应用实际出发，注重理论教学与实际应用相结合，与机械原理、机械设计等课程紧密衔接，列举了许多工程中的设计实例，因此，通过对本书的学习，设计者不但可以掌握优化设计理论，而且可以很容易地将该理论应用到实践中去。

本书可作为高等工科院校机械设计类专业的本科生、研究生教材，也可供有关专业的学生、教师及工程技术人员阅读参考。

**图书在版编目（CIP）数据**

机械优化设计及应用/张宝珍，樊军庆主编．—北京：机械工业出版社，2016.5（2024.8 重印）

普通高等教育机电类系列教材

ISBN 978-7-111-52249-2

Ⅰ．①机…　Ⅱ．①张…②樊…　Ⅲ．①机械设计—最优设计—高等学校—教材　Ⅳ．①TH122

中国版本图书馆 CIP 数据核字（2016）第 096552 号

机械工业出版社（北京市百万庄大街 22 号　邮政编码 100037）
策划编辑：舒　恬　责任编辑：舒　恬　李　乐　冯　铁
责任校对：肖　琳　封面设计：张　静
责任印制：李　洋
北京中科印刷有限公司印刷
2024 年 8 月第 1 版第 3 次印刷
184mm×260mm · 16 印张 · 390 千字
标准书号：ISBN 978-7-111-52249-2
定价：45.00 元

电话服务　　　　　　　　　　网络服务
客服电话：010-88361066　　机　工　官　网：www.cmpbook.com
　　　　　010-88379833　　机　工　官　博：weibo.com/cmp1952
　　　　　010-68326294　　金　书　网：www.golden-book.com
封底无防伪标均为盗版　　　　机工教育服务网：www.cmpedu.com

# 前言

机械优化设计是20世纪60年代迅速发展起来的一种新的设计方法。它应用近代数学规划理论和计算机，能使一项设计在一定的技术和物质条件下寻求一个技术经济指标最佳的设计方案。它使传统的机械设计方法产生了重大的变革，促进了现代机械设计理论和方法的发展，技术和经济效益日益显著。

机械优化设计是机械设计类专业的一门必修课程，其目的是使设计者树立优化设计的思想，掌握优化设计的基本概念和基本方法，获得解决机械优化设计问题的初步能力。本书作者长期在高校中从事机械优化设计教学工作，认识到目前该课程的教材普遍以机械优化设计的理论教学为主，因此很多同学学完后不会应用，依然是一头雾水。本书从应用实际出发，在理论教学的基础上，与机械原理、机械设计等课程紧密结合，列举了许多工程中的设计实例，因此，通过对本书的学习，设计者不但可以掌握优化设计理论，而且可以很容易地将该理论应用到实践中去。

全书分为两大部分：第一部分是优化设计的基本概念及数学基础；第二部分是具体的优化设计方法，包括一维搜索方法、无约束优化方法、线性规划、约束优化方法等。本书内容的选择贯彻“少而精”和“理论联系实际”的原则。内容的编排由浅入深，注意逻辑性与系统性，强调物理概念及几何解释，便于工程应用。

本书由海南大学副教授张宝珍博士、樊军庆教授任主编并统稿，海南大学副教授马庆芬博士、天津科技大学呼英俊副教授任副主编。参加本书编写的老师有云南大学赵越副教授（绪论、第2章），海南大学樊军庆教授（第1、3章）、张宝珍副教授（第4、8章）、王文讲师（第5章）、马庆芬副教授（第6章），天津科技大学呼英俊副教授（第7章）。

本书由内蒙古农业大学教授杨晓清博士任主审，参加审稿的老师还有大连理工大学副教授刘培启博士、河北科技大学副教授蒋静智博士、海南大学张燕副教授、刘世豪博士。审稿人对本书提出了许多宝贵意见，在此表示衷心的感谢！

本书的编写和出版得到了海南大学科研启动基金项目（项目编号 kyqd1538）的资助。

由于编者水平有限，书中难免有疏漏之处，恳请广大读者批评指正。

编　者

# 目录

# 绪　论

优化设计（Optimal Design）是近年来发展起来的一门新的学科，这是从20世纪60年代初期开始，优化技术和计算技术在设计领域中应用的结果。优化设计为工程设计提供了一种重要的科学设计方法，使得在解决复杂设计问题时，能从众多的设计方案中寻找到尽可能完善的或最适宜的设计方案，因而采用这种设计方法能大大提高设计效率和设计质量。

在设计过程中，常常需要根据产品设计的要求，合理确定各种参数，例如质量、成本、性能、承载能力等，以期达到最佳的设计目标。这就是说，一项工程设计总是要求在一定的技术和物质条件下，取得一个技术经济指标为最佳的设计方案。优化设计就是在这样一种思想指导下产生和发展起来的。

目前优化设计方法在结构设计、化工系统设计、电气传动设计、制造工艺设计等方面都有广泛的应用，而且取得了不少成果。在机械设计中，对于机构、零件、部件、工艺设备等的基本参数，以及一个分系统的设计，也有许多运用优化设计方法取得了良好的经济效果的实例。实践证明，在机械设计中采用优化设计方法，不仅可以减轻机械设备自重，降低材料消耗与制造成本，而且可以提高产品的质量与工作性能。因此，优化设计已成为现代机械设计理论和方法中的一个重要领域，并且越来越受到从事机械设计的科学工作者和工程技术人员的重视。

优化方法包括解析方法和数值计算方法两种。利用微分学和变分学的解析方法，已经有了几百年的历史，这种经典的优化方法，只能解决小型的和简单的问题，对于大多数工程实际问题是无能为力的。数值计算方法是利用已知的信息，通过迭代计算过程来逼近最优化问题的解。这种方法的思想也是古已有之。但由于其运算量大，直至计算机出现和发展后才成为现实，并为数值优化方法的发展提供了重要的基础。特别是近40多年来，优化方法取得了巨大的进展，得到了广泛的应用，形成了一门从实践中产生，在实践中发展起来的新兴的学科。

## 0.1　什么是机械优化设计

机械优化设计是使某项机械设计在规定的各种设计限制条件下，优选设计参数，使某项或几项设计指标获得最优值。工程设计上的“最优值”（Optimum）或“最佳值”，系指在满足多种设计目标和约束条件下所获得的最令人满意和最适宜的值。它反映了人们的意图和目的。这不同于表示事物本身规律的极值——最大值和最小值，但是在很多情况下，也可以用最大值和最小值来代表最优值。最优值的概念是相对的，随着科学技术的发展及设计条件的变动，最优化的标准也将发生变化。也就是说，优化设计反映了人们对客观世界认识的深化，它要求人们根据事物的客观规律，在一定的物质基础和技术条件下，充分发挥人的主观能动性，得出最优的设计方案。

机械优化设计就是对所求问题建立数学模型，利用数学规划理论，通过计算机而求得的设计最佳值，即解决设计方案参数的最佳选择问题。这种选择不仅保证多参数的组合方案满足各种设计要求，而且又使设计指标达到最优值。因此，求解优化设计问题需要采用优化方法。简言之，就是在一些等式或不等式约束条件下求多变量函数的极小值或极大值。优化设计又称为最优化设计。

可靠性设计、机械优化设计和计算机辅助设计构成了现代设计法。

机械优化设计是近年来发展起来的一门新学科，它是将最优化原理和计算机技术应用于设计领域，为工程设计提供一种重要的科学设计方法。利用这种新的设计方法，可以从众多的设计方案中寻找出最佳设计方案，从而大大提高设计效率和质量。因此，机械优化设计是现代设计理论和方法的一个重要领域，它已在工程设计的各个领域得到了广泛的应用。

## 0.2 传统设计与优化设计

### 0.2.1 传统设计

一项产品的设计一般需要经过调查分析、方案拟订、技术设计、零件工作图绘制等环节。

传统设计方法通常在调查分析的基础上，参照同类产品进行估算、经验类比或试验来确定初始设计方案，然后根据初始设计方案的设计参数进行强度、刚度、稳定性等性能分析计算，检查各项性能是否满足设计指标要求，如果不完全满足性能指标要求，那么设计人员需对参数进行修改，重新校验。这样反复进行分析计算——性能校验——参数修改，直到性能完全满足设计指标要求为止。

从以上过程可以看出，整个传统设计过程就是人工试凑和定性分析比较的过程，主要的工作是性能的重复分析，至于每次的参数修改，都是凭经验或直观判断，并不是根据某种理论精确计算出来的。

实践证明，按照传统设计方法做出的设计方案，都有很大改进提高的余地。因此，这些设计方案仅仅是一种可行方案，而不是最佳方案。

由此可见，传统设计方法只是被动地重复分析产品的性能，而不是主动地设计产品的参数。从这个意义上来讲，它没有真正体现“设计”的含义。“设计”一词本身就包含优化的概念。作为一项设计，不仅要求方案可行、合理，而且应该是某些指标达到最优的理想方案。

### 0.2.2 优化设计

设计中的优化思想在古代就有所体现。宋代建筑师李诫在其著作《营造法式》一书中曾指出：圆木做成矩形截面梁的高宽比应为三比二。这一结论和抗弯梁理论推出的结果十分接近。

如图 0-1 所示，根据梁弯曲理论，最佳截面尺寸应使抗弯截面系数 $W$ 最大。即

$$W=\frac{bh^2}{6}\rightarrow \max$$

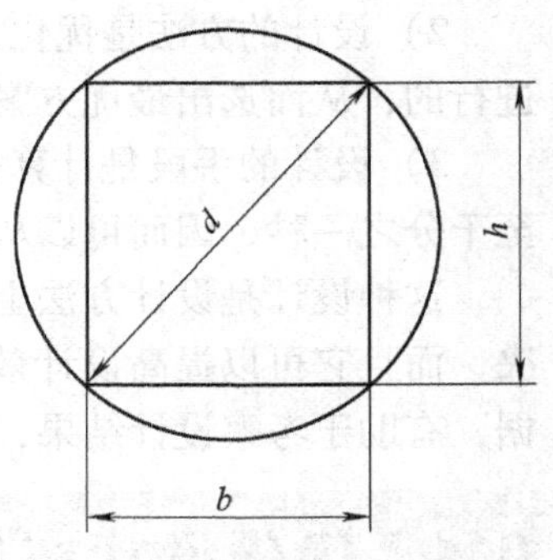

图 0-1

由图可知

$$d^2=b^2+h^2$$

而

$$W=\frac{b}{6}(d^2-b^2)$$

$$\frac{\mathrm{d}W}{\mathrm{d}b}=\frac{1}{6}(d^2-3b^2)=0$$

由此可得：当 $b=\frac{d}{\sqrt{3}}$时，$W$ 取极大值 $\left(\frac{\mathrm{d}^2W}{\mathrm{d}b^2}=-b<0\right)$。

则

$$h=\sqrt{\frac{2}{3}}d,\quad \frac{h}{b}=\frac{\sqrt{\frac{2}{3}}d}{\frac{1}{\sqrt{3}}d}=\sqrt{2}\approx 1.414$$

这与 $h/b=3/2=1.5$ 很相近。

像这样简单的优化问题用古典的微分方法很容易求解，但对于一般工程优化问题的求解，需用数学规划理论并借助于计算机才能完成。因此直到 20 世纪 60 年代，随着计算机和计算技术的迅速发展，优化设计才有条件日益发展起来。

现代化的设计工作已不再是过去那种凭经验或直观判断来确定结构方案，也不是像过去“安全寿命可行设计”方法那样，只要满足使用要求即可。而是借助于计算机，用一些精度较高的力学的数值分析方法进行分析计算，并从大量的可行方案中寻找出一种最优的设计方案，从而实现用理论设计代替经验设计，用精确计算代替近似计算，用优化设计代替一般的安全寿命的可行性设计。

机械优化设计在机械设计中的应用，既可以使方案在规定的设计要求下达到某些优化的结果，又不必耗费过多的计算工作量。因此，产品结构、生产工艺等的优化，已经成为市场竞争的一种手段。

例如，在机械设计方面，如果对具有十个变速档的机床主轴箱进行优化设计，和常规设计相比，中心距总和可以从 578mm 减小到 482.3mm，减少 16.5%。在结构设计方面，目前我国对简单结构物进行优化设计，比常规设计节约材料 7%；对较复杂结构物可节约材料 20%；对复杂结构物能节约材料 35%～40%。

机械优化设计不仅用于产品结构设计、工艺方案的选择，也用于运输路线的确定，商品流通量的调配，产品配方的配比等。目前，机械优化设计在机械、冶金、石油、化工、电机、建筑、航空、造船、轻工等部门都已得到广泛应用。

## 0.3 机械优化设计的特点

应用计算机进行优化设计，与传统设计相比，具有如下三个特点：

1）设计的思想是最优设计，需要建立一个正确反映设计问题的数学模型。

2）设计的方法是优化方法。一个方案参数的调整是计算机沿着使方案更好的方向自动进行的，从而选出最优方案。

3）设计的手段是计算机。由于计算机的运算速度快，分析和计算一个方案只需几秒甚至千分之一秒，因而可以从大量的方案中选出“最优方案”。

这种设计是设计方法上的一个很大的变更，它使许多较为复杂的问题得到最完善的解决，而且它可以提高设计效率、缩短设计周期，还可以为设计人员提供大量的设计分析数据，有助于考察设计结果，从而可以提高机械产品的设计质量。

## 0.4 优化设计在机械设计中的作用

机械设计工作的任务就是既要使设计的产品具有优良的技术性能指标，又能满足生产的工艺性、使用的可靠性和安全性，且消耗和成本最低等。机械设计一般需要经过：①调查研究，需求预测（资料检索）；②拟订方案（设计模型）；③分析计算（论证方案）；④选择设计参数，绘图及编制技术文件等一系列工作过程。

在最后确定设计参数时，既要使设计方案满足预定的设计要求，又要使之具有优良的技术性能指标，设计者往往需要经过详细的分析计算和比较，才能从几个或多个可行方案中找出一个较好的方案。

但是，若采用的计算工具比较落后，在完成这一设计过程时，设计者不得不依靠经验，以及类比、推理和直观判断等一系列智力过程。实际上，这是很难找出最优设计方案的。

另外，随着生产的日益增长，要求机器向着高速、高效、低消耗方向发展，并且由于商品的竞争，要求不断缩短设计周期。

在这种情况下，所谓传统的设计方法已越来越显得适应不了发展的需要。因此，在近30年来，计算机在机械设计领域中已产生了深刻的影响，如用理论设计代替经验设计、用精确设计代替近似设计、用优化设计代替一般设计、用动态分析代替静态分析等。所有这一切，都需要用高速度、高精度、大存储量的计算机来完成，所以计算机已成为设计工作者进行创造性活动的得力工具。如果设计过程不需要人参与，由计算机根据用户编制的程序自动地完成各个设计阶段，直至获得最优设计方案，这种以机器为中心的设计方法称为自动设计（AD）。

但是在设计过程中，往往要求随时审查计算结果和设计方案，并且要对设计模型做必要的修改。这种工作如果由设计人员运用设计经验和直觉知识完成，要比由计算机完成好，因而又出现了一种人、机结合的交互式作业过程，并且成为当前设计技术发展中的一个重要方向——计算机辅助设计（CAD）。

随着设计过程的计算机化，自然就要为设计过程能自动选取最优方案建立一种迅速而有效的方法。机械优化设计就是在这种情况下产生和发展起来的一种自动探优的方法。它在现代分析方法的基础上进行最佳的综合，通过计算机进行大量的分析计算，从众多的方案中选出一个既满足设计要求，又能使设计指标达到最好的最佳方案来。因此，这种设计方法，无论在一般设计工作过程中，还是在计算机辅助设计中，都有重要的作用。

无论是传统设计还是计算机辅助设计，优化设计有两种情况：一种是已经有了一个好的初始方案，但这个设计方案尚待进一步改进，特别是要使某项设计指标达到最佳值；另一种情况是还没有初始方案，或者有一个不太好的初始方案，同样需要通过优化设计寻求一个可以使某项设计指标达到最佳值的最优设计方案。

不论是哪一种情况，最优设计方案必须依赖于某一种方案所建立的数学模型。实践证明，优化设计在大批量产品和单件产品的设计中，对提高和改进产品技术和经济指标都起到了重要的作用。可以预言，这种设计方法将会使机械设计技术提高到一个新的水平。

## 0.5　机械优化设计的发展概况

近几十年来，以计算机为工具、数学规划理论为方法发展起来的优化设计方法，首先在结构设计、化学工程、航空航天、造船等部门的设计中得到应用，而在机械设计方面的应用稍晚些。从国际范围来说，是在20世纪60年代后期才得到迅速的发展。从国内范围来说，只是在近30年来才开始重视起来的。优化设计方法虽然发展历史很短，但进展迅速，无论是在机构综合、机械的通用零部件设计，还是在各种专用机械设计和工艺设计方面，都很快地得到应用，并取得了一定的成果。究其原因，一方面是由于生产和工程设计中确实存在着大量的设计问题亟待优化解决；另一方面是由于计算机的日益广泛使用，为采用优化技术提供了有力的计算工具。

机构优化设计是机械优化设计中开展较早的领域之一。在平面连杆机构设计方面，再现函数、轨迹和构件位置的优化设计，目前已进行了较多的研究，其中包括结构误差最小化、最佳的灵敏度、构件长度总和最小化、最小传动角最大化、运动副中的摩擦功率最小化等。在工程应用中，对轧钢厂飞剪机的剪切机构、液压挖掘机铲斗机构、港口起重机的变幅机构和高炉料钟悬挂装置中的四杆机构等，都进行了优化设计。此外，在空间连杆机构、凸轮机构及组合机构的优化设计等方面也进行了一些探讨。近几年来，影响机械传动平稳性的许多机械动力学问题也越来越受到人们重视，如平面机构输入轴转矩波动的最小化、压印机振动平衡的最优化、织布机动力学综合最优化、机构质量的最优分布等；构件的弹性、运动副间隙的机构动力学等优化问题也开始引起科技工作者的重视。

机械零部件的最优设计在最近十多年来也有一定发展，例如，对液体动压轴承的优化设计，齿轮在最小接触应力情况下的齿廓最佳几何形状，轮齿在满足弯曲和接触强度条件下具有最佳承载能力的非渐开线正齿轮副的设计，定轴齿轮传动在限定最大接触应力、齿面最高温升和保证齿面最小油膜厚度的条件下使单位体积所能传递的扭矩最大的优化设计，二级齿轮减速器在满足强度和一定体积下的单位功率所占的减速器质量最小的设计，双功率流齿轮减速传动的最佳级数、传动比和参数的设计，多级齿轮装置传动比的最佳分配，机床齿轮变速箱各轴中心距总和最小化的设计，轴的优化设计，摩擦离合器的优化设计，齿轮泵的优化设计，弹簧的优化设计等问题都进行过一些研究，并有机械零件优化设计的专门著作。

机械结构参数和形状的优化设计，也是近代机械设计发展的重要内容之一。优化方法在结构设计中的应用，既可使方案在规定的设计要求下达到某些好的性能指标，又不必耗费过多的材料，减轻了机器的质量。例如起重机主梁、塔架，雷达接收天线结构，机床多轴箱方案，建筑结构等，利用优化设计，可使质量减轻15%以上。在国外，如美国贝尔（Bell）飞机制造公司，采用优化方法解决了450个设计变量的大型结构问题，在一个机翼进行设计中，减轻质量35%。波音（Boeing）公司也有类似经验，在747机身的设计中，得到了减轻质量、缩短设计周期、降低成本的效果。我国某厂所引进的1700薄板轧机是德国DMAG公司提供的，该公司在对此产品进行优化设计修改后，就多盈利几百万马克。

最优化技术近年来在机械设计中的应用取得了初步的成果，但是还面临着许多问题需要解决。例如，标准零部件系列参数的制定，整机优化设计模型及方法的研究，机械设计问题的多目标决策问题，以及动态系统、随机模型、可靠性优化设计等一系列问题，尚需作较大的努力，才能适应机械工业发展的需要。

总的看来，机械优化设计是适应生产现代化要求发展起来的一门崭新的学科。它是在现代机械设计理论发展基础上产生的一种新的设计方法。因此，在加强现代机械设计理论研究的同时，必须进一步加强机械工程问题的优化设计数学模型的研究，以便能与计算机的应用等更加紧密地联系起来，进一步提高我国机械产品的设计水平。

## 0.6 本课程的主要内容

机械优化设计包括建立最优化设计的数学模型和选择恰当的优化方法与程序两方面的内容。由于机械优化设计是应用数学方法寻求设计的最优方案，所以首先要根据实际设计问题建立相应的数学模型，即用数学形式来描述实际设计问题。建立数学模型时需要应用专业知识确定设计的限制条件和所追求的目标，确立各设计变量之间的相互关系等。

机械优化设计问题的数学模型可以是解析式、试验数据或经验公式。虽然它们给出的形式不同，但都是反映设计变量之间的数量关系的。

数学模型一旦建立，机械优化设计问题就变成一个数学求解问题。应用数学规划方法的理论，根据数学模型的特点，可以选择适当的优化方法，进而可以选取或自行编制计算机程序，以计算机作为工具求得最佳参数。

本课程将着重介绍数学规划理论的基本概念、技术术语与基本方法，并从应用实际出发，注重理论教学与实际应用相结合，与机械原理、机械设计等课程紧密结合，列举了许多工程中的设计实例。因此通过对本书的学习，设计者不仅能掌握优化设计理论，而且可以很容易地将该理论应用到实践中去。

# 第1章 机械优化设计概述

## 1.1 工程中的机械优化设计问题

在工程实际中，有许多机械优化设计问题，这里列举几个简单例子，以便对“什么是机械优化设计”有一个初步的认识。

**例 1-1** 汽车驾驶室刮水装置往往存在玻璃四个角落不易探到、刮水范围较小的缺点，因此视线达不到最优。通过采用四连杆传动装置（见图 1-1），可以使刮水范围变成不是圆弧形，从而能克服上述缺点。

优化的目标：合理确定四连杆的几何尺寸，使刮水范围尽可能大。

显然，通过改变传动装置的几何尺寸，例如改变连杆长度 $L_1$、$L_2$、$L_3$ 和固定点坐标 $x_1$、$y_1$ 等设计参数，就能改变刮水范围的形状和大小。

限制条件是刮水臂不能超出玻璃窗框的范围以及传动装置所占的空间不宜太大。

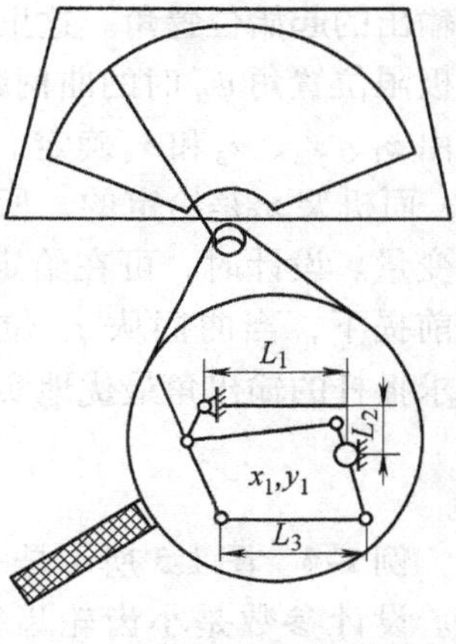


图 1-1 汽车刮水器的传动装置

图 1-2 所示为刮水范围常规方案和优化方案的比较。

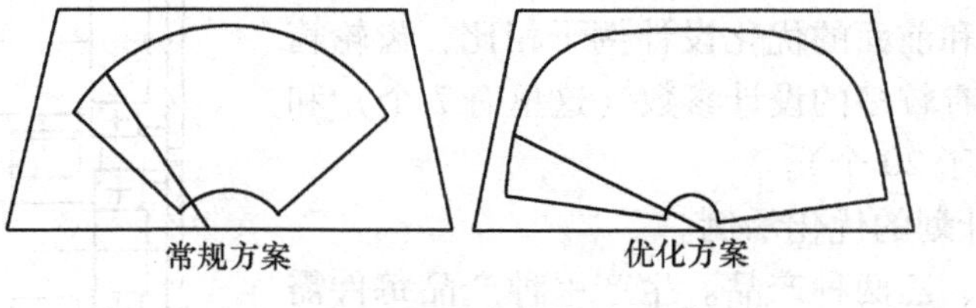


图 1-2 刮水范围常规方案与优化方案的比较

**例 1-2** 图 1-3 所示为一个承载系统的质量最优化问题。该系统由一根管子和一个矩形截面梁组成。

优化目标：在给定的载荷情况下，使承载系统的质量最轻。

管子内外直径和矩形截面梁的宽度和高度可以变化，视为设计参数。

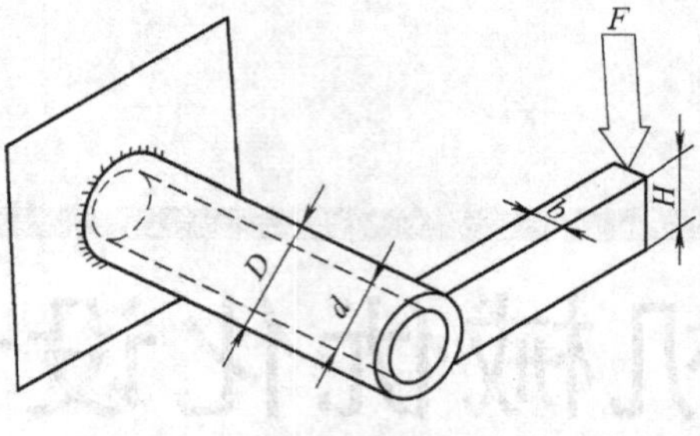


图 1-3 由管子和矩形截面梁组成的承载系统

限制条件：承载系统的总变形和最大应力不能超过允许值。

**例 1-3** 平面四连杆机构的优化设计。

平面四连杆机构的设计主要是根据运动学的要求，确定其几何尺寸，以实现给定的运动规律。

图 1-4 所示是一个曲柄摇杆机构。图中 $x_1$、$x_2$、$x_3$、$x_4$分别是曲柄 $AB$、连杆 $BC$、摇杆 $CD$ 和机架 $AD$ 的长度。$\varphi$ 是曲柄输入角，$\psi_0$ 是摇杆输出的起始位置角。这里，规定 $\varphi_0$ 为摇杆在右极限位置角 $\psi_0$ 时的曲柄起始位置角，它们可以由 $x_1$、$x_2$、$x_3$ 和 $x_4$ 确定。通常规定曲柄长度 $x_1$，而机架 $x_4$是给定的，所以只有 $x_2$ 和 $x_3$ 是设计变量。设计时，可在给定最大和最小传动角的前提下，当曲柄从 $\varphi_0$ 位置转到 $\varphi_0+90°$ 时，要求摇杆的输出角最优地实现一个给定的运动规律。例如，要求

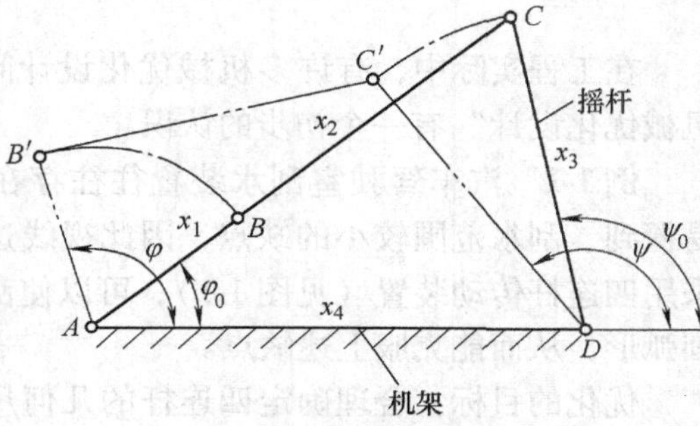


图 1-4 曲柄摇杆机构

$$\psi=f_0(\varphi)=\psi_0+\frac{2}{3\pi}(\varphi-\varphi_0)^2$$

**例 1-4** 图 1-5 所示是一个二级齿轮减速器的优化设计问题。优化目标是重量或费用最小。设计参数是小齿轮齿数 $Z_1$ 和 $Z_2$、齿轮宽度 $B_1$ 和 $B_2$、二级齿轮轴的中心距 $A_1$ 和 $A_2$ 以及传动比的分配。限制条件应考虑材料的强度、制造的可能性以及各种有关的设计标准等。和前面的优化设计例子相比，齿轮箱的优化设计问题具有较多的设计参数（这里有 7 个）和限制条件（通常多于 20 个）。

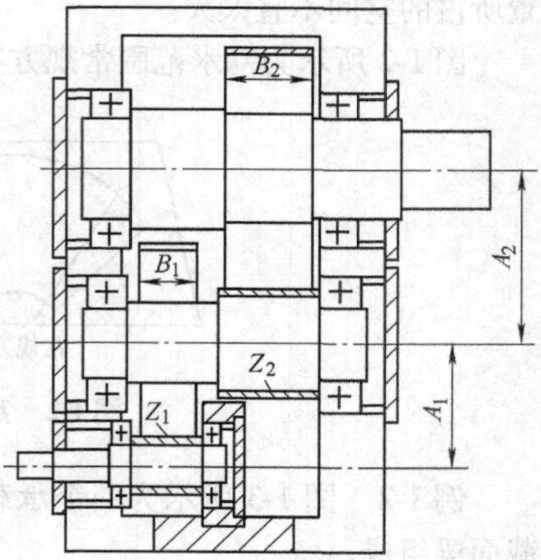


图 1-5 二级齿轮减速器

**例 1-5** 生产计划的优化示例。

某车间生产甲、乙两种产品。生产甲种产品每件需要用材料 9kg、3 个工时，4kW 电，可获利 60 元。生产乙种产品每件需用材料 4kg、10 个工时，5kW 电，可获利 120 元。若每天能供应材料 360kg，有 300 个工时，能供 200kW 电，问每天生产甲、乙两种产品各多少件，才能够获得最大的利润？

# 1.2　机械优化设计中的数学模型

## 1.2.1　引例

图1-6所示的人字架由两根钢管构成，其顶点受外力 $2F=3\times10^5$N。已知人字架跨度 $2B=152$cm，钢管壁厚 $T=0.25$cm，钢管材料的弹性模量 $E=2.1\times10^5$MPa，材料密度 $\rho=7.8\times10^3$kg/m³，许用压应力 $\sigma_y=420$MPa，求在钢管压应力 $\sigma$ 不超过许用压应力 $\sigma_y$ 和失稳临界应力 $\sigma_e$ 的条件下，人字架的高 $h$ 和钢管平均直径 $D$，使钢管总质量 $m$ 为最小。

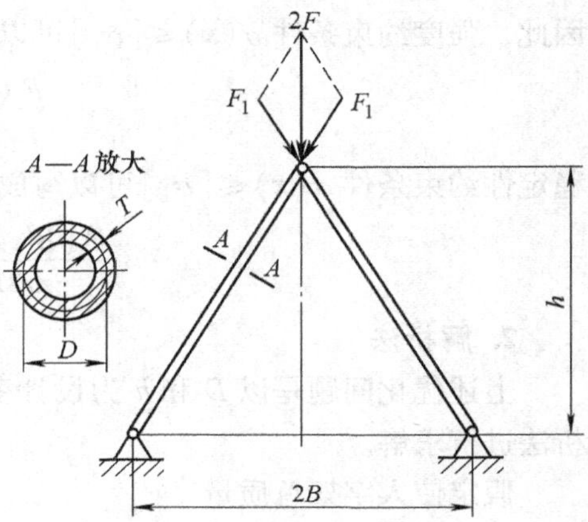


图1-6　人字架的受力

根据以上所述，可以把人字架的优化设计问题归结为

求 $\boldsymbol{x}=(D\quad h)^{\mathrm{T}}$，使结构质量

$$m(\boldsymbol{x})\rightarrow\min$$

但应满足强度约束条件

$$\sigma(\boldsymbol{x})\leqslant[\sigma_y]$$

和稳定约束条件

$$\sigma(\boldsymbol{x})\leqslant[\sigma_e]$$

**1. 强度、稳定性条件**

钢管所受的压力

$$\frac{F_1}{F}=\frac{L}{h}\Rightarrow F_1=\frac{FL}{h}=\frac{F\,(B^2+h^2)^{1/2}}{h}$$

压杆失稳的临界力，如图1-7所示。

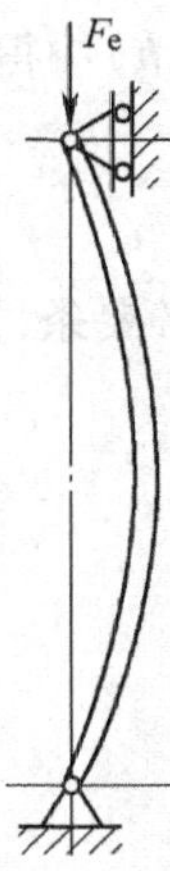


图1-7　压杆的稳定

$$F_e=\frac{\pi^2EI}{(\mu l)^2}$$

$$F_e=\frac{\pi^2EI}{L^2}$$

其中

$$I=\frac{\pi}{4}(R^4-r^4)=\frac{\pi}{4}(R^2-r^2)(R^2+r^2)=\frac{A}{4}(R^2+r^2)$$

$$=\frac{A}{4}\left[\left(\frac{D}{2}+\frac{T}{2}\right)^2+\left(\frac{D}{2}-\frac{T}{2}\right)^2\right]=\frac{A}{4}\left(\frac{D^2}{2}+\frac{T^2}{2}\right)$$

$$=\frac{A}{8}(T^2+D^2)\qquad\text{——钢管截面惯性矩}$$

$$A=\pi(R^2-r^2)=\pi DT\qquad\text{——钢管截面面积}$$

钢管所受的压应力：

$$\sigma=\frac{F_1}{A}=\frac{\dfrac{F\,(B^2+h^2)^{1/2}}{h}}{\pi DT}=\frac{F\,(B^2+h^2)^{1/2}}{\pi TDh}$$

钢管所受的临界力

$$[\sigma_e]=\frac{F_e}{A}=\frac{\dfrac{\pi^2EI}{L^2}}{A}=\frac{\pi^2EA(T^2+D^2)}{8L^2A}=\frac{\pi^2E(T^2+D^2)}{8L^2}=\frac{\pi^2E(T^2+D^2)}{8(B^2+h^2)}$$

因此，强度约束条件 $\sigma(\boldsymbol{x})\leqslant[\sigma_y]$ 可以写成

$$\frac{F\,(B^2+h^2)^{1/2}}{\pi TDh}\leqslant[\sigma_y]$$

稳定性约束条件 $\sigma(\boldsymbol{x})\leqslant[\sigma_e]$ 可以写成

$$\frac{F\,(B^2+h^2)^{1/2}}{\pi TDh}\leqslant\frac{\pi^2E(T^2+D^2)}{8(B^2+h^2)}$$

**2. 解析法**

上述优化问题是以 $D$ 和 $h$ 为设计变量的二维问题，而且只有两个约束条件，可以用解析法进行求解。

假定使人字架总质量

$$m(D,h)=2\rho AL=2\pi\rho TD\,(B^2+h^2)^{1/2}$$

为最小的最优解时，刚好满足强度条件，即

$$\sigma(D,h)=[\sigma_y]$$

从而可将设计变量 $D$ 用设计变量 $h$ 表示

$$D=\frac{F\,(B^2+h^2)^{1/2}}{\pi T[\sigma_y]h}$$

代入 $m(D,h)$ 中得

$$m(h)=\frac{2\rho F}{[\sigma_y]}\cdot\frac{B^2+h^2}{h}$$

根据极值必要条件

$$\frac{\mathrm{d}m}{\mathrm{d}h}=0$$

即

$$\frac{2\rho F}{[\sigma_y]}\cdot\frac{\mathrm{d}}{\mathrm{d}h}\left(\frac{B^2+h^2}{h}\right)=\frac{2\rho F}{[\sigma_y]}\left(1-\frac{B^2}{h^2}\right)=0$$

得

$$h^*=B=\frac{152}{2}\mathrm{cm}=76\mathrm{cm}$$

$$D^*=\frac{\sqrt{2}F}{\pi T[\sigma_y]}=6.43\mathrm{cm}$$

$$m^*=\frac{4\rho FB}{[\sigma_y]}=8.47\mathrm{kg}$$

把所得参数代入稳定性条件，可以证明

$$\sigma(D^*,h^*)\leqslant\sigma_e(D^*,h^*)$$

即稳定约束条件得到满足，所以 $D^*$，$h^*$ 这两个参数是满足强度约束和稳定约束，且使结构最轻的最佳参数。

**3. 作图法**

在设计平面 $D—h$ 上画出代表

$$\sigma(D,h)=[\sigma_y]$$
$$\sigma(D,h)=\sigma_e(D,h)$$

的两条曲线。如图1-8所示。

两条曲线将设计平面分成两部分，其中不带阴影线的区域是同时满足

$$\sigma(\boldsymbol{x})\leqslant[\sigma_y]$$

和

$$\sigma(\boldsymbol{x})\leqslant[\sigma_e]$$

两个约束条件的区域，称为可行域。然后再画出一族质量等值线

$$m(D,h)=C$$

$C$ 为一系列常数。

从图中可以看出，等值线在可行域内无中心，故此约束优化问题的极值点处于可行域与等值线的切点处，从而找到极值点 $\boldsymbol{x}^*$ 的坐标

$$h^*=76\text{cm}$$
$$D^*=6.43\text{cm}$$

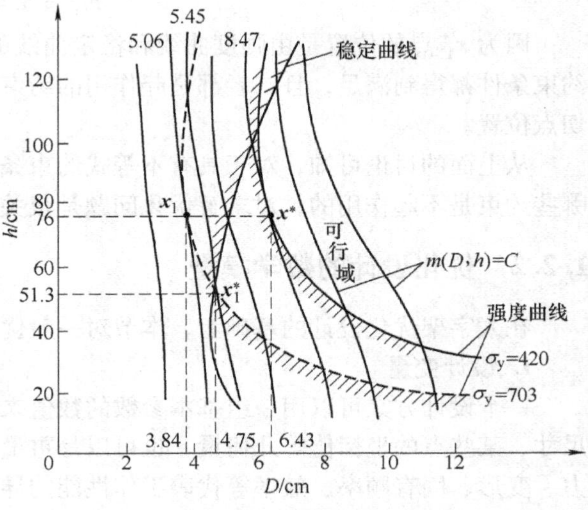


图1-8 人字架优化设计的图解

通过 $\boldsymbol{x}^*$ 的等值线就是最小结构质量，其值为

$$m^*=8.47\text{kg}$$

最优点 $\boldsymbol{x}^*$ 处于强度曲线上，说明此时强度条件刚好满足，而稳定条件不但满足且有一定裕量。这表明强度约束条件为起作用约束，它影响极值点的位置，稳定约束条件为不起作用约束，它不影响极值点的位置。

**4. 讨论**

若将许用压应力 $[\sigma_y]$ 由420MPa提高到703MPa，这时强度约束条件发生变化，因而可行域也发生变化，如图1-8所示。若仍按上述解析法进行求解，还假定最优点刚好满足强度条件，得

$$h^*=B^*=76\text{cm}$$

$$D^*=\frac{\sqrt{2}F}{\pi T\sigma_y}=3.84\text{cm}$$

$$m^*=\frac{4\rho Fh}{\sigma_y}=5.06\text{kg}$$

当在 $D$-$h$ 平面上标出此点时，可以看出它位于等值线

$$m(D,h)=5.06\text{kg}$$

与强度曲线

$$\sigma(D,h)=703\text{MPa}$$

的切点 $\boldsymbol{x}_1$ 处。但是，$\boldsymbol{x}_1$ 点位于可行域之外，它不满足稳定条件。这也可以通过将 $\boldsymbol{x}_1$ 点处的 $D$ 和 $h$ 的上述数值代入稳定条件而得到证实。因此，这表明 $\boldsymbol{x}_1$ 不是最优点。

用作图法可找出最优点位于强度曲线和稳定曲线的交点 $\boldsymbol{x}_1^*$ 处。它的坐标值就是最优参数，其值为

$$h_1^* = 51.3\text{cm}$$

$$D_1^* = 4.75\text{cm}$$

通过 $\boldsymbol{x}_1^*$ 的等值线值即为最小结构质量，其值为

$$m_1^* = 5.45\text{kg}$$

因为 $\boldsymbol{x}_1^*$ 点的位置是由强度曲线和稳定曲线的交点所决定的，所以强度约束条件和稳定约束条件都得到满足，且二者都是起作用的约束条件。最优点仍处于可行域边界与等值线的切点位置。

从上面的讨论可知，对于具有不等式约束条件的优化问题，判断哪些约束是起作用的，哪些约束是不起作用的，对求解优化问题是很关键的。

### 1.2.2 优化设计的数学模型

在人字架优化设计的基础上，本节对一般优化设计问题的概念作概括性的说明。

**1. 设计变量**

一个设计方案可以用一组基本参数的数值来表示。这些基本参数可以是构件长度、截面尺寸、某些点的坐标值等几何量，也可以是重量、惯性矩、力或力矩等物理量，还可以是应力、变形、固有频率、效率等代表工作性能的导出量。

但是将所有的设计参数都列为设计变量不仅会使问题复杂化，而且是没有必要的。例如材料的力学性能由材料的种类决定，在机械设计中常用材料的种类有限，通常可根据需要和经验事先选定，因此诸如弹性模量、泊松比、许用应力等参数按选定材料赋以常量更为合理；另一类状态参数，如功率、温度、应力、应变、挠度、压力、速度、加速度等，则通常可由设计对象的尺寸、载荷以及各构件间的运动关系等计算得出，多数情况下也没有必要作为设计变量。所以对某个具体的优化设计问题，并不是要求对所有的基本参数都用优化方法进行修改调整。例如对某个机械结构进行优化设计，一些工艺、结构布置等方面的参数，或者某些工作性能的参数，可以根据已有的经验预先取为定值。这样，对这个设计方案来说，它们就成为设计常数。而除此之外的基本参数，则需要在优化设计过程中不断进行修改、调整，一直处于变化的状态，这些基本参数称作设计变量，又叫作优化参数。

设计变量的全体实际上是一组变量，可用一个列向量表示

$$\boldsymbol{x} = (x_1 \quad x_2 \quad x_3 \quad \cdots \quad x_n)^{\mathrm{T}}$$

称作设计变量向量。

向量中分量的次序完全是任意的，可以根据使用的方便任意选取。

这些设计变量可以是一些结构尺寸参数，也可以是一些化学成分的含量或电路参数等。一旦规定了这样一种向量的组成，这其中任意一个特定的向量都可以说是一个“设计”。

由 $n$ 个设计变量为坐标所组成的实空间称作设计空间。

一个“设计”可以用设计空间中的一点表示，此点可以看成是设计变量向量的端点（始点取在坐标原点），称作设计点。

在优化设计时，应在充分了解设计要求的基础上，根据各设计参数对目标函数的影响程度认真分析其主次，尽量减少设计变量的数目，以简化优化设计问题。另外，还应注意设计

变量应当相互独立，否则会给优化带来困难。

**2. 约束条件**

设计空间是所有设计方案的集合。但这些设计方案有些是工程上所不能接受的（例如面积取负值等）。

如果一个设计满足所有对它提出的要求，就称可行（或可接受）设计。反之称为不可行（或不可接受）设计。

一个可行设计必须满足某些设计限制条件，这些限制条件称为约束条件，简称约束。

按约束性质分：

1）性能约束。针对性能要求而提出的限制条件。

2）侧面约束（边界约束）。对设计变量的取值范围加以限制。

例如，选择某些结构必须满足受力的强度、刚度或稳定性等要求，桁架某点变形不超过给定值。这都属于性能约束。

而允许选择的尺寸范围，桁架的高在其上下限范围之间的要求就属于侧面约束或称作边界约束。

按约束的数学表达式分：

1）等式约束。　　$h(\boldsymbol{x})=0$

2）不等式约束。　　$g(\boldsymbol{x})\leqslant 0$

对于等式约束，要求设计点在 $n$ 维设计空间的约束曲面上。而对于不等式约束，要求设计点在设计空间中约束曲面 $g(\boldsymbol{x})=0$ 的一侧（包括曲面本身）。

所以，约束是对设计点在设计空间中活动范围所加的限制。凡满足所有约束条件的设计点，它在设计空间中的活动范围称作可行域。如满足不等式约束

$$g_j(\boldsymbol{x})\leqslant 0\quad (j=1,2,\cdots,m)$$

的设计点活动范围，它是由 $m$ 个约束曲面

$$g_j(\boldsymbol{x})=0\quad (j=1,2,\cdots,m)$$

所形成的 $n$ 维子空间（包括边界）。

满足两个或更多个 $g_j(\boldsymbol{x})=0$ 点的集合称作交集。

在三维空间中两个约束的交集是一条空间曲线，三个约束的交集是一个点。

等式约束 $h(\boldsymbol{x})=0$ 可看成是同时满足 $h(\boldsymbol{x})\leqslant 0$ 和 $h(\boldsymbol{x})\geqslant 0$ 两个不等式约束，代表 $h(\boldsymbol{x})=0$ 曲面。

约束函数有的可以表示成显式形式，即反映设计变量之间明显的函数关系，这类约束称作显式约束。有的只能表示成隐式形式，需要通过有限元法或动力学计算求得，机构的运动误差要用数值积分来计算，这类约束称作隐式约束。

约束条件是就工程设计本身而提出的对设计变量取值范围的限制条件，和目标函数一样，它们也是设计变量的可计算函数。

如前所述，约束条件可分为性能约束和边界约束两大类。性能约束通常与设计原理有关，有时非常简单，如设计曲柄连杆机构时，按曲柄存在条件而写出的约束函数均为设计变量的线性显函数；有时却相当复杂，如对一个复杂的结构系统，要计算其中各构件的应力和位移，常采用有限元法，这时相应的约束函数为设计变量的隐函数，这样的约束函数的计算量往往相当大。

在选取约束条件时应当特别注意避免出现相互矛盾的约束。因为相互矛盾的约束必然导致可行域为一空集，使问题的解不存在。另外，应当尽量减少不必要的约束，不必要的约束不仅增加优化设计的计算量，而且可能使可行域缩小，影响优化结果。

**3. 目标函数**

在所有可行设计中，有些设计比另一些要“好些”，如果确实是这样，则“较好”的设计比“较差”的设计必定具备某些更好的性质。倘若这种性质可以表示成设计变量的一个可计算函数，则就可以考虑优化这个函数，以得到“更好”的设计。

这个用来使设计得以优化的函数称作目标函数。用它可以评价设计方案的好坏，所以它又被称作评价函数，记作$f(\boldsymbol{x})$，用以强调它对设计变量的依赖性。

目标函数可以是结构重量、体积、功耗、产量、成本或其他性能指标（如变形、应力等）和经济指标等。

建立目标函数是整个优化设计过程中比较重要的问题。当对某一设计性能有特定的要求，而这个要求又很难满足时，则若针对这一性能进行优化将会取得满意的效果。

但在某些设计问题中，可能存在两个或两个以上需要优化的指标，这将是多目标函数的问题。例如，设计一台机器，期望得到最低的造价和最少的维修费用。

目标函数是$n$维变量的函数，它的函数图像只能在$n+1$维空间中描述出来。为了在$n$维设计空间中反映目标函数的变化情况，常采用目标函数等值面的方法。目标函数的等值面，其数学表达式为

$$f(\boldsymbol{x})=c$$

（$c$为一系列常数），代表一族$n$维超曲面。如在二维设计空间中$f(x_1,x_2)=c$，代表$x_1-x_2$设计平面上的一族曲线。

目标函数是一项设计所追求的指标的数学反映，因此对它最基本的要求是能够用来评价设计的优劣，同时必须是设计变量的可计算函数。选择目标函数是整个优化设计过程最重要的决策之一。

有些问题存在着明显的目标函数。例如一个没有特殊要求的承受静载的梁，自然希望它越轻越好，因此选择其自重作为目标函数是没有异议的。但设计一台复杂的机器，追求的目标往往较多，就目前使用较成熟的优化方法来说，还不能把所有要追求的指标都列为目标函数，因为这样做并不一定能有效地求解。因此，应当对所追求的各项指标进行细致的分析，从中选择最重要最具有代表性的指标作为设计追求的目标。例如一架好的飞机，应该具有自重轻、净载质量大、航程长、使用经济、价格便宜、跑道长度合理等性能，显然这些都是设计时追求的指标。但并不需要把它们都列为目标函数，在这些指标中最重要的指标是飞机的自重。因为采用轻的零部件建造的自身质量最轻的飞机只会促进其他几项指标，而不会损害其中任何一项。因此选择飞机自重作为优化设计的目标函数应该是最合适的。

若一项工程设计中追求的目标是相互矛盾的，这时常常取其中最主要的指标作为目标函数，而其余的指标列为约束条件。也就是说，不指望这些次要的指标都达到最优，只要它们不至于过劣就可以了。

在工程实际中，应根据不同的设计对象、不同的设计要求，灵活地选择某项指标作为目标函数。以下意见可在选择时作为参考：

1）对于一般的机械，可按重量最轻或体积最小的要求建立目标函数。

2）对应力集中现象尤其突出的构件，则以应力集中系数最小作为追求的目标。

3）对于精密仪器，应按其精度最高或误差最小的要求建立目标函数。

4）在机构设计中，当对所设计的机构的运动规律有明确要求时，可针对其运动学参数建立目标函数。

5）若对机构的动态特性有专门要求，则应针对其动力学参数建立目标函数。

6）对于要求再现运动轨迹的机构设计，则应根据机构的轨迹误差最小的要求建立目标函数。

**4. 优化问题的数学模型**

优化问题的数学模型是实际优化设计问题的数学抽象。

在明确设计变量、约束条件、目标函数之后，优化设计问题就可以表示成一般数学形式。

求设计变量向量 $\boldsymbol{x}=(x_1 \quad x_2 \quad x_3 \quad \cdots \quad x_n)^{\mathrm{T}}$ 使

$$f(\boldsymbol{x})\rightarrow\min$$

且满足约束条件

$$h_k(\boldsymbol{x})=0 \qquad (k=1,2,\cdots,l)$$
$$g_j(\boldsymbol{x})\leqslant 0 \qquad (j=1,2,\cdots,m)$$

利用可行域的概念，可将数学模型的表达式进一步简化：

设同时满足 $g_j(\boldsymbol{x})\leqslant 0 \quad (j=1,2,\cdots,m)$ 和 $h_k(\boldsymbol{x})=0 \quad (k=1,2,\cdots,l)$ 的设计点集合为 $R$，即 $R$ 为优化问题的可行域，则优化问题的数学模型可简洁地写成：

求 $\boldsymbol{x}$ 使

$$\min_{x\in R} f(\boldsymbol{x})$$

在实际优化问题中，目标函数一般有两种形式：

$$\begin{cases} f(\boldsymbol{x})\rightarrow\min \\ f(\boldsymbol{x})\rightarrow\max \end{cases}$$

由于求 $f(\boldsymbol{x})$ 的极大化与求 $-f(\boldsymbol{x})$ 的极小化等价，所以今后优化问题的数学表达一律采用目标函数极小化形式。

建立数学模型的基本原则是优化设计中的一个重要组成部分。优化结果是否可用，主要取决于所建立的数学模型是否能够确切而又简洁地反映工程问题的客观实际。在建立数学模型时，片面地强调确切，往往会使数学模型十分冗长、复杂，增加了求解问题的困难程度，有时甚至会使问题无法求解；片面地强调简洁，则可能使数学模型过分失真，以致失去了求解的意义。合理的做法是在能够确切反映工程实际问题的基础上力求简洁。

优化问题可以从不同的角度进行分类。例如，按其有无约束条件分成无约束优化问题和约束优化问题。也可以按约束函数和目标函数是否同时为线性函数，分成线性规划问题和非线性规划问题。还可以按问题规模的大小进行分类，例如设计变量和约束条件的个数都在 50 个以上的属于大型的，10 个以下的属于小型的，10 ~ 50 个属于中型的。当然，随着计算机容量的增大和运算速度的提高，划分界限将会有所变动。

优化方法的选择取决于数学模型的特点，例如优化问题规模的大小、目标函数和约束函数的性态以及计算精度等。在比较各种可供选用的优化方法时，需要考虑的一个重要因素是计算机执行这些程序所花费的时间和费用，即“计算效率”。正确地选择优化方法，至今还没有一定的原则。通常认为，对于目标函数和约束函数均为显函数且设计变量个数不太多的问题，惩罚函数法较好；对于只含线性约束的非线性规划问题，最适宜采用梯度投影法；对函数易于求导的问题，以可利用导数信息的方法为好，例如可行方向法；对求导非常困难的问题则应选用直接解法，例如复合形法；对于高度非线性的函数，则应选用计算稳定性较好的方法，例如 BFGS 变尺度法和内点惩罚函数法相结合的方法。

**5. 优化问题的几何解释**

无约束优化问题就是在没有限制的条件下，对设计变量求目标函数的极小点。在设计空间内，目标函数是以等值面的形式反映出来的，则无约束优化问题的极小点即为等值面的中心。

约束优化问题是在可行域内对设计变量求目标函数的极小点，此极小点在可行域内或在可行域边界上。用图 1-9 可以说明有约束的二维优化问题极值点所处位置不同的情况。

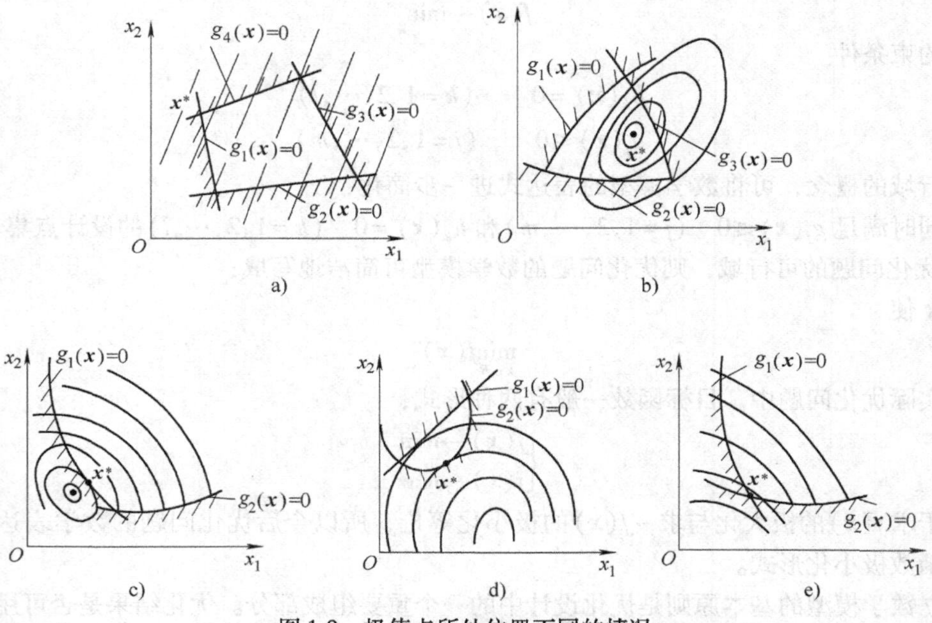


图 1-9 极值点所处位置不同的情况

图 1-9a 所示为约束函数和目标函数均为线性函数的情况，等值线为直线，可行域为 $n$ 条直线围成的多角形，则极值点处于多角形的某一顶点上。

图 1-9b 所示为约束函数和目标函数均为非线性函数的情况，极值点位于可行域内等值线的中心处，约束对极值点的选取无影响，这时的约束为不起作用约束，约束极值点和无约束极值点相同。

图 1-9c、d 所示均为约束优化问题极值点处于可行域边界的情况，约束对极值点的位置影响很大。

图 1-9c 中的约束 $g_1(\boldsymbol{x})=0$ 在极值点处为起作用约束。

图 1-9d 中的约束 $g_2(\boldsymbol{x})=0$ 在极值点处为起作用约束。

图 1-9e 中的约束 $g_1(\boldsymbol{x})=0$ 和 $g_2(\boldsymbol{x})=0$ 同时在极值点处为起作用约束。

多维问题最优解的几何解释可借助于二维问题进行想象。

## 1.3　优化设计问题的基本解法

求解优化问题可以用解析解法，也可以用数值的近似解法。

解析解法就是把所研究的对象用数学方程（数学模型）描述出来，然后再用数学解析方法（如微分法、变分法等）求出优化解。

但是，在很多情况下，优化设计的数学描述比较复杂，因而不便于甚至不可能用解析方法求解。另外，有时对象本身的机理无法用数学方程描述，而只能通过大量试验数据用插值或拟合方法构造一个近似函数式，再来求其优化解，并通过试验来验证；或直接以数学原理为指导，从任取一点出发通过少量试验（探索性的计算），并根据试验计算结果的比较，逐步改进而求得优化解。这种方法是属于近似的、迭代性质的数值解法。

数值解法不仅可用于求复杂函数的优化解，也可以用于处理没有数学解析表达式的优化设计问题。因此，它是实际问题中常用的方法，很受重视。其具体方法较多，并且目前还在发展。

应当指出，对于复杂问题，由于不能把所有参数都完全考虑并表示出来，因此只能是一个近似的最优化的数学描述。由于它本来就是一种近似，那么，采用近似性质的数值方法对它们进行解算，也就谈不到对问题的精确性有什么影响了。

不管是解析解法，还是数值解法，都分别具有针对无约束条件和有约束条件的具体方法。

可以按照对函数导数计算的要求，把数值方法分为需要计算函数的二阶导数、一阶导数和零阶导数（即只要计算函数值而不需要计算其导数）的方法。

在机械优化设计中，大致可分为两类设计方法。一类是优化准则法，它是从一个初始设计 $\boldsymbol{x}^k$ 出发（$k$ 不是指数，而是上角标，$\boldsymbol{x}^k$ 是$\boldsymbol{x}^{(k)}$ 的简写），着眼于在每次迭代中应满足的优化条件，按迭代公式

$$\boldsymbol{x}^{k+1}=\boldsymbol{c}^k\,\boldsymbol{x}^k\quad（其中\boldsymbol{c}^k 为一对角矩阵）$$

来得到一个改进的设计$\boldsymbol{x}^{k+1}$，而无须再考虑目标函数和约束条件的信息状态。

另一类设计方法是数学规划法，它虽然也是从一个初始设计 $\boldsymbol{x}^k$ 出发，对结构进行分析，但是按照如下迭代公式

$$\boldsymbol{x}^{k+1}=\boldsymbol{x}^k+\Delta\,\boldsymbol{x}^k$$

得到一个改进的设计$\boldsymbol{x}^{k+1}$。

在这类方法中，许多算法是沿着某个搜索方向$\boldsymbol{d}^k$ 以适当步长 $\alpha_k$ 的方式实现对$\boldsymbol{x}^k$ 的修改，以获得 $\Delta\,\boldsymbol{x}^k$ 值的。此时上式可写成

$$\boldsymbol{x}^{k+1}=\boldsymbol{x}^k+\alpha_k\,\boldsymbol{d}^k$$

而它的搜索方向$\boldsymbol{d}^k$ 是根据几何概念和数学原理，由目标函数和约束条件的局部信息状态形成的。也有一些算法是采用直接逼近的迭代方式获得$\boldsymbol{x}^k$ 的修改量 $\Delta\,\boldsymbol{x}^k$ 的。

在数学规划法中，采用上式，即$\boldsymbol{x}^{k+1}=\boldsymbol{x}^k+\alpha_k\,\boldsymbol{d}^k$ 进行迭代运算时，求 $n$ 维函数 $f(\boldsymbol{x})=f(x_1,x_2,\cdots,x_n)$的极值点的具体算法可以简述如下：

首先，选定初始设计点$\boldsymbol{x}^0$，从$\boldsymbol{x}^0$ 出发沿某一规定方向$\boldsymbol{d}^0$ 求函数 $f(\boldsymbol{x})$的极值点，设此点

为$\boldsymbol{x}^1$；然后，再从$\boldsymbol{x}^1$出发沿某一规定方向$\boldsymbol{d}^1$求函数$f(\boldsymbol{x})$的极值点，设此点为$\boldsymbol{x}^2$。如此继续，如图 1-10 所示。

一般地说，从点$\boldsymbol{x}$出发，沿某一规定方向$\boldsymbol{d}^k$求函数$f(\boldsymbol{x}^k)$的极值点$\boldsymbol{x}^k(k=1,2,\cdots,n)$，这样的搜索过程就组成求$n$维函数$f(\boldsymbol{x})$极值（优化值）的基本过程。它实际上是通过一系列（$n$个）的一维搜索过程来完成的。

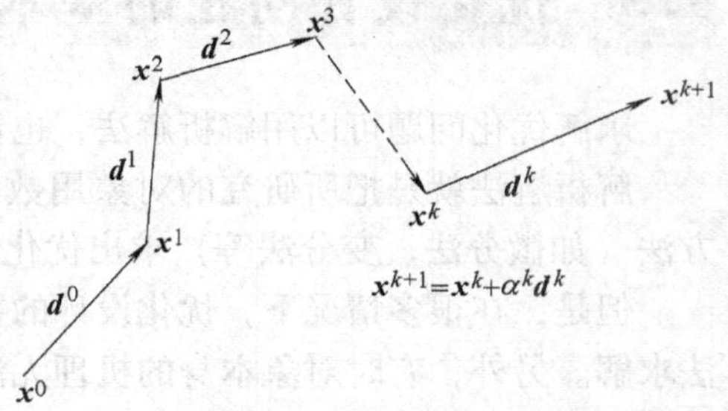

图 1-10 寻求极值点的搜索过程

其中的每一次一维搜索过程都可以统一叙述为：在过点$\boldsymbol{x}^k$的$\boldsymbol{d}^k$方向上，求一元函数$f(\boldsymbol{x}^{k+1})=f(\boldsymbol{x}^k+\alpha_k\boldsymbol{d}^k)$的极值点的问题。既然是在过点$\boldsymbol{x}^k$沿$\boldsymbol{d}^k$方向上求$f(\boldsymbol{x}^k+\alpha_k\boldsymbol{d}^k)$的极值点，那么这里只有$\alpha_k$是唯一的变量。因为无论$\alpha_k$取什么值，点$\boldsymbol{x}^{k+1}=\boldsymbol{x}^k+\alpha_k\boldsymbol{d}^k$总是位于过$\boldsymbol{x}^k$点的$\boldsymbol{d}^k$方向上。所以这个问题就是以$\alpha_k$为变量的一元函数$\varphi(\alpha_k)$求极值的问题。

这种一元函数求极值的过程简称为一维搜索过程，它是确定$\alpha_k$的值使$f(\boldsymbol{x}^k+\alpha_k\boldsymbol{d}^k)$取极值的过程。

所以，数学规划方法的核心一是建立搜索方向$\boldsymbol{d}^k$，二是计算最佳步长$\alpha_k$。

由于数值迭代是逐步逼近最优点而获得近似解的，所以要考虑优化问题解的收敛性及迭代过程的终止条件。

收敛性是指某种迭代程序产生的序列$\{\boldsymbol{x}^k\quad(k=0,1,\cdots)\}$收敛于

$$\lim_{k\to\infty}\boldsymbol{x}^{k+1}=\boldsymbol{x}^*$$

点列$\{\boldsymbol{x}^k\}$收敛的必要和充分条件是：

对于任意指定的实数$\varepsilon>0$，都存在一个只与$\varepsilon$有关而与$\boldsymbol{x}$无关的自然数$N$，使得当两自然数$m$、$p>N$时，满足

$$\|\boldsymbol{x}^m-\boldsymbol{x}^p\|\leqslant\varepsilon$$

或

$$\sqrt{\sum_{i=1}^{n}(x_i^m-x_i^p)^2}\leqslant\varepsilon$$

或

$$|x_i^m-x_i^p|\leqslant\varepsilon_i=\frac{\varepsilon}{\sqrt{n}}$$

根据这个收敛条件，可以确定迭代终止准则。一般采用以下几种迭代终止准则：

1）当相邻两设计点的移动距离已达到充分小时，若用向量模计算它的长度，则

$$\|\boldsymbol{x}^{k+1}-\boldsymbol{x}^k\|\leqslant\varepsilon_1$$

或用$\boldsymbol{x}^{k+1}$和$\boldsymbol{x}^k$的坐标轴分量之差表示为

$$|x_i^{k+1}-x_i^k|\leqslant\varepsilon_2\quad(i=1,2,\cdots,n)$$

2）当函数值的下降量已达到充分小时，即

$$|f(\boldsymbol{x}^{k+1})-f(\boldsymbol{x}^k)|\leqslant\varepsilon_3$$

或用其相对值

$$\left|\frac{f(\boldsymbol{x}^{k+1})-f(\boldsymbol{x}^k)}{f(\boldsymbol{x}^k)}\right|\leqslant\varepsilon_4$$

但要注意$f(\boldsymbol{x}^k)=0$的情况。

3）当某次迭代点的目标函数梯度已达到充分小时，即

$$\| \nabla f(\boldsymbol{x}^k) \| \leqslant \varepsilon_5$$

究竟采用哪种收敛准则，可视具体问题而定。

一般地说，采用优化准则法进行设计时，由于对其设计的修改较大，所以迭代的收敛速度较快，迭代次数平均为十多次，且与其结构的大小无关，因此可用于大型、复杂机械的优化设计，特别是需要利用有限元法进行性能约束计算时较为合适。

但是，数学规划方法在数学方面有一定的理论基础，它已经发展成为应用数学的一个重要分支。其计算结果的可信程度较高，精确程度也好些。它是优化方法的基础，而且目前优化准则法和数学规划方法的解题思路和手段实质上也很相似。所以，必须对数学规划方法要有系统的了解。

## 习　题

1-1　某厂生产两种机器，每台所需钢材分别为2t和3t，所需工时数分别为4kh和8kh，而产值分别为4万元和6万元。如果每月工厂能获得的原材料为100t，总工时数为120kh，应如何安排两种机器的月产台数，才能使月产值最高？试写出这一优化问题的数学模型。

1-2　某厂生产一个容积为8000cm$^3$的平底、无盖的圆柱形容器，要求设计此容器消耗原材料最少，试写出这一优化问题的数学模型。

1-3　已知跨距为$l$、截面为矩形的简支梁，其材料密度为$\rho$，许用弯曲应力为$[\sigma_F]$，许用挠度为$[f]$，在梁的中点作用一集中载荷$P$，梁的截面宽度$b$不得小于$b_{min}$，要求设计此梁重量最轻，试写出这一优化问题的数学模型。

1-4　一根长$l$的铅丝截成两段，一段弯成圆圈，另一段弯折成方形。问应以怎样的比例截断铅丝，才能使圆和方形的面积之和为最大？试写出这一优化问题的数学模型。

# 第2章 极值理论简介

机械优化设计问题一般是非线性规划问题，实质上是多元非线性函数的极小化问题。由此可见，机械优化设计是建立在多元函数的极值理论基础上的。无约束优化问题就是数学上的无条件极值问题，而约束优化问题则是数学上的条件极值问题。

微分学中所研究的极值问题仅限于等式条件极值，很少涉及优化设计中经常出现的不等式条件极值。

为了便于学习以后各章所列举的优化方法，有必要先对极值理论做概略地研究。本章重点讨论等式约束优化问题的极值条件和不等式约束优化问题的极值条件。

## 2.1 多元函数的方向导数与梯度

### 2.1.1 方向导数

对二元函数 $f(x_1,x_2)$ 在 $\boldsymbol{x}_0(x_{10},x_{20})$ 点处的偏导数，其定义是

$$\left.\frac{\partial f}{\partial x_1}\right|_{x_0}=\lim_{\Delta x_1\to 0}\frac{f(x_{10}+\Delta x_1,x_{20})-f(x_{10},x_{20})}{\Delta x_1}$$

$$\left.\frac{\partial f}{\partial x_2}\right|_{x_0}=\lim_{\Delta x_2\to 0}\frac{f(x_{10},x_{20}+\Delta x_2)-f(x_{10},x_{20})}{\Delta x_2}$$

$\left.\frac{\partial f}{\partial x_1}\right|_{x_0}$ 和 $\left.\frac{\partial f}{\partial x_2}\right|_{x_0}$ 分别是函数 $f(x_1,x_2)$ 在 $\boldsymbol{x}_0$ 点处沿坐标轴 $x_1$ 和 $x_2$ 方向的变化率。

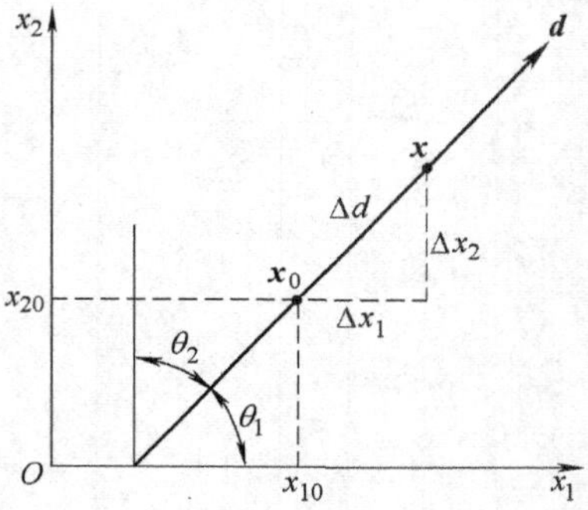

图 2-1 二维空间中的方向

因此，函数 $f(x_1,x_2)$ 在 $\boldsymbol{x}_0(x_{10},x_{20})$ 点处沿某一方向 $\boldsymbol{d}$ 的变化率如图 2-1 所示，其定义应为

$$\left.\frac{\partial f}{\partial \boldsymbol{d}}\right|_{x_0}=\lim_{\Delta d\to 0}\frac{f(x_{10}+\Delta x_1,x_{20}+\Delta x_2)-f(x_{10},x_{20})}{\Delta d}$$

称它为该函数沿此方向的方向导数。

据此，偏导数 $\left.\frac{\partial f}{\partial x_1}\right|_{x_0}$ 和 $\left.\frac{\partial f}{\partial x_2}\right|_{x_0}$ 也可看成是 $f(x_1,x_2)$ 分别沿坐标轴 $x_1$ 和 $x_2$ 方向的方向导数。

所以，方向导数是偏导数概念的推广，偏导数是方向导数的特例。

方向导数与偏导数之间的数量关系，可以从下述推导中求得：

$$\begin{aligned}\left.\frac{\partial f}{\partial \boldsymbol{d}}\right|_{x_0} &= \lim_{\Delta d\to 0}\frac{f(x_{10}+\Delta x_1, x_{20}+\Delta x_2)-f(x_{10},x_{20})}{\Delta d}\\ &= \lim_{\Delta d\to 0}\frac{f(x_{10}+\Delta x_1, x_{20}+\Delta x_2)-f(x_{10},x_{20})+f(x_{10}+\Delta x_1,x_{20})-f(x_{10}+\Delta x_1,x_{20})}{\Delta d}\\ &= \lim_{\Delta d\to 0}\left[\frac{f(x_{10}+\Delta x_1,x_{20})-f(x_{10},x_{20})}{\Delta x_1}\frac{\Delta x_1}{\Delta d}+\frac{f(x_{10}+\Delta x_1,x_{20}+\Delta x_2)-f(x_{10}+\Delta x_1,x_{20})}{\Delta x_2}\frac{\Delta x_2}{\Delta d}\right]\\ &= \left.\frac{\partial f}{\partial x_1}\right|_{x_0}\cos\theta_1+\left.\frac{\partial f}{\partial x_2}\right|_{x_0}\cos\theta_2\end{aligned}$$

同样，一个三元函数 $f(x_1, x_2, x_3)$ 在 $\boldsymbol{x}_0$ $(x_{10}, x_{20}, x_{30})$ 点处沿 $\boldsymbol{d}$ 方向的方向导数 $\left.\frac{\partial f}{\partial \boldsymbol{d}}\right|_{x_0}$ 如图 2-2 所示，可类似地表示成下面的形式。即

$$\left.\frac{\partial f}{\partial \boldsymbol{d}}\right|_{x_0}=\left.\frac{\partial f}{\partial x_1}\right|_{x_0}\cos\theta_1+\left.\frac{\partial f}{\partial x_2}\right|_{x_0}\cos\theta_2+\left.\frac{\partial f}{\partial x_3}\right|_{x_0}\cos\theta_3$$

以此类推，即可得到 $n$ 元函数 $f(x_1, x_2, \cdots, x_n)$ 在 $\boldsymbol{x}_0$ 点处沿 $\boldsymbol{d}$ 方向的方向导数

$$\begin{aligned}\left.\frac{\partial f}{\partial \boldsymbol{d}}\right|_{x_0}&=\left.\frac{\partial f}{\partial x_1}\right|_{x_0}\cos\theta_1+\left.\frac{\partial f}{\partial x_2}\right|_{x_0}\cos\theta_2+\cdots+\left.\frac{\partial f}{\partial x_n}\right|_{x_0}\cos\theta_n\\ &=\sum_{i=1}^{n}\left.\frac{\partial f}{\partial x_i}\right|_{x_0}\cos\theta_i\end{aligned}$$

其中，$\cos\theta_i$ 为 $\boldsymbol{d}$ 方向和坐标轴方向之间夹角的余弦。

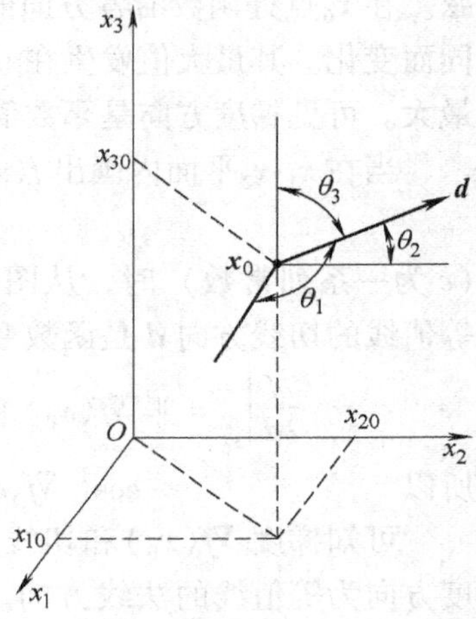

图 2-2　三维空间中的方向

## 2.1.2　二元函数的梯度

考虑到二元函数具有鲜明的几何解释，并且可以象征性地把这种解释推广到多元函数中去，所以梯度概念的引入也先从二元函数入手。二元函数 $f(x_1, x_2)$ 在 $\boldsymbol{x}_0$ 点处的方向导数 $\left.\frac{\partial f}{\partial \boldsymbol{d}}\right|_{x_0}$ 的表达式可改写成下面的形式：

$$\left.\frac{\partial f}{\partial \boldsymbol{d}}\right|_{x_0}=\left.\frac{\partial f}{\partial x_1}\right|_{x_0}\cos\theta_1+\left.\frac{\partial f}{\partial x_2}\right|_{x_0}\cos\theta_2=\left(\frac{\partial f}{\partial x_1}\quad\frac{\partial f}{\partial x_2}\right)_{x_0}\begin{pmatrix}\cos\theta_1\\ \cos\theta_2\end{pmatrix}$$

令

$$\nabla f(\boldsymbol{x}_0)\equiv\begin{pmatrix}\dfrac{\partial f}{\partial x_1}\\ \dfrac{\partial f}{\partial x_2}\end{pmatrix}_{x_0}=\left(\frac{\partial f}{\partial x_1}\quad\frac{\partial f}{\partial x_2}\right)^{\mathrm{T}}_{x_0}$$

并称它为函数 $f(x_1, x_2)$ 在 $\boldsymbol{x}_0$ 点处的梯度。

设

$$\boldsymbol{d}\equiv\begin{pmatrix}\cos\theta_1\\ \cos\theta_2\end{pmatrix}$$

为 $\boldsymbol{d}$ 方向上的单位向量，则

$$\left.\frac{\partial f}{\partial \boldsymbol{d}}\right|_{x_0}=\nabla f(\boldsymbol{x}_0)^{\mathrm{T}}\boldsymbol{d}$$

即函数 $f(x_1,x_2)$ 在 $\boldsymbol{x}_0$ 点处沿某一方向 $\boldsymbol{d}$ 的方向导数 $\left.\frac{\partial f}{\partial \boldsymbol{d}}\right|_{x_0}$ 等于函数在该点处的梯度 $\nabla f(\boldsymbol{x}_0)$ 与 $\boldsymbol{d}$ 方向上的单位向量的内积。

把向量之间的内积写成向量之间的投影形式，即

$$\left.\frac{\partial f}{\partial \boldsymbol{d}}\right|_{x_0}=\nabla f(\boldsymbol{x}_0)^{\mathrm{T}}\boldsymbol{d}=\|\nabla f(\boldsymbol{x}_0)\|\cos(\nabla f,\boldsymbol{d})$$

其中，$\|\nabla f(\boldsymbol{x}_0)\|$ 代表梯度向量 $\nabla f(\boldsymbol{x}_0)$ 的模，$\cos(\nabla f,\boldsymbol{d})$ 表示梯度向量与 $\boldsymbol{d}$ 方向夹角的余弦。在 $\boldsymbol{x}_0$ 点处函数沿各方向的方向导数是不同的，它随 $\cos(\nabla f,\boldsymbol{d})$ 变化，即随所取方向的不同而变化。其最大值发生在 $\cos(\nabla f,\boldsymbol{d})$ 取值为 1 时，也就是当梯度方向和 $\boldsymbol{d}$ 方向重合时其值最大。可见梯度方向是函数值变化最快的方向，而梯度的模就是函数变化率的最大值。

当在 $x_1$-$x_2$ 平面内画出 $f(x_1,x_2)$ 的等值线

$$f(x_1,x_2)=c$$

（$c$ 为一系列常数）时，从图 2-3 可以看出，在 $\boldsymbol{x}_0$ 点处等值线的切线方向 $\boldsymbol{d}$ 是函数变化率为零的方向，即有

$$\left.\frac{\partial f}{\partial \boldsymbol{d}}\right|_{x_0}=\|\nabla f(x_0)\|\cos(\nabla f,\boldsymbol{d})=0$$

所以

$$\cos(\nabla f,\boldsymbol{d})=0$$

可知梯度 $\nabla f(\boldsymbol{x}_0)$ 和切线方向 $\boldsymbol{d}$ 垂直，从而推得梯度方向为等值线的法线方向。梯度 $\nabla f(\boldsymbol{x}_0)$ 方向为函数变化率取最大方向，也就是最速上升方向。负梯度 $-\nabla f(\boldsymbol{x}_0)$ 方向为函数变化率取最小方向，即最速下降方向。与梯度成锐角的方向为函数上升方向，与负梯度成锐角的方向为函数下降方向。

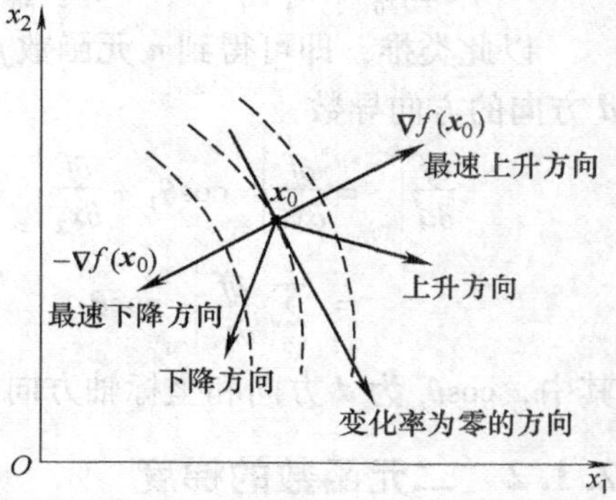


图 2-3　梯度方向与等值线的关系

**例 2-1**　求二元函数 $f(x_1,x_2)=x_1^2+x_2^2-4x_1-2x_2+5$ 在 $\boldsymbol{x}_0=(0\quad 0)^{\mathrm{T}}$ 处函数变化率最大的方向和数值。

**解**：

$$\nabla f(\boldsymbol{x}_0)=\begin{pmatrix}\frac{\partial f}{\partial x_1}\\ \frac{\partial f}{\partial x_2}\end{pmatrix}_{x_0}=\begin{pmatrix}2x_1-4\\ 2x_2-2\end{pmatrix}_{x_0}=\begin{pmatrix}-4\\ -2\end{pmatrix}$$

$$\|\nabla f(\boldsymbol{x}_0)\|=\sqrt{\left(\frac{\partial f}{\partial x_1}\right)^2+\left(\frac{\partial f}{\partial x_2}\right)^2}=\sqrt{(-4)^2+(-2)^2}=2\sqrt{5}$$

$$\boldsymbol{p}=\frac{\nabla f(\boldsymbol{x}_0)}{\|\nabla f(\boldsymbol{x}_0)\|}=\frac{\begin{pmatrix}-4\\ -2\end{pmatrix}}{2\sqrt{5}}=\begin{pmatrix}-\frac{2}{\sqrt{5}}\\ -\frac{1}{\sqrt{5}}\end{pmatrix}$$

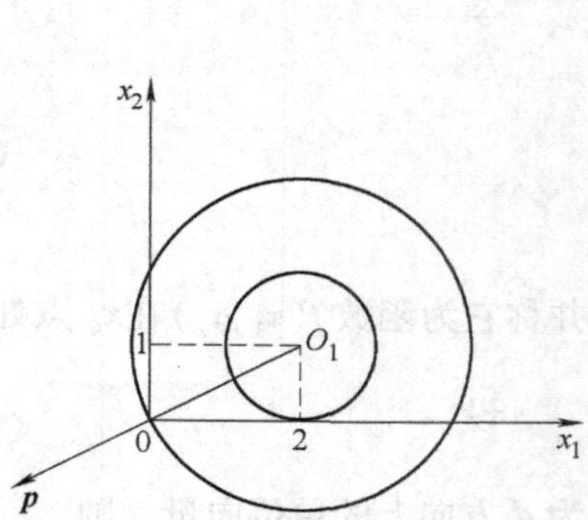


图 2-4　示例的梯度计算

在 $x_1$-$x_2$ 平面上画出函数等值线和 $\boldsymbol{x}_0(0,0)$ 点处的梯度方向 $\boldsymbol{p}$，如图 2-4 所示。从图中可以看出，在 $\boldsymbol{x}_0$ 点函数变化率最大的方向 $\boldsymbol{p}$ 即为等值线的法线方向，也就是同心圆

的半径方向。

### 2.1.3　多元函数的梯度

将二元函数推广到多元函数，则对于函数 $f(x_1,x_2,\cdots,x_n)$ 在点 $\boldsymbol{x}_0(x_{10},x_{20},\cdots,x_{n0})$ 处的梯度 $\nabla f(\boldsymbol{x}_0)$，可定义为

$$\nabla f(\boldsymbol{x}_0)\equiv\begin{pmatrix}\dfrac{\partial f}{\partial x_1}\\ \dfrac{\partial f}{\partial x_2}\\ \vdots\\ \dfrac{\partial f}{\partial x_n}\end{pmatrix}_{\boldsymbol{x}_0}=\left(\frac{\partial f}{\partial x_1}\quad\frac{\partial f}{\partial x_2}\quad\cdots\quad\frac{\partial f}{\partial x_n}\right)^{\mathrm{T}}_{\boldsymbol{x}_0}$$

对于 $f(x_1,x_2,\cdots,x_n)$ 在 $\boldsymbol{x}_0(x_{10},x_{20},\cdots,x_{n0})$ 点处沿 $\boldsymbol{d}$ 的方向导数为

$$\left.\frac{\partial f}{\partial \boldsymbol{d}}\right|_{\boldsymbol{x}_0}=\sum_{i=1}^{n}\left.\frac{\partial f}{\partial x_i}\right|_{\boldsymbol{x}_0}\cos\theta_i=\nabla f(\boldsymbol{x}_0)^{\mathrm{T}}\boldsymbol{d}=\|\nabla f(\boldsymbol{x}_0)\|\cos(\nabla f,\boldsymbol{d})$$

其中

$$\boldsymbol{d}\equiv\begin{pmatrix}\cos\theta_1\\ \cos\theta_2\\ \vdots\\ \cos\theta_n\end{pmatrix}$$

为 $\boldsymbol{d}$ 方向上的单位向量。

$$\|\nabla f(\boldsymbol{x}_0)\|=\left[\sum_{i=1}^{n}\left(\frac{\partial f}{\partial x_i}\right)^2_{\boldsymbol{x}_0}\right]^{\frac{1}{2}}$$

为梯度 $\nabla f(\boldsymbol{x}_0)$ 的模。

$$\boldsymbol{p}=\frac{\nabla f(\boldsymbol{x}_0)}{\|\nabla f(\boldsymbol{x}_0)\|}$$

为梯度方向上的单位向量，它与函数等值面 $f(\boldsymbol{x})=c$ 相垂直，也就是和等值面上过 $\boldsymbol{x}_0$ 点的一切曲线相垂直，如图 2-5 所示。

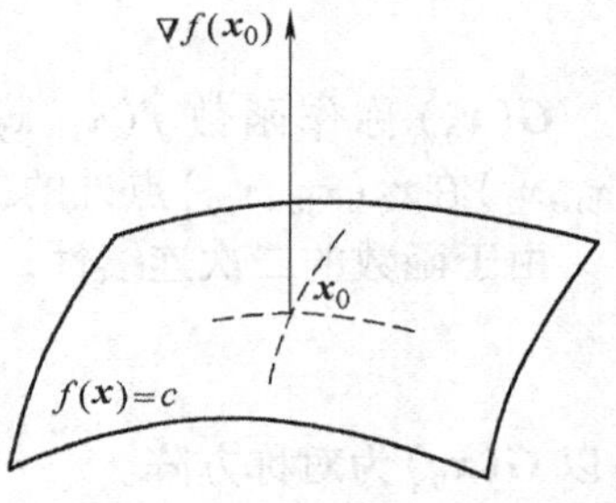


图 2-5　梯度方向与等值面的关系

## 2.2　多元函数的泰勒展开式

多元函数的泰勒（Taylor）展开在优化方法中十分重要，许多方法及其收敛性证明都是从它出发的。

一元函数 $f(x)$ 在 $x=x_0$ 点处的泰勒展开式为

$$f(x)=f(x_0)+f'(x_0)\Delta x+\frac{1}{2}f''(x_0)\Delta x^2+\cdots$$

其中 $\Delta x\equiv x-x_0$，$\Delta x^2\equiv(x-x_0)^2$

二元函数 $f(x_1,x_2)$ 在 $\boldsymbol{x}_0(x_{10},x_{20})$ 点处的泰勒展开式为

$$f(x_1,x_2)=f(x_{10},x_{20})+\left.\frac{\partial f}{\partial x_1}\right|_{x_0}\Delta x_1+\left.\frac{\partial f}{\partial x_2}\right|_{x_0}\Delta x_2+$$

$$\frac{1}{2}\left[\left.\frac{\partial^2 f}{\partial x_1^2}\right|_{x_0}\Delta x_1^2+2\left.\frac{\partial^2 f}{\partial x_1\partial x_2}\right|_{x_0}\Delta x_1\Delta x_2+\left.\frac{\partial^2 f}{\partial x_2^2}\right|_{x_0}\Delta x_2^2\right]+\cdots$$

其中 $\Delta x_1\equiv x_1-x_{10}$，$\Delta x_2\equiv x_2-x_{20}$

将上述展开式写成矩阵形式，有

$$f(\boldsymbol{x})=f(\boldsymbol{x}_0)+\begin{pmatrix}\frac{\partial f}{\partial x_1} & \frac{\partial f}{\partial x_2}\end{pmatrix}_{x_0}\begin{pmatrix}\Delta x_1\\ \Delta x_2\end{pmatrix}+$$

$$\frac{1}{2}(\Delta x_1\quad \Delta x_2)\begin{pmatrix}\frac{\partial^2 f}{\partial x_1^2} & \frac{\partial^2 f}{\partial x_1\partial x_2}\\ \frac{\partial^2 f}{\partial x_2\partial x_1} & \frac{\partial^2 f}{\partial x_2^2}\end{pmatrix}_{x_0}\begin{pmatrix}\Delta x_1\\ \Delta x_2\end{pmatrix}+\cdots$$

$$=f(\boldsymbol{x}_0)+\nabla f(\boldsymbol{x}_0)^{\mathrm{T}}\Delta\boldsymbol{x}+\frac{1}{2}\Delta\boldsymbol{x}^{\mathrm{T}}\boldsymbol{G}(\boldsymbol{x}_0)\Delta\boldsymbol{x}+\cdots$$

其中

$$\boldsymbol{G}(\boldsymbol{x}_0)\equiv\begin{pmatrix}\frac{\partial^2 f}{\partial x_1^2} & \frac{\partial^2 f}{\partial x_1\partial x_2}\\ \frac{\partial^2 f}{\partial x_2\partial x_1} & \frac{\partial^2 f}{\partial x_2^2}\end{pmatrix}_{x_0}$$

$$\Delta\boldsymbol{x}\equiv\begin{pmatrix}\Delta x_1\\ \Delta x_2\end{pmatrix}$$

$\boldsymbol{G}(\boldsymbol{x}_0)$称作函数$f(x_1,x_2)$在$\boldsymbol{x}_0(x_{10},x_{20})$点处的海赛（Hessian）矩阵，它是由函数$f(x_1,x_2)$在$\boldsymbol{x}_0(x_{10},x_{20})$点处的二阶偏导数所组成的方阵。

由于函数的二次连续性，有

$$\left.\frac{\partial^2 f}{\partial x_1\partial x_2}\right|_{x_0}=\left.\frac{\partial^2 f}{\partial x_2\partial x_1}\right|_{x_0}$$

所以$\boldsymbol{G}(\boldsymbol{x}_0)$为对称方阵。

**例 2-2** 求二元函数$f(x_1,x_2)=x_1^2+x_2^2-4x_1-2x_2+5$在$\boldsymbol{x}_0=\begin{pmatrix}x_{10}\\ x_{20}\end{pmatrix}=\begin{pmatrix}2\\ 1\end{pmatrix}$点处的二阶泰勒展开式。

**解**：二阶泰勒展开式为

$$f(\boldsymbol{x})\approx f(\boldsymbol{x}_0)+\nabla f(\boldsymbol{x}_0)^{\mathrm{T}}(\boldsymbol{x}-\boldsymbol{x}_0)+\frac{1}{2}(\boldsymbol{x}-\boldsymbol{x}_0)^{\mathrm{T}}\boldsymbol{G}(\boldsymbol{x}_0)(\boldsymbol{x}-\boldsymbol{x}_0)$$

将$\boldsymbol{x}_0$的具体值代入，有

$$f(\boldsymbol{x}_0)=f(x_{10},x_{20})=0$$

$$\nabla f(\boldsymbol{x}_0)=\begin{pmatrix}\frac{\partial f}{\partial x_1}\\ \frac{\partial f}{\partial x_2}\end{pmatrix}_{x_0}=\begin{pmatrix}2x_1-4\\ 2x_2-2\end{pmatrix}_{x_0}=\begin{pmatrix}0\\ 0\end{pmatrix}=\mathbf{0}$$

$$G(x_0)=\begin{pmatrix}\frac{\partial^2 f}{\partial x_1^2} & \frac{\partial^2 f}{\partial x_1 \partial x_2}\\ \frac{\partial^2 f}{\partial x_2 \partial x_1} & \frac{\partial^2 f}{\partial x_2^2}\end{pmatrix}_{x_0}=\begin{pmatrix}2 & 0\\ 0 & 2\end{pmatrix}$$

故

$$f(x)=f(x_1,x_2)=\frac{1}{2}(x_1-x_{10}\quad x_2-x_{20})G(x_0)\begin{pmatrix}x_1-x_{10}\\ x_2-x_{20}\end{pmatrix}$$

$$=\frac{1}{2}(x_1-2\quad x_2-1)\begin{pmatrix}2 & 0\\ 0 & 2\end{pmatrix}\begin{pmatrix}x_1-2\\ x_2-1\end{pmatrix}$$

$$=(x_1-2)^2+(x_2-1)^2$$

此函数的图像是以$x_0$ 点为顶点的旋转抛物面，如图 2-6 所示。

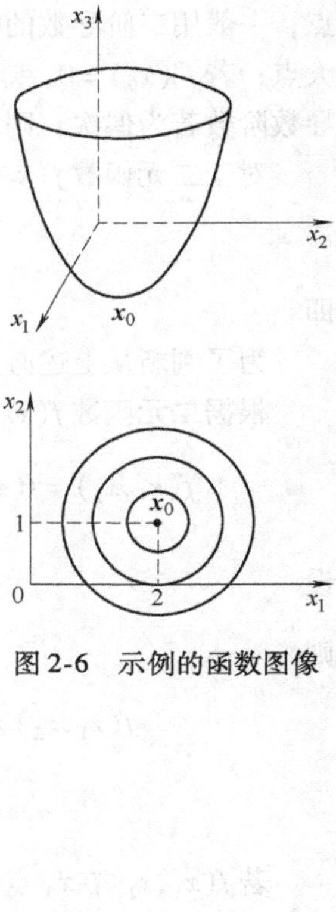

图 2-6　示例的函数图像

将二元函数的泰勒展开式推广到多元函数，则 $f(x_1,x_2,\cdots,x_n)$ 在$x_0(x_{10},x_{20},\cdots,x_{n0})$点处的泰勒展开式的矩阵形式为

$$f(x)=f(x_0)+\nabla f(x_0)^{\mathrm{T}}(x-x_0)+\frac{1}{2}(x-x_0)^{\mathrm{T}}G(x_0)(x-x_0)+\cdots$$

其中

$$\nabla f(x_0)=\begin{pmatrix}\frac{\partial f}{\partial x_1} & \frac{\partial f}{\partial x_2} & \cdots & \frac{\partial f}{\partial x_n}\end{pmatrix}^{\mathrm{T}}_{x_0}$$

为函数 $f(x_1,x_2,\cdots,x_n)$ 在$x_0(x_{10},x_{20},\cdots,x_{n0})$点处的梯度。

$$G(x_0)=\begin{pmatrix}\frac{\partial^2 f}{\partial x_1^2} & \frac{\partial^2 f}{\partial x_1 \partial x_2} & \cdots & \frac{\partial^2 f}{\partial x_1 \partial x_n}\\ \frac{\partial^2 f}{\partial x_2 \partial x_1} & \frac{\partial^2 f}{\partial x_2^2} & \cdots & \frac{\partial^2 f}{\partial x_2 \partial x_n}\\ \vdots & \vdots & & \vdots\\ \frac{\partial^2 f}{\partial x_n \partial x_1} & \frac{\partial^2 f}{\partial x_n \partial x_2} & \cdots & \frac{\partial^2 f}{\partial x_n^2}\end{pmatrix}_{x_0}$$

为函数 $f(x_1,x_2,\cdots,x_n)$ 在$x_0(x_{10},x_{20},\cdots,x_{n0})$点处的海赛矩阵。

若只取到函数泰勒展开式的线性项，即

$$z(x)=f(x_0)+\nabla f(x_0)^{\mathrm{T}}(x-x_0)$$

则 $z(x)$是过$x_0$ 点和函数 $f(x)$所代表的超曲面相切的切平面。

当将函数的泰勒展开式取到二次项时则得到二次函数形式。优化计算经常把目标函数表示成二次函数以便使问题的分析得以简化。在线性代数中将二次齐次函数称作二次型，其矩阵形式为

$$f(x)=x^{\mathrm{T}}Gx$$

在优化计算中，当某点附近的函数值采用泰勒展开式做近似表达时，研究该点邻域的极值问题需要分析二次型函数是否正定。

若对任何非零向量 $x$ 有

$$f(\boldsymbol{x}) = \boldsymbol{x}^{\mathrm{T}}\boldsymbol{G}\boldsymbol{x} > 0$$

则二次型函数正定，并称 $\boldsymbol{G}$ 为正定矩阵。

## 2.3 无约束优化问题的极值条件

无约束优化问题是使目标函数取得极小值。所谓极值条件，就是指目标函数取得极小值时极值点所应满足的条件。

对于可微的一元函数 $f(x)$ 在给定区间内某 $x=x_0$ 点处取得极值，其必要条件是

$$f'(x_0) = 0$$

即函数的极值必须在驻点处取得。

此条件是必要的，但不充分，也就是说驻点不一定就是极值点。检验驻点是否为极值点，一般用二阶导数的符号来判断。若 $f''(x_0)>0$，则 $x_0$ 为极小点；若 $f''(x_0)<0$，则 $x_0$ 为极大点；若 $f''(x_0)=0$，$x_0$ 是否为极值点，还需逐次检验其更高阶导数的符号。开始不为零的导数阶数若为偶次，则为极值点；若为奇次，则为拐点，而不是极值点。

对于二元函数 $f(x_1,x_2)$ 若在 $\boldsymbol{x}_0(x_{10},x_{20})$ 点处取得极值，其必要条件是

$$\left.\frac{\partial f}{\partial x_1}\right|_{x_0} = \left.\frac{\partial f}{\partial x_2}\right|_{x_0} = 0$$

即

$$\nabla f(\boldsymbol{x}_0) = \boldsymbol{0}$$

为了判断从上述必要条件求得的 $\boldsymbol{x}_0$ 是否是极值点，需要建立极值的充分条件。

根据二元函数 $f(x_1,x_2)$ 在 $\boldsymbol{x}_0$ 点处的泰勒展开式，考虑上述极值的必要条件，有

$$f(x_1,x_2) = f(x_{10},x_{20}) + \frac{1}{2}\left(\left.\frac{\partial^2 f}{\partial x_1^2}\right|_{x_0}\Delta x_1^2 + 2\left.\frac{\partial^2 f}{\partial x_1 \partial x_2}\right|_{x_0}\Delta x_1 \Delta x_2 + \left.\frac{\partial^2 f}{\partial x_2^2}\right|_{x_0}\Delta x_2^2\right) + \cdots$$

设

$$A = \left.\frac{\partial^2 f}{\partial x_1^2}\right|_{x_0}, B = \left.\frac{\partial^2 f}{\partial x_1 \partial x_2}\right|_{x_0}, C = \left.\frac{\partial^2 f}{\partial x_2^2}\right|_{x_0}$$

则

$$\begin{aligned} f(x_1,x_2) &= f(x_{10},x_{20}) + \frac{1}{2}(A\Delta x_1^2 + 2B\Delta x_1 \Delta x_2 + C\Delta x_2^2) + \cdots \\ &= f(x_{10},x_{20}) + \frac{1}{2A}[(A\Delta x_1 + B\Delta x_2)^2 + (AC - B^2)\Delta x_2^2] + \cdots \end{aligned}$$

若 $f(x_1,x_2)$ 在 $\boldsymbol{x}_0$ 点处取得极小值，则要求在 $\boldsymbol{x}_0$ 点附近的一切 $\boldsymbol{x}$ 点均须满足

$$f(x_1,x_2) - f(x_{10},x_{20}) > 0$$

即要求

$$\frac{1}{2A}[(A\Delta x_1 + B\Delta x_2)^2 + (AC - B^2)\Delta x_2^2] > 0$$

或

$$A > 0, AC - B^2 > 0$$

即

$$A = \left.\frac{\partial^2 f}{\partial x_1^2}\right|_{x_0} > 0$$

$$\left[\frac{\partial^2 f}{\partial x_1^2}\frac{\partial^2 f}{\partial x_2^2} - \left(\frac{\partial^2 f}{\partial x_1 \partial x_2}\right)^2\right]_{x_0} > 0$$

即 $f(x_1,x_2)$ 在 $\boldsymbol{x}_0$ 点处海赛矩阵 $\boldsymbol{G}$ 的各阶主子式均大于零，即对于

$$G(x_0)=\begin{pmatrix}\dfrac{\partial^2 f}{\partial x_1^2} & \dfrac{\partial^2 f}{\partial x_1 \partial x_2}\\ \dfrac{\partial^2 f}{\partial x_2 \partial x_1} & \dfrac{\partial^2 f}{\partial x_2^2}\end{pmatrix}_{x_0}$$

要求

$$\left.\frac{\partial^2 f}{\partial x_1^2}\right|_{x_0}>0$$

$$|G(x_0)|=\begin{vmatrix}\dfrac{\partial^2 f}{\partial x_1^2} & \dfrac{\partial^2 f}{\partial x_1 \partial x_2}\\ \dfrac{\partial^2 f}{\partial x_2 \partial x_1} & \dfrac{\partial^2 f}{\partial x_2^2}\end{vmatrix}_{x_0}>0$$

因此，二元函数在某点处取得极值的充分条件是要求在该点处的海赛矩阵为正定。

**例 2-3**　求函数 $f(x_1,x_2)=x_1^2+x_2^2-4x_1-2x_2+5$ 的极值。

**解：** 首先根据极值的必要条件求驻点：

$$\nabla f(x)=\begin{pmatrix}\dfrac{\partial f}{\partial x_1}\\ \dfrac{\partial f}{\partial x_2}\end{pmatrix}=\begin{pmatrix}2x_1-4\\ 2x_2-2\end{pmatrix}=\mathbf{0}$$

得

$$x_0=\begin{pmatrix}x_{10}\\ x_{20}\end{pmatrix}=\begin{pmatrix}2\\ 1\end{pmatrix}$$

判断此驻点是否为极值点：

$$G(x_0)=\begin{pmatrix}\dfrac{\partial^2 f}{\partial x_1^2} & \dfrac{\partial^2 f}{\partial x_1 \partial x_2}\\ \dfrac{\partial^2 f}{\partial x_2 \partial x_1} & \dfrac{\partial^2 f}{\partial x_2^2}\end{pmatrix}_{x_0}=\begin{pmatrix}2 & 0\\ 0 & 2\end{pmatrix}$$

则 $G(x_0)$ 的一阶主子式

$$\left.\frac{\partial^2 f}{\partial x_1^2}\right|_{x_0}=2>0$$

二阶主子式

$$|G(x_0)|=\begin{vmatrix}\dfrac{\partial^2 f}{\partial x_1^2} & \dfrac{\partial^2 f}{\partial x_1 \partial x_2}\\ \dfrac{\partial^2 f}{\partial x_2 \partial x_1} & \dfrac{\partial^2 f}{\partial x_2^2}\end{vmatrix}_{x_0}=\begin{vmatrix}2 & 0\\ 0 & 2\end{vmatrix}=4>0$$

均大于零，故 $G(x_0)$ 为正定矩阵。

则

$$x_0=\begin{pmatrix}x_{10}\\ x_{20}\end{pmatrix}=\begin{pmatrix}2\\ 1\end{pmatrix}$$

为极小点，相应的极值为

$$f(x_0)=0$$

对于多元函数 $f(x_1,x_2,\cdots,x_n)$ 若在 $x^*$ 点处取得极值，则极值的必要条件为

$$\nabla f(\boldsymbol{x}^*)=\left(\frac{\partial f}{\partial x_1}\quad\frac{\partial f}{\partial x_2}\quad\cdots\quad\frac{\partial f}{\partial x_n}\right)^{\mathrm{T}}_{\boldsymbol{x}^*}=\boldsymbol{0}$$

极值的充分条件为

$$\boldsymbol{G}(\boldsymbol{x}^*)=\begin{pmatrix}\frac{\partial^2 f}{\partial x_1^2} & \frac{\partial^2 f}{\partial x_1\partial x_2} & \cdots & \frac{\partial^2 f}{\partial x_1\partial x_n}\\ \frac{\partial^2 f}{\partial x_2\partial x_1} & \frac{\partial^2 f}{\partial x_2^2} & \cdots & \frac{\partial^2 f}{\partial x_2\partial x_n}\\ \vdots & \vdots & & \vdots\\ \frac{\partial^2 f}{\partial x_n\partial x_1} & \frac{\partial^2 f}{\partial x_n\partial x_2} & \cdots & \frac{\partial^2 f}{\partial x_n^2}\end{pmatrix}_{\boldsymbol{x}^*}$$

正定。即要求 $\boldsymbol{G}(\boldsymbol{x}^*)$ 的下列各阶主子式均大于零：

$$\left.\frac{\partial^2 f}{\partial x_1^2}\right|_{\boldsymbol{x}^*}>0$$

$$\begin{vmatrix}\frac{\partial^2 f}{\partial x_1^2} & \frac{\partial^2 f}{\partial x_1\partial x_2}\\ \frac{\partial^2 f}{\partial x_2\partial x_1} & \frac{\partial^2 f}{\partial x_2^2}\end{vmatrix}_{\boldsymbol{x}^*}>0$$

$$\vdots$$

$$\begin{vmatrix}\frac{\partial^2 f}{\partial x_1^2} & \frac{\partial^2 f}{\partial x_1\partial x_2} & \cdots & \frac{\partial^2 f}{\partial x_1\partial x_n}\\ \frac{\partial^2 f}{\partial x_2\partial x_1} & \frac{\partial^2 f}{\partial x_2^2} & \cdots & \frac{\partial^2 f}{\partial x_2\partial x_n}\\ \vdots & \vdots & & \vdots\\ \frac{\partial^2 f}{\partial x_n\partial x_1} & \frac{\partial^2 f}{\partial x_n\partial x_2} & \cdots & \frac{\partial^2 f}{\partial x_n^2}\end{vmatrix}_{\boldsymbol{x}^*}>0$$

一般来说，多元函数的极值条件在优化方法中仅具有理论意义。因为对于复杂的目标函数，海赛矩阵不易求得，它的正定性就更难判定了。

## 2.4 函数的凸性

根据函数极值条件所确定的极小点 $\boldsymbol{x}^*$，是指函数 $f(\boldsymbol{x})$ 在 $\boldsymbol{x}^*$ 附近的一切 $\boldsymbol{x}$ 均满足不等式

$$f(\boldsymbol{x})>f(\boldsymbol{x}^*)$$

所以称函数 $f(\boldsymbol{x})$ 在 $\boldsymbol{x}^*$ 点处取得局部极小值，称 $\boldsymbol{x}^*$ 为局部极小点（有时在局部极小值和局部极小点前还加上“严格”二字，以区别于满足不等式 $f(\boldsymbol{x})\geqslant f(\boldsymbol{x}^*)$ 的情况）。因此，根据函数极值条件所确定的极小点只是反映函数在 $\boldsymbol{x}^*$ 点附近的局部性质。

优化问题一般是要求目标函数在某一区域内的最小点，也就是要求全局极小点。函数的局部极小点并不一定就是全局极小点，只有函数具备某种性质时，二者才等同。

如图 2-7 所示，设 $f(x)$ 为定义在区间 $[a,b]$ 上的一元函数，如果它的图形是下凸的，则区间 $[a,b]$ 上的极小点 $x^*$ 同时也是函数 $f(x)$ 在区间 $[a,b]$ 上的最小点。称这样的函数具有

凸性。

如果 $f(x)$ 具有二阶导数，且 $f''(x) \geqslant 0$，则函数 $f(x)$ 向下凸，这说明函数的凸性可由二阶导数的符号来判断。

为了研究多元函数 $f(\boldsymbol{x})$ 的凸性，首先需要阐明函数定义域所应具有的性质，所以先介绍凸集的概念。

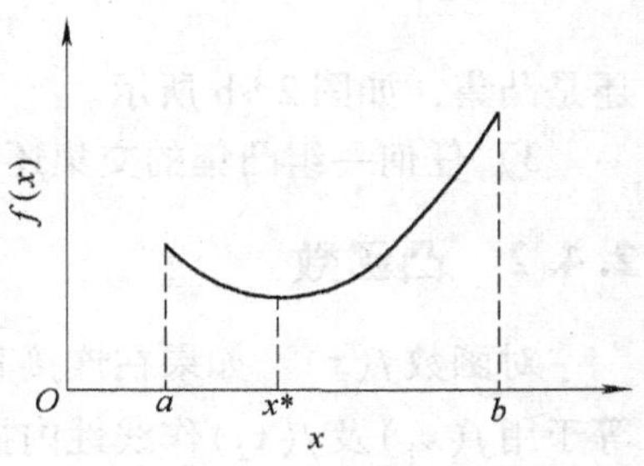

图 2-7　下凸的一元函数

## 2.4.1　凸集

如图 2-8 所示，一个点集（或区域），如果连接其中任意两点 $\boldsymbol{x}_1$ 和 $\boldsymbol{x}_2$ 的线段都全部包含在该集合内，就称该点集为凸集。否则称非凸集。

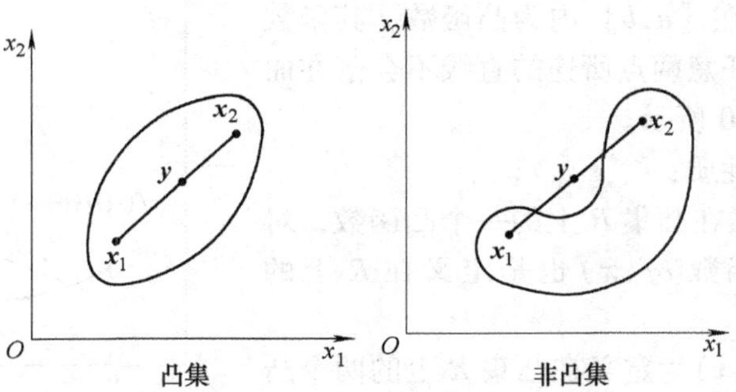

图 2-8　凸集与非凸集

凸集的概念可以用数学的语言简练地表示为：如果对一切 $\boldsymbol{x}_1 \in R$，$\boldsymbol{x}_2 \in R$ 及 $0 \leqslant \alpha \leqslant 1$ 的实数 $\alpha$，点 $\alpha \boldsymbol{x}_1 + (1-\alpha)\boldsymbol{x}_2 \equiv \boldsymbol{y} \in R$，则称集合 $R$ 为凸集。

凸集既可以是有界的，也可以是无界的。例如，$n$ 维空间中的 $r$ 维子空间也是凸集（如三维空间中的平面）。

凸集具有以下性质：

1）若 $A$ 是一个凸集，$\beta$ 是一个实数，$a$ 是凸集中的一个动点，即 $a \in A$，则集合

$$\beta A = \{x : x = \beta a, a \in A\}$$

还是凸集。当 $\beta = 2$ 时，如图 2-9a 所示。

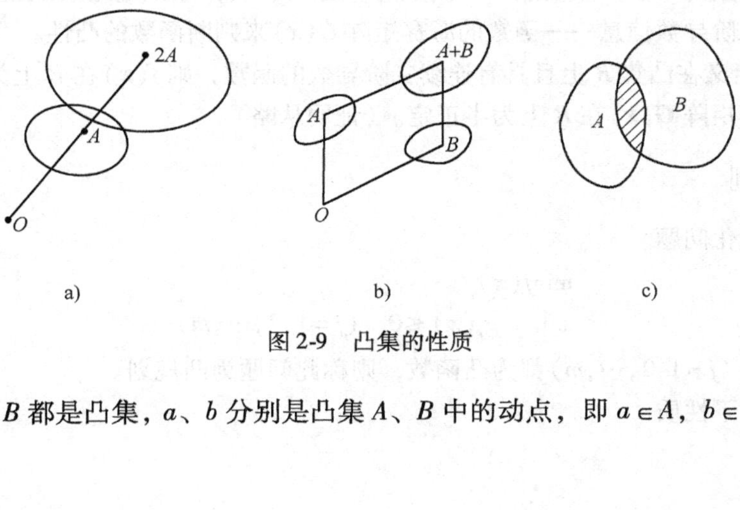

图 2-9　凸集的性质

2）若 $A$ 和 $B$ 都是凸集，$a$、$b$ 分别是凸集 $A$、$B$ 中的动点，即 $a \in A$，$b \in B$，则集合

$$A+B=\{x:x=a+b,a\in A,b\in B\}$$

还是凸集，如图2-9b所示。

3）任何一组凸集的交集还是凸集，如图2-9c所示。

### 2.4.2 凸函数

对函数$f(\boldsymbol{x})$，如果在连接其凸集定义域内任意两点$\boldsymbol{x}_1$、$\boldsymbol{x}_2$的线段上，函数值总小于或等于用$f(\boldsymbol{x}_1)$及$f(\boldsymbol{x}_2)$作线性内插所得的值，那么称$f(\boldsymbol{x})$为凸函数。用数学语言表达为

$$f[\alpha\boldsymbol{x}_1+(1-\alpha)\boldsymbol{x}_2]\leqslant\alpha f(\boldsymbol{x}_1)+(1-\alpha)f(\boldsymbol{x}_2)$$

其中

$$0\leqslant\alpha\leqslant1$$

若上式均去掉等号，则$f(\boldsymbol{x})$称作严格凸函数。

一元函数$f(x)$若在$[a,b]$内为凸函数，其函数图像表现为在曲线上任意两点所连的直线不会落在曲线弧线以下，如图2-10所示。

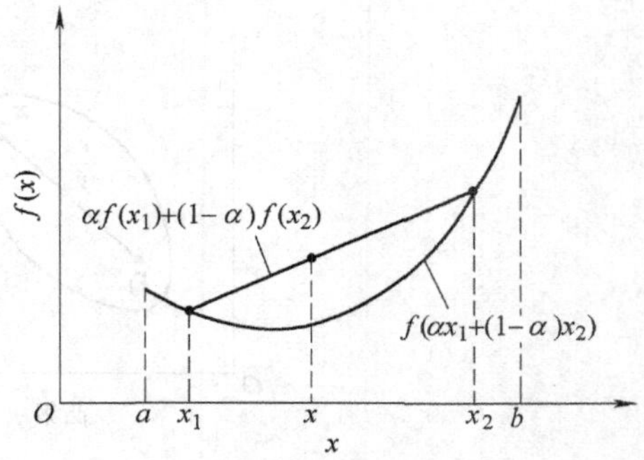


图2-10 凸集的性质

凸函数具有如下性质：

1）设$f(\boldsymbol{x})$为定义在凸集$R$上的一个凸函数，对任意实数$\alpha>0$，则函数$\alpha f(\boldsymbol{x})$也是定义在$R$上的凸函数。

2）设$f_1(\boldsymbol{x})$和$f_2(\boldsymbol{x})$为定义在凸集$R$上的两个凸函数，则其和$f_1(\boldsymbol{x})+f_2(\boldsymbol{x})$也是$R$上的凸函数。

3）设$f_1(\boldsymbol{x})$和$f_2(\boldsymbol{x})$为定义在凸集$R$上的两个凸函数，对任意两个正数$\alpha$和$\beta$，函数$\alpha f_1(\boldsymbol{x})+\beta f_2(\boldsymbol{x})$也是在$R$上的两个凸函数。

### 2.4.3 凸性条件

设$f(\boldsymbol{x})$为定义在凸集$R$上且具有连续一阶导数的函数，则$f(\boldsymbol{x})$在$R$上为凸函数的充分必要条件是对凸集$R$内任意不同两点$\boldsymbol{x}_1$、$\boldsymbol{x}_2$，不等式

$$f(\boldsymbol{x}_2)\geqslant f(\boldsymbol{x}_1)+(\boldsymbol{x}_2-\boldsymbol{x}_1)^{\mathrm{T}}\ \nabla f(\boldsymbol{x}_1)$$

恒成立。

这是根据函数的一阶导数信息——函数的梯度$\nabla f(\boldsymbol{x})$来判断函数的凸性。

也可以用二阶导数信息——函数的海赛矩阵$\boldsymbol{G}(\boldsymbol{x})$来判断函数的凸性。

设$f(\boldsymbol{x})$为定义在凸集$R$上且具有连续二阶导数的函数，则$f(\boldsymbol{x})$在$R$上为凸函数的充分必要条件是海赛矩阵$\boldsymbol{G}(\boldsymbol{x})$在$R$上为半正定。（证明从略）

### 2.4.4 凸规划

对于约束优化问题

$$\begin{aligned}&\min f(\boldsymbol{x})\\&\text{s. t.}\quad g_j(\boldsymbol{x})\leqslant0\quad(j=1,2,\cdots,m)\end{aligned}$$

若$f(\boldsymbol{x}),g_j(\boldsymbol{x})\quad(j=1,2,\cdots,m)$都为凸函数，则称此问题为凸规划。

凸规划有如下性质：

1）若给定一点$\boldsymbol{x}_0$，则集合 $R=\{\boldsymbol{x}|f(\boldsymbol{x})\leqslant f(\boldsymbol{x}_0)\}$为凸集。

此性质表明，当$f(\boldsymbol{x})$为二元函数时，其等值线呈现大圈套小圈的形式。

证明：取集合 $R$ 中任意两点 $\boldsymbol{x}_1$、$\boldsymbol{x}_2$，则有$f(\boldsymbol{x}_1)\leqslant f(\boldsymbol{x}_0)$,$f(\boldsymbol{x}_2)\leqslant f(\boldsymbol{x}_0)$。由于$f(\boldsymbol{x})$为凸函数，又有

$$\begin{aligned}f(\alpha\boldsymbol{x}_1+(1-\alpha)\boldsymbol{x}_2)&\leqslant\alpha f(\boldsymbol{x}_1)+(1-\alpha)f(\boldsymbol{x}_2)\\&\leqslant\alpha f(\boldsymbol{x}_0)+(1-\alpha)f(\boldsymbol{x}_0)=f(\boldsymbol{x}_0)\end{aligned}$$

即 $\boldsymbol{x}=\alpha\boldsymbol{x}_1+(1-\alpha)\boldsymbol{x}_2$ 点满足 $f(\boldsymbol{x})\leqslant f(\boldsymbol{x}_0)$，故在 $R$ 集合之内，根据凸集定义，$R$ 为凸集。

2）可行域 $R=\{\boldsymbol{x}|g_j(\boldsymbol{x})\leqslant 0(j=1,2,\cdots,m)\}$为凸集。

证明：在集合 $R$ 内任取两点 $\boldsymbol{x}_1$、$\boldsymbol{x}_2$，由于 $g_j(\boldsymbol{x})$为凸函数，则有

$$g_j(\alpha\boldsymbol{x}_1+(1-\alpha)\boldsymbol{x}_2)\leqslant\alpha g_j(\boldsymbol{x}_1)+(1-\alpha)g_j(\boldsymbol{x}_2)\leqslant 0$$

即 $\boldsymbol{x}=\alpha\boldsymbol{x}_1+(1-\alpha)\boldsymbol{x}_2$ 点满足 $g_j(\boldsymbol{x})\leqslant 0$，故 $\boldsymbol{x}$ 点在集合 $R$ 之内，因此 $R$ 为凸集。

3）凸规划的任何局部最优解就是全局最优解。

证明：设 $\boldsymbol{x}_1$为局部极小点，则在 $\boldsymbol{x}_1$某邻域 $r$ 内的 $\boldsymbol{x}$ 点有 $f(\boldsymbol{x})\geqslant f(\boldsymbol{x}_1)$。

假若 $\boldsymbol{x}_1$不是全局极小点，设存在 $\boldsymbol{x}_2$使 $f(\boldsymbol{x}_2)<f(\boldsymbol{x}_1)$，由于 $f(\boldsymbol{x})$为凸函数，故有

$$\begin{aligned}f(\alpha\boldsymbol{x}_1+(1-\alpha)\boldsymbol{x}_2)&\leqslant\alpha f(\boldsymbol{x}_1)+(1-\alpha)f(\boldsymbol{x}_2)\\&<\alpha f(\boldsymbol{x}_1)+(1-\alpha)f(\boldsymbol{x}_1)=f(\boldsymbol{x}_1)\end{aligned}$$

当 $\alpha\to 1$ 时点 $\boldsymbol{x}=\alpha\boldsymbol{x}_1+(1-\alpha)\boldsymbol{x}_2$ 进入 $\boldsymbol{x}_1$邻域 $r$ 内，则有

$$f(\boldsymbol{x}_1)\leqslant f(\alpha\boldsymbol{x}_1+(1-\alpha)\boldsymbol{x}_2)<f(\boldsymbol{x}_1)$$

显然矛盾，故不存在 $\boldsymbol{x}_2$使 $f(\boldsymbol{x}_2)<f(\boldsymbol{x}_1)$，因而 $\boldsymbol{x}_1$为全局最优点。

## 2.5　等式约束优化问题的极值条件

求解等式约束优化问题：

$$\begin{aligned}&\min f(\boldsymbol{x})\\&\text{s. t.}\quad h_k(\boldsymbol{x})=0\quad(k=1,2,\cdots,l)\end{aligned}$$

在数学上有两种处理方法：消元法（降维法）和拉格朗日乘子法（升维法）。

### 2.5.1　消元法

先讨论二元函数只有一个等式约束的简单情况，即

$$\begin{aligned}&\min f(x_1,x_2)\\&\text{s. t.}\quad h(x_1,x_2)=0\end{aligned}$$

求解这一问题可采用代数中的消元法：

根据等式约束条件将一个变量 $x_1$ 表示成另一个变量 $x_2$ 的函数关系 $x_1=\varphi(x_2)$，然后将这一函数关系代入到目标函数 $f(x_1,x_2)$ 中消去 $x_1$，变成一元函数 $F(x_2)$，从而将等式约束优化问题转化成无约束优化问题。目标函数通过消元由二元函数变成一元函数，即由二维变成一维，所以消元法又称作降维法。

对于 $n$ 维情况

$$\begin{aligned}&\min f(x_1,x_2,\cdots,x_n)\\&\text{s.t.}\quad h_k(x_1,x_2,\cdots,x_n)=0\quad(k=1,2,\cdots,l)\end{aligned}$$

由 $l$ 个约束方程将 $n$ 个变量中的前 $l$ 个变量用其余 $n-l$ 个变量表示，即有

$$\begin{aligned}x_1&=\varphi_1(x_{l+1},x_{l+2},\cdots,x_n)\\x_2&=\varphi_2(x_{l+1},x_{l+2},\cdots,x_n)\\&\vdots\\x_l&=\varphi_l(x_{l+1},x_{l+2},\cdots,x_n)\end{aligned}$$

将这些关系代入到目标函数中，从而得到只含 $x_{l+1}$，$x_{l+2}$，$\cdots$，$x_n$ 共 $n-l$ 个变量的函数 $F(x_{l+1},x_{l+2},\cdots,x_n)$，这样就可以利用无约束优化问题的极值条件求解。

消元法看起来很简单，但实际求解困难却很大。因为将 $l$ 个约束方程联立起来往往求不出解来。即便能求出解，当把它代入目标函数后，也会因为十分复杂而难以处理。所以这种方法作为一种分析方法实用意义不大，而对某些数值迭代方法来说，却有很大的启发意义。

## 2.5.2 拉格朗日乘子法

拉格朗日乘子法是求解等式约束优化问题的另一种经典方法，它是通过增加变量将等式约束优化问题变成无约束优化问题，所以又称作升维法。

对于具有 $l$ 个等式约束的 $n$ 维优化问题

$$\begin{aligned}&\min f(x_1,x_2,\cdots,x_n)\\&\text{s.t.}\quad h_k(x_1,x_2,\cdots,x_n)=0\quad(k=1,2,\cdots,l)\end{aligned}$$

在极值点$\boldsymbol{x}^*$处有

$$\mathrm{d}f(\boldsymbol{x}^*)=\sum_{i=1}^{n}\frac{\partial f}{\partial x_i}\mathrm{d}x_i=\nabla f(\boldsymbol{x}^*)^{\mathrm{T}}\mathrm{d}\boldsymbol{x}=0$$

$$\mathrm{d}h_k(\boldsymbol{x}^*)=\sum_{i=1}^{n}\frac{\partial h_k}{\partial x_i}\mathrm{d}x_i=\nabla h_k(\boldsymbol{x}^*)^{\mathrm{T}}\mathrm{d}\boldsymbol{x}=0\quad(k=1,2,\cdots,l)$$

把 $l$ 个等式约束给出的 $l$ 个 $\sum_{i=1}^{n}\frac{\partial h_k}{\partial x_i}\mathrm{d}x_i=0$ 分别乘以待定系数 $\lambda_k$ 再和 $\sum_{i=1}^{n}\frac{\partial f}{\partial x_i}\mathrm{d}x_i=0$ 相加，得

$$\sum_{i=1}^{n}\left(\frac{\partial f}{\partial x_i}+\lambda_1\frac{\partial h_1}{\partial x_i}+\lambda_2\frac{\partial h_2}{\partial x_i}+\cdots+\lambda_n\frac{\partial h_n}{\partial x_i}\right)\mathrm{d}x_i=0$$

可以通过其中的 $l$ 个方程

$$\frac{\partial f}{\partial x_i}+\lambda_1\frac{\partial h_1}{\partial x_i}+\lambda_2\frac{\partial h_2}{\partial x_i}+\cdots+\lambda_n\frac{\partial h_n}{\partial x_i}=0$$

来求解 $l$ 个 $\lambda_1$，$\lambda_2$，$\cdots$，$\lambda_l$，使得 $l$ 个变量的微分 $\mathrm{d}x_1$，$\mathrm{d}x_2$，$\cdots$，$\mathrm{d}x_l$ 的系数全为零。这样即有

$$\sum_{j=l+1}^{n}\left(\frac{\partial f}{\partial x_j}+\lambda_1\frac{\partial h_1}{\partial x_j}+\lambda_2\frac{\partial h_2}{\partial x_j}+\cdots+\lambda_l\frac{\partial h_l}{\partial x_j}\right)\mathrm{d}x_j=0$$

但 $\mathrm{d}x_{l+1}$，$\mathrm{d}x_{l+2}$，$\cdots$，$\mathrm{d}x_n$ 应是任意量，则应有

$$\frac{\partial f}{\partial x_j}+\lambda_1\frac{\partial h_1}{\partial x_j}+\lambda_2\frac{\partial h_2}{\partial x_j}+\cdots+\lambda_l\frac{\partial h_l}{\partial x_j}=0\quad(j=l+1,l+2,\cdots,n)$$

综上
$$\frac{\partial f}{\partial x_i}+\lambda_1\frac{\partial h_1}{\partial x_i}+\lambda_2\frac{\partial h_2}{\partial x_i}+\cdots+\lambda_l\frac{\partial h_l}{\partial x_i}=0\quad(i=1,2,\cdots,n)$$

上式与等式约束 $h_k(\boldsymbol{x})=0(k=1,2,\cdots,l)$ 就是点 $\boldsymbol{x}$ 达到约束极值的必要条件。

根据目标函数 $f(\boldsymbol{x})$ 的无约束极值条件
$$\frac{\partial f}{\partial x_i}=0\quad(i=1,2,\cdots,n)$$
则上述问题的约束极值条件可以转换成无约束的函数极值条件。办法是，把原来的目标函数 $f(\boldsymbol{x})$ 改造成为如下形式的新的目标函数：
$$F(\boldsymbol{x},\boldsymbol{\lambda})=f(\boldsymbol{x})+\sum_{k=1}^{l}\lambda_k h_k(\boldsymbol{x})$$
式中的 $h_k(\boldsymbol{x})$ 就是原目标函数 $f(\boldsymbol{x})$ 的等式约束条件，而待定系数 $\lambda_k$ 称为拉格朗日乘子，$F(\boldsymbol{x},\boldsymbol{\lambda})$ 称为拉格朗日函数。这种方法称为拉格朗日乘子法。

上式中显然多出了 $l$ 个待定系数 $\lambda_k$（可看成是新的变量），而 $\boldsymbol{x}=(x_1\quad x_2\quad\cdots\quad x_n)^{\mathrm{T}}$ 有 $n$ 个变量，结果共有 $n+l$ 个变量。但是
$$\frac{\partial F}{\partial x_i}=0\quad(i=1,2,\cdots,n)$$
可提供 $n$ 个方程，再加上 $l$ 个等式约束条件 $h_k(\boldsymbol{x})=0$，共有 $n+l$ 个方程，足以解出这 $n+l$ 个变量。

由于 $\frac{\partial F}{\partial \lambda_k}=0$ 给出 $h_k(\boldsymbol{x})=0$，所以这 $n+l$ 个方程可以看成是通过下述条件给出的：
$$\frac{\partial F}{\partial x_i}=0\quad(i=1,2,\cdots,n)$$
$$\frac{\partial F}{\partial \lambda_k}=0\quad(k=1,2,\cdots,l)$$
这样，拉格朗日乘子法可以叙述如下：

设 $\boldsymbol{x}=(x_1\quad x_2\quad\cdots\quad x_n)^{\mathrm{T}}$，目标函数是 $f(\boldsymbol{x})$，约束条件是 $h_k(\boldsymbol{x})=0$ 的 $l$ 个等式约束方程。为了求出 $f(\boldsymbol{x})$ 的可能的极值点 $\boldsymbol{x}^*=(x_1^*\quad x_2^*\quad\cdots\quad x_n^*)^{\mathrm{T}}$，引入拉格朗日乘子 $\boldsymbol{\lambda}_k$，并构成一个新的目标函数
$$F(\boldsymbol{x},\boldsymbol{\lambda})=f(\boldsymbol{x})+\sum_{k=1}^{l}\lambda_k h_k(\boldsymbol{x})$$
把 $F(\boldsymbol{x},\boldsymbol{\lambda})$ 作为一个新的无约束条件的目标函数来求解它的极值点，所得结果就是在满足约束条件 $h_k(\boldsymbol{x})=0$ 的原目标函数 $f(\boldsymbol{x})$ 的极值点。由 $F(\boldsymbol{x},\boldsymbol{\lambda})$ 具有极值的必要条件
$$\frac{\partial F}{\partial x_i}=0\quad(i=1,2,\cdots,n)$$
$$\frac{\partial F}{\partial \lambda_k}=0\quad(k=1,2,\cdots,l)$$
可得 $n+l$ 个方程，从而解得 $\boldsymbol{x}=(x_1\quad x_2\quad\cdots\quad x_n)^{\mathrm{T}}$ 和 $\boldsymbol{\lambda}_k(k=1,2,\cdots,l)$ 共 $n+l$ 个未知变量的值。由上述方程组求得的 $\boldsymbol{x}^*=(x_1^*\quad x_2^*\quad\cdots\quad x_n^*)^{\mathrm{T}}$ 是函数 $f(\boldsymbol{x})$ 极值点的坐标值。

拉格朗日乘子法也可以用另一种方式叙述：

设 $\boldsymbol{x}^*$ 是目标函数 $f(\boldsymbol{x})$ 在等式约束 $h_k(\boldsymbol{x})=0$ 条件下的一个局部极值点，而且在该点处各

约束函数的梯度 $\nabla h_k(\boldsymbol{x}^*)(k=1,2,\cdots,l)$ 是线性无关的（符合此条件的点称为正则点），则存在一个向量 $\boldsymbol{\lambda}$（在 $l$ 个约束函数规定的集内），使得下式成立：

$$\nabla F = \nabla f(\boldsymbol{x}^*) + \boldsymbol{\lambda}^{\mathrm{T}} \nabla h(\boldsymbol{x}^*) = \boldsymbol{0}$$

其中

$$\boldsymbol{\lambda}^{\mathrm{T}} = (\lambda_1 \quad \lambda_2 \quad \cdots \quad \lambda_l)$$

$$\nabla h(\boldsymbol{x}^*)^{\mathrm{T}} = [\nabla h_1(\boldsymbol{x}^*) \quad \nabla h_2(\boldsymbol{x}^*) \quad \cdots \quad \nabla h_l(\boldsymbol{x}^*)]$$

**例 2-4** 用拉格朗日乘子法计算在约束条件 $h(x_1,x_2)=2x_1+3x_2-6=0$ 的情况下，目标函数 $f(x_1,x_2)=4x_1^2+5x_2^2$ 的极值点坐标。

**解**：改造后的目标函数为

$$F(\boldsymbol{x},\lambda) = 4x_1^2+5x_2^2+\lambda(2x_1+3x_2-6)$$

则

$$\frac{\partial F}{\partial x_1} = 8x_1 + 2\lambda = 0$$

$$\frac{\partial F}{\partial x_2} = 10x_2 + 3\lambda = 0$$

$$\frac{\partial F}{\partial \lambda} = 2x_1 + 3x_2 - 6 = 0$$

由前两式解得 $x_1 = -\frac{1}{4}\lambda, x_2 = -\frac{3}{10}\lambda$

代入第三式中得 $\lambda = -\frac{30}{7}$

所以 $x_1 = 1.071, x_2 = 1.286$

即极值点 $\boldsymbol{x}^*$ 坐标是 $x_1^* = 1.071$，$x_2^* = 1.286$。

## 2.6 不等式约束优化问题的极值条件

在工程上，大多数优化问题都可表示为具有不等式约束条件的优化问题，因此研究不等式约束极值条件很有意义。

受到不等式约束的多元函数极值的必要条件是著名的库恩-塔克（Kuhn-Tucker）条件（简称 K-T 条件），它是非线性优化问题的重要理论。

为便于理解库恩-塔克条件，首先分析一元函数在给定区间上的极值条件。

### 2.6.1 一元函数在给定区间上的极值条件

对于一元函数 $f(x)$ 在给定区间 $[a,b]$ 上的极值问题，可以写成下列具有不等式约束条件的优化问题：

$$\begin{aligned} &\min f(x) \\ &\text{s.t.} \quad g_1(x) = a - x \leqslant 0 \\ &\qquad\quad g_2(x) = x - b \leqslant 0 \end{aligned}$$

拉格朗日乘子法不仅适合于求解等式约束优化问题，而且可以推广应用于具有不等式约束优化问题中去。

为了能应用拉格朗日乘子法来讨论此问题的极值条件，需引入松弛变量使不等式约束变成等式约束。设 $a_1$ 和 $b_1$ 为两个松弛变量，则上述两个不等式约束可写成如下两个相应的等式约束：

$$h_1(x,a_1)=g_1(x)+a_1^2=a-x+a_1^2=0$$

$$h_2(x,b_1)=g_2(x)+b_1^2=x-b+b_1^2=0$$

这样，则得该问题的拉格朗日函数：

$$\begin{aligned}F(x,a_1,b_1,\mu_1,\mu_2)&=f(x)+\mu_1 h_1(x,a_1)+\mu_2 h_2(x,b_1)\\&=f(x)+\mu_1(a-x+a_1^2)+\mu_2(x-b+b_1^2)\end{aligned}$$

其中，$\mu_1$ 和 $\mu_2$ 是对应于不等式约束条件的拉格朗日乘子，应满足非负要求，即

$$\mu_1\geqslant 0,\mu_2\geqslant 0$$

根据拉格朗日乘子法，此问题的极值条件是

$$\frac{\partial F}{\partial x}=\frac{\partial f}{\partial x}+\mu_1\frac{\partial h_1}{\partial x}+\mu_2\frac{\partial h_2}{\partial x}=\frac{\partial f}{\partial x}+\mu_1\frac{\partial g_1}{\partial x}+\mu_2\frac{\partial g_2}{\partial x}=\frac{\partial f}{\partial x}-\mu_1+\mu_2=0$$

$$\frac{\partial F}{\partial a_1}=2\mu_1 a_1=0$$

$$\frac{\partial F}{\partial b_1}=2\mu_2 b_1=0$$

$$\frac{\partial F}{\partial \mu_1}=h_1(x,a_1)=g_1(x)+a_1^2=0$$

$$\frac{\partial F}{\partial \mu_2}=h_2(x,b_1)=g_2(x)+b_1^2=0$$

分析 $\mu_1 a_1=0$ 可知，不是 $\mu_1=0$，$a_1\neq 0$，就是 $\mu_1\geqslant 0$，$a_1=0$。

当 $\mu_1\geqslant 0$，$a_1=0$ 时，$g_1(x)=a-x=0$，约束起作用，即为 $x=a$ 的情况。

当 $\mu_1=0$，$a_1\neq 0$ 时，$g_1(x)=a-x<0$，约束不起作用，即为 $x>a$ 的情况。

故

$$\mu_1\begin{cases}\geqslant 0,g_1(x)=0 & \text{为约束起作用,即 } x=a\\ =0,g_1(x)<0 & \text{为约束不起作用,即 } x>a\end{cases}$$

说明对于 $\mu_1$ 和 $g_1(x)$，二者至少必有一个需要取零值，因此可将 $\mu_1 a_1=0$ 的条件写成 $\mu_1 g_1(x)=0$。

同理，对于 $\mu_2 b_1=0$ 的分析结果也可表示为

$$\mu_2\begin{cases}\geqslant 0,g_2(x)=0 & \text{为约束起作用,即 } x=b\\ =0,g_2(x)<0 & \text{为约束不起作用,即 } x<b\end{cases}$$

因此可将 $\mu_2 b_1=0$ 的条件写成 $\mu_2 g_2(x)=0$。

因此，对于一元函数 $f(x)$ 在给定区间上的极值条件，就可以完整地表达为

$$\begin{cases}\dfrac{\mathrm{d}f}{\mathrm{d}x}+\mu_1\dfrac{\mathrm{d}g_1}{\mathrm{d}x}+\mu_2\dfrac{\mathrm{d}g_2}{\mathrm{d}x}=0\\ \mu_1 g_1(x)=0,\mu_2 g_2(x)=0\\ \mu_1\geqslant 0,\mu_2\geqslant 0\end{cases}$$

由此推广到二元甚至多元函数不等式约束优化问题上去，从而给出著名的库恩-塔克条件。

对于一元函数在给定区间 $[a,b]$ 上的极值条件，上式中的第一式可简化为

$$\frac{df}{dx}+\mu_1\frac{dg_1}{dx}+\mu_2\frac{dg_2}{dx}=\frac{df}{dx}-\mu_1+\mu_2=0$$

分析极值点 $x^*$ 在区间 $[a,b]$ 上所处的位置，将会出现三种可能的情况：

1）当 $a<x^*<b$ 时，因为此时 $\mu_1=\mu_2=0$，则极值条件为 $\frac{df(x^*)}{dx}=0$。

2）当 $x^*=a$ 时，因为此时 $\mu_1\geqslant 0$，$\mu_2=0$，则极值条件为 $\frac{df}{dx}-\mu_1=0$，即 $\frac{df(x^*)}{dx}\geqslant 0$。

3）当 $x^*=b$ 时，因为此时 $\mu_1=0$，$\mu_2\geqslant 0$，则极值条件为 $\frac{df}{dx}+\mu_2=0$，即 $\frac{df(x^*)}{dx}\leqslant 0$。

如图 2-11 所示。

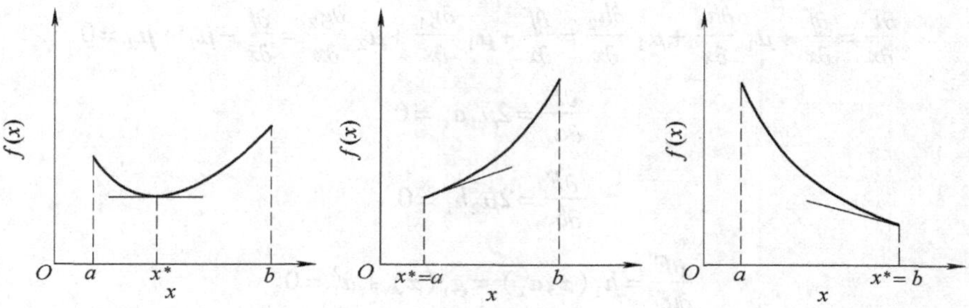


图 2-11　三个极值条件的几何表示

从上述分析可以看出，对应于不起作用约束的拉格朗日乘子取零值，因此可以引入起作用约束的下标集合 $J(x)=\{j|g_j(x)=0,j=1,2\}$。当 $a<x^*<b$ 时，两个约束均不起作用，故有 $J(x^*)=\varnothing$（空集），$\mu_1=\mu_2=0$。当 $x^*=a$ 时，第一个约束起作用，故有 $J(x^*)=\{1\}$，$\mu_1\geqslant 0$，$\mu_2=0$。当 $x^*=b$ 时，第二个约束起作用，有 $J(x^*)=\{2\}$，$\mu_1=0$，$\mu_2\geqslant 0$。

故可将上式改写成如下形式：

$$\begin{cases}\dfrac{df}{dx}+\sum\limits_{j\in J}\mu_j\dfrac{dg_j}{dx}=0\\ g_j(x)=0\quad(j\in J)\\ \mu_j\geqslant 0\quad(j\in J)\end{cases}$$

即在极值条件中只考虑起作用约束及其相应的拉格朗日乘子。

### 2.6.2　库恩-塔克条件

对于多元函数不等式约束优化问题

$$\min f(\boldsymbol{x})$$
$$\text{s.t.}\quad g_j(\boldsymbol{x})\leqslant 0\quad(j=1,2,\cdots,m)$$

（其中设计变量向量 $\boldsymbol{x}=(x_1\quad x_2\cdots x_i\cdots x_n)^{\mathrm{T}}$ 为 $n$ 维向量，受有 $m$ 个不等式约束的限制），同样可以应用拉格朗日乘子法推导出相应的极值条件。为此需引入 $m$ 个松弛变量 $\overline{\boldsymbol{x}}=$

$(x_{n+1}\quad x_{n+2}\cdots x_{n+m})^{\mathrm{T}}$，使不等式约束 $g_j(\boldsymbol{x})\leqslant 0(j=1,2,\cdots,m)$ 变成等式约束 $g_j(\boldsymbol{x})+x_{n+j}^2=0$ $(j=1,2,\cdots,m)$，从而组成相应的拉格朗日函数：

$$F(\boldsymbol{x},\bar{\boldsymbol{x}},\boldsymbol{\mu}) = f(\boldsymbol{x}) + \sum_{j=1}^{m}\mu_j[g_j(\boldsymbol{x}) + x_{n+j}^2]$$

其中 $\boldsymbol{\mu}$ 是对应于不等式约束的拉格朗日乘子向量 $\boldsymbol{\mu}=(\mu_1\quad \mu_2\cdots\mu_j\cdots\mu_m)^{\mathrm{T}}$，并有非负的要求，即 $\boldsymbol{\mu}\geqslant\mathbf{0}$。

根据无约束极值条件，在极值点处有

$$\frac{\partial F}{\partial x_i} = \frac{\partial f}{\partial x_i} + \sum_{j=1}^{m}\mu_j\frac{\partial g_j}{\partial x_i} = 0 \quad (i=1,2,\cdots,n)$$

$$\frac{\partial F}{\partial x_{n+j}} = 2\mu_j x_{n+j} = 0 \quad (j=1,2,\cdots,m)$$

$$\frac{\partial F}{\partial \mu_j} = g_j(\boldsymbol{x}) + x_{n+j}^2 = 0 \quad (j=1,2,\cdots,m)$$

仿照对一元函数在给定区间上极值条件的推导过程，同样可以得到具有不等式约束多元函数的极值条件：

$$\frac{\partial f(\boldsymbol{x}^*)}{\partial x_i} + \sum_{j=1}^{m}\mu_j\frac{\partial g_j(\boldsymbol{x}^*)}{\partial x_i} = 0 \quad (i=1,2,\cdots,n)$$

$$\mu_j g_j(\boldsymbol{x}^*) = 0 \quad (j=1,2,\cdots,m)$$

$$\mu_j \geqslant 0 \quad (j=1,2,\cdots,m)$$

这就是著名的库恩-塔克条件。

若引入起作用约束的下标集合 $J(\boldsymbol{x}^*)=\{j\,|\,g_j(\boldsymbol{x}^*)=0,j=1,2,\cdots,m\}$，则库恩-塔克条件又可写成如下形式：

$$\begin{cases}\dfrac{\mathrm{d}f(\boldsymbol{x}^*)}{\mathrm{d}x_i} + \sum\limits_{j\in J}\mu_j\dfrac{\mathrm{d}g_j(\boldsymbol{x}^*)}{\mathrm{d}x_i} = 0 & (i=1,2,\cdots,n)\\ g_j(\boldsymbol{x}^*) = 0 & (j\in J)\\ \mu_j\geqslant 0 & (j\in J)\end{cases}$$

将上式偏微分形式表示为梯度形式，得

$$\nabla f(\boldsymbol{x}^*) + \sum_{j\in J}\mu_j\,\nabla g_j(\boldsymbol{x}^*) = \mathbf{0}$$

或

$$-\nabla f(\boldsymbol{x}^*) = \sum_{j\in J}\mu_j\,\nabla g_j(\boldsymbol{x}^*)$$

它表明库恩-塔克条件的几何意义是，在约束极小值点 $\boldsymbol{x}^*$ 处，函数 $f(\boldsymbol{x})$ 的负梯度一定能表示成所有起作用约束在该点梯度（法向量）的非负线性组合。

下面以二维问题为例，说明其几何意义。

如图 2-12 所示，考虑 $g_1(\boldsymbol{x})$ 和 $g_2(\boldsymbol{x})$ 两个约束都起作用的情况，并考虑在 $\boldsymbol{x}^k$ 点处目标函数的负梯

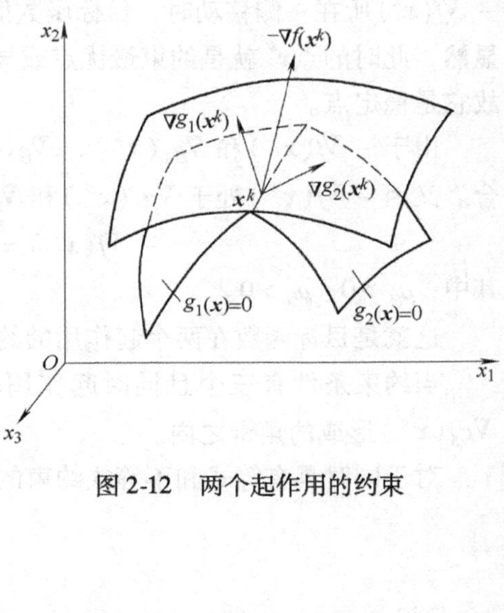


图 2-12　两个起作用的约束

度 $-\nabla f(\boldsymbol{x}^k)$ 时的图形。

如果$\boldsymbol{x}^k$ 是极值点，则

$$-\nabla f(\boldsymbol{x}^k)=\mu_1\nabla g_1(\boldsymbol{x}^k)+\mu_2\nabla g_2(\boldsymbol{x}^k)$$

此条件要求$\boldsymbol{x}^k$ 一定要落在约束曲面 $g_1(\boldsymbol{x})=0$ 和 $g_2(\boldsymbol{x})=0$ 的交线上，而且 $-\nabla f(\boldsymbol{x}^k)$ 和 $\nabla g_1(\boldsymbol{x}^k)$ 及 $\nabla g_2(\boldsymbol{x}^k)$ 应该线性相关，即三者应该共面。

图 2-13 所示是在$\boldsymbol{x}^k$ 点处的截面图形。

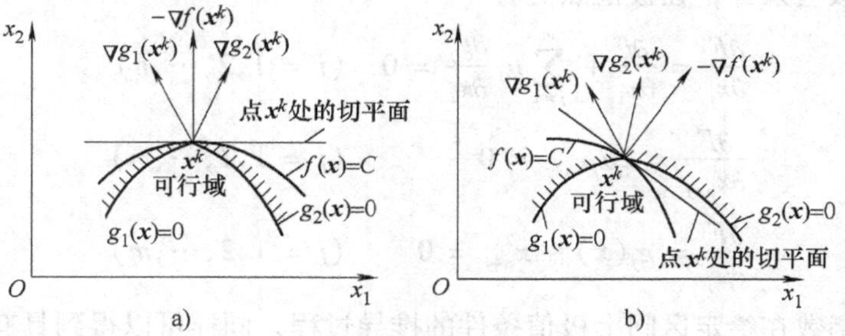


图 2-13 库恩-塔克条件的几何意义

a）负梯度位于锥角之内 b）负梯度位于锥角之外

过点$\boldsymbol{x}^k$ 作目标函数的负梯度 $-\nabla f(\boldsymbol{x}^k)$，它垂直于目标函数 $f(\boldsymbol{x})$ 的等值线，且指向目标函数值的最速减小方向。再作约束函数的梯度 $\nabla g_1(\boldsymbol{x}^k)$ 和 $\nabla g_2(\boldsymbol{x}^k)$，它们分别垂直于 $g_1(\boldsymbol{x})=0$ 和 $g_2(\boldsymbol{x})=0$ 二曲面并形成一个锥形夹角区域。此时可能出现两种情况：

第一，$-\nabla f(\boldsymbol{x}^k)$ 落在 $\nabla g_1(\boldsymbol{x}^k)$ 和 $\nabla g_2(\boldsymbol{x}^k)$ 所张成的锥角区外的一侧，如图 2-13b 所示。这时，当过点$\boldsymbol{x}^k$ 作出与 $-\nabla f(\boldsymbol{x}^k)$ 垂直的切平面，并从$\boldsymbol{x}^k$ 出发向此切平面的 $-\nabla f(\boldsymbol{x}^k)$ 所在一侧移动时，目标函数值可以减小。由于这一侧有一部分区域是可行域，所以既可减小目标函数值，又不破坏约束条件。这说明$\boldsymbol{x}^k$ 仍可沿约束曲面移动而不致破坏约束条件，且目标函数值还能够减小。所以$\boldsymbol{x}^k$ 点不是稳定的最优点，即它不是约束最优点或局部极值点。

第二，$-\nabla f(\boldsymbol{x}^k)$ 落在 $\nabla g_1(\boldsymbol{x}^k)$ 和 $\nabla g_2(\boldsymbol{x}^k)$ 所张成的锥角之内，如图 2-13a 所示。这时，过点$\boldsymbol{x}^k$ 作出与 $-\nabla f(\boldsymbol{x}^k)$ 垂直的切平面，可把空间分成两个区域。当从$\boldsymbol{x}^k$ 出发向此切平面的 $-\nabla f(\boldsymbol{x}^k)$ 所在一侧移动时，目标函数值可以减小。但这一侧的任何一点都不落在可行域内。显然，此时的点$\boldsymbol{x}^k$ 就是约束最优点或局部极值点。沿此点再做任何移动都将破坏约束条件，故它是稳定点。

由于 $-\nabla f(\boldsymbol{x}^*)$ 和 $\nabla g_1(\boldsymbol{x}^*)$、$\nabla g_2(\boldsymbol{x}^*)$ 在一个平面内，则前者可看成是后两者的线性组合。又因 $-\nabla f(\boldsymbol{x}^*)$ 处于 $\nabla g_1(\boldsymbol{x}^*)$ 和 $\nabla g_2(\boldsymbol{x}^*)$ 的夹角之间，所以线性组合的系数为正，即有

$$-\nabla f(\boldsymbol{x}^*)=\mu_1\nabla g_1(\boldsymbol{x}^*)+\mu_2\nabla g_2(\boldsymbol{x}^*)$$

其中：$\mu_1>0$，$\mu_2>0$。

这就是目标函数在两个起作用的约束条件下，使$\boldsymbol{x}^*$ 成为条件极值点的必要条件。

当约束条件有三个且同时起作用时，则要求 $-\nabla f(\boldsymbol{x}^*)$ 处于 $\nabla g_1(\boldsymbol{x}^*)$、$\nabla g_2(\boldsymbol{x}^*)$ 和 $\nabla g_3(\boldsymbol{x}^*)$ 形成的角锥之内。

对于同时具有等式和不等式约束的优化问题：

$$\begin{aligned}&\min f(\boldsymbol{x})\\&\text{s. t.}\quad g_j(\boldsymbol{x})\leqslant 0\quad (j=1,2,\cdots,m)\\&\qquad\quad h_k(\boldsymbol{x})=0\quad (k=1,2,\cdots,l)\end{aligned}$$

库恩-塔克条件可表述为

$$\begin{aligned}&\frac{\partial f}{\partial x_i}+\sum_{j\in J}\mu_j\frac{\partial g_j}{\partial x_i}+\sum_{k=1}^{l}\lambda_k\frac{\partial h_k}{\partial x_i}=0\quad (i=1,2,\cdots,n)\\&g_j(\boldsymbol{x})=0\quad (j\in J)\\&\mu_j\geqslant 0\quad (j\in J)\end{aligned}$$

注意，对应于等式约束的拉格朗日乘子，并没有非负的要求。

### 2.6.3　库恩-塔克（K-T）条件应用举例

若给定优化问题的数学模型为

$$\begin{aligned}&f(\boldsymbol{x})=(x_1-2)^2+x_2^2\rightarrow\min\\&\text{s. t.}\quad g_1(\boldsymbol{x})=x_1^2+x_2-1\leqslant 0\\&\qquad\quad g_2(\boldsymbol{x})=-x_2\leqslant 0\\&\qquad\quad g_3(\boldsymbol{x})=-x_1\leqslant 0\end{aligned}$$

利用 K-T 条件确定极值点$\boldsymbol{x}^*$。

此问题在设计空间 $x_1-x_2$ 平面上的图形如图 2-14 所示。它的 K-T 条件可表示为

$$\begin{aligned}&\frac{\partial f(\boldsymbol{x}^*)}{\partial x_i}+\sum_{j\in J}\mu_j\frac{\partial g_j(\boldsymbol{x}^*)}{\partial x_i}=0\quad (i=1,2)\\&g_j(\boldsymbol{x}^*)=0\quad (j\in J)\\&\mu_j\geqslant 0\quad (j\in J)\end{aligned}$$

其中的 $J$ 为在$\boldsymbol{x}^*$处起作用约束下标的集合，因$\boldsymbol{x}^*$待求，所以 $J$ 未知，只能根据各种可能情况进行试验。现按八种情况分析如下：

1）若 $g_1$、$g_2$、$g_3$ 三个约束都在$\boldsymbol{x}^*$处起作用，则 K-T 条件中的第一个方程可写成

$$\begin{aligned}&\frac{\partial f(\boldsymbol{x}^*)}{\partial x_1}+\mu_1\frac{\partial g_1(\boldsymbol{x}^*)}{\partial x_1}+\mu_2\frac{\partial g_2(\boldsymbol{x}^*)}{\partial x_1}+\mu_3\frac{\partial g_3(\boldsymbol{x}^*)}{\partial x_1}=0\\&\frac{\partial f(\boldsymbol{x}^*)}{\partial x_2}+\mu_1\frac{\partial g_1(\boldsymbol{x}^*)}{\partial x_2}+\mu_2\frac{\partial g_2(\boldsymbol{x}^*)}{\partial x_2}+\mu_3\frac{\partial g_3(\boldsymbol{x}^*)}{\partial x_2}=0\end{aligned}$$

将 $f$、$g_1$、$g_2$、$g_3$ 的具体表达式代入，得

$$\begin{aligned}&2(x_1^*-2)+2\mu_1x_1^*-\mu_3=0\\&2x_2^*+\mu_1-\mu_2=0\end{aligned}$$

三个起作用约束在$\boldsymbol{x}^*$处取等式形式，有

$$\begin{aligned}&g_1(\boldsymbol{x}^*)=(x_1^*)^2+x_2^*-1=0\\&g_2(\boldsymbol{x}^*)=-x_2^*=0\\&g_3(\boldsymbol{x}^*)=-x_1^*=0\end{aligned}$$

这里是三个方程，两个未知数，属矛盾方程组，无解。

所以不存在三个起作用约束的极值点。

2）若 $g_1$、$g_3$ 两个约束在$\boldsymbol{x}^*$处起作用，则 K-T 条件为

$$2(x_1^*-2)+2\mu_1x_1^*-\mu_3=0$$
$$2x_2^*+\mu_1=0$$
$$g_1(\boldsymbol{x}^*)=(x_1^*)^2+x_2^*-1=0$$
$$g_3(\boldsymbol{x}^*)=-x_1^*=0$$

解得

$$x_1^*=0$$
$$x_2^*=1$$
$$\mu_1=-2<0$$
$$\mu_3=-4<0$$

这相当于图 2-14 中的 $A$ 点，由于 $\mu_1$、$\mu_3$ 不满足非负要求，所以 $A$ 点不是极值点。

3）若 $g_2$、$g_3$ 两个约束在$\boldsymbol{x}^*$处起作用，则 K-T 条件为

$$2(x_1^*-2)-\mu_3=0$$
$$2x_2^*-\mu_2=0$$
$$g_2(\boldsymbol{x}^*)=-x_2^*=0$$
$$g_3(\boldsymbol{x}^*)=-x_1^*=0$$

解得

$$x_1^*=0$$
$$x_2^*=0$$
$$\mu_2=0$$
$$\mu_3=-4<0$$

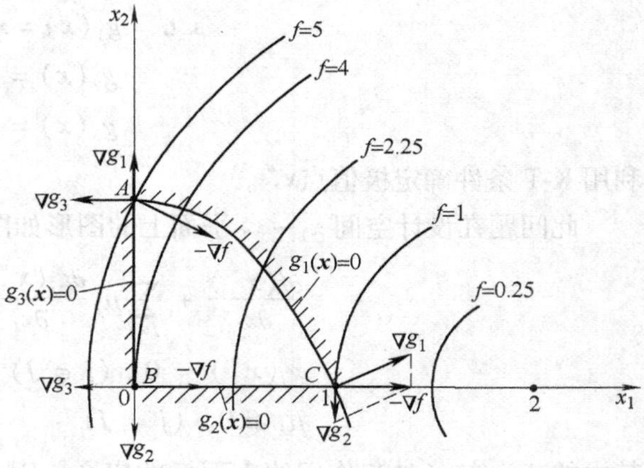


图 2-14 应用库恩-塔克条件寻找约束极值点

这相当于图 2-14 中的 $B$ 点，由于 $\mu_3$ 不满足非负要求，所以 $B$ 点不是极值点。

4）若 $g_1$、$g_2$ 两个约束在$\boldsymbol{x}^*$处起作用，则 K-T 条件为

$$2(x_1^*-2)+2\mu_1x_1^*=0$$
$$2x_2^*+\mu_1-\mu_2=0$$
$$g_1(\boldsymbol{x}^*)=(x_1^*)^2+x_2^*-1=0$$
$$g_2(\boldsymbol{x}^*)=-x_2^*=0$$

解得

$$x_1^*=\pm1$$
$$x_2^*=0$$

由于 $x_1^*=-1$ 不满足第三个不等式约束条件，故舍去。

取

$$x_1^* = 1$$

$$x_2^* = 0$$

得

$$\mu_1 = 1 \geqslant 0$$

$$\mu_2 = 1 \geqslant 0$$

这相当于图 2-14 中的 $C$ 点，由于 $\mu_1$、$\mu_2$ 均满足非负要求，所以 $C$ 点是极值点。

5）若只有 $g_1$ 一个约束在 $\boldsymbol{x}^*$ 处起作用，则 K-T 条件为

$$2(x_1^* - 2) + 2\mu_1 x_1^* = 0$$

$$2x_2^* + \mu_1 = 0$$

$$g_1(\boldsymbol{x}^*) = (x_1^*)^2 + x_2^* - 1 = 0$$

从第一个方程组解得

$$x_1^* = \frac{2}{1 + \mu_1}$$

$$x_2^* = -\frac{\mu_1}{2}$$

由于假定只有 $g_1$ 一个约束在 $\boldsymbol{x}^*$ 处起作用，那么第二个约束 $g_2$ 在 $\boldsymbol{x}^*$ 不起作用，故有 $g_2(\boldsymbol{x}^*) = -x_2^* < 0$，即 $x_2^* > 0$。由 $x_2^* = -\frac{\mu_1}{2} > 0$ 得 $\mu_1 < 0$，不满足非负要求，所以该点不是极值点。

6）若只有 $g_2$ 一个约束在 $\boldsymbol{x}^*$ 处起作用，则 K-T 条件为

$$2(x_1^* - 2) = 0$$

$$2(x_2^* - \mu_2) = 0$$

$$g_2(\boldsymbol{x}^*) = -x_2^* = 0$$

解得

$$x_1^* = 2$$

$$x_2^* = 0$$

$$\mu_2 = 0$$

此解不满足 $g_1(\boldsymbol{x}^*) < 0$ 的要求，故此点不是极值点。

7）若只有 $g_3$ 一个约束在 $\boldsymbol{x}^*$ 处起作用，则 K-T 条件为

$$2(x_1^* - 2) - \mu_3 = 0$$

$$2x_2^* = 0$$

$$g_3(\boldsymbol{x}^*) = -x_1^* = 0$$

解得

$$x_1^* = 0$$

$$x_2^* = 0$$

$$\mu_3 = -4 < 0$$

此解不满足非负要求，故此点不是极值点。

8）若 $g_1$、$g_2$、$g_3$ 三个约束在$\boldsymbol{x}^*$处都不起作用，则 K-T 条件为

$$2(x_1^*-2)=0$$

$$2x_2^*=0$$

解得

$$x_1^*=2$$

$$x_2^*=0$$

此解不满足 $g_1(\boldsymbol{x}^*)<0$ 要求，故此点不是极值点。

从上述八种情况的分析可以看出，利用 K-T 条件求极值点往往是很烦琐的，需要确定哪些约束在极值点处起作用。

库恩-塔克条件也可以叙述为在极值点处目标函数的负梯度为起作用的各约束函数梯度的非负线性组合，即

$$-\nabla f(\boldsymbol{x}^*)=\sum_{j\in J}\mu_j\nabla g_j(\boldsymbol{x})$$

式中　$\mu_j>0$。

在极值点 $C$ 处，起作用约束为 $g_1$、$g_2$，则应有

$$-\nabla f(\boldsymbol{x}^*)=\mu_1\nabla g_1(\boldsymbol{x}^*)+\mu_2\nabla g_2(\boldsymbol{x}^*)$$

而

$$\nabla f(\boldsymbol{x}^*)=\begin{pmatrix}2(x_1^*-2)\\2x_2^*\end{pmatrix}_{\substack{x_1^*=1\\x_2^*=0}}=\begin{pmatrix}-2\\0\end{pmatrix}$$

$$\nabla g_1(\boldsymbol{x}^*)=\begin{pmatrix}2x_1^*\\1\end{pmatrix}_{\substack{x_1^*=1\\x_2^*=0}}=\begin{pmatrix}2\\1\end{pmatrix}$$

$$\nabla g_2(\boldsymbol{x}^*)=\begin{pmatrix}0\\-1\end{pmatrix}$$

代入上式得

$$-\begin{pmatrix}-2\\0\end{pmatrix}=\mu_1\begin{pmatrix}2\\1\end{pmatrix}+\mu_2\begin{pmatrix}0\\-1\end{pmatrix}$$

因此 $\mu_1=\mu_2=1$，所以 $C$ 点处目标函数的负梯度 $-\nabla f$ 为起作用约束函数梯度 $\nabla g_1$、$\nabla g_2$ 的非负线性组合，如图 2-14 所示，而在 $A$、$B$ 两点均不满足上述条件。

## 习　题

2-1　将优化问题

$$\min f(\boldsymbol{x})=x_1^2+x_2^2-4x_2+4$$

$$\text{s.t.}\quad g_1(\boldsymbol{x})=-x_1+x_2^2+1\leqslant 0$$

$$g_2(\boldsymbol{x})=x_1-3\leqslant 0$$

$$g_3(\boldsymbol{x})=-x_2\leqslant 0$$

的目标函数等值线和约束曲线勾画出来，并回答：

1）$\boldsymbol{x}^1=(1\quad 1)^{\mathrm{T}}$ 是否是可行点？

2）$\boldsymbol{x}^2=\left(\frac{5}{2}\quad \frac{1}{2}\right)^{\mathrm{T}}$ 是否是内点？

3）可行域是否是凸集？用阴影线描绘出可行域的范围。

2-2　将优化问题

$$\begin{aligned}&\min f(\boldsymbol{x})=(x_1-3)^2+(x_2-4)^2\\ &\text{s. t.}\quad g_1(\boldsymbol{x})=x_1+x_2-5\leqslant 0\\ &\qquad\ g_2(\boldsymbol{x})=-x_1+x_2+2.5\leqslant 0\\ &\qquad\ g_3(\boldsymbol{x})=-x_1\leqslant 0\\ &\qquad\ g_4(\boldsymbol{x})=-x_2\leqslant 0\end{aligned}$$

的目标函数等值线和约束曲线勾画出来，并确定：

1）可行域的范围（用阴影线画出）。

2）无约束最优解$\boldsymbol{x}^{*(1)}$、$f(\boldsymbol{x}^{*(1)})$及约束最优解$\boldsymbol{x}^{*(2)}$、$f(\boldsymbol{x}^{*(2)})$。

3）若再加入等式约束 $h(\boldsymbol{x})=x_1-x_2=0$，约束最优解$\boldsymbol{x}^{*(3)}$、$f(\boldsymbol{x}^{*(3)})$。

2-3　证明函数$f(\boldsymbol{x})=60-10x_1-4x_2+x_1^2+x_2^2-x_1x_2$ 在 $x_1$-$x_2$ 平面上是一凸函数。

2-4　已知函数$f(\boldsymbol{x})=\frac{x_1^2}{2a}+\frac{x_2^2}{2b}$，其中 $a>0$，$b>0$，问：

1）该函数是否存在极值？

2）若存在极值，试确定它的极值点$\boldsymbol{x}^*$，判断它是极小值还是极大值。

2-5　设某无约束优化问题的目标函数是$f(\boldsymbol{x})=x_1^2+9x_2^2$，已知初始迭代点$\boldsymbol{x}^0=(2\quad 2)^{\mathrm{T}}$，第一次迭代所取的方向$\boldsymbol{d}^0=(-4\quad -36)^{\mathrm{T}}$，步长 $\alpha_0=0.0561644$，第二次迭代所取方向$\boldsymbol{d}^1=(-3.55069\quad 0.39451)^{\mathrm{T}}$，步长 $\alpha_1=0.45556$，试计算：

1）第一次迭代和第二次迭代计算所获得的迭代点$\boldsymbol{x}^1$、$\boldsymbol{x}^2$。

2）计算$\boldsymbol{x}^0$、$\boldsymbol{x}^1$、$\boldsymbol{x}^2$ 处的目标函数值$f(\boldsymbol{x}^0)$、$f(\boldsymbol{x}^1)$、$f(\boldsymbol{x}^2)$。

2-6　已知约束优化问题

$$\begin{aligned}&\min f(\boldsymbol{x})=4x_1-x_2^3-12\\ &\text{s. t.}\quad g(\boldsymbol{x})=-10x_1+x_2^3+10x_2+x_2^2+34\leqslant 0\\ &\qquad\ h(\boldsymbol{x})=25-x_1^2-x_2^2=0\end{aligned}$$

试用 K-T 条件判别 $\boldsymbol{x}=(1.002\quad 4.899)^{\mathrm{T}}$ 是否为其极值点。

# 第3章

# 一维搜索方法

## 3.1 概述

前面讲过，当采用数学规划法寻求多元函数 $f(\boldsymbol{x})$ 的极值点 $\boldsymbol{x}^*$ 时，一般要进行一系列如下格式的迭代计算：

$$\boldsymbol{x}^{k+1}=\boldsymbol{x}^{k}+\alpha_k\boldsymbol{d}^{k}\quad(k=0,1,2,\cdots)$$

其中 $\boldsymbol{d}^k$ 为第 $k+1$ 次迭代的搜索方向，$\alpha_k$ 为沿 $\boldsymbol{d}^k$ 搜索的最佳步长因子（通常也称作最佳步长。严格地说，只有在 $\|\boldsymbol{d}^k\|=1$ 的条件下，最佳步长 $\|\alpha_k\boldsymbol{d}^k\|$ 才等于最佳步长因子 $\alpha_k$）。当方向 $\boldsymbol{d}^k$ 给定时，求最佳步长 $\alpha_k$ 就是求一元函数

$$f(\boldsymbol{x}^{k+1})=f(\boldsymbol{x}^{k}+\alpha_k\boldsymbol{d}^{k})=\varphi(\alpha_k)\quad(k=0,1,2,\cdots)$$

的极值问题，称作一维搜索。而求多元函数的极值点，需要进行一系列的一维搜索。可见一维搜索是优化搜索方法的基础。

求解一元函数 $\varphi(\alpha)$ 的极小点 $\alpha^*$，可采用解析解法，即利用一元函数的极值条件 $\varphi'(\alpha^*)=0$ 求 $\alpha^*$。需要指出的是，在用函数 $\varphi(\alpha)$ 的导数求 $\alpha^*$ 时，所用的函数 $\varphi(\alpha)$ 是仅以步长因子 $\alpha$ 为变量的一元函数，而不是以设计点 $\boldsymbol{x}$ 为变量的多元函数 $f(\boldsymbol{x})$。

为了直接利用 $f(\boldsymbol{x})$ 的函数式求解最佳步长因子 $\alpha^*$，可把 $f(\boldsymbol{x}^k+\alpha_k\boldsymbol{d}^k)$ 或它的简写形式 $f(\boldsymbol{x}+\alpha\boldsymbol{d})$ 进行泰勒展开，取到二阶项，即

$$\begin{aligned}f(\boldsymbol{x}+\alpha\boldsymbol{d})&\approx f(\boldsymbol{x})+\alpha\boldsymbol{d}^{\mathrm{T}}\ \nabla f(\boldsymbol{x})+\frac{1}{2}(\alpha\boldsymbol{d})^{\mathrm{T}}\boldsymbol{G}(\alpha\boldsymbol{d})\\&=f(\boldsymbol{x})+\alpha\boldsymbol{d}^{\mathrm{T}}\ \nabla f(\boldsymbol{x})+\frac{1}{2}\alpha^2\boldsymbol{d}^{\mathrm{T}}\boldsymbol{G}\boldsymbol{d}\end{aligned}$$

将上式对 $\alpha$ 进行微分并令其等于零，给出 $f(\boldsymbol{x}+\alpha\boldsymbol{d})$ 的极值点 $\alpha^*$ 应满足的条件：

$$\boldsymbol{d}^{\mathrm{T}}\ \nabla f(\boldsymbol{x})+\alpha^*\boldsymbol{d}^{\mathrm{T}}\boldsymbol{G}\boldsymbol{d}=0$$

求得

$$\alpha^*=-\frac{\boldsymbol{d}^{\mathrm{T}}\ \nabla f(\boldsymbol{x})}{\boldsymbol{d}^{\mathrm{T}}\boldsymbol{G}\boldsymbol{d}}$$

这里是直接利用函数 $f(\boldsymbol{x})$ 而不需要把它化成步长因子 $\alpha$ 的函数 $\varphi(\alpha)$。但此时需要计算 $\boldsymbol{x}=\boldsymbol{x}^k$ 点处的梯度 $\nabla f(\boldsymbol{x})$ 和海赛矩阵 $\boldsymbol{G}$。

解析解法的缺点是需要进行求导计算。对于函数关系复杂、求导困难或无法求导的情况，使用解析解法将是非常不便的。所以在优化设计中，求解最佳步长因子 $\alpha^*$ 主要采用数值解法，即利用计算机通过反复迭代计算求得最佳步长因子的近似值。数值解法的基本思路是：先确定 $\alpha^*$ 所在的搜索区间，然后根据区间消去法原理不断缩小此区间，从而获得 $\alpha^*$ 的数值近似解。

## 3.2　搜索区间的确定与区间消去法原理

欲求一元函数 $f(\alpha)$ 的极小点 $\alpha^*$（为书写简便，这里仍用同一符号 $f$ 表示相应的一元函数），必须先确定 $\alpha^*$ 所在的区间。

### 3.2.1　确定搜索区间的外推法

在一维搜索时，假设函数 $f(\alpha)$ 具有如图3-1所示的单谷性，即在所考虑的区间内部，函数 $f(\alpha)$ 有唯一的极小点 $\alpha^*$。为了确定极小点 $\alpha^*$ 所在的区间 $[a,b]$，应使函数 $f(\alpha)$ 在 $[a,b]$ 区间内形成“高—低—高”的趋势。

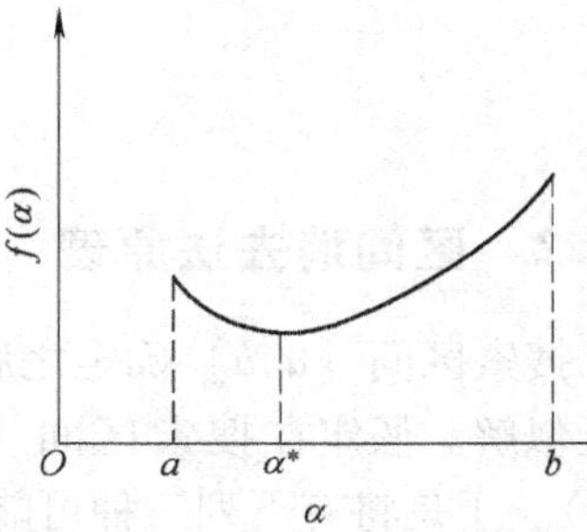

图3-1　具有单谷性的函数

为此，从 $\alpha=\alpha_0$ 开始，以初始步长 $h_0$ 向前试探。如果函数值上升，则步长变号，即改变试探方向。如果函数值下降，则维持原来的试探方向，并将步长加倍。区间的始点、中间点依次沿试探方向移动一步。此过程一直进行到函数值再次上升时为止，即可找到搜索区间的终点。最后得到的三点即为搜索区间的始点、中间点和终点，形成函数值的“高—低—高”趋势。

图3-2表示沿 $\alpha$ 的正向试探。每走一步都将区间的始点、中间点沿试探方向移动一步（同时进行换名）。经过三步最后确定搜索区间 $[\alpha_1,\alpha_3]$，并且得到区间始点、中间点和终点 $\alpha_1<\alpha_2<\alpha_3$，所对应的函数值 $y_1>y_2<y_3$。

图3-3所表示的情况是，开始是沿 $\alpha$ 的正方向试探，但由于函数值上升而改变了试探方向，最后得到始点、中间点和终点 $\alpha_1>\alpha_2>\alpha_3$ 及它们的对应函数值 $y_1>y_2<y_3$，从而形成单谷区间 $[\alpha_3,\alpha_1]$ 为一维搜索区间。

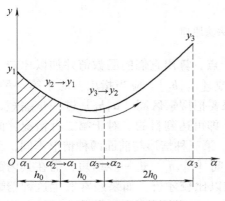

图3-2　正向搜索的外推法

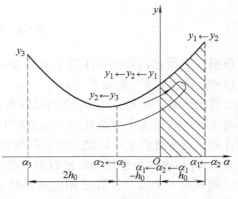

图3-3　反向搜索的外推法

上述确定搜索区间的外推法，其程序框图如图 3-4 所示。

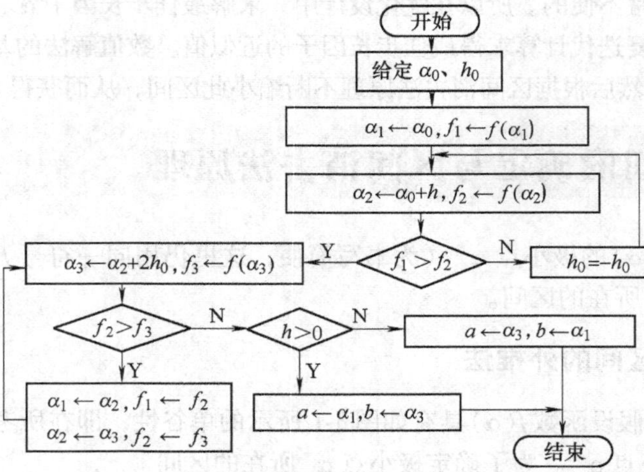


图 3-4 外推法的程序框图

## 3.2.2 区间消去法原理

搜索区间 $[a,b]$ 确定之后，采用区间消去法逐步缩短搜索区间，从而找到极小点的数值近似解。假定在搜索区间 $[a,b]$ 内任取两点 $a_1$、$b_1$，$a_1<b_1$，并计算函数值 $f(a_1)$、$f(b_1)$。于是将有下列三种可能情形：

1）$f(a_1)<f(b_1)$，如图 3-5a 所示。由于函数为单谷，所以极小点必在区间 $[a,b_1]$ 内。

2）$f(a_1)>f(b_1)$，如图 3-5b 所示。同理，极小点应在区间 $[a_1,b]$ 内。

3）$f(a_1)=f(b_1)$，如图 3-5c 所示，这时极小点应在 $[a_1,b_1]$ 内。

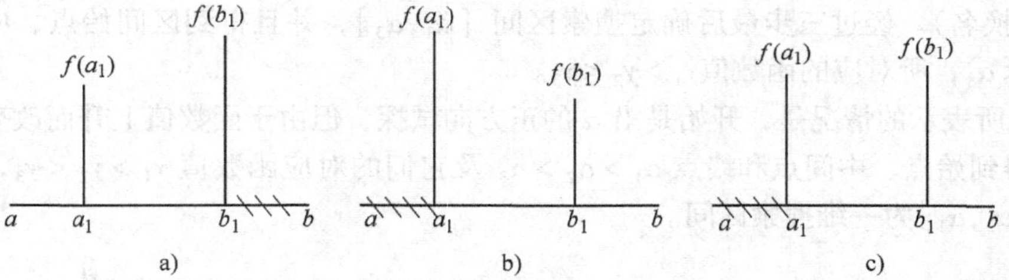


图 3-5 区间消去法原理

根据以上所述，只要在区间 $[a,b]$ 内取两个点，算出它们的函数值并加以比较，就可以把搜索区间 $[a,b]$ 缩短成 $[a,b_1]$、$[a_1,b]$ 或 $[a_1,b_1]$。应当指出，对于第一种情况，如果已算出区间 $[a,b_1]$ 内 $\alpha_1$ 点的函数值，如果要把搜索区间 $[a,b_1]$ 进一步缩短，只需在其内再取一点算出函数值并与 $f(\alpha_1)$ 加以比较，即可达到目的。对于第二种情况，同样只需再计算一点函数值就可以把搜索区间继续缩短。第三种情形与前面两种情形不同，因为在区间 $[a_1,b_1]$ 内缺少已算出的函数值。要想把区间 $[a_1,b_1]$ 进一步缩短，需在其内部取两个点（而不是一个点）计算出相应的函数值再加以比较才行。如果经常发生这种情形，为了缩短搜索区间，需要多计算一倍数量的函数值，这就增加了计算工作量。因此，为了避免多计算函数值，可以把第三种情形合并到前面两种情形中去。例如，可以把前面三种情形改为下列两种情形：

1）若$f(a_1)<f(b_1)$，则取 $[a,b_1]$ 为缩短后的搜索区间。

2）若$f(a_1)\geqslant f(b_1)$，则取 $[a_1,b]$ 为缩短后的搜索区间。

从上述的分析中可知，为了每次缩短区间，只需要在区间内再插入一点并计算其函数值。然而，对于插入点的位置，是可以用不同的方法来确定的。这样就形成了不同的一维搜索方法。

概括起来，可将一维搜索方法分成两大类。

一类称作试探法。这类方法是按某种给定的规律来确定区间内插入点的位置。此点位置的确定仅仅按照区间缩短如何加快，而不顾及函数值的分布关系。属于试探法一维搜索的有黄金分割法、斐波那契（Fibonacci）法等。

另一类一维搜索方法称作插值法或函数逼近法。这类方法是根据某些点处的某些信息，如函数值、一阶导数、二阶导数等，构造一个插值函数来逼近原来的函数，用插值函数的极小点作为区间的插入点。属于插值法一维搜索的有二次插值法、三次插值法等。

## 3.3 一维搜索的试探法

在实际计算中，最常用的一维搜索试探方法是黄金分割法，又称作0.618法。

黄金分割法适用于 $[a,b]$ 区间上的任何单谷函数求极小值问题。对函数除要求“单谷”外不作其他要求，甚至可以不连续。因此，这种方法的适应面相当广。

黄金分割法也是建立在区间消去法原理基础上的试探方法，即在搜索区间 $[a,b]$ 内适当插入两点 $\alpha_1$、$\alpha_2$，并计算其函数值。$\alpha_1$、$\alpha_2$ 将区间分成三段。应用函数的单谷性质，通过函数值大小的比较，删去其中一段，使搜索区间得以缩短。然后再在保留下来的区间上做同样的处置，如此迭代下去，使搜索区间无限缩小，从而得到极小点的数值近似解。

黄金分割法要求插入点 $\alpha_1$、$\alpha_2$ 的位置相对于区间 $[a,b]$ 两端点具有对称性，即

$$\alpha_1=b-\lambda(b-a)$$

$$\alpha_2=a+\lambda(b-a)$$

其中 $\lambda$ 为待定常数。

除对称要求外，黄金分割法还要求在保留下来的区间内再插入一点所形成的区间新三段，与原来区间的三段具有相同的比例分布。设原区间 $[a,b]$ 长度为1，如图3-6所示，保留下来的区间 $[a,\alpha_2]$ 长度为 $\lambda$，区间缩短率为 $\lambda$。为了保持相同的比例分布，新插入点 $\alpha_3$ 应在 $\lambda(1-\lambda)$ 位置上，$\alpha_1$ 在原区间的 $1-\lambda$ 位置应相当于在保留区间的 $\lambda^2$ 位置。故有

$$1-\lambda=\lambda^2$$

$$\lambda^2+\lambda-1=0$$

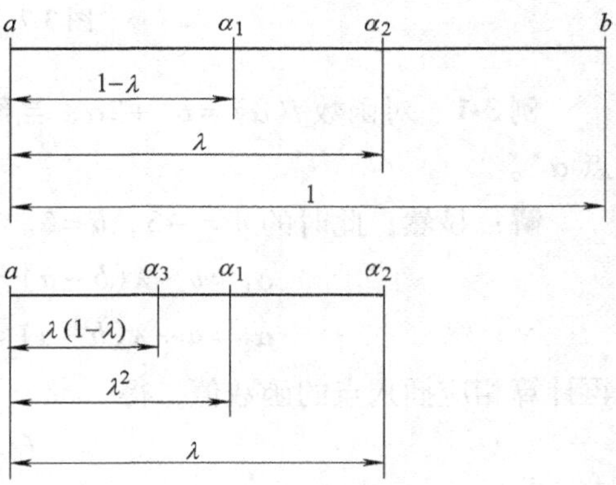


图3-6 黄金分割法

取方程正数解，得

$$\lambda=\frac{\sqrt{5}-1}{2}\approx 0.618$$

若保留下来的区间为 $[\alpha_1, b]$，根据插入点的对称性，也能推得同样的 $\lambda$ 值。所谓“黄金分割”，是指将一线段分成两段的方法，使整段长与较长段的长度比值等于较长段与较短段长度的比值，即 $1:\lambda=\lambda:(1-\lambda)$，同样算得 $\lambda\approx 0.618$。

可见黄金分割法能使相邻两次搜索区间都具有相同的缩短率 0.618，所以黄金分割法又被称作 0.618 法。

黄金分割法的搜索过程是：

1）给出初始搜索区间 $[a, b]$ 及收敛精度 $\varepsilon$，将 $\lambda$ 赋以 0.618。

2）按坐标点计算公式计算 $\alpha_1$ 和 $\alpha_2$，并计算其对应的函数值 $f(\alpha_1)$、$f(\alpha_2)$。

3）根据区间消去法原理缩短搜索区间。为了能用原来的坐标点计算公式，需进行区间名称的代换，并在保留区间中计算一个新的试验点及其函数值。

4）检查区间是否缩短到足够小和函数值收敛到足够近，如果条件不满足则返回到步骤 2)。

5）如果条件满足，则取最后两试验点的平均值作为极小点的数值近似解。

黄金分割法的程序框图如图 3-7 所示。

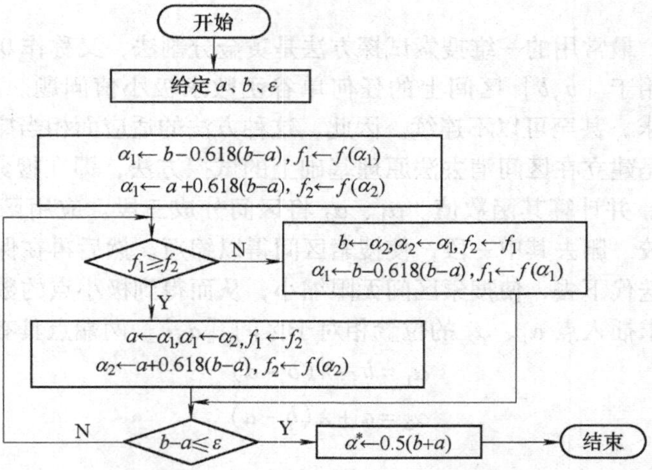


图 3-7　黄金分割法程序框图

**例 3-1**　对函数 $f(\alpha)=\alpha^2+2\alpha$，当给定搜索区间 $-3\leqslant\alpha\leqslant 5$ 时，试用黄金分割法求极小点 $\alpha^*$。

**解**：显然，此时的 $a=-3$，$b=5$。首先插入两点 $\alpha_1$ 和 $\alpha_2$。

$$\alpha_1=b-\lambda(b-a)=5-0.618\times(5+3)=0.056$$

$$\alpha_2=a+\lambda(b-a)=-3+0.618\times(5+3)=1.944$$

再计算相应插入点的函数值，得

$$f_1=f(\alpha_1)=0.115$$

$$f_2=f(\alpha_2)=7.667$$

因为$f_2>f_1$，所以消去区间［$\alpha_2,b$］，则新的搜索区间［$a,b$］的端点$a=-3$不变，而端点$b=\alpha_2=1.944$。

第一次迭代：此时插入点

$$\alpha_1=b-\lambda(b-a)=1.944-0.618\times(1.944+3)=-1.111$$

$$\alpha_2=0.056$$

相应插入点的函数值

$$f_1=f(\alpha_1)=-0.987$$

$$f_2=f(\alpha_2)=0.115$$

由于$f_2>f_1$，故消去区间［$\alpha_2,b$］，则新的搜索区间为［$-3,0.056$］。

如此继续迭代下去。

表3-1列出前五次迭代的结果。

**表3-1　黄金分割法的搜索过程**

| 迭代序号 | $a$ | $\alpha_1$ | $\alpha_2$ | $b$ | $f_1$ | 比　较 | $f_2$ |
|---|---|---|---|---|---|---|---|
| 0 | -3 | 0.056 | 1.944 | 5 | 0.115 | < | 7.667 |
| 1 | -3 | -1.111 | 0.056 | 1.944 | -0.987 | < | 0.115 |
| 2 | -3 | -1.832 | -1.111 | 0.056 | -0.306 | > | -0.987 |
| 3 | -1.832 | -1.111 | -0.665 | 0.056 | -0.987 | < | -0.888 |
| 4 | -1.832 | -1.386 | -1.111 | -0.665 | -0.851 | > | -0.987 |
| 5 | -1.386 | -1.111 | -0.940 | -0.665 | | | |

假定，经过5次迭代后已满足收敛精度要求，则得

$$\alpha^*=\frac{1}{2}(a+b)=\frac{1}{2}(-1.386-0.665)=-1.0255$$

相应的函数极值$f(\alpha^*)=-0.99935$。

采用解析解法可求得其精确解$\alpha^*=-1$，$f(\alpha^*)=-1$。

可见通过5次迭代已足够接近精确解了。

其函数图像如图3-8所示。

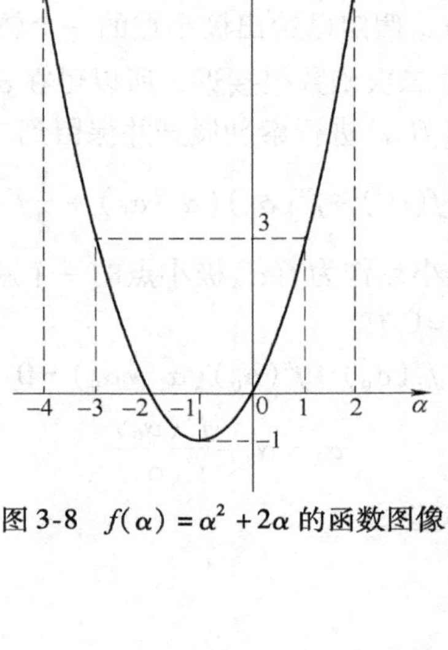


图3-8　$f(\alpha)=\alpha^2+2\alpha$的函数图像

## 3.4 一维搜索的插值法

若某问题是在某一确定区间内寻求函数的极小点位置，虽然没有函数表达式，但能够给出若干试验点处的函数值。那么根据这些点处的函数值，利用插值方法建立函数的某种近似表达式，进而求出函数的极小点，并用它作为原来函数极小点的近似值。这种方法称作插值方法，又称作函数逼近法。

插值方法和试探方法都是利用区间消去法原理将初始搜索区间不断缩短，从而求得极小点的数值近似解。

二者不同之处在于试验点位置的确定方法不同。

在试探法中，试验点位置是由某种给定的规律确定的，它不考虑函数值的分布，仅仅利用了试验点函数值大小的比较。例如，黄金分割法是按等比例 0.618 缩短率确定的。由于试探法仅对试验点函数值的大小进行比较，而函数值本身的特性没有得到充分利用，这样即使对一些简单的函数，例如二次函数，也不得不像一般函数那样进行同样多的函数值计算。

而在插值法中，试验点位置是利用函数值本身或者其导数信息，按函数值近似分布的极小点确定的。由于它利用了函数在已知试验点的值（或导数值）来确定新试验点的位置，因此当函数具有比较好的解析性质时（例如连续可微性），插值方法比试探方法效果更好。

多项式是函数逼近的一种常用工具。在搜索区间内可以利用若干试验点处的函数值来构造低次多项式，用它作为函数的近似表达式，并用这个多项式的极小点作为原函数极小点的近似。

常用的插值多项式为二次多项式。

这里介绍两种用二次函数逼近原来函数的方法。一种方法是牛顿法（切线法），它是利用一点的函数值、一阶导数值和二阶导数值来构造此二次函数的；另一种方法是抛物线法（二次插值法），它是利用三个点的函数值形成一个抛物线来构造此二次函数的。

### 3.4.1 牛顿法（切线法）

对于一维搜索函数 $y=f(\alpha)$，假定已给出极小点的一个较好的近似点 $\alpha_0$，因为一个连续可微的函数在极小点附近与一个二次函数很接近，所以可在 $\alpha_0$ 点附近用一个二次函数 $\phi(\alpha)$ 来逼近函数 $f(\alpha)$，即在 $\alpha_0$ 点将 $f(\alpha)$ 进行泰勒展开并保留到二次项，有

$$f(\alpha)\approx\phi(\alpha)=f(\alpha_0)+f'(\alpha_0)(\alpha-\alpha_0)+\frac{1}{2}f''(\alpha_0)(\alpha-\alpha_0)^2$$

然后以二次函数 $\phi(\alpha)$ 的极小点作为 $f(\alpha)$ 极小点的一个新近似点 $\alpha_1$。

根据极值必要条件 $\phi'(\alpha_1)=0$ 有

$$f'(\alpha_0)+f''(\alpha_0)(\alpha_1-\alpha_0)=0$$

得

$$\alpha_1=\alpha_0-\frac{f'(\alpha_0)}{f''(\alpha_0)}$$

依此继续下去，可得牛顿法迭代公式：

$$\alpha_{k+1}=\alpha_k-\frac{f'(\alpha_k)}{f''(\alpha_k)}\quad(k=0,1,2,\cdots)$$

如图3-9所示。

$f(\alpha)$的极小点$\alpha^*$应满足极值必要条件$f'(\alpha^*)=0$。所以求$f(\alpha)$的极小点也就是求解$f'(\alpha)=0$方程的根。图3-9中，在$\alpha_0$处用一抛物线$\phi(\alpha)$代替曲线$f(\alpha)$，相当于用一斜线$\phi'(\alpha)$代替曲线$f'(\alpha)$。抛物线顶点$\alpha_1$作为第一个近似点应处于斜线$\phi'(\alpha)$与轴的交点处。这样各个近似点是通过对$f'(\alpha)$作切线求得与$\alpha$轴的交点而找到的，所以牛顿法又称作切线法。

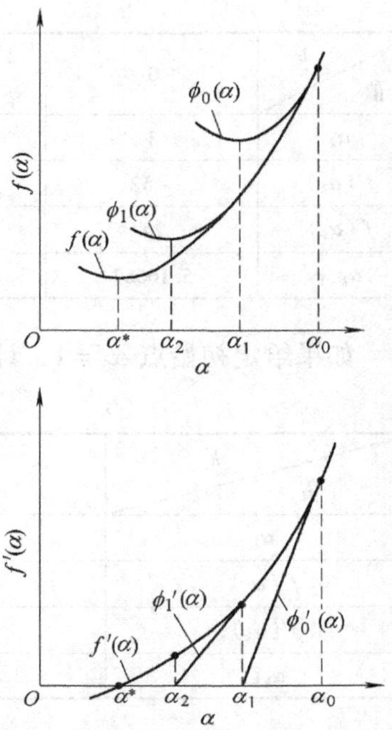


图3-9 一维搜索的切线法

牛顿法的计算步骤是：

1）给定初始点$\alpha_0$，控制误差$\varepsilon$。

2）计算$f'(\alpha_0)$、$f''(\alpha_1)$。

3）求$\alpha_1=\alpha_0-\dfrac{f'(\alpha_0)}{f''(\alpha_0)}$。

4）若$|\alpha_1-\alpha_0|\leqslant\varepsilon$，则求得近似解$\alpha^*=\alpha_1$，停止计算，否则转5）。

5）令$\alpha_0\leftarrow\alpha_1$，转2）。

牛顿法的程序框图如图3-10所示。

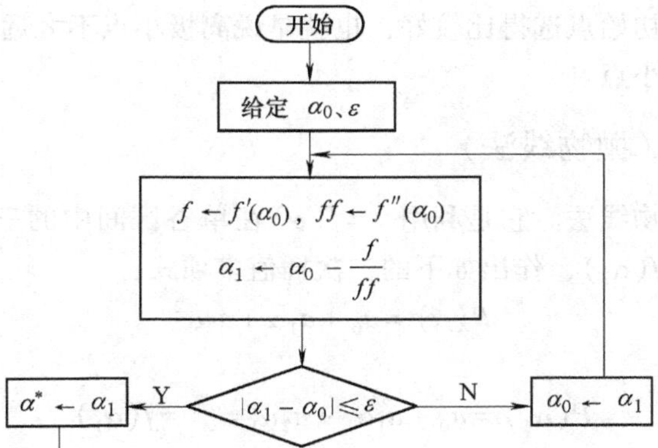


图3-10 牛顿法的程序框图

**例3-2** 给定$f(\alpha)=\alpha^4-4\alpha^3-6\alpha^2-16\alpha+4$，试用牛顿法求其极小点$\alpha^*$。

**解：** 为计算方便，先求出函数的一阶、二阶导函数

$$f'(\alpha)=4(\alpha^3-3\alpha^2-3\alpha-4)$$

$$f''(\alpha)=12(\alpha^2-2\alpha-1)$$

给定初始点$\alpha_0=3$，控制误差$\varepsilon=0.001$，计算结果如表3-2所示。

表 3-2 牛顿迭代法的搜索过程

| 值 \ k | 0 | 1 | 2 | 3 | 4 |
|---|---|---|---|---|---|
| $\alpha_k$ | 3 | 5.16667 | 4.33474 | 4.03960 | 4.00066 |
| $f'(\alpha_k)$ | -52 | 153.35183 | 32.30199 | 3.38290 | 0.00551 |
| $f''(\alpha_k)$ | 24 | 184.33332 | 109.44586 | 86.86992 | 84.04720 |
| $\alpha_{k+1}$ | 5.16667 | 4.33474 | 4.03960 | 4.00066 | 4.00059 |

如果给定初始点 $\alpha_0=1$，计算结果如表 3-3 所示。

表 3-3 牛顿迭代法的搜索过程

| 值 \ k | 0 | 1 | 2 |
|---|---|---|---|
| $\alpha_k$ | 1 | -0.5 | 4 |
| $f'(\alpha_k)$ | -36 | 13.5 | 0 |
| $f''(\alpha_k)$ | -24 | 3 | 84 |
| $\alpha_{k+1}$ | -0.5 | 4 | 4 |

由此可以看出，初始点的选择对迭代次数和计算精度影响都比较大。

牛顿法最大的优点是收敛速度快。但是在每一点处都要计算函数的二阶导数，因而增加了每次迭代的工作量。特别是用数值微分代替二阶导数时，舍入误差会影响牛顿法的收敛速度，当 $f'(\alpha)$ 很小时这个问题更严重。

另外，牛顿法要求初始点选得比较好，也就是说离极小点不太远，否则有可能使极小化序列发散或收敛到非极小点。

### 3.4.2 二次插值法（抛物线法）

二次插值法又称抛物线法。它是利用 $y=f(\alpha)$ 在单谷区间中的三点 $\alpha_1<\alpha_2<\alpha_3$ 的相应函数值 $f(\alpha_1)>f(\alpha_2)<f(\alpha_3)$，作出如下的二次插值多项式：

$$P(\alpha)=a_0+a_1\alpha+a_2\alpha^2$$

它应满足条件：

$$P(\alpha_1)=a_0+a_1\alpha_1+a_2\alpha_1^2=y_1=f(\alpha_1)$$
$$P(\alpha_2)=a_0+a_1\alpha_2+a_2\alpha_2^2=y_2=f(\alpha_2)$$
$$P(\alpha_3)=a_0+a_1\alpha_3+a_2\alpha_3^2=y_3=f(\alpha_3)$$

多项式 $P(\alpha)$ 的极值点可从极值的必要条件 $P'(\alpha_P)=a_1+2a_2\alpha_P=0$ 中求得：

$$\alpha_P=\frac{-a_1}{2a_2}$$

为了确定这个极值点，只需计算出系数 $a_1$ 和 $a_2$。其算法是利用 $a_0$、$a_1$、$a_2$ 的联立方程组中相邻两个方程消去 $a_0$，从而得到对于 $a_1$ 和 $a_2$ 的方程组：

$$a_1(\alpha_1-\alpha_2)+a_2(\alpha_1^2-\alpha_2^2)=y_1-y_2$$
$$a_1(\alpha_2-\alpha_3)+a_2(\alpha_2^2-\alpha_3^2)=y_2-y_3$$

解得

$$a_1 = \frac{(\alpha_2^2-\alpha_3^2)y_1 + (\alpha_3^2-\alpha_1^2)y_2 + (\alpha_1^2-\alpha_2^2)y_3}{(\alpha_1-\alpha_2)(\alpha_2-\alpha_3)(\alpha_3-\alpha_1)}$$

$$a_2 = -\frac{(\alpha_2-\alpha_3)y_1 + (\alpha_3-\alpha_1)y_2 + (\alpha_1-\alpha_2)y_3}{(\alpha_1-\alpha_2)(\alpha_2-\alpha_3)(\alpha_3-\alpha_1)}$$

所以

$$\alpha_P = -\frac{a_1}{2a_2} = \frac{1}{2}\frac{(\alpha_2^2-\alpha_3^2)y_1 + (\alpha_3^2-\alpha_1^2)y_2 + (\alpha_1^2-\alpha_2^2)y_3}{(\alpha_2-\alpha_3)y_1 + (\alpha_3-\alpha_1)y_2 + (\alpha_1-\alpha_2)y_3}$$

若令

$$c_1 = \frac{y_3-y_1}{\alpha_3-\alpha_1}$$

$$c_2 = \frac{\dfrac{y_2-y_1}{\alpha_2-\alpha_1}-c_1}{\alpha_2-\alpha_3}$$

则

$$\alpha_P = \frac{1}{2}\left(\alpha_1+\alpha_3-\frac{c_1}{c_2}\right)$$

这样就得到了 $f(\alpha)$ 极小点 $\alpha^*$ 的近似解 $\alpha_P$，如图 3-11 所示。

如果区间长度 $|\alpha_3-\alpha_1|$ 足够小，则由 $|\alpha_P-\alpha^*| < |\alpha_3-\alpha_1|$ 便得出所求的近似极小点 $\alpha^* \approx \alpha_P$。

若不满足上述要求，则必须缩小区间 $[\alpha_1, \alpha_3]$。根据区间消去法原理，需要已知区间内两点的函数值。其中点 $\alpha_2$ 的函数值 $y_2 = f(\alpha_2)$ 已知，另外一点可取 $\alpha_P$ 点并计算其函数值 $y_P = f(\alpha_P)$。当 $y_2 < y_P$ 时取 $[\alpha_1, \alpha_P]$ 为缩短后的搜索区间，如图 3-11a 所示。否则 $[\alpha_2, \alpha_3]$ 为缩短后的搜索区间，在新的区间内再用二次插值法插入新的极小点近似值 $\tilde{\alpha}_P$，如图 3-11b 所示。如此不断进行下去，直到满足精度要求为止。

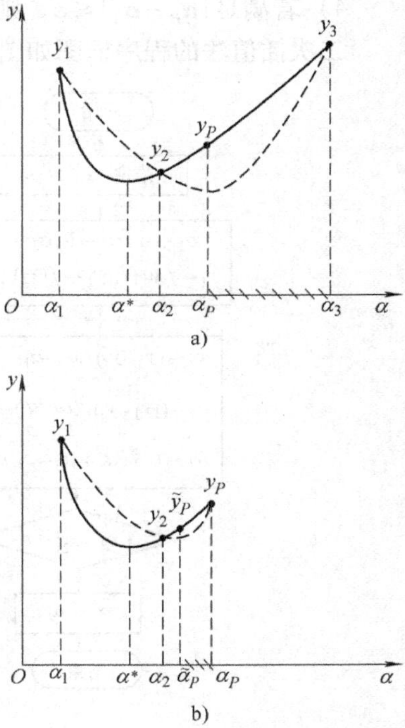


图 3-11　二次插值法

为了在每次计算插入点的坐标时能应用同一计算公式，新区间端点的坐标及函数值名称需换成原区间端点的坐标及函数值名称，即在每个新区间上仍取 $\alpha_1 < \alpha_2 < \alpha_3$ 三点及其相应的函数值 $f(\alpha_1) > f(\alpha_2) < f(\alpha_3)$，这样当计算插入点（即抛物线极小点 $\alpha_P$）位置时仍可以应用原来的计算公式。根据 $\alpha_P$ 与 $\alpha_2$ 的相对位置、$y_P$ 与 $y_2$ 的大小，按照表 3-4 所示的四种情况进行换名。

**表 3-4　二次插值法的四种换名情况**

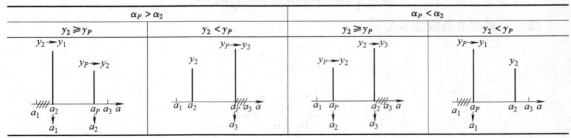

| $\alpha_P > \alpha_2$ | | $\alpha_P < \alpha_2$ | |
|---|---|---|---|
| $y_2 \geqslant y_P$ | $y_2 < y_P$ | $y_2 \geqslant y_P$ | $y_2 < y_P$ |
| 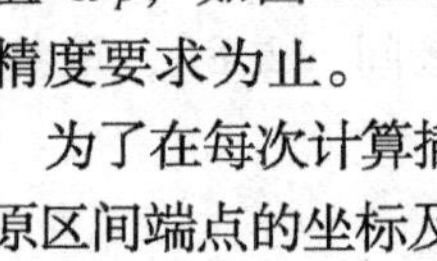  | 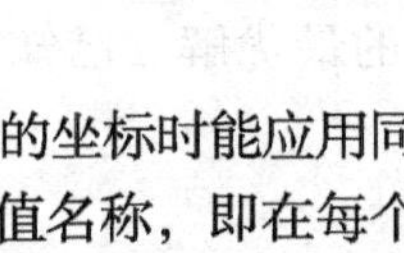  | 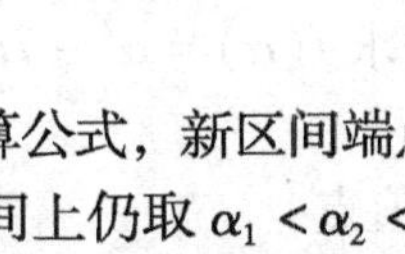  | 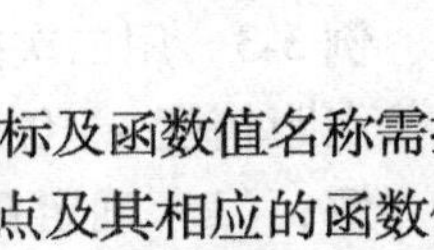  |

在应用上述二次插值法进行一维搜索之前，同样需要使用一维搜索的外推法确定初始搜索区间。即在此区间上函数值应形成“高—低—高”的单谷形态。

二次插值法的计算步骤：

1）给定初始搜索区间 $[a,b]$ 和精度 $\varepsilon$。

2）在区间 $[a,b]$ 内取点 $\alpha_1=a$、$\alpha_2=0.5(a+b)$、$\alpha_3=b$，并计算其相应的函数值 $y_1=f(\alpha_1)$、$y_2=f(\alpha_2)$、$y_3=f(\alpha_3)$，构成三个插值点 $P_1(\alpha_1,y_1)$、$P_2(\alpha_2,y_2)$、$P_3(\alpha_3,y_3)$。

3）计算 $\alpha_P$ 及 $y_P=f(\alpha_P)$。

4）若满足 $|\alpha_P-\alpha_2|\leqslant\varepsilon$，则 $\alpha^*\leftarrow\alpha_P$，停止，否则缩小区间，转 2）继续迭代。

二次插值法的程序框图如图 3-12 所示。

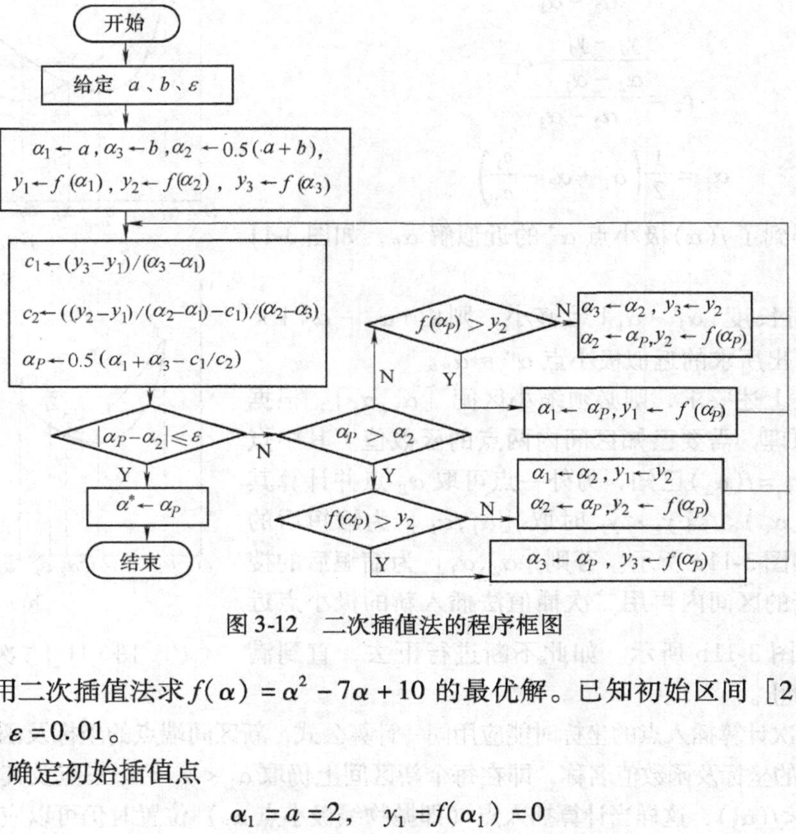


图 3-12 二次插值法的程序框图

**例 3-3** 用二次插值法求 $f(\alpha)=\alpha^2-7\alpha+10$ 的最优解。已知初始区间 $[2,8]$，取终止迭代点距精度 $\varepsilon=0.01$。

**解**：（1）确定初始插值点

$$\alpha_1=a=2,\quad y_1=f(\alpha_1)=0$$

$$\alpha_3=b=8,\quad y_3=f(\alpha_3)=18$$

$$\alpha_2=\frac{1}{2}(a+b)=5,\quad y_2=f(\alpha_2)=0$$

（2）计算插值函数极小点

$$c_1=\frac{y_3-y_1}{\alpha_3-\alpha_1}=3$$

$$c_2=\frac{\dfrac{y_2-y_1}{\alpha_2-\alpha_1}-c_1}{\alpha_2-\alpha_3}=1$$

$$\alpha_P = 0.5\left(\alpha_1 + \alpha_3 - \frac{c_1}{c_2}\right) = 3.5$$

$$y_P = f(\alpha_P) = -2.25$$

（3）缩短搜索区间

因　$\alpha_1 < \alpha_P < \alpha_2$，　$y_P < y_2$

所以

$$\alpha_1 = \alpha_1 = 2,\quad y_1 = f(\alpha_1) = 0$$

$$\alpha_3 = \alpha_2 = 5,\quad y_3 = y_2 = f(\alpha_2) = 0$$

$$\alpha_2 = \alpha_P = 3.5,\quad y_2 = y_P = f(\alpha_P) = -2.25$$

（4）计算新插值函数的极值点

$$c_1 = 0,\quad c_2 = 1,\quad \alpha_P = 3.5$$

（5）判断迭代终止条件

$$|\alpha_P - \alpha_2| = 0 < \varepsilon$$

满足收敛条件，所以

$$\alpha^* = 3.5,\quad y^* = -2.25$$

从该例题可以看出，使用二次插值法一次就可以找到该函数的极小点。之所以这样，是因为该函数本身就是一个二次函数，所以取三点拟合的二次曲线和原函数的曲线是一样的。所以拟合曲线的极小点即是原函数的极小点，因此极小点一次就可以找到。

**例 3-4**　用二次插值法求 $f(\alpha) = \sin\alpha$ 在 $4 \leqslant \alpha \leqslant 5$ 上的极小点。

解：依题意，初始搜索区间为 [4,5]，取 $\alpha_1 = 4$，$\alpha_2 = 4.5$，$\alpha_3 = 5$，迭代两次的计算过程及结果如表 3-5 所示。

**表 3-5　二次插值法计算过程示例**

| | 1 | 2 |
|---|---|---|
| $\alpha_1$ | 4 | 4.5 |
| $\alpha_2$ | 4.5 | 4.705120 |
| $\alpha_3$ | 5 | 5 |
| $y_1$ | -0.756802 | -0.977590 |
| $y_2$ | -0.977590 | -0.999974 |
| $y_3$ | -0.958924 | -0.958924 |
| $\alpha_P$ | 4.705120 | 4.710594 |
| $y_P$ | -0.999974 | -0.999998 |

由表 3-5 可得最优解 $\alpha^* = 4.710594$，$f(\alpha^*) = -0.999998$。这和精确最优解 -1 已经十分接近。

可见，二次插值法效果很好。

由以上例题可以看出，对于二次函数用二次插值法求优，只需一次插值计算即可。对于非二次函数，随着区间的缩短使函数的二次性态加强，因而收敛也是较快的。

二次插值法收敛速度快，有效性好，但程序较复杂，可靠性稍差。适用于多维优化的一维搜索迭代。

# 3.5 工程设计应用

## 3.5.1 曲柄摇杆机构的优化设计

### 1. 机构简介

图 3-13 所示的曲柄摇杆机构，一连架杆曲柄匀速转动，另一连架杆摇杆变速往复摇动，该曲柄摇杆机构具有以下三个特性：

（1）急回性质　当曲柄匀速转动时，摇杆左右摆动的平均速度不同，其比值为机构的行程速比系数

$$K=\frac{\overline{V}_2}{\overline{V}_1}=\frac{\widehat{C_2C_1}/t_2}{\widehat{C_1C_2}/t_1}=\frac{t_1}{t_2}=\frac{t_1\omega}{t_2\omega}=\frac{180°+\theta}{180°-\theta}$$

（2）压力角与传动角　机构从动件受力的方向与运动方向所夹的锐角 $\alpha$ 为机构瞬间压力角。与压力角互余的角 $\gamma$ 为该点的传动角。机构瞬间传动角越大，其运动就越容易。故机构传动角是衡量机构运动难易程度的一项重要指标。机构最小传动角的可能位置是曲柄与机架重叠共线和展开共线时的位置。

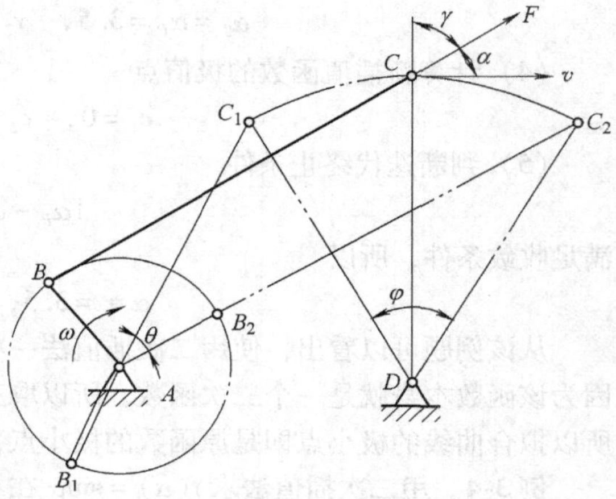

图 3-13　曲柄摇杆机构

（3）死点位置　如果机构以摇杆为主动件，在曲柄与连杆的两次共线位置处，从动件的传动角 $\gamma=0°$，压力角 $\alpha=90°$，机构处于自锁状态。该位置称为机构的死点位置。

### 2. 一般设计问题

工程应用中曲柄摇杆机构的设计问题一般是给定机构的行程速比系数 $K$、摇杆的摆角 $\varphi$ 及长度 $l_4$，确定机架长度 $l_1$、曲柄长度 $l_2$、连杆长度 $l_3$，要求设计机构能够满足传动角条件 $\gamma_{\min}\geqslant[\gamma]$。

### 3. 传统设计方法简介（图解法）

如图 3-14 所示，设计步骤：

1）计算机构极位夹角 $\theta$。

2）确定比例，选择摇杆支点 $D$，作等腰 $\triangle DC_1C_2$，且 $DC_1=l_4$，$\angle C_1DC_2=\varphi$。

3）作 $MC_2\perp C_1C_2$，$\angle C_2C_1N=90°-\theta$ 得点 $P$。

4）以 $C_1P/2$ 为半径，作 $\triangle C_1C_2P$ 的外接圆。

5）曲柄支点 $A$ 可行设计区域 $\Omega$ 弧的确定原则：如果 $\theta\geqslant\varphi/2$，则 $A\in\widehat{PC_2}$；否则 $A\in\widehat{FC_2}$。

6）在 $\Omega$ 弧上凭经验任选一点 $A$ 为曲柄支点，则机架长度 $l_1=AD$。

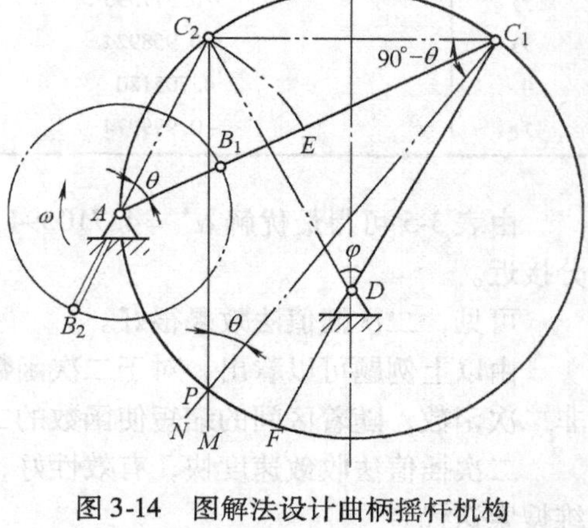

图 3-14　图解法设计曲柄摇杆机构

7）以 $A$ 为中心、$AC_2$ 为半径向 $AC_1$ 画弧，得交点 $E$，则曲柄长度 $l_2=EC_1/2$，连杆长度 $l_3=AC_2+l_2$。

8）检验机构是否满足传动角条件 $\gamma_{min}\geqslant[\gamma]$，如果不满足则转步骤 6)，重新选择曲柄支点 $A$，直至满足为止。

传统设计方法直观、易懂，但设计周期长、精度差、可行设计结果众多，一旦设计要求过于苛刻或选择的许用值 $[\gamma]$ 过大，设计会出现死循环。

**4. 曲柄摇杆机构的优化设计**

（1）目标函数的确定　曲柄摇杆机构的最小传动角 $\gamma_{min}$ 是对机构进行动力分析和运动分析的重要指标，因此以最小传动角最大为目标函数，即

$$\max f(\boldsymbol{x})=\gamma_{min}=(\gamma_1,\gamma_3)_{min}$$

其中

$$\gamma_1=\arccos\frac{l_3^2+l_4^2-(l_1-l_2)^2}{2l_3l_4}$$

$$\gamma_2=\arccos\frac{l_3^2+l_4^2-(l_1+l_2)^2}{2l_3l_4}$$

若 $\gamma_2\leqslant 90°$，则 $\gamma_3=\gamma_2$，否则 $\gamma_3=180°-\gamma_2$。故机构最小传动角为

$$\gamma_{min}=(\gamma_1,\gamma_3)_{min}$$

针对不同情况，机构最小传动角及最大传动角的变化规律如图 3-15 所示。其中曲柄与机架重合共线为初始位置。

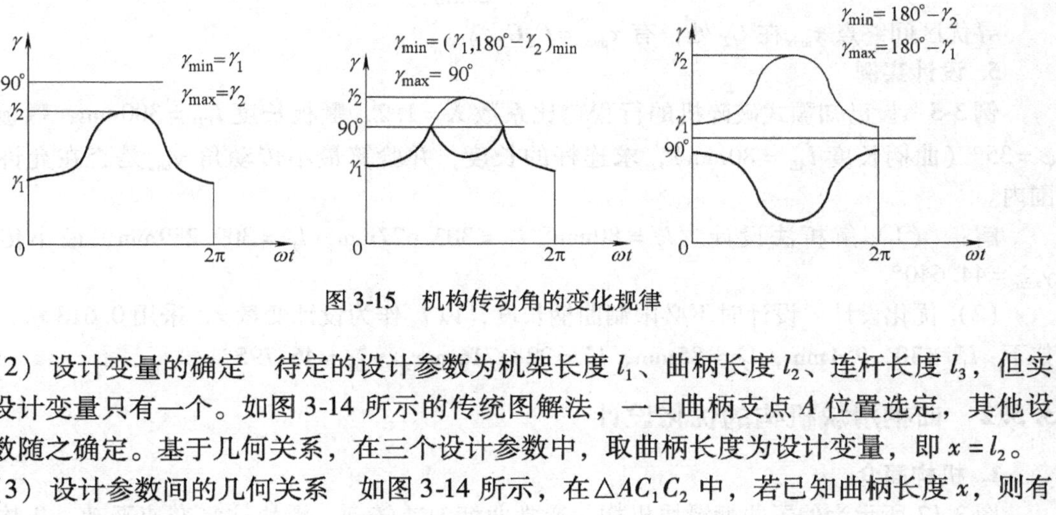


图 3-15　机构传动角的变化规律

（2）设计变量的确定　待定的设计参数为机架长度 $l_1$、曲柄长度 $l_2$、连杆长度 $l_3$，但实际的设计变量只有一个。如图 3-14 所示的传统图解法，一旦曲柄支点 $A$ 位置选定，其他设计参数随之确定。基于几何关系，在三个设计参数中，取曲柄长度为设计变量，即 $x=l_2$。

（3）设计参数间的几何关系　如图 3-14 所示，在 $\triangle AC_1C_2$ 中，若已知曲柄长度 $x$，则有

$$C_1C_2=2l_4\sin\frac{\varphi}{2}$$

$$C_1C_2^2=(l_3-x)^2+(l_3+x)^2-2(l_3-x)(l_3+x)\cos\theta$$

则

$$l_3=\sqrt{\frac{C_1C_2^2-2x^2(1+\cos\theta)}{2(1-\cos\theta)}}$$

$$l_1=\sqrt{(l_3-x)^2+l_4^2-2l_4(l_3-x)\cos(\angle AC_2D)}$$

其中

$$\angle AC_2D = \angle AC_2C_1 - \left(90° - \frac{\varphi}{2}\right)$$

$$\angle AC_2C_1 = 180° - \arcsin\left(\frac{l_3 + x}{C_1C_2}\sin\theta\right) \geqslant 90°$$

$$\arcsin\left(\frac{l_3 + x}{C_1C_2}\sin\theta\right) \leqslant 90°$$

（4）设计变量 $x$ 的取值范围　如图 3-14 所示，以 $\theta \geqslant \varphi/2$ 为例，当曲柄支点 $A$ 由 $P$ 点向 $C_2$ 点顺时针移动时，$x$（或 $l_2$）在渐增，$l_3$ 渐小，其机构最小传动角呈图 3-16 所示单峰函数变化。对应设计变量 $x_{min}$ 和 $x_{max}$ 近似有 $\gamma_{min} = 0$，机构最小传动角呈最小，对应 $x^*$ 则有 $\gamma_{min}^*$。

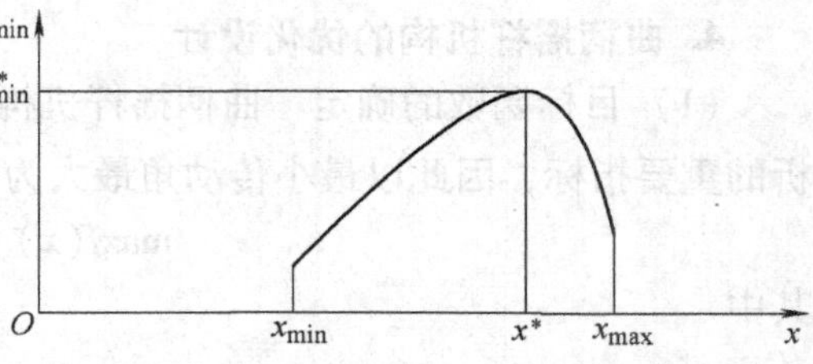


图 3-16　机构最小传动角变化曲线

寻优区间起始点 $x_{min}$ 可以通过联立下式求得。即

$$\begin{cases} \sin\theta = \dfrac{C_1C_2}{l_3 + x_{min}} \\ \tan\theta = \dfrac{C_1C_2}{l_3 - x_{min}} \end{cases}$$

$$x_{min} = \frac{C_1C_2(1 - \cos\theta)}{2\sin\theta}$$

寻优区间终点 $x_{max}$ 在 $C_2$ 处，有 $x_{max} = C_1C_2/2$。

**5. 设计实例**

**例 3-5**　设已知颚式破碎机的行程速比系数 $K = 1.2$，颚板长度 $l_{CD} = 300\text{mm}$，颚板摆角 $\varphi = 35°$（曲柄长度 $l_{AB} = 80\text{mm}$），求连杆的长度，并验算最小传动角 $\gamma_{min}$ 是否在允许的范围内。

**解：**（1）解析法设计　$l_2 = 80\text{mm}$，$l_3 = 303.677\text{mm}$，$l_1 = 309.289\text{mm}$，最小传动角 $\gamma_{min} = 44.640°$。

（2）优化设计　设计时不必限制曲柄长度，以 $l_2$ 作为设计变量 $x$，采用 0.618 法，结果如下：$l_1^* = 304.951\text{mm}$，$l_2^* = 85\text{mm}$，$l_3^* = 228.716\text{mm}$，$\gamma_{min}^* = 46.795°$。

## 3.5.2　曲柄滑块机构的优化设计

**1. 机构简介**

图 3-17 所示为偏置曲柄滑块机构，通常曲柄匀速转动，滑块往复变速平动。机构具有以下三个特性：

（1）急回性质　当曲柄匀速转动时，滑块返回和前进的平均速度不同，其比值为机构的行程速比系数。

$$K = \frac{\bar{v}_2}{\bar{v}_1} = \frac{\dfrac{H}{t_2}}{\dfrac{H}{t_1}} = \frac{t_1}{t_2} = \frac{t_1\omega}{t_2\omega} = \frac{180° + \theta}{180° - \theta}$$

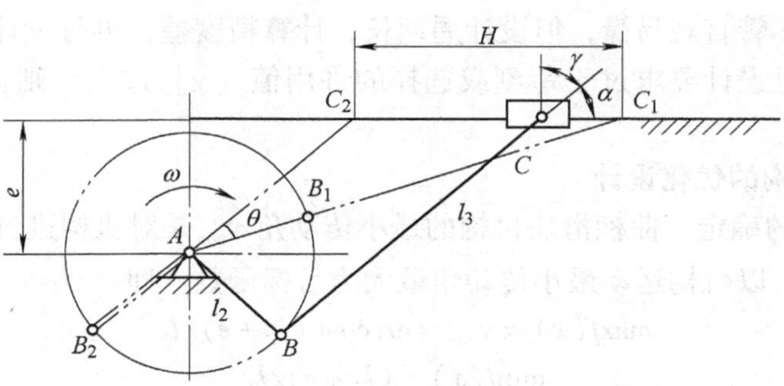


图 3-17 偏置曲柄滑块机构

式中 $\bar{v}$——滑块运动的平均速度；

$t$——滑块运动对应的时间。

（2）压力角与传动角 机构传动角越大，其运动就越容易，故机构最小传动角是衡量机构运动难易程度的一项重要指标。当曲柄为主动件时，机构最小传动角的位置是位于曲柄与滑块导轨垂直且远离滑块导轨处，若偏置曲柄滑块机构偏心距为 $e$、曲柄长度为 $l_2$、连杆长度为 $l_3$，则机构最小传动角为

$$\gamma_{\min} = \arccos \frac{e + l_2}{l_3}$$

（3）死点位置 当机构的压力角 $\alpha = 90°$、传动角 $\gamma = 0°$时，机构不能运动，该位置称为机构的死点位置。若滑块为主动件时，曲柄与连杆共线的位置为死点位置；当曲柄为主动件时，曲柄滑块机构的曲柄与连杆共线且与滑块导轨垂直时是机构的死点位置。

**2. 一般设计问题**

曲柄滑块机构设计问题一般是给定机构的行程速比系数 $K$、机构滑块行程 $H$，确定曲柄长度 $l_2$、连杆长度 $l_3$、偏心距 $e$，要求设计的曲柄滑块机构能够满足传动角条件 $\gamma_{\min} \geqslant [\gamma]$。

**3. 传统设计方法**（图解法）

如图 3-18 所示，设计步骤如下：

1）计算机构极位夹角 $\theta$，$\theta = 180° \times (K-1)/(K+1)$。

2）确定比例，画出机构滑块行程 $C_1C_2 = H$。

3）作 $MC_2 \perp C_1C_2$，$\angle C_2C_1N = 90° - \theta$ 得点 $P$。

4）以 $C_1P/2$ 为半径，作 $\triangle C_1C_2P$ 的外接圆。

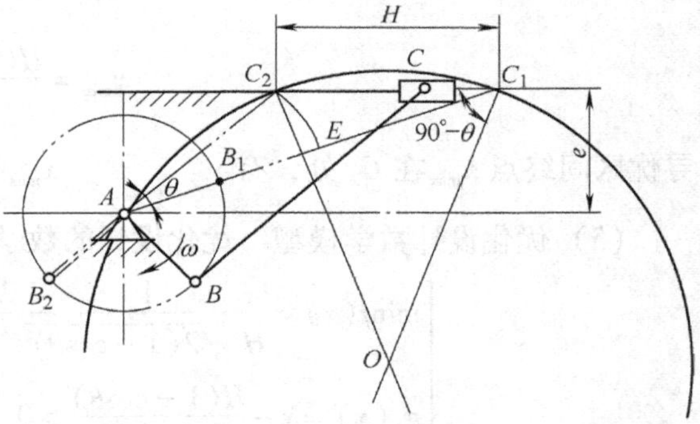


图 3-18 图解法设计曲柄滑块机构

5）在$\widehat{PC_2}$ 上凭经验任选一点 $A$ 为曲柄支点（确定了偏心距 $e$）。

6）以 $A$ 为中心，以 $AC_2$ 为半径向 $AC_1$ 画弧，得交点 $E$，则曲柄长度 $l_2 = EC_1/2$，连杆长度 $l_3 = AC_2 + l_2$；

7）检验机构是否满足传动角条件 $\gamma_{\min} \geqslant [\gamma]$，如果不满足则转步骤 5），重新选择曲柄支点，直至满足为止。

传统设计方法尽管直观易懂，但设计周期长，计算精度差，可行设计结果众多，难以实现最优，尤其是一旦设计要求过于苛刻或选择的许用值［$\gamma$］过大，则设计会出现死循环，导致设计无解。

**4. 曲柄滑块机构的优化设计**

（1）目标函数的确定　曲柄滑块机构的最小传动角 $\gamma_{min}$ 是对机构进行动力分析和运动分析设计的重要指标。以机构运动最小传动角最大为目标函数。即

$$\max f(\boldsymbol{x}) = \gamma_{min} = \arccos[(l_2+e)/l_3]$$

或

$$\min f(\boldsymbol{x}) = (l_2+e)/l_3$$

（2）设计变量的确定　待定的设计参数为曲柄长度 $l_2$、连杆长度 $l_3$、偏心距 $e$，但实际设计变量只有一个，如图 3-18 所示的传统图解法，一旦曲柄支点 $A$ 位置选定，即偏心距 $e$ 确定，其他设计参数随之确定。基于几何关系，在三个设计参数中取曲柄为设计变量，即 $x=l_2$。

（3）设计参数之间的几何关系　如图 3-18 所示，在 $\triangle AC_1C_2$ 中，若已知曲柄长度 $x$ 时，有

$$H^2=(l_3-x)^2+(l_3+x)^2-2(l_3-x)(l_3+x)\cos\theta$$

则

$$l_3=\sqrt{\frac{H^2-2x^2(1+\cos\theta)}{2(1-\cos\theta)}}$$

另

$$\frac{H}{\sin\theta}=\frac{l_3+x}{\sin(\angle AC_2C_1)}=\frac{l_3+x}{e/(l_3-x)}$$

则

$$e=\sin\theta(l_3^2-x^2)/H$$

（4）设计变量 $x$ 的取值范围　寻优区间起始点 $x_{min}$ 可以通过联立下式求得。即

$$\begin{cases}\sin\theta=\dfrac{H}{l_3+x_{min}}\\ \tan\theta=\dfrac{H}{l_3-x_{min}}\end{cases}$$

$$x_{min}=\frac{H(1-\cos\theta)}{2\sin\theta}$$

寻优区间终点 $x_{max}$ 在 $C_2$ 处，有 $x_{max}=\dfrac{H}{2}$

（5）优化设计数学模型　优化设计的数学模型为

$$\begin{cases}\min f(x)=\dfrac{1}{H\sqrt{2(1-\cos\theta)}}\dfrac{2Hx(1-\cos\theta)+\sin\theta(H^2-4x^2)}{\sqrt{H^2-2x^2(1+\cos\theta)}}\\ g_1(x)=x-\dfrac{H(1-\cos\theta)}{2\sin\theta}>0\\ g_2(x)=\dfrac{H}{2}-x>0\end{cases}$$

机构最小传动角的变化曲线如图 3-19 所示。

**5. 设计实例**

**例 3-6**　试设计一曲柄滑块机构，设已知滑块行程速比系数 $K=1.5$，滑块的行程 $H=50\text{mm}$，偏心距 $e=20\text{mm}$。求其最大压力角 $\alpha_{max}$。

**解**：(1) 解析法设计 $e=20\text{mm}$，$l_2=21.507\text{mm}$，$l_3=46.517\text{mm}$，$\gamma_{min}=26.838°$，$\alpha_{max}=63.162°$。

(2) 优化设计　实际应用中，没有必要事先确定偏心距，若将 $e$ 也作为设计参数，以曲柄长度为设计变量 $x$，采用0.618法，可求得 $l_2^*=22.537\text{mm}$，$l_3^*=41.641\text{mm}$，$e^*=14.413\text{mm}$，$\gamma_{min}^*=27.458°$，$\alpha_{max}^*=62.542°$。

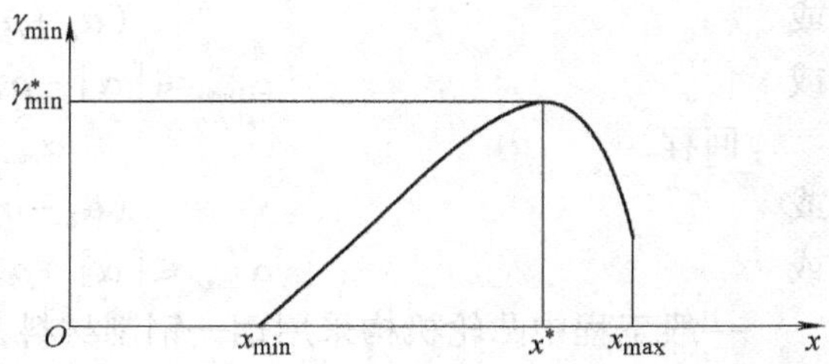

图3-19　机构最小传动角的变化曲线

## 3.5.3　凸轮机构的优化设计

**1. 机构简介**

(1) 机构特点　凸轮机构简单紧凑、动作可靠，易实现从动件预定的运动规律。但由于凸轮与从动杆是点线接触，易磨损，故多用于传递动力不大的控制机构和调节机构中。

(2) 评价机构运动性能参数　如图3-20所示的对心直动凸轮机构，一般凸轮匀速转动，从动杆变速直动，由机构图示位置的瞬间压力角，有

$$\tan\alpha=\frac{OP}{r_0+s}=\frac{\dfrac{v}{\omega}}{r_0+s}=\frac{\dfrac{\mathrm{d}s}{\mathrm{d}\varphi}}{r_0+s}$$

式中　$\alpha$——机构瞬间压力角；

$P$——机构速度瞬心；

$r_0$——凸轮基圆半径；

$s$——从动杆位移；

$v$——从动杆速度；

$\omega$——凸轮转动角速度；

$\varphi$——凸轮转角。

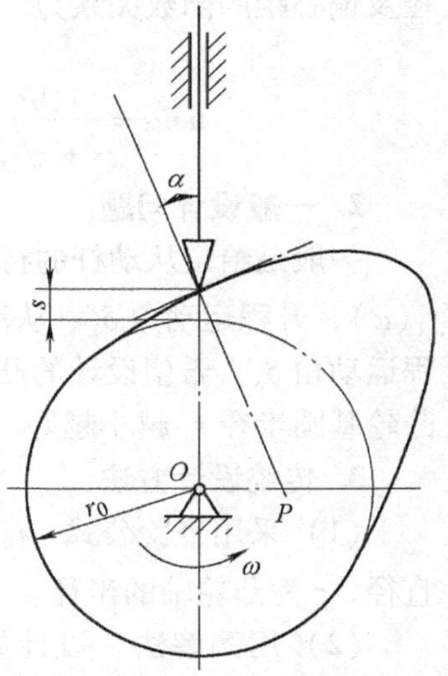

图3-20　对心直动凸轮机构

为使机构紧凑，减小基圆半径 $r_0$，由上式可知，在其他条件不变的情况下，必然会增大机构压力角，从而不利于机构运动。故凸轮基圆半径 $r_0$ 不能过小。机构压力角条件是判别机构运动难易程度的主要依据。

(3) 机构许用压力角 $[\alpha_1]$、$[\alpha_2]$　凸轮在升程和回程过程中，由于凸轮与从动件间摩擦力以及从动杆变速运动附加惯性力的存在，机构实际压力角与理想状态下机构压力角有差异。

在升程过程中，机构实际压力角为　$\alpha_s=\alpha_1+\rho$

在回程过程中，机构实际压力角为　$\alpha_h=\alpha_2-\rho$

其中
$$\rho=\arctan(f+\Delta)$$

式中　$f$——凸轮与从动杆的动摩擦因数；

$\Delta$——从动件惯性力引起的惯性比值。

机构常用的设计压力角条件为

升程
$$\alpha_{max}\leqslant[\alpha]$$

或 $$(\alpha_1+\rho)_{max}\leqslant[\alpha]$$

或 $$\alpha_{1max}\leqslant[\alpha]-\rho,令[\alpha]-\rho=[\alpha_1]$$

回程 $$\alpha_{max}\leqslant[\alpha]$$

或 $$(\alpha_2-\rho)_{max}\leqslant[\alpha]$$

或 $$\alpha_{2max}\leqslant[\alpha]+\rho,令[\alpha]+\rho=[\alpha_2]$$

一般工程中凸轮机构采用钢—钢制材料，故取$[\alpha_1]=30°$，$[\alpha_2]=70°$。

(4) 凸轮机构正偏置的原因　当凸轮与从动杆间的摩擦因数较大、机构工作载荷较大、从动杆运动加速度较大时，则$\rho$就越大，这时$[\alpha_2]\gg[\alpha_1]$。如果从动杆相对凸轮支点取适当方向和距离，则可有效地利用压力条件$\alpha_{1max}\leqslant[\alpha_1]$、$\alpha_{2max}\leqslant[\alpha_2]$使得凸轮机构的基圆半径更小，从而结构紧凑。故实际中的凸轮机构多采用如图3-21所示的偏置直动盘状凸轮机构。该机构的瞬间机构压力角与凸轮基圆半径及偏心距的函数关系为

$$\tan\alpha=\frac{|OP-e|}{s+\sqrt{r_0^2-e^2}}=\frac{\left|\dfrac{ds}{d\varphi}-e\right|}{s+\sqrt{r_0^2-e^2}}$$

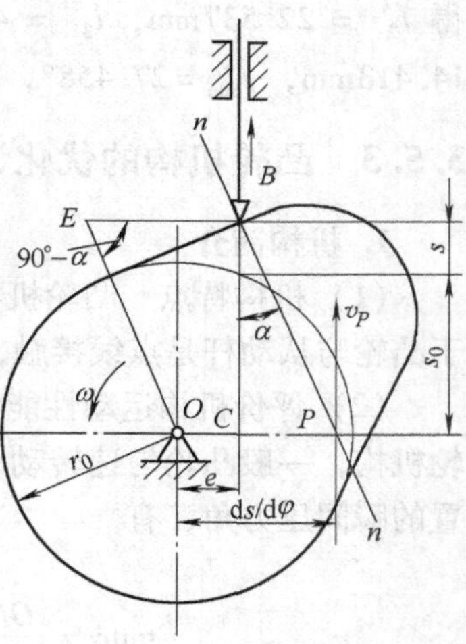

图3-21　偏置直动盘状凸轮机构

**2. 一般设计问题**

一般是给定从动杆的行程$H$、从动杆升程运动规律$s_1=f_1(\varphi)$、升程运动角$\delta_1$、从动杆回程运动规律$s_2=f_2(\varphi)$和回程运动角$\delta_3$，希望设计的凸轮机构满足压力角条件，即$\alpha_{1max}\leqslant[\alpha_1]$、$\alpha_{2max}\leqslant[\alpha_2]$，且机构凸轮基圆半径$r_0$越小越好。

**3. 传统设计方法**

(1) 采用经验公式　$r_0=0.9d+(10\sim20)$mm或$r_0\geqslant(1.6\sim2.0)r$，其中$d$为凸轮轴的直径，$r$为凸轮轴的半径。

(2) 用图解法　设计如图3-21所示的凸轮机构时，首先将从动件升程和回程运动角分为若干等份，按给定的从动件运动规律求出从动件尖底的位移曲线及相应的$ds/d\varphi$曲线，然后根据压力角条件，作出与$ds/d\varphi$成$90°-[\alpha]$的交线，最后得到如图3-22所示的剖面线区域。该区域为设计可行区域，满足压力角条件的最小基圆半径$r_0^*$及最佳偏心距$e^*$（当$cd<ab$的情况）为

$$r_0^*=Oc$$

$$e^*=cd$$

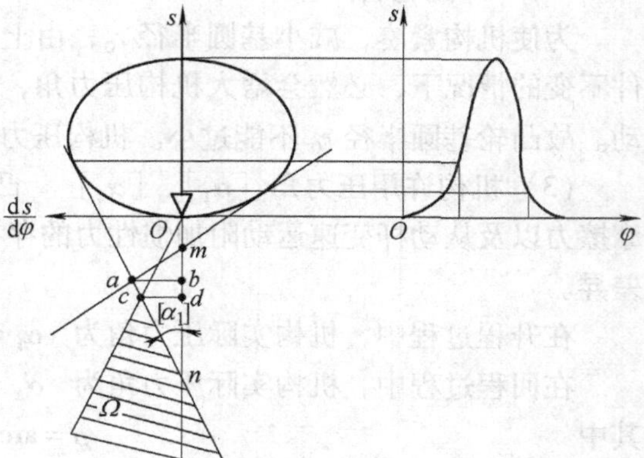

图3-22　图解法确定凸轮基圆半径及偏心距

**4. 优化设计**

依据图解法，如图3-22所示。

（1）寻优确定 $On$　已知升程许用压力角 $[\alpha_1]$，在任意直角三角形中有

$$\tan[\alpha_1]=\frac{\dfrac{\mathrm{d}s_1}{\mathrm{d}\varphi_1}}{x+s_1}$$

则

$$x=\frac{\dfrac{\mathrm{d}s_1}{\mathrm{d}\varphi_1}}{\tan[\alpha_1]}-s_1$$

$$On=\max\left\{\frac{\dfrac{\mathrm{d}s_1}{\mathrm{d}\varphi_1}}{\tan[\alpha_1]}-s_1\right\},\varphi_1\in(0,\delta_1]$$

$On$ 的寻优示意图如图 3-23a 所示。

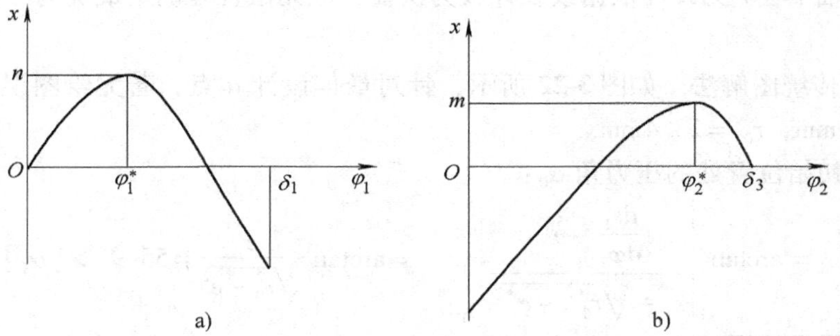


图 3-23　尺寸寻优示意图

a）升程　b）回程

（2）寻优确定 $Om$　已知回程许用压力角 $[\alpha_2]$，在任意直角三角形中有

$$\tan[\alpha_2]=\frac{\left|\dfrac{\mathrm{d}s_2}{\mathrm{d}\varphi_2}\right|}{x+s_2}$$

则

$$x=\frac{\left|\dfrac{\mathrm{d}s_2}{\mathrm{d}\varphi_2}\right|}{\tan[\alpha_2]}-s_2$$

$$Om=\max\left\{\frac{\left|\dfrac{\mathrm{d}s_2}{\mathrm{d}\varphi_2}\right|}{\tan[\alpha_2]}-s_2\right\},\varphi_2\in(0,\delta_3]$$

$Om$ 的寻优示意图如图 3-23b 所示。

（3）确定最小基圆半径 $r_0^*$ 及最佳偏心距 $e^*$

$$cd=\frac{On}{2}\tan[\alpha_1]$$

$$ab=(On-Om)\frac{\sin[\alpha_1]}{\sin(180^\circ-[\alpha_1]-[\alpha_2])}\sin[\alpha_2]=\frac{On-Om}{\cot[\alpha_1]+\cot[\alpha_2]}$$

最佳偏心距

$$e^*=(cd,ab)_{\min}$$

$$Oc=\frac{On}{2\cos[\alpha_1]}$$

$$Oa=\sqrt{(ab)^2+\left(On-\frac{ab}{\tan[\alpha_1]}\right)^2}$$

最小基圆半径 $$r_0^*=(Oc,Oa)_{\max}$$

**5. 设计实例**

**例3-7** 设计如图3-21所示凸轮机构，已知从动件的运动规律为余弦加速度上升，余弦加速度下降，从动件的最大升程为30mm，升程运动角$\delta_1=120°$，回程运动角$\delta_3=90°$，允许升程最大压力角$[\alpha_1]=30°$，回程最大压力角$[\alpha_2]=70°$，试确定凸轮机构的最小基圆半径$r_0^*$和最佳偏心距$e^*$。

**解**：(1) 采用经验公式法

$$r_0\geqslant(1.6\sim2.0)r$$

由于凸轮轴半径$r$无设计依据或设计较为次要，故无法合理确定最优的凸轮设计参数$r_0^*$和$e^*$。

(2) 采用传统图解法 如图3-22所示，针对最佳设计$a$点，若无绘图误差时，设计结果为$e^*=11.1\text{mm}$，$r_0^*=13.4\text{mm}$。

检验升程初始位置处的压力角$\alpha_0$：

$$\alpha_0=\arctan\left|\frac{\dfrac{ds_1}{d\varphi_1}-e^*}{s_1+\sqrt{r_0^{*2}-e^{*2}}}\right|_{s_1\to0^+}=\arctan\frac{e}{\sqrt{r_0^2-e^2}}=55.9°>[\alpha_1]$$

故传统设计结果是错误的。

(3) 优化设计 如图3-23所示，采用一维优化技术寻优。

$$On=\max\left\{\frac{\dfrac{ds_1}{d\varphi_1}}{\tan30°}-s_1\right\}=\max\{38.97\sin(1.5\varphi_1)-15[1-\cos(1.5\varphi_1)]\}=26.758\varphi_1\in(0,120°]$$

$$Om=\max\left\{\frac{\left|\dfrac{ds_2}{d\varphi_2}\right|}{\tan70°}-s_2\right\}=\max\{10.92\sin(2\varphi_2)-15[1+\cos(2\varphi_2)]\}=3.553$$

$$\varphi_2\in(0,90°]$$

最优设计结果 $e^*=7.724\text{mm}$，$r_0^*=15.449\text{mm}$。

检验升程最危险的位置$\varphi=45.945°$处，有瞬间压力角

$$\alpha_{1\max}=\arctan\left|\frac{\dfrac{ds_1}{d\varphi_1}-e^*}{s_1+\sqrt{r_0^{*2}-e^{*2}}}\right|_{\varphi=45.945°}=30°\leqslant[\alpha_1]$$

故该设计结果是正确的。

## 3.5.4 按渐开线展角求其压力角

渐开线齿轮由于其制造简单、安装方便、互换性好等特点，在机械传动中被广泛应用。为了研究渐开线齿廓曲线、啮合原理以及进行几何尺寸计算，经常用到渐开线函数

$$\theta_K=\tan\alpha_K-\alpha_K$$

式中 $\theta_K$——渐开线$K$处的展角；

$\alpha_K$——渐开线 $K$ 处的压力角。

如果已知渐开线的展角，求该处的压力角时，一般是通过查询渐开线函数表，用线性插入法求压力角的近似值。

**例 3-8**　已知渐开线齿廓上某一点的压力角 $\alpha=14°30'$，试求：

1）该点的渐开线函数值。

2）当某一点的展角 $\theta=2°15'$时，该点处渐开线的压力角。

**解**：题1）$\theta=\tan\alpha-\alpha=\tan 14.5°-14.5°\times\frac{\pi}{180°}=0.0055448\text{rad}$

题2）$\theta=2°15'=0.0392699\text{rad}$

如图3-24所示，有 $\alpha_1=27°10'$，$\theta_1=0.039047$；$\alpha_2=27°15'$，$\theta_2=0.039432$。

线性插入　$\alpha\approx 27°10'+\frac{0.039270-0.039047}{0.039432-0.039047}\times 5'=27°12.896'$

上述问题2）可采用一维寻优优化设计精确求解。

求 $\theta=\tan\alpha-\alpha$，等价于解方程

$$\tan\alpha-\alpha-0.0392699=0$$

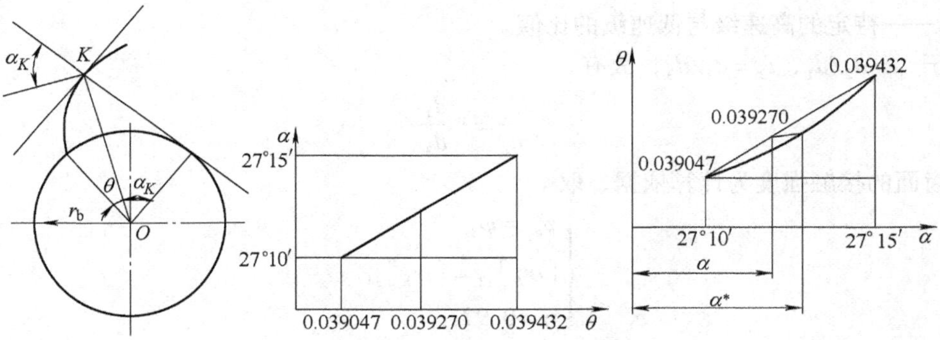


图3-24　已知展角求压力角

设　$f(\alpha)=\tan\alpha-\alpha-0.0392699$

目标函数　$\min f(x)=|\tan x-x-0.0392699|$

搜索区间的确定：

因为 $f(0)<0$，所以 $x_{min}=0$（搜索区间起点）。

因为 $f\left(\frac{\pi}{4}\right)>0$，所以 $x_{max}=\frac{\pi}{4}=0.7854$（搜索区间终点）。

$x\in\left[0,\frac{\pi}{4}\right]$，$f(x)$ 单峰连续有极值，如图3-25所示。

采用 0.618 法，可得 $\alpha^*=27.215095°$，$f^*=0$。

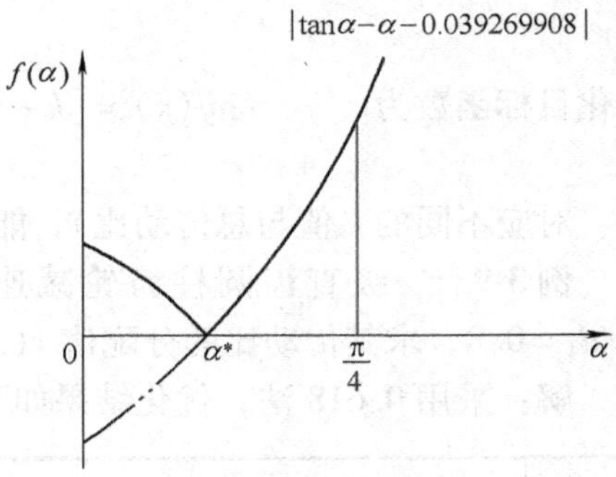


图3-25　求渐开线压力角

### 3.5.5 二级圆柱齿轮减速器传动比最优分配

**1. 减速器简介**

减速器的应用极为广泛，对于传动比 $i=8:40$ 的圆柱齿轮传动，基于传动质量及减速器外轮廓尺寸等因素，最好选用二级减速，如图 3-26 所示。对这种减速器传动比的分配直接影响到减速器的尺寸、质量及齿轮的润滑条件。目前应用中多本着简化齿轮润滑条件，使两级大齿轮的浸油深度相近来分配传动比。传统设计方法为此提出的分配方案为

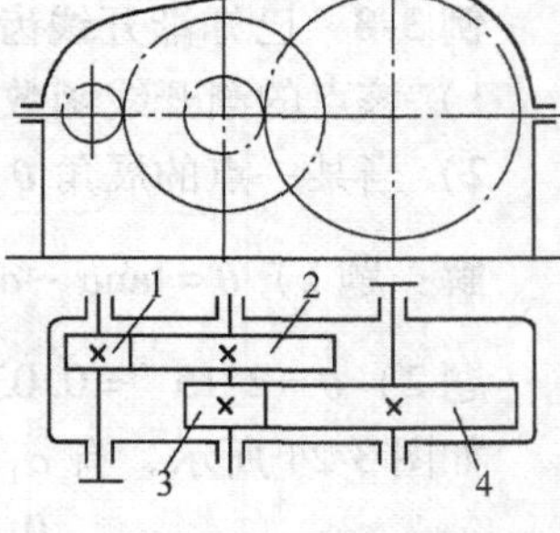

图 3-26 减速器传动分配

$$i_1=(1.2\sim1.3)i_2$$

式中 $i_1$——高速级传动比；

$i_2$——低速级传动比。

**2. 以两级大齿轮浸油相近优化分配传动比**

以两级大齿轮相近为目标函数，令 $d_2/d_4=k$，$k$ 凭经验或依据工作要求取值，推荐 $k=0.75\sim0.85$，此时有

$$i_1=xi_2$$

式中 $x$——待定的高速级与低速级的比值。

由于 $i_1=d_2/d_1$、$i_2=d_4/d_3$，故有

$$\frac{d_2}{d_4}=x\frac{d_1}{d_3}$$

以齿面的接触强度为计算依据，取

$$\begin{cases}\varphi_{d_1}=\varphi_{d_3}\\ [\sigma_H]_{12}=[\sigma_H]_{34}\\ \eta=0.97\end{cases}$$

有
$$\frac{d_2}{d_4}=x\sqrt[3]{\frac{1+\sqrt{xi}}{0.97x(i+\sqrt{xi})}}$$

令
$$k'=x\sqrt[3]{\frac{1+\sqrt{xi}}{0.97x(i+\sqrt{xi})}}$$

优化目标函数为
$$\min f(x)=[k-k']^2=\left[k-x\sqrt[3]{\frac{1+\sqrt{xi}}{0.97x(i+\sqrt{xi})}}\right]^2$$

对应不同的 $k$ 值与总传动比 $i$，能得到不同的传动比分配值 $x$。

**例 3-9** 二级直齿圆柱齿轮减速器，当总传动比分别为 8，10，12，…，24 时，取 $d_2/d_4=0.8$，求其传动比的分配值 $x(x=i_1/i_2)$。

**解：**采用 0.618 法，优化结果如下表：

| $i$ | 8 | 10 | 12 | 14 | 16 | 18 | 20 | 22 | 24 |
|---|---|---|---|---|---|---|---|---|---|
| $x$ | 1.1639 | 1.2211 | 1.2692 | 1.3109 | 1.3478 | 1.3810 | 1.4112 | 1.4389 | 1.4647 |

**3. 以四个齿轮质量和最轻优化分配传动比**

以齿轮接触强度条件为设计依据，对钢—钢制齿轮有

$$\sigma_H = 21200\sqrt{\frac{KT_1}{bd_1^2}\frac{i_1+1}{i_1}} \leqslant [\sigma_H]$$

式中 $b$——齿轮宽度；

$d_1$——小齿轮分度圆直径。

则

$$b_1 d_1^2 \geqslant \left(\frac{21200}{[\sigma_H]_{12}}\right)^2 \frac{KT_1(i_1+1)}{i_1}$$

$$b_3 d_3^2 \geqslant \left(\frac{21200}{[\sigma_H]_{34}}\right)^2 \frac{K\eta i_1 T_1(i_2+1)}{i_2}$$

四个齿轮的体积和为

$$\sum_{i=1}^{4} V_i = V_1 + V_2 + V_3 + V_4 = V_1 + i_1^2 V_1 + V_3 + i_2^2 V_3$$

$$= \frac{\pi}{4}\left(\frac{21200}{[\sigma_H]_{12}}\right)\frac{KT_1(i_1+1)}{i_1}(1+i_1^2) + \frac{\pi}{4}\left(\frac{21200}{[\sigma_H]_{34}}\right)^2\frac{K\eta i_1 T_1(i_2+1)}{i_2}(1+i_2^2)$$

若取$[\sigma_H]_{12} = [\sigma_H]_{34}$，$\eta = 0.97$，以四个齿轮的质量和最轻为优化目标函数，则

$$\min f(X) = \rho\left(\sum_{i=1}^{4} V_i\right)$$

式中 $\rho$——齿轮材料的密度。

或

$$\min f(X) = \frac{i_1+1}{i_1}(1+i_1^2) + 0.97 i_1 \frac{i_2+1}{i_2}(1+i_2^2)$$

其中

$$i_2 = \frac{i}{i_1}$$

对应不同的总传动比 $i$ 优化有 $i_1$。

**例 3-10** 二级直齿圆柱齿轮减速器，当总传动比分别为 8，10，12，…，24 时，求其传动比的分配值 $x(x = i_1/i_2)$。

**解：** 采用 0.618 法，优化结果如下表：

| $i$ | 8 | 10 | 12 | 14 | 16 | 18 | 20 | 22 | 24 |
|---|---|---|---|---|---|---|---|---|---|
| $x$ | 0.9620 | 1.0705 | 1.1663 | 1.2497 | 1.3271 | 1.3960 | 1.6406 | 1.5205 | 1.5774 |

## 3.5.6 等负载螺纹螺母的优化设计

**1. 螺栓、螺母、螺纹牙弹性变形**

如图 3-27 所示，在受拉力 $F_b$ 作用下的螺栓及螺母的弹性变形量为

$$\begin{cases} \varepsilon_b = \int_0^x \frac{F}{A_b E_b} dx \\ \varepsilon_n = \int_0^x \frac{F}{A_n E_n} dx \end{cases}$$

式中 $\varepsilon_b$——螺栓受拉时的弹性变形量；

$\varepsilon_n$——螺母受压时的弹性变形量；

$F$——螺栓 $x$ 位置处轴向拉力；

$A_b$、$A_n$——螺栓、螺母的轴向截面积；

$E_b$、$E_n$——螺栓、螺母材料的弹性模量。

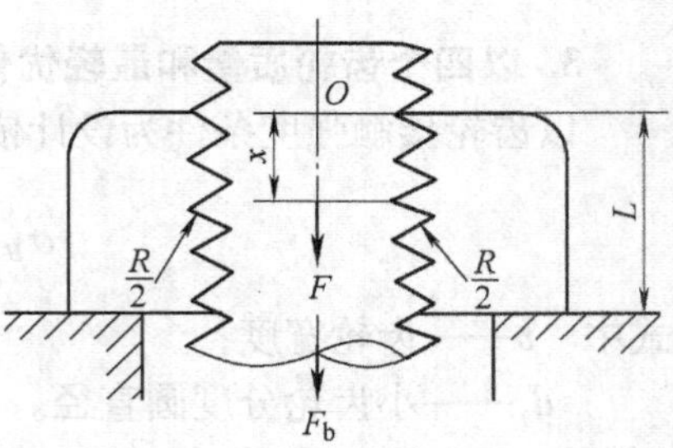


图 3-27 螺栓螺母受力图

$R$—螺母对螺栓的反力

螺纹牙的弹性变形如图 3-28 所示，有

$$\delta_b = \delta_{b1} + \delta_{b2} + \delta_{b3} + \delta_{b4} + \delta_{b5} = \frac{k_b}{E_b}\frac{dF}{dx}\tan\beta$$

$$\delta_n = \delta_{n1} + \delta_{n2} + \delta_{n3} + \delta_{n4} + \delta_{n5} = \frac{k_n}{E_n}\frac{dF}{dx}\tan\beta$$

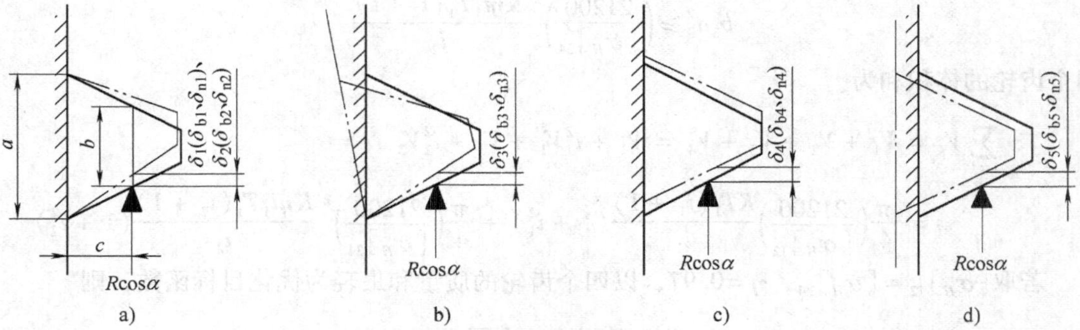


图 3-28 螺纹牙弹性变形

a）螺纹牙弯曲和剪切引起的弹性变形 b）螺纹牙根倾斜引起的弹性变形

c）螺纹牙根剪切引起的弹性变形 d）螺纹牙径向收缩引起的弹性变形

式中 $\delta_b$、$\delta_n$——外内螺纹 $x$ 位置处的轴向弹性变形；

$k_b$、$k_n$——外内螺纹牙的弹性变形综合系数；

$\beta$——螺纹螺旋升角；

$\delta_{b1}$、$\delta_{n1}$——螺纹牙弯曲引起的弹性变形；

$\delta_{b2}$、$\delta_{n2}$——螺纹牙剪切引起的弹性变形；

$\delta_{b3}$、$\delta_{n3}$——螺纹牙根倾斜引起的弹性变形；

$\delta_{b4}$、$\delta_{n4}$——螺纹牙根剪切引起的弹性变形；

$\delta_{b5}$——螺纹牙径向收缩引起的弹性变形；

$\delta_{n5}$——螺纹牙径向扩展引起的弹性变形。

根据内外螺纹件的静力平衡和变形协调条件，如图 3-29 所示，有

$$(\varepsilon_b + \varepsilon_n)|_{x=x} = (\delta_b + \delta_n)|_{x=x} - (\delta_b + \delta_n)|_{x=0}$$

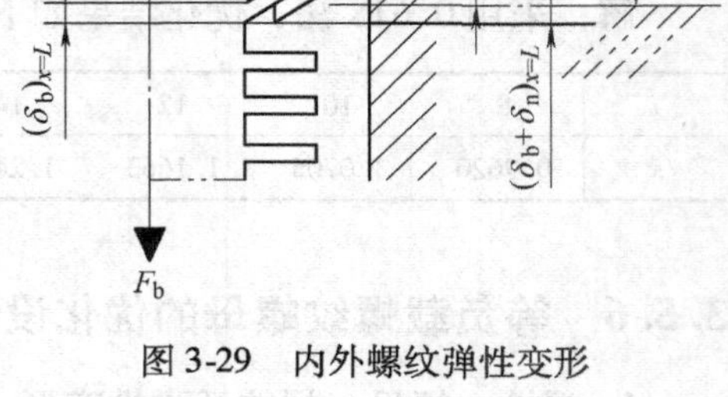

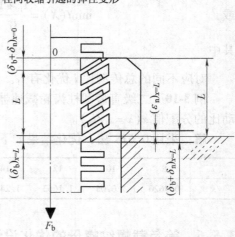

图 3-29 内外螺纹弹性变形

**2. 等载荷时螺母螺纹的优化设计**

如果螺栓螺纹牙等载荷受力，则受拉螺栓的 $x$ 位置处的轴向拉力与变形的关系为

$$\begin{cases} F = \dfrac{F_b}{L}x \\ \dfrac{dF}{dx} = \dfrac{F_b}{L} \end{cases}$$

为使螺纹牙受力均布，如图3-30所示，当螺栓螺纹采用标准尺寸时，标准螺母螺纹在 $x$ 位置单侧面（上面）的轴向切削量 $m_x$，由上式得

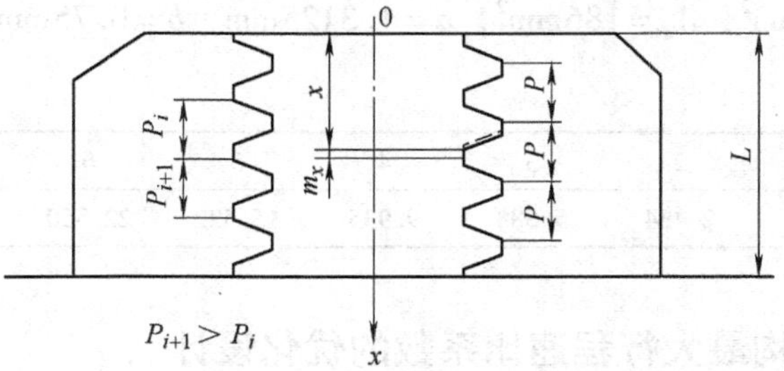


图3-30 螺母螺纹轴向切削量

$$\frac{F_b x^2}{2L}\left(\frac{1}{A_b E_b}+\frac{1}{A_n E_n}\right)=\delta_n\big|_{x=x}-\delta_n\big|_{x=0}+m_x$$

$$=\frac{k_{nx}}{E_n}\tan(\beta+\Delta\beta)\frac{F_b}{L}-\frac{k_n}{E_n}\tan\beta\frac{F_b}{L}+m_x\approx\frac{k_{nx}}{E_n}\frac{F_b}{L}\tan\beta-\frac{k_n}{E_n}\frac{F_b}{L}\tan\beta+m_x$$

或
$$\frac{F_b}{L}\left[\frac{x^2}{2}\left(\frac{1}{A_b E_b}+\frac{1}{A_n E_n}\right)+\frac{k_n}{E_n}\tan\beta\right]-\left(\frac{k_{nx}}{E_n L}F_b\tan\beta+m_x\right)\approx 0$$

当已知标准螺纹螺栓的轴向拉力 $F_b$，取 $x=\frac{L}{n}i(i=1,2,3,\cdots,n)$，对应螺母螺纹的轴向最佳切削量 $m_x^*$，优化目标函数为

$$\min f(m_x)=\left|\frac{F_b}{L}\left[\frac{x^2}{2}\left(\frac{1}{A_b E_b}+\frac{1}{A_n E_n}\right)+\frac{k_n}{E_n}\tan\beta\right]-\left(\frac{k_{nx}}{E_n L}F_b\tan\beta+m_x\right)\right|$$

其中
$$k_{nx}=k_{1nx}+k_{2nx}+k_{3nx}+k_{4nx}+k_{5nx}$$

$$k_{1nx}=\frac{3}{4}(1-\mu^2)\left\{\left[1-\left(2-\frac{b-m_x}{a-m_x}\right)^2+2\ln\frac{a-m_x}{b-m_x}\right]\cot^3\alpha-4\tan\alpha\left(\frac{c}{a-m_x}\right)^2\right\}$$

$$k_{2nx}=\frac{6}{5}(1+\mu)\cot\alpha\ln\frac{a-m_x}{b-m_x}$$

$$k_{3nx}=\frac{12c(1-\mu^2)}{\pi(a-m_x)^2}\left(c-\frac{b-m_x}{2}\tan\alpha\right)$$

$$k_{4nx}=\frac{2(1-\mu^2)}{\pi}\left\{\frac{P}{a-m_x}\ln\frac{2P+a-m_x}{2P-a+m_x}+\frac{1}{2}\ln\left[\frac{4P^2}{(a-m_x)^2}-1\right]\right\}$$

$$k_{5nx}=\left(\frac{D_O^2+d_P^2}{D_O^2-d_P^2}+\mu\right)\frac{\tan\alpha}{2}\frac{d_P}{P}$$

式中 $P$——螺纹螺距；

$\mu$——变形材料的泊松比；

$\alpha$——螺纹牙形角；

$D_O$——螺纹大径；

$d_P$——螺纹小径。

**3. 计算实例**

**例3-11** 对边尺寸 $B=17\text{mm}$ 的普通六角钢螺母与M10钢螺栓的螺纹旋合长度 $L=8\text{mm}$。

保证载荷 $F_b = 10000N$，取 $D_O = 17.85mm$，$d_P = d_2 = 9.026mm$，$P = 1.5mm$，$\alpha = 30°$，$E_b = E_n = 2.1 \times 10^4 MPa$，$\mu = 0.3$，在等载荷条件下，试计算螺母螺纹的轴向切削量 $m_x$。

**解**：有 $A_b = 63.9mm^2$，$A_n = 186mm^2$，$a = 1.3125mm$，$b = 0.75mm$，$c = 0.4875mm$，计算结果见下表：

| $x$/mm | 0 | 1 | 2 | 3 | 4 | 5 | 6 | 7 | 8 |
|---|---|---|---|---|---|---|---|---|---|
| $m_x^*$/μm | 0 | 0.621 | 2.484 | 5.588 | 9.935 | 15.522 | 22.350 | 30.418 | 39.725 |

## 3.5.7 曲柄滑块机构最大行程速比系数的优化设计

**1. 引言**

偏置的曲柄滑块机构，当曲柄为主动件时，机构具有急回特性。其行程速比系数越大，滑块回程用的时间越短，机构单向工作效率越高，但同时机构的最小传动角会减小，机构的运动性能趋劣。若机构的行程速比系数选择过大，会造成机构运动不畅，甚至会卡死不能运动。设计这类曲柄滑块机构，通常必须先知道机构的行程速比系数 $K$ 和行程 $H$，然后确定设计参数曲柄长度、连杆长度和偏心距。这种试凑法无法得到最好的设计结果。即使采用优化设计，如果给定的行程速比系数 $K$ 过大，会产生机构最小传动角小于机构许用传动角 $[\gamma]$，从而使设计无解。因此，机构行程速比系数 $K$ 的科学合理确定显得十分重要。

**2. 偏置曲柄滑块机构的几何关系**

如图 3-17 所示，偏置曲柄滑块机构的行程 $H$、曲柄长度 $l_2$、连杆长度 $l_3$、偏心距 $e$、机构极位夹角 $\theta$、机构行程速比系数 $K$ 以及机构最小传动角的关系式如下：

因为
$$H^2 = (l_3 - l_2)^2 + (l_3 + l_2)^2 - 2(l_3 - l_2)(l_3 + l_2)\cos\theta$$

所以
$$l_3 = \sqrt{\frac{H^2 - 2l_2^2(1 + \cos\theta)}{2(1 - \cos\theta)}}$$

因为
$$\frac{H}{\sin\theta} = \frac{l_3 + l_2}{\sin\angle AC_1C_2} = \frac{l_3 + l_2}{e/(l_3 - l_2)}$$

所以
$$e = \sin\theta\frac{l_3^2 - l_2^2}{H}$$

机构最小传动角
$$\gamma_{min} = \arccos\frac{e + l_2}{l_3}$$

机构的行程速比系数
$$K = \frac{180° + \theta}{180° - \theta}$$

**3. 已知 $K$、$H$ 时的最大机构最小传动角的优化设计**

当已知机构行程速比系数 $K$ 和行程 $H$ 时，使机构拥有最大的机构最小传动角 $\gamma_{min}^*$ 的设计如下：

目标函数
$$\max f(l_2) = \arccos\frac{e + l_2}{l_3}$$

因此有
$$\max f(l_2) = \arccos\left[\frac{1}{H\sqrt{2(1 - \cos\theta)}}\frac{2Hl_2(1 - \cos\theta) + \sin\theta(H^2 - 4l_2^2)}{\sqrt{H^2 - 2l_2^2(1 + \cos\theta)}}\right]$$

以曲柄为设计变量，取值范围为 $l_2 \in (l_{2\min}, l_{2\max})$。

其中
$$l_{2\min} = \frac{H(1-\cos\theta)}{2\sin\theta}$$
$$l_{2\max} = \frac{H}{2}$$

采用一维搜索优化技术确定出最佳曲柄长度 $l_2^*$，将 $l_2^*$ 分别代入以上各式可得其他设计参数 $l_3^*$、$e^*$，使机构的运动性能最佳，有 $(\gamma_{\min}^*)_{\max}$ 值。

**4. 依据许用传动角 [$\gamma$] 确定最大行程速比系数 $K_{\max}$**

令
$$\cos[\gamma] = \frac{1}{H\sqrt{2(1-\cos\theta)}} \frac{2Hl_2(1-\cos\theta)+\sin\theta(H^2-4l_2^2)}{\sqrt{H^2-2l_2^2(1+\cos\theta)}}$$

由 $l_{2\min} = \dfrac{H(1-\cos\theta)}{2\sin\theta}$，令
$$\frac{H(1-\cos\theta)}{2\sin\theta} = \frac{x_{\min}H}{2}$$

由 $l_{2\max} = \dfrac{H}{2}$，令
$$\frac{H}{2} = \frac{x_{\max}H}{2}$$

由于 $\theta \in (0°, 90°)$，故设计变量 $x \in (0,1)$。

整理后得
$$\cos[\gamma] = \frac{x(1-\cos\theta)+\sin\theta(1-x^2)}{\sqrt{2(1-\cos\theta)-x^2\sin^2\theta}}$$

令 $\cos[\gamma] = \alpha$，则
$$(1-2x^2+x^4+\alpha^2x^2)\sin^2\theta + (2x-2x^3)\sin\theta + x^2\cos^2\theta +$$
$$(2x^3-2x)\sin\theta\cos\theta + (2\alpha^2-2x^2)\cos\theta + x^2 - 2\alpha^2 = 0$$

令
$$x_1 = 1-2x^2+x^4+\alpha^2x^2$$
$$x_2 = 2x^3-2x$$
$$x_3 = x^2$$
$$x_4 = 2\alpha^2-2x^2$$

整理后得
$$x_1\sin^2\theta - x_2\sin\theta + x_3\cos^2\theta + x_2\sin\theta\cos\theta + x_4\cos\theta - x_3 - x_4 = 0$$

将
$$\sin\theta = \frac{2\tan\dfrac{\theta}{2}}{1+\tan^2\dfrac{\theta}{2}},\ \cos\theta = \frac{1-\tan^2\dfrac{\theta}{2}}{1+\tan^2\dfrac{\theta}{2}},\ y = \tan\frac{\theta}{2}$$

代入，有　$(4x^2-4\alpha^2)y^4 - 8x(x^2-1)y^3 + [4x^4-(10-4\alpha^2)x^2+4+2x^2-4\alpha^2]y^2 = 0$

因为 $\theta \neq 0$，所以有
$$\tan\frac{\theta}{2} \neq 0,\quad y^2 \neq 0$$
$$(4x^2-4\alpha^2)y^2 - 8x(x^2-1)y + [4x^4-(10-4\alpha^2)x^2+4+2x^2-4\alpha^2] = 0$$

$$\gamma=\frac{x(x^2-1)\pm\alpha\sqrt{(\alpha^2-1)(x^2-1)}}{x^2-\alpha^2}$$

$$\theta=2\arctan\frac{x(x^2-1)\pm\alpha\sqrt{(\alpha^2-1)(x^2-1)}}{x^2-\alpha^2}$$

针对机构许用传动角［$\gamma$］，最大行程速比系数 $K_{max}$ 可由一维搜索优化确定，即

$$\theta_{max}=\max f(x)=2\arctan\frac{x(x^2-1)+\alpha\sqrt{(\alpha^2-1)(x^2-1)}}{x^2-\alpha^2}$$

其中，$x\in(0,1)$。

机构最大行程速比系数为
$$K_{max}=\frac{180°+\theta_{max}}{180°-\theta_{max}}$$

当给定机构许用传动角［$\gamma$］时，采用 0.618 法可求出对应的 $K_{max}$ 和 $x^*$。

**5. 设计实例**

**例 3-12** 已知机构许用传动角分别为［$\gamma$］= 10°，20°，…，80°，求机构的最大极位夹角 $\theta_{max}$ 和最大行程速比系数 $K_{max}$。

**解**：采用 0.618 法，计算结果如下表：

| ［$\gamma$］ | 10° | 20° | 30° | 40° | 50° | 60° | 70° | 80° |
|---|---|---|---|---|---|---|---|---|
| $\theta_{max}$ | 62.229° | 45.898° | 32.970° | 22.534° | 14.250° | 7.944° | 3.508° | 0.874° |
| $K_{max}$ | 2.057 | 1.685 | 1.448 | 1.286 | 1.172 | 1.092 | 1.040 | 1.010 |

从本设计实例可以得出如下结论：

1）机构最大行程速比系数 $K_{max}$ 只与许用传动角［$\gamma$］有关。

2）机构最大行程速比系数 $K_{max}$ 随着许用传动角［$\gamma$］的增加而减小。

### 3.5.8 曲柄机构最大行程速比系数及其参数的优化设计

曲柄机构连杆曲线上存在尖点，能使机构产生瞬时停歇，尖点的这一特性在机械工程中的传送、冲压以及进给工艺过程中获得普遍应用。对于单向工作的连杆曲线上有两个尖点的曲柄机构，其两尖点间的行程速比系数越大，机构的工作效率越高，但同时会使机构的最小传动角减小，从而导致机构的运动性能趋劣。设计这类机构，一般是已知连杆的两个尖点位置和对应的曲柄转角，然后采用图解法确定其他几何尺寸。这种设计方法设计烦琐，精度差，效率低，难以得到最好的设计结果，且当给定两尖点的曲柄对应转角不妥时，则无法满足机构的运动条件 $\gamma_{min}\geqslant[\gamma]$，从而使机构运动不畅。

通过建立机构的几何关系和运动条件，导出机构拥有最佳传动角时设计参数之间的函数关系，采用优化设计，按机构许用传动角［$\gamma$］确定出曲柄对应的最小转角 $\varphi_{min}$ 或机构两尖点间最大的行程速比系数 $K_{max}$，可迅速、精确地获得设计问题的最佳设计结果。

**1. 曲柄机构的几何关系**

如图 3-31 所示，主动件曲柄匀速转动，当已知连杆曲线上两尖点的位置 $C$、$C'$ 和对应曲柄转角 $\varphi$，则曲柄机构两个尖点间的行程速比系数

$$K=\frac{CC'/t_2}{C'C/t_1}=\frac{t_1}{t_2}=\frac{t_1\omega}{t_2\omega}=\frac{360°-\varphi}{\varphi}$$

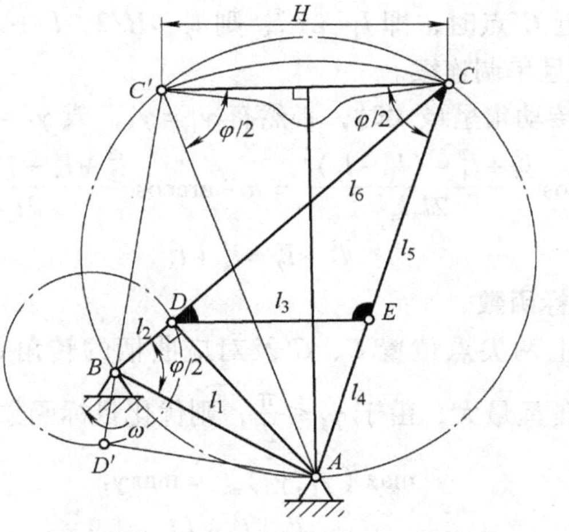


图 3-31　机构几何关系示意图

即 $K$ 为连杆上定点 $C$ 从右尖点位置到左尖点位置平均速度与由左至右平均速度的比值。曲柄机构中 $l_1$、$l_2$、$l_3$、$l_4$、$l_5$、$l_6$ 的几何关系为

$$l_2 = l_1 \cos\frac{\varphi}{2}$$

$$l_3^2 = AD^2 + l_4^2 - 2l_4 AD\cos\angle DAE = AD^2 + l_4^2 - 2l_4 AD\frac{AD}{AC}$$

$$= \left(l_2 \tan\frac{\varphi}{2}\right)^2\left(1 - \frac{4l_4}{H}\cos\frac{\varphi}{2}\right) + l_4^2$$

$$l_5 = AC - l_4 = \frac{H}{2\cos\frac{\varphi}{2}} - l_4$$

$$l_6 = \sqrt{AC^2 - AD^2} = \sqrt{\left(\frac{H}{2\cos\frac{\varphi}{2}}\right)^2 - \left(l_2 \tan\frac{\varphi}{2}\right)^2}$$

**2. 曲柄机构拥有最大传动角的条件**

曲柄机构可能的最小传动角为

$$\gamma_1 = \arccos\frac{l_3^2 + l_4^2 - (l_1 - l_2)^2}{2l_3 l_4}$$

$$\gamma_2 = \arccos\frac{l_3^2 + l_4^2 - (l_1 + l_2)^2}{2l_3 l_4}$$

如果 $\gamma_2 \leqslant 90°$，则 $\gamma_3 = \gamma_2$；如果 $\gamma_2 > 90°$，则 $\gamma_3 = \pi - \gamma_2$。曲柄机构的最小传动角为 $\gamma_{\min} = (\gamma_1, \gamma_3)_{\min}$。

如图 3-31 所示，依据图解法原理，实现两尖点间曲柄的对应转角条件曲柄支点的可行设计区域为$\overset{\frown}{AC'}$，当满足曲柄存在条件时，应有

1）曲柄支点 $B$ 趋近 $A$ 点时，即 $l_1 \to 0_+$，则 $l_2 \to 0_+$。故有 $l_3 \to l_4$，$\gamma_1 \to 0°_+$，$\gamma_{\min} \to 0°_+$，且单调连续。

2）曲柄支点 $B$ 趋近 $C'$ 点时，即 $l_1 \to AC$，则 $l_2 \to H/2$，$l_3 \to H/2$，$l_4 \to AC$。故有 $\gamma_2 \to \pi$，$\gamma_3 \to \pi - \gamma$，$\gamma_{\min} \to 0°_+$，且单调连续。

故曲柄机构的最小传动角呈最大时，必然有 $\gamma_1 = \gamma_3$，或 $\gamma_1 = \pi - \gamma_2$。即

$$\arccos \frac{l_3^2 + l_4^2 - (l_1 - l_2)^2}{2l_3 l_4} = \pi - \arccos \frac{l_3^2 + l_4^2 - (l_1 + l_2)^2}{2l_3 l_4}$$

则有

$$l_1^2 + l_2^2 = l_3^2 + l_4^2$$

**3. 曲柄机构优化目标函数**

如果已知连杆曲线上两尖点位置 $C$、$C'$ 及对应曲柄的转角 $\varphi$，从最有利于机构运动出发，追求机构最小传动角呈最大，由于 $\gamma_1 \leqslant \frac{\pi}{2}$，则优化目标函数

$$\max\ (\gamma_1, \gamma_3)_{\min} = \max \gamma_1$$

即

$$\max \arccos \frac{l_3^2 + l_4^2 - (l_1 - l_2)^2}{2l_3 l_4}$$

或

$$\min \frac{l_3^2 + l_4^2 - (l_1 - l_2)^2}{2l_3 l_4}$$

亦即

$$\min f(x) = \frac{l_1 l_2}{l_3 l_4}$$

由于

$$l_2 = \frac{l_4}{\sqrt{1 + \frac{2l_4}{H}\tan\frac{\varphi}{2}\sin\frac{\varphi}{2}}}$$

则

$$\frac{l_3 l_4}{l_1 l_2} = \cos\frac{\varphi}{2}\sqrt{\left(1 + \frac{2l_4}{H}\tan\frac{\varphi}{2}\sin\frac{\varphi}{2}\right)\left(\sec^2\frac{\varphi}{2} - \frac{2l_4}{H}\tan\frac{\varphi}{2}\sin\frac{\varphi}{2}\right)}$$

故 $\min f(x) = \frac{l_1 l_2}{l_3 l_4}$ 等价于

$$\max\left[\left(1 + \frac{2l_4}{H}\tan\frac{\varphi}{2}\sin\frac{\varphi}{2}\right)\left(\sec^2\frac{\varphi}{2} - \frac{2l_4}{H}\tan\frac{\varphi}{2}\sin\frac{\varphi}{2}\right)\right]$$

或

$$\max\left[\sec^2\frac{\varphi}{2} + \frac{2l_4}{H}\tan^3\frac{\varphi}{2}\sin\frac{\varphi}{2} - \left(\frac{2}{H}\tan\frac{\varphi}{2}\sin\frac{\varphi}{2}\right)^2 l_4^2\right]$$

上式为只含有未知量 $l_4$ 的一维设计问题，对 $l_4$ 求导得

$$\frac{\mathrm{d}f(l_4)}{\mathrm{d}l_4} = \frac{2}{H}\tan^3\frac{\varphi}{2}\sin\frac{\varphi}{2} - 2l_4\left(\frac{2}{H}\tan\frac{\varphi}{2}\sin\frac{\varphi}{2}\right)^2$$

令 $\frac{\mathrm{d}f(l_4)}{\mathrm{d}(l_4)} = 0$，有

$$l_4^* = \frac{H}{4}\sec\frac{\varphi}{2}$$

因为

$$\frac{\mathrm{d}^2 f(l_4)}{\mathrm{d}l_4^2} = -2\left(\frac{2}{H}\tan\frac{\varphi}{2}\sin\frac{\varphi}{2}\right)^2 < 0$$

因此所求值为机构唯一的最大值点。

由 $l_4^*$ 可得

$$l_2^* = \frac{H}{2\sqrt{3 + \cos\varphi}}$$

$$l_1^* = \frac{H}{2\cos\frac{\varphi}{2}\sqrt{3+\cos\varphi}}$$

$$l_3^* = l_4^* = \frac{H}{4}\sec\frac{\varphi}{2}$$

则机构最大的最小传动角为

$$\gamma_{\min}^* = \arccos\frac{4\cos\frac{\varphi}{2}}{3+\cos\varphi}$$

**4. 按许用传动角［$\gamma$］反推曲柄机构的最小对应转角 $\varphi_{\min}$**

若给定曲柄机构的许用传动角［$\gamma$］，曲柄对应的最小转角 $\varphi_{\min}$ 可通过下式求得。即

令
$$[\gamma] = \arccos\frac{4\cos\frac{\varphi}{2}}{3+\cos\varphi}$$

或
$$\cos[\gamma] = \frac{4\cos\frac{\varphi}{2}}{3+\cos\varphi}$$

建立优化数学模型为
$$\min f(\varphi) = \left|\cos[\gamma] - \frac{4\cos\frac{\varphi}{2}}{3+\cos\varphi}\right|$$

其中
$$\frac{\pi}{2} < \varphi < \pi$$

当许用传动角［$\gamma$］取不同值时，曲柄对应尖点位置的最小转角 $\varphi_{\min}$、机构两尖点间拥有的最大行程速比系数 $K_{\max}$ 见表3-6。

表3-6　［$\gamma$］、$\varphi_{\min}$、$K_{\max}$对应值

| $[\gamma]/(°)$ | 20 | 30 | 40 | 50 | 60 |
|---|---|---|---|---|---|
| $\varphi_{\min}/(°)$ | 91.11276 | 109.4713 | 124.4103 | 137.3114 | 148.9155 |
| $K_{\max}$ | 2.951148 | 2.288532 | 1.893652 | 1.621779 | 1.417479 |

**5. 设计实例**

**例3-13**　已知连杆曲线上两尖点位置距离 $H=50$mm，若曲柄机构许用传动角［$\gamma$］=50°，希望单向工作时机构两尖点间的行程速比系数最大，试确定最佳曲柄机构诸设计参数。

**解**：采用一维搜索优化设计，可得该机构的优化设计参数为 $K_{\max}=1.621779$，$\varphi_{\min}=137.3114°$，$l_1^*=45.640$，$l_2^*=16.612$，$l_3^*=l_4^*=l_5^*=34.343$，$l_6^*=53.952$。

**6. 结论**

1）曲柄机构两尖点间的最大行程速比系数 $K_{\max}$ 与连杆曲线上两尖点位置无关。

2）曲柄机构两尖点间的最大行程速比系数 $K_{\max}$ 随着曲柄机构许用传动角［$\gamma$］的增大而减小。

3）当曲柄机构的最小传动角呈最大时，该机构四杆的尺寸关系为 $l_3^*=l_4^*=l_5^*$。

### 3.5.9 摇块机构的优化设计

**1. 一般设计问题**

图 3-32 所示为自卸货车车厢的举升示意图，该机构的摇块液压缸为主动件，通过压力油推动活塞驱使车厢翻转运动。工程应用中的摇块机构，液压缸通常选用标准产品，故缸的初始长度 $H_0$、液压缸的行程 $H$ 是已知的，如图 3-33 所示。另外，由于工作需要，摇杆的工作摆角 $\varphi$ 也已给定，要求确定机构机架长度 $a$ 和摇杆长度 $l$。

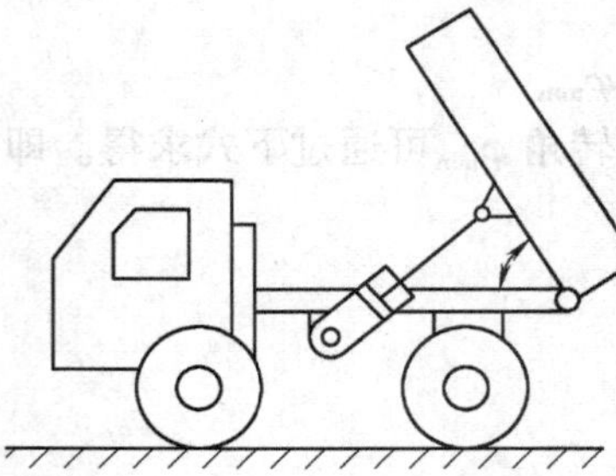

图 3-32　自卸货车车厢举升示意图

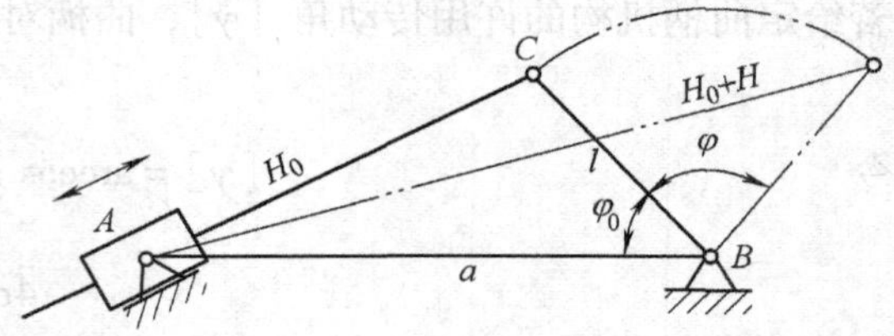


图 3-33　机构尺寸关系图

**2. 传统设计方法**

摇块机构可利用反转原理图解设计，如图 3-34 所示，设计步骤如下：

1） 选择合理的比例尺寸。

2） 凭经验选取机架长度 $a = AB$。

3） 以 $A$ 为中心，$H_0$ 为半径画弧 $\overset{\frown}{mm}$。

4） 依据反转原理，以 $B$ 为中心，$a$ 为半径反转 $\varphi$ 角至 $A'$。

5） 以 $A'$ 为中心，$(H_0+H)$ 为半径画弧 $\overset{\frown}{nn}$ 与 $\overset{\frown}{mm}$ 交 $C$ 点。

则设计结果为，摇杆长度 $l = BC$，摇杆与机架的初始位置角 $\varphi_0 = \angle ABC$。

图解法设计道理简单易懂，但设计烦琐，设计周期长，设计精度差，可行结果众多，无法找到最优的设计结果。

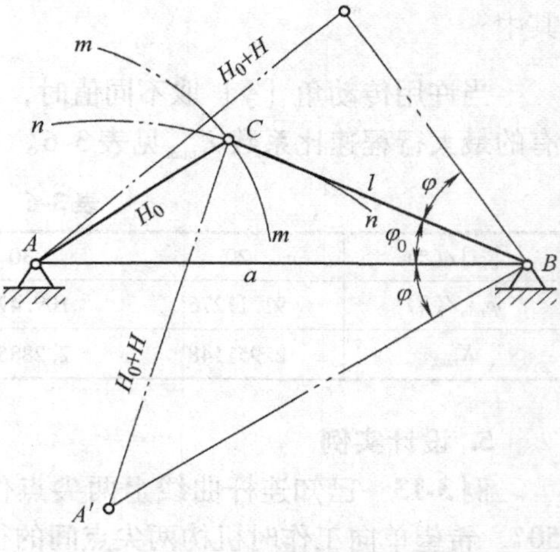


图 3-34　图解法设计摇块机构

**3. 摇块机构已知 $H_0$、$H$、$\varphi$、$a$ 时，$l$、$\varphi_0$ 的精确计算**

如图 3-34 所示，当已知液压缸初始长度 $H_0$、行程 $H$、摇杆工作摆角 $\varphi$ 以及机架长度 $a$ 时，机构摇杆长度 $l$ 和摇杆的初始摆角 $\varphi_0$ 关系如下：

因为

$$H_0^2 = a^2 + l^2 - 2al\cos\varphi_0$$

所以

$$\varphi_0 = \arccos\frac{a^2 + l^2 - H_0^2}{2al}$$

又因为

$$(H_0 + H)^2 = a^2 + l^2 - 2al\cos(\varphi_0 + \varphi)$$

所以
$$\varphi_0+\varphi=\arccos\frac{a^2+l^2-(H_0+H)^2}{2al}$$

因此
$$\varphi=\arccos\frac{a^2+l^2-(H_0+H)^2}{2al}-\arccos\frac{a^2+l^2-H_0^2}{2al}$$

当已知 $H_0$、$H$、$\varphi$、$a$ 时，可采用一维搜索优化设计快速确定 $l$。

设 $x=l$，则
$$\min f(x)=\left|\varphi+\arccos\frac{a^2+l^2-H_0^2}{2al}-\arccos\frac{a^2+l^2-(H_0+H)^2}{2al}\right|$$

其中，$x\in\Omega$，则 $l^*=x^*$。

所以
$$\varphi_0^*=\arccos\frac{a^2+l^{*2}-H_0^2}{2al^*}$$

**例 3-14**　已知摇块机构 $H_0=1400\text{mm}$，$H=1000\text{mm}$，$a_0=2000\text{mm}$，$\varphi=50°$，求机构 $l$、$\varphi_0$ 的精确解。

**解**：利用一维搜索法，可得计算结果：$l^*=1207.236$，$\varphi_0^*=43.593°$，$f^*=0$。

**4. 按机构初始位置运动性能最佳设计摇块机构**

如前所述，对不同的机架长度 $a$，有相对应的设计结果摇杆长度 $l$ 和摇杆的初始位置摆角 $\varphi_0$，因此对一般的设计问题有无穷多的可行设计方案，也就无法确定最优设计结果。针对图 3-32 自卸货车类似的设计问题，当略去惯性力时，通常会追求机构在初始位置的传动角呈最大作为优化目标。即 $\gamma_0=90°$（$\angle ACB=90°$），则 $a^2=l^2+H_0^2$。

设 $x=l$，则
$$\min f(x)=\left|\varphi+\arccos\frac{x}{\sqrt{x^2+H_0^2}}-\arccos\frac{2x^2-2H_0H-H^2}{2x\sqrt{x^2-H_0^2}}\right|$$

其中，$x\in\Omega$。

对应的优化设计结果 $a^*$、$l^*$，有如图 3-35 所示的函数关系，采用一维搜索优化方法寻优，由于 $x^*=l^*$，$l=l^*$，故 $a^*=\sqrt{l^{*2}+H_0^2}$。

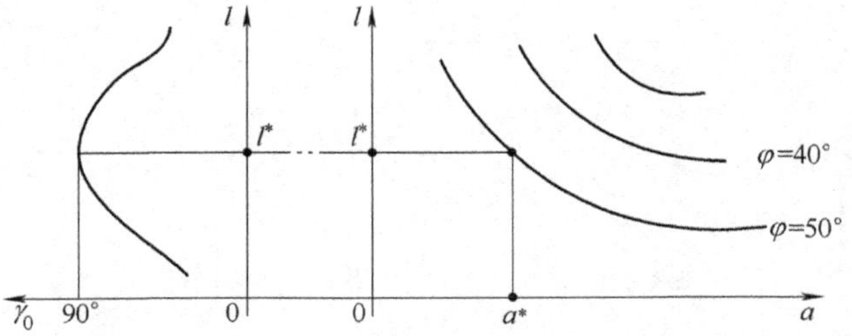


图 3-35　$a$、$l$、$\gamma_0$ 函数关系图

**5. 设计实例**

**例 3-15**　已知摇杆机构液压缸初始长度 $H_0=1400\text{mm}$，行程 $H=1000\text{mm}$，摇杆的工作摆角 $\varphi=50°$，希望机构在初始位置时的瞬间运动性能最好。试确定机构的机架长度 $a$、摇杆长度 $l$ 和摇杆的初始位置角 $\varphi_0$。

**解**：采用一维搜索优化方法优化，计算结果为：$l^*=1250.652$，$a^*=1877.266$，$\varphi_0^*=48.225°$，$f^*=4.768\times10^{-7}$。

# 习　题

3-1　有函数$f(x)=3x^3-8x+9$，当初始点分别为$x_0=0$及$x_0=10$时，用外推法确定其一维优化初始区间，初始步距$h_0=0.1$。

3-2　已知某汽车行驶速度$x$与每千米耗油量的函数关系为$f(x)=x+\frac{20}{x}$。试用0.618法确定速度$x$在0.2～1km/min时的最经济速度$x^*$。精度$\varepsilon=0.01$。

3-3　试用二次插值法求函数$f(x)=8x^3-2x^2-7x+3$的最优解，初始区间为[0,2]，精度$\varepsilon=0.01$。

3-4　设有函数$f(\boldsymbol{x})=x_1^2+x_2^2-8x_1-12x_2+52$，已知初始迭代点：$\boldsymbol{x}^0=(0\quad 0)^{\mathrm{T}}$，迭代方向$\boldsymbol{d}^0=(0.707\quad 0.707)^{\mathrm{T}}$，用0.618法作一维搜索，求其最优步长$\alpha^*$。

3-5　用0.618法求函数$f(x)=x^2+2x$在区间[-3,5]上的极小点，要求计算到最大未确定区间的长度小于0.05。

3-6　设计曲柄滑块机构，要求机构的行程速比系数$K=1.2$，滑块行程$H=100$mm，追求机构运动性能最好，试确定机构的最佳曲柄长度、连杆长度和偏心距。

3-7　设计曲柄滑块机构，若机构许用传动角$[\gamma]=40°$，求机构最大行程速比系数$K^*$。

3-8　参照图3-33，已知液压缸初始长度$H_0=1$m，行程$H=0.5$m，摇杆摆角$\varphi=60°$，机架长度$a=1$m，试确定摇块机构的摇杆长度$l$和摇杆初始位置角$\varphi_0$。

# 第4章

# 无约束优化方法

## 4.1 概述

### 4.1.1 研究无约束优化问题的目的

大多数机械优化设计问题，都是在一定的限制条件下追求某一指标为最小，所以它们都属于约束优化问题。

那么为什么还要研究无约束优化问题呢？目的有三：

1）有些实际问题，其数学模型本身就是一个无约束优化问题，或者除了在非常接近最终极小点的情况下，都可以按无约束优化问题来处理。

2）通过熟悉无约束优化问题的解法，可以为研究约束优化问题打下良好的基础。

3）约束优化问题的求解，可以通过一系列无约束优化方法来达到。

所以无约束优化问题的解法是优化设计方法的基本组成部分，也是优化方法的基础。

### 4.1.2 无约束优化问题的解法

无约束优化问题就是：

求 $n$ 维设计变量 $\boldsymbol{x}=(x_1 \quad x_2 \cdots x_n)^{\mathrm{T}}$，使目标函数 $f(\boldsymbol{x})\to\min$，而对 $\boldsymbol{x}$ 没有任何限制。

对于无约束优化问题的求解，可以直接应用第 2 章讲述的极值条件来确定极值点位置。这就是把求函数极值的问题变成求解方程

$$\nabla f=\mathbf{0}$$

的问题。即求 $\boldsymbol{x}$，使其满足

$$\begin{cases}\dfrac{\partial f}{\partial x_1}=0\\ \dfrac{\partial f}{\partial x_2}=0\\ \quad\vdots\\ \dfrac{\partial f}{\partial x_n}=0\end{cases}$$

这是一个含有 $n$ 个未知量，$n$ 个方程的方程组，并且一般是非线性的。除了一些特殊情况外，一般来说非线性方程组的求解与求无约束极值一样也是一个困难问题，甚至前者比后者更困难。

对于非线性方程组，一般很难用解析方法求解，需要采用数值计算方法逐步求出非线性联立方程组的解。但是，与其用数值计算方法求解非线性方程组，倒不如用数值计算方法直接求解无约束极值问题。

因此，本章将介绍求解无约束优化问题常用的数值解法。

数值计算方法最常用的是搜索方法，其基本思想是从给定的初始点$\boldsymbol{x}^0$ 出发，沿某一搜索方向$\boldsymbol{d}^0$ 进行搜索，确定最佳步长 $\alpha_0$ 使函数值沿方向$\boldsymbol{d}^0$ 下降最大。依此方式按公式

$$\boldsymbol{x}^{k+1}=\boldsymbol{x}^k+\alpha_k\boldsymbol{d}^k \quad (k=0,1,2,\cdots) \tag{4-1}$$

不断进行，形成迭代的下降算法。

各种无约束优化方法的区别，就在于确定其搜索方向$\boldsymbol{d}^k$ 的方法不同。所以，搜索方向的构成问题是无约束优化方法的关键。

在式（4-1）中，$\boldsymbol{d}^k$ 是第 $k+1$ 次搜索或迭代方向，称为搜索或迭代方向，它是根据数学原理由目标函数和约束条件的局部信息状态形成的。

确定$\boldsymbol{d}^k$ 的方法很多，相应地确定使$f(\boldsymbol{x}^k+\alpha_k\boldsymbol{d}^k)$取极值的 $\alpha_k=\alpha^*$ 的方法也是不同的，具体方法已在第 3 章“一维搜索方法”中进行了讨论。

$\boldsymbol{d}^k$ 和 $\alpha_k$ 的形成和确定方法不同，就派生出不同的 $n$ 维无约束优化问题的数值解法。因此，可对无约束优化的算法进行分类。其分类原则就是依式（4-1）中的$\boldsymbol{d}^k$ 和相应的 $\alpha_k$ 的形成或确定方法而定。

图 4-1 是按式（4-1）对无约束优化问题进行极小值计算的算法的粗框图。其中一个框是形成 $\boldsymbol{d}$ 的，另一框是确定 $\alpha$ 的。显然，对不同的形成 $\boldsymbol{d}$ 和确定 $\alpha$ 的算法，只要改变这两框中的内容即可。

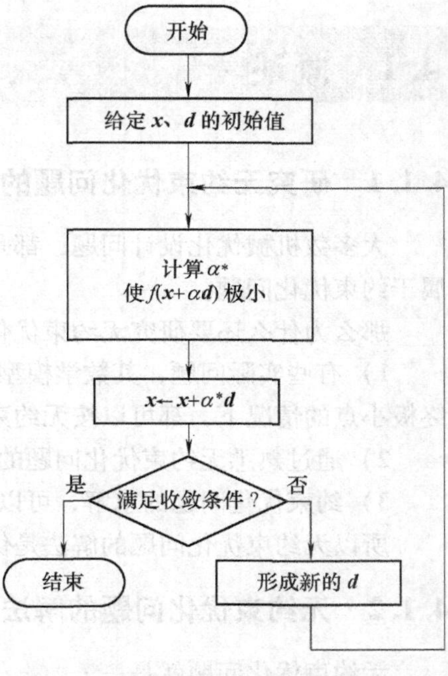


图 4-1 无约束极小化算法的粗框图

根据构成搜索方向所使用的信息性质的不同，无约束优化方法可以分为两类。一类是利用目标函数的一阶或二阶导数的无约束优化方法，如最速下降法、共轭梯度法、牛顿法及变尺度法等；另一类是只利用目标函数值的无约束优化方法，如坐标轮换法、单形替换法及鲍威尔（Powell）法等。本章将分别讨论上述两类无约束优化方法。

## 4.2 最速下降法

### 4.2.1 最速下降法的基本原理

优化设计是追求目标函数值$f(\boldsymbol{x})$最小，因此，一个很自然的想法是从某点 $\boldsymbol{x}$ 出发，其搜索方向 $\boldsymbol{d}$ 取该点的负梯度方向 $-\nabla f(\boldsymbol{x})$（最速下降方向），使函数值在该点附近的范围内

下降最快。按此规律不断迭代，形成以下迭代的算法：

$$\boldsymbol{x}^{k+1}=\boldsymbol{x}^{k}-\alpha_k\ \nabla f(\boldsymbol{x}^{k})\quad (k=0,1,2,\cdots) \tag{4-2}$$

由于最速下降法是以负梯度方向作为搜索方向的，所以最速下降法又称为梯度法。

为了使目标函数值沿搜索方向 $-\nabla f(\boldsymbol{x}^k)$ 能获得最大的下降值，其步长因子 $\alpha_k$ 应取一维搜索的最佳步长。即有

$$f(\boldsymbol{x}^{k+1})=f(\boldsymbol{x}^{k}-\alpha_k\ \nabla f(\boldsymbol{x}^{k}))=\min_{\alpha} f(\boldsymbol{x}^{k}-\alpha\ \nabla f(\boldsymbol{x}^{k}))=\min_{\alpha}\varphi(\alpha)$$

根据一元函数极值的必要条件和多元复合函数求导公式，得

$$\varphi'(\alpha)=-[\nabla f(\boldsymbol{x}^{k}-\alpha_k\ \nabla f(\boldsymbol{x}^{k}))]^{\mathrm{T}}\ \nabla f(\boldsymbol{x}^{k})=0$$

即

$$[\nabla f(\boldsymbol{x}^{k+1})]^{\mathrm{T}}\ \nabla f(\boldsymbol{x}^{k})=0 \tag{4-3}$$

或写成

$$(\boldsymbol{d}^{k+1})^{\mathrm{T}}(\boldsymbol{d}^{k})=0$$

由式（4-3）可知，在最速下降法中，相邻两个迭代点上的函数梯度相互垂直。

而搜索方向就是负梯度方向，因此，相邻两个搜索方向相互垂直。这就是说在最速下降法中，迭代点向函数极小点靠近的过程，走的是曲折的路线。这一次的搜索方向与前一次的搜索方向相互垂直，形成“之”字形的锯齿现象，如图4-2所示。

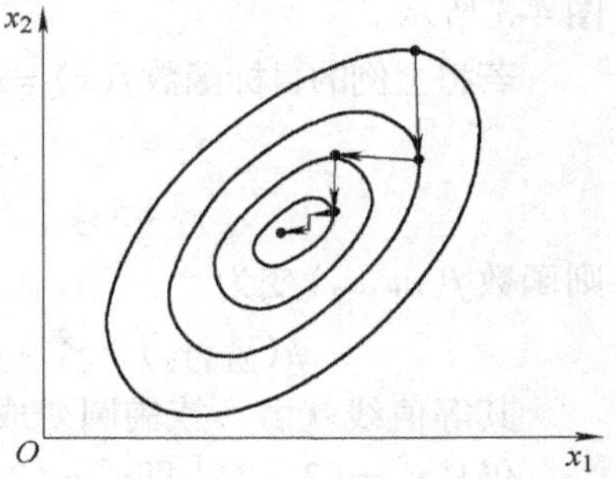

图4-2 最速下降法的搜索路径

从直观上可以看到，在远离极小点的位置，每次迭代可使函数值有较多的下降。可是在接近极小点的位置，由于锯齿现象使每次迭代行进的距离缩短，因而收敛速度减慢。

这种情况似乎与“最速下降”的名称相矛盾。其实不然，这是因为梯度是函数的局部性质。从局部上看，在一点附近函数的下降是快的，但从整体上看则走了许多弯路，因此函数的下降并不算快。

**例4-1** 求目标函数 $f(\boldsymbol{x})=x_1^2+25x_2^2$ 的极小点。

**解：** 取初始点 $\boldsymbol{x}^0=(2\quad 2)^{\mathrm{T}}$，则初始点处函数值及梯度分别为

$$f(\boldsymbol{x}^0)=104$$

$$\nabla f(\boldsymbol{x}^0)=\begin{pmatrix}2x_1\\50x_2\end{pmatrix}_{\boldsymbol{x}^0}=\begin{pmatrix}4\\100\end{pmatrix}$$

沿负梯度方向进行一维搜索，有

$$\boldsymbol{x}^1=\boldsymbol{x}^0-\alpha_0\ \nabla f(\boldsymbol{x}^0)=\begin{pmatrix}2\\2\end{pmatrix}-\alpha_0\begin{pmatrix}4\\100\end{pmatrix}=\begin{pmatrix}2-4\alpha_0\\2-100\alpha_0\end{pmatrix}$$

$\alpha_0$ 为一维搜索最佳步长，应满足极值必要条件：

$$\begin{aligned}f(\boldsymbol{x}^1)&=\min_{\alpha_0} f(\boldsymbol{x}^0-\alpha_0\ \nabla f(\boldsymbol{x}^0))\\&=\min_{\alpha_0}[(2-4\alpha_0)^2+25(2-100\alpha_0)^2]\\&=\min_{\alpha_0}\varphi(\alpha_0)\end{aligned}$$

$$\varphi'(\alpha_0)=-8(2-4\alpha_0)-5000(2-100\alpha_0)=0$$

从而算出一维搜索最佳步长：

$$\alpha_0=\frac{626}{31252}=0.02003072$$

则第一次迭代点和函数值分别为

$$\boldsymbol{x}^1=\begin{pmatrix}2-4\alpha_0\\2-100\alpha_0\end{pmatrix}=\begin{pmatrix}1.919877\\-0.3071785\times10^{-2}\end{pmatrix}$$

$$f(\boldsymbol{x}^1)=3.686164$$

从而完成了最速下降法的第一次迭代。继续做下去，经10次迭代后，得到最优解：

$$\boldsymbol{x}^*=(0\quad 0)^{\mathrm{T}}$$

$$f(\boldsymbol{x}^*)=0$$

这个问题的目标函数 $f(\boldsymbol{x})$ 的等值线为一族椭圆，迭代点从 $\boldsymbol{x}^0$ 走的是一段锯齿形路线，如图4-3所示。

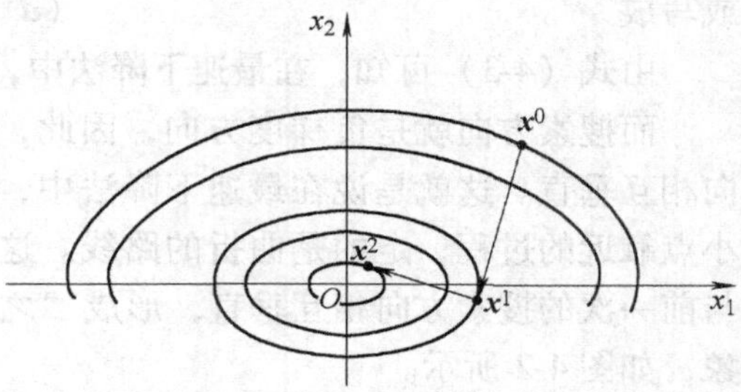


图4-3 等值线为椭圆的迭代过程

若将上例的目标函数 $f(\boldsymbol{x})=x_1^2+25x_2^2$ 引入变换

$$y_1=x_1$$

$$y_2=5x_2$$

则函数 $f(x_1,x_2)$ 变为

$$\psi(y_1,y_2)=y_1^2+y_2^2$$

其等值线就由一族椭圆变成一族同心圆，如图4-4所示。

仍从 $\boldsymbol{x}^0=(2\quad 2)^{\mathrm{T}}$ 即 $\boldsymbol{y}^0=(2\quad 10)^{\mathrm{T}}$ 出发进行最速下降法寻优，此时有

$$\psi(\boldsymbol{y}^0)=104$$

$$\nabla\psi(\boldsymbol{y}^0)=\begin{pmatrix}2y_1\\2y_2\end{pmatrix}_{y^0}=\begin{pmatrix}4\\20\end{pmatrix}$$

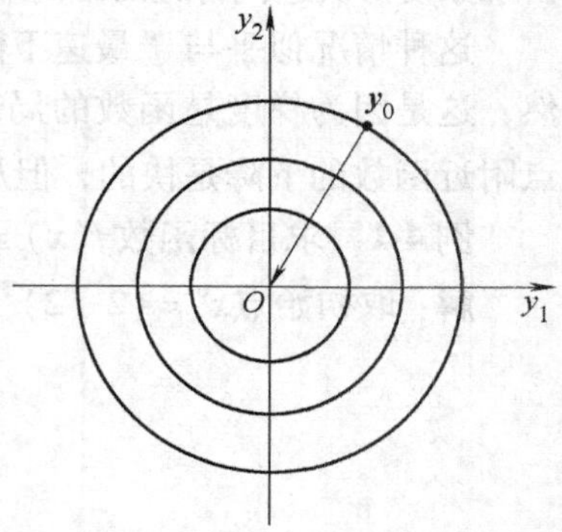


图4-4 等值线为圆的迭代过程

沿负梯度 $-\nabla\psi(\boldsymbol{y}^0)$ 方向进行一维搜索，有

$$\boldsymbol{y}^1=\boldsymbol{y}^0-\alpha_0'\nabla\psi(\boldsymbol{y}^0)=\begin{pmatrix}2\\10\end{pmatrix}-\alpha_0'\begin{pmatrix}4\\20\end{pmatrix}=\begin{pmatrix}2-4\alpha_0'\\10-20\alpha_0'\end{pmatrix}$$

$\alpha_0'$ 为一维搜索最佳步长，可由极值条件算出

$$\psi(\boldsymbol{y}^1)=\min_{\alpha_0'}\psi(\boldsymbol{y}^0-\alpha_0'\nabla\psi(\boldsymbol{y}^0))=\min_{\alpha_0'}\Phi(\alpha_0')$$

$$\Phi(\alpha_0')=(2-4\alpha_0')^2+(10-20\alpha_0')^2$$

$$\Phi(\alpha_0')=-8(2-4\alpha_0')-40(10-20\alpha_0')=0$$

$$\alpha_0'=\frac{26}{52}=0.5$$

则第一次迭代点及其相应的目标函数值为

$$\boldsymbol{y}^1=\begin{pmatrix}2-4\alpha_0'\\10-20\alpha_0'\end{pmatrix}=\begin{pmatrix}0\\0\end{pmatrix}$$

$$\psi(\boldsymbol{y}^1)=0$$

可见经过坐标变换后，只需经过一次迭代，就可找到最优解$\boldsymbol{x}^* = (0 \quad 0)^{\mathrm{T}}$，$f(\boldsymbol{x}^*) = 0$。

**讨论：**

比较以上两种函数形式：

$$f(x_1, x_2) = x_1^2 + 25x_2^2 = \frac{1}{2}(x_1 \quad x_2)\begin{pmatrix} 2 & 0 \\ 0 & 50 \end{pmatrix}\begin{pmatrix} x_1 \\ x_2 \end{pmatrix}$$

$$\psi(y_1, y_2) = y_1^2 + y_2^2 = \frac{1}{2}(y_1 \quad y_2)\begin{pmatrix} 2 & 0 \\ 0 & 2 \end{pmatrix}\begin{pmatrix} y_1 \\ y_2 \end{pmatrix}$$

可以看出它们中间的对角形矩阵不同，同时$f(x_1, x_2)$的等值线为一族椭圆，而$\psi(y_1, y_2)$的等值线为一族同心圆。这是由于经过尺度变换

$$y_1 = x_1$$

$$y_2 = 5x_2$$

即 $x_1$ 轴的度量不变，而把 $x_2$ 轴的度量放大 5 倍，从而把等值线由椭圆变成圆了。这说明上面两个二次型函数的对角形矩阵刻画了椭圆的长短轴，它们是表示度量的矩阵或者是表示尺度的矩阵。

## 4.2.2　最速下降法的特点

最速下降法的收敛速度和变量的尺度关系很大，这一点可从最速下降法收敛速度的估计式上看出来。在适当的条件下，有

$$\| \boldsymbol{x}^{k+1} - \boldsymbol{x}^* \| \leqslant \left(1 - \frac{m^2}{M^2}\right) \| \boldsymbol{x}^k - \boldsymbol{x}^* \| \tag{4-4}$$

式中　$M$——$f(\boldsymbol{x})$的海赛矩阵最大特征值上界；

$m$——$f(\boldsymbol{x})$的海赛矩阵最大特征值下界。

对于等值线为椭圆的二次型函数$f(\boldsymbol{x}) = x_1^2 + 25x_2^2$，其海赛矩阵

$$\boldsymbol{G} = \begin{pmatrix} 2 & 0 \\ 0 & 50 \end{pmatrix}$$

的两个特征值分别为 $\lambda_1 = 2$、$\lambda_2 = 50$。因此 $m = 2$、$M = 50$，则

$$\| \boldsymbol{x}^{k+1} - \boldsymbol{x}^* \| \leqslant \left(1 - \frac{2^2}{50^2}\right) \| \boldsymbol{x}^k - \boldsymbol{x}^* \| = \frac{624}{625} \| \boldsymbol{x}^k - \boldsymbol{x}^* \|$$

可见等值线为椭圆的，其长、短轴相差越大，收敛就越慢。

而对等值线为圆的二次函数 $\psi(y_1, y_2) = y_1^2 + y_2^2$，其海赛矩阵

$$\boldsymbol{G} = \begin{pmatrix} 2 & 0 \\ 0 & 2 \end{pmatrix}$$

的两个特征值分别为 $\lambda_1 = 2$、$\lambda_2 = 2$。因此 $m = 2$、$M = 2$，则

$$\| \boldsymbol{y}^{k+1} - \boldsymbol{y}^* \| \leqslant \left(1 - \frac{2^2}{2^2}\right) \| \boldsymbol{y}^k - \boldsymbol{y}^* \| = 0$$

所以

$$\boldsymbol{y}^{k+1} = \boldsymbol{y}^*$$

即经过一次迭代便可到达极值点。

当相邻两个迭代点之间满足上述关系式时（右边的系数为小于等于 1 的正的常数），称

相应的迭代方法是具有线性收敛速度的迭代法。

因此，最速下降法是具有线性收敛速度的迭代法。

最速下降法算法的程序框图如图 4-5 所示。

最速下降法是一个求解极值问题的古老算法，早在 1847 年就已由柯西（Cauchy）提出。此法直观、简单。由于它采用了函数的负梯度方向作为下一步的搜索方向，所以收敛速度较慢，越是接近极值点收敛就越慢，这是它的主要缺点。

最速下降法尽管收敛速度较慢，但其迭代的几何概念比较直观，方法和程序简单，虽要计算导数，但只要求一阶偏导，存储单元较少。此外，当迭代点距目标函数极小点较远时，无论目标函数是否具有二次性，最速下降法可以使目标函数在开头几步下降很快，所以它可与其他无约束优化方法配合使用。特别是一些更有效的方法都是在对它改进后，或在它的启发下获得的，因此最速下降法仍是许多有约束和无约束优化方法的基础。

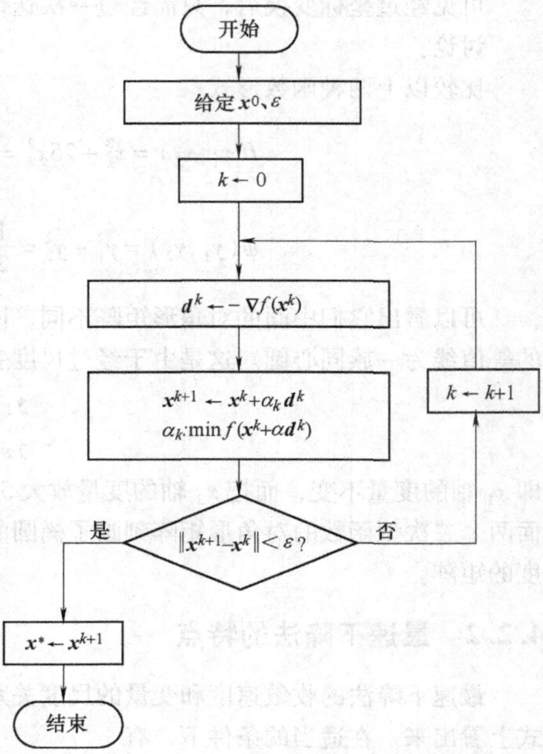


图 4-5 最速下降法的程序框图

## 4.3 牛顿型方法

### 4.3.1 牛顿型方法的基本原理

牛顿法和最速下降法一样，也是求解极值问题古老的算法之一。

在第 2 章中已讨论过一维搜索的牛顿法。对于一元函数 $f(x)$，假定已给出极小点 $x^*$ 的一个较好的近似点 $x_0$，则在 $x_0$ 处将 $f(x)$ 进行泰勒展开到二次项，得二次函数 $\phi(x)$。按极值条件 $\phi'(x)=0$ 得 $\phi(x)$ 的极小点 $x_1$；用它作为 $x^*$ 的第一个近似点。然后再在 $x_1$ 处进行泰勒展开，并求得第二个近似点 $x_2$；…。如此迭代下去，得到一维情况下的牛顿迭代公式：

$$x_{k+1}=x_k-\frac{f'(x_k)}{f''(x_k)} \quad (k=0,1,2,\cdots) \tag{4-5}$$

对于多元函数 $f(\boldsymbol{x})$，设 $\boldsymbol{x}^k$ 为 $f(\boldsymbol{x})$ 极小点 $\boldsymbol{x}^*$ 的一个近似点，在 $\boldsymbol{x}^k$ 处将 $f(\boldsymbol{x})$ 进行泰勒展开，保留到二次项，得

$$\begin{aligned} f(\boldsymbol{x}) &\approx \varphi(\boldsymbol{x}) \\ &= f(\boldsymbol{x}^k)+\nabla f(\boldsymbol{x}^k)(\boldsymbol{x}-\boldsymbol{x}^k)+\frac{1}{2}(\boldsymbol{x}-\boldsymbol{x}^k)^{\mathrm{T}}\nabla^2 f(\boldsymbol{x}^k)(\boldsymbol{x}-\boldsymbol{x}^k) \end{aligned}$$

式中 $\nabla^2 f(\boldsymbol{x}^k)$——$f(\boldsymbol{x})$在$\boldsymbol{x}^k$处的海赛矩阵。

设$\boldsymbol{x}^{k+1}$为$\varphi(\boldsymbol{x})$的极小点，它作为$f(\boldsymbol{x})$极小点$\boldsymbol{x}^*$的下一个近似点，根据极值必要条件：

$$\nabla\varphi(\boldsymbol{x}^{k+1})=\boldsymbol{0}$$

即
$$\nabla f(\boldsymbol{x}^k)+\nabla^2 f(\boldsymbol{x}^k)(\boldsymbol{x}^{k+1}-\boldsymbol{x}^k)=\boldsymbol{0}$$

得
$$\boldsymbol{x}^{k+1}=\boldsymbol{x}^k-[\nabla^2 f(\boldsymbol{x}^k)]^{-1}\nabla f(\boldsymbol{x}^k)\quad(k=0,1,2,\cdots)\tag{4-6}$$

这就是多元函数求极值的牛顿迭代公式。

对于二次函数，$f(\boldsymbol{x})$的上述泰勒展开式不是近似的，而是精确的。海赛矩阵$\nabla^2 f(\boldsymbol{x}^k)$是一个常矩阵，其中各元素均为常数。因此，无论从任何点出发，只需一步就可找到极小点。

因为若某一迭代方法能使二次型函数在有限次迭代内达到极小点，则称此迭代方法是二次收敛的，因此牛顿方法是二次收敛的。

**例4-2** 用牛顿法求$f(\boldsymbol{x})=x_1^2+25x_2^2$的极小值。

**解：**取初始点$\boldsymbol{x}^0=(2\quad 2)^{\mathrm{T}}$，则初始点处的函数梯度、海赛矩阵及其逆阵分别是

$$\nabla f(\boldsymbol{x}^0)=\begin{pmatrix}2x_1\\50x_2\end{pmatrix}_{\boldsymbol{x}^0}=\begin{pmatrix}4\\100\end{pmatrix}$$

$$\nabla^2 f(\boldsymbol{x}^0)=\begin{pmatrix}2&0\\0&50\end{pmatrix}$$

$$[\nabla^2 f(\boldsymbol{x}^0)]^{-1}=\begin{pmatrix}\frac{1}{2}&0\\0&\frac{1}{50}\end{pmatrix}$$

代入牛顿迭代公式，得

$$\boldsymbol{x}^1=\boldsymbol{x}^0-[\nabla^2 f(\boldsymbol{x}^0)]^{-1}\nabla f(\boldsymbol{x}^0)=\begin{pmatrix}2\\2\end{pmatrix}-\begin{pmatrix}\frac{1}{2}&0\\0&\frac{1}{50}\end{pmatrix}\begin{pmatrix}4\\100\end{pmatrix}=\begin{pmatrix}0\\0\end{pmatrix}$$

从而经过一次迭代即求得极小点$\boldsymbol{x}^*=(0\quad 0)^{\mathrm{T}}$及函数极小值$f(\boldsymbol{x}^*)=0$。

从牛顿迭代公式的推演中可以看到，迭代点的位置是按照极值条件确定的，其中并未含有沿下降方向搜寻的概念。因此对于非二次函数，如果采用上述牛顿迭代公式，有时会使函数值上升，即出现$f(\boldsymbol{x}^{k+1})>f(\boldsymbol{x}^k)$的现象。

为此，需对上述牛顿法进行改进，引入数学规划法的搜寻概念，提出所谓“阻尼牛顿法”。

如果把$\boldsymbol{d}^k=-[\nabla^2 f(\boldsymbol{x}^k)]^{-1}\nabla f(\boldsymbol{x}^k)$看作是一个搜索方向，称其为牛顿方向，则阻尼牛顿法采取如下的迭代公式：

$$\boldsymbol{x}^{k+1}=\boldsymbol{x}^k+\alpha_k\boldsymbol{d}^k=\boldsymbol{x}^k-\alpha_k[\nabla^2 f(\boldsymbol{x}^k)]^{-1}\nabla f(\boldsymbol{x}^k)\quad(k=0,1,2,\cdots)\tag{4-7}$$

式中 $\alpha_k$——沿牛顿方向进行一维搜索的最佳步长，也称为阻尼因子。

$\alpha_k$可通过如下极小化过程求得：

$$f(\boldsymbol{x}^{k+1})=f(\boldsymbol{x}^k+\alpha_k\boldsymbol{d}^k)=\min_{\alpha} f(\boldsymbol{x}^k+\alpha\boldsymbol{d}^k)$$

这样，原来的牛顿法就相当于阻尼牛顿法的步长因子$\alpha_k$取成固定值1的情况。

由于阻尼牛顿法每次迭代都在牛顿方向上进行一维搜索，这就避免了迭代后函数值上升

的现象，从而保证了牛顿法二次收敛的特性，而对初始点的选取并没有苛刻的要求。

阻尼牛顿法的计算步骤如下：

1）给定初始点$\boldsymbol{x}^0$，收敛精度$\varepsilon$，$k \leftarrow 0$。

2）计算$\nabla f(\boldsymbol{x}^k)$、$\nabla^2 f(\boldsymbol{x}^k)$、$[\nabla^2 f(\boldsymbol{x}^k)]^{-1}$和$\boldsymbol{d}^k = -[\nabla^2 f(\boldsymbol{x}^k)]^{-1}\nabla f(\boldsymbol{x}^k)$。

3）求$\boldsymbol{x}^{k+1} = \boldsymbol{x}^k + \alpha_k \boldsymbol{d}^k$，其中$\alpha_k$为沿$\boldsymbol{d}^k$进行一维搜索的最佳步长。

4）检查收敛精度。若$\| \boldsymbol{x}^{k+1} - \boldsymbol{x}^k \| < \varepsilon$，则$\boldsymbol{x}^* = \boldsymbol{x}^{k+1}$，停机；否则，$k \leftarrow k+1$，返回到2）继续进行搜索。

阻尼牛顿法的程序框图如图4-6所示。

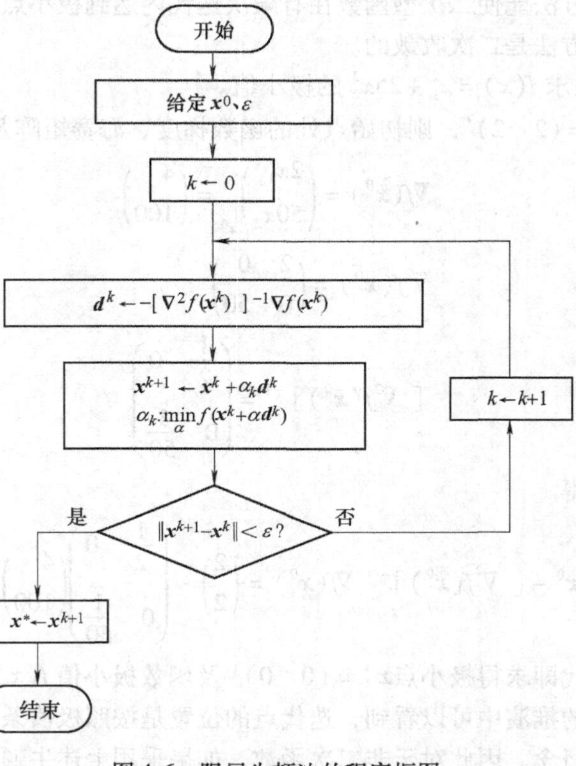


图4-6 阻尼牛顿法的程序框图

## 4.3.2 牛顿型方法的特点

牛顿法和阻尼牛顿法统称为牛顿型方法。它是梯度法的进一步发展，梯度法利用目标函数一阶偏导数信息、以负梯度方向作为搜索方向，只考虑目标函数在迭代点的局部性质，而牛顿法不仅使用目标函数一阶偏导数，还利用目标函数二阶偏导数，这样就考虑了梯度变化的趋势，因而能更全面地确定合适的搜索方向以加快收敛速度。

牛顿法具有二次收敛性，对于正定二次函数应用牛顿法只要一次迭代即可达到极小点。

这类方法的主要缺点是每次迭代都要计算函数的二阶导数矩阵，并对该矩阵求逆。这样工作量很大。特别是矩阵求逆，当维数高时工作量更大。

另外，从计算机存储方面考虑，牛顿型方法所需的存储量也是很大的。

最速下降法的收敛速度比牛顿法慢，而牛顿法又存在上述缺点。针对这些缺点，近年来人们研究了很多改进的算法，如针对最速下降法（梯度法）提出只用梯度信息但比最速下降法收敛速度快的共轭梯度法；针对牛顿法提出变尺度法等。

## 4.4　共轭方向及共轭方向法

为了克服最速下降法的锯齿现象以提高其收敛速度，发展了一类共轭方向法。

由于这类方法的搜索方向取的是共轭方向，因此先介绍共轭方向的概念和性质。

### 4.4.1　共轭方向的概念

共轭方向的概念是在研究二次函数

$$f(\boldsymbol{x}) = \frac{1}{2}\boldsymbol{x}^{\mathrm{T}}\boldsymbol{G}\boldsymbol{x} + \boldsymbol{b}^{\mathrm{T}}\boldsymbol{x} + c \tag{4-8}$$

时引出的，其中 $\boldsymbol{G}$ 为对称正定矩阵。

为方便起见，首先以二次函数为目标函数给出有关算法，然后再把算法推广到一般的目标函数中去。

为了直观起见，首先考虑二维情况。二元二次函数的等值线为一族椭圆，任选初始点 $\boldsymbol{x}^0$ 沿某个下降方向 $\boldsymbol{d}^0$ 作一维搜索，得

$$\boldsymbol{x}^1 = \boldsymbol{x}^0 + \alpha_0 \boldsymbol{d}^0$$

因为 $\alpha_0$ 是沿 $\boldsymbol{d}^0$ 方向搜索的最佳步长，即在 $\boldsymbol{x}^1$ 点处函数 $f(\boldsymbol{x})$ 沿 $\boldsymbol{d}^0$ 方向的方向导数为零。考虑到 $\boldsymbol{x}^1$ 点处方向导数与梯度之间的关系，故有

$$\left.\frac{\partial f}{\partial \boldsymbol{d}^0}\right|_{\boldsymbol{x}^1} = [\nabla f(\boldsymbol{x}^1)]^{\mathrm{T}} \boldsymbol{d}^0 = 0 \tag{4-9}$$

$\boldsymbol{d}^0$ 与某一等值线相切于 $\boldsymbol{x}^1$ 点。下一次迭代，如果按最速下降法，选择负梯度 $-\nabla f(\boldsymbol{x}^1)$ 方向为搜索方向，则将发生锯齿现象。为避免锯齿现象的发生，可取下一次的迭代搜索方向 $\boldsymbol{d}^1$ 直指极小点 $\boldsymbol{x}^*$，如图 4-7 所示。如果能够选定这样的搜索方向，那么对于二元二次函数只需顺次进行 $\boldsymbol{d}^0$、$\boldsymbol{d}^1$ 两次一维搜索就可以求到极小点 $\boldsymbol{x}^*$，即有

$$\boldsymbol{x}^* = \boldsymbol{x}^1 + \alpha_1 \boldsymbol{d}^1$$

式中　$\alpha_1$——$\boldsymbol{d}^1$ 方向上的最佳步长。

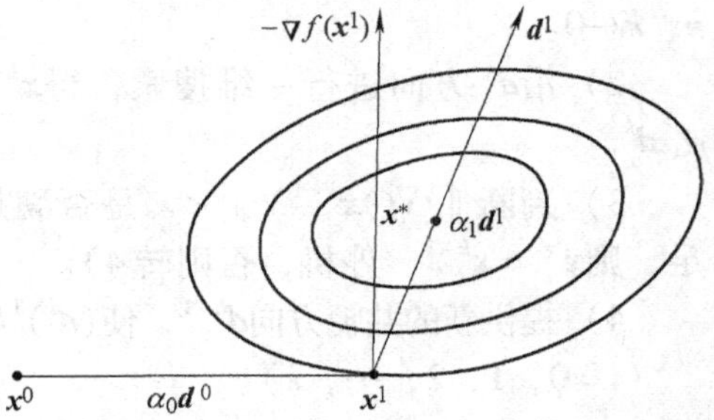


图 4-7　负梯度方向与共轭方向

那么这样的 $\boldsymbol{d}^1$ 方向应该满足什么条件呢？对于由式（4-8）所表示的二次函数 $f(\boldsymbol{x})$ 有

$$\nabla f(\boldsymbol{x}^1) = \boldsymbol{G}\boldsymbol{x}^1 + \boldsymbol{b}$$

当 $\boldsymbol{x}^1 \neq \boldsymbol{x}^*$ 时，$\alpha_1 \neq 0$，由于 $\boldsymbol{x}^*$ 是函数 $f(\boldsymbol{x})$ 的极小点，应满足极值必要条件，故有

$$\nabla f(\boldsymbol{x}^*) = \boldsymbol{G}\boldsymbol{x}^* + \boldsymbol{b} = \boldsymbol{0}$$

即

$$\nabla f(\boldsymbol{x}^*) = \boldsymbol{G}(\boldsymbol{x}^1 + \alpha_1 \boldsymbol{d}^1) + \boldsymbol{b} = \nabla f(\boldsymbol{x}^1) + \alpha_1 \boldsymbol{G}\boldsymbol{d}^1 = \boldsymbol{0} \tag{4-10}$$

将式（4-10）两边同时左乘 $(\boldsymbol{d}^0)^{\mathrm{T}}$，并注意到 $\alpha_1 \neq 0$ 的条件及式（4-9），得

$$(\boldsymbol{d}^0)^{\mathrm{T}}\boldsymbol{G}\boldsymbol{d}^1 = \boldsymbol{0} \tag{4-11}$$

这就是为使$\boldsymbol{d}^1$直指极小点$\boldsymbol{x}^*$，$\boldsymbol{d}^1$所必须满足的条件。满足该式的两个向量$\boldsymbol{d}^0$和$\boldsymbol{d}^1$称为$\boldsymbol{G}$的共轭向量，或称$\boldsymbol{d}^0$和$\boldsymbol{d}^1$对$\boldsymbol{G}$是共轭方向。

### 4.4.2 共轭方向的性质

**定义** 设$\boldsymbol{G}$为$n \times n$阶对称正定矩阵，若$n$维空间中有$m$个非零向量$\boldsymbol{d}^0$，$\boldsymbol{d}^1$，…，$\boldsymbol{d}^{m-1}$满足

$$(\boldsymbol{d}^i)^{\mathrm{T}}\boldsymbol{G}\,\boldsymbol{d}^j=\boldsymbol{0} \quad (i,j=0,1,2,\cdots,m-1;i\neq j) \tag{4-12}$$

则称$\boldsymbol{d}^0$，$\boldsymbol{d}^1$，…，$\boldsymbol{d}^{m-1}$对$\boldsymbol{G}$共轭，或称它们是$\boldsymbol{G}$的共轭方向。

当$\boldsymbol{G}=\boldsymbol{I}$（单位矩阵）时，上式变为

$$(\boldsymbol{d}^i)^{\mathrm{T}}\boldsymbol{d}^j=\boldsymbol{0} \quad (i,j=0,1,2,\cdots,m-1;i\neq j) \tag{4-13}$$

即向量$\boldsymbol{d}^0$，$\boldsymbol{d}^1$，…，$\boldsymbol{d}^{m-1}$互相正交。

由此可见，共轭概念是正交概念的推广，正交是共轭的特例。

性质1：若非零向量系$\boldsymbol{d}^0$，$\boldsymbol{d}^1$，…，$\boldsymbol{d}^{m-1}$是对$\boldsymbol{G}$共轭的，则这$m$个向量是线性无关的。

性质2：在$n$维空间中互相共轭的非零向量的个数不超过$n$。

性质3：从任意初始点$\boldsymbol{x}^0$出发，顺次沿$n$个$\boldsymbol{G}$的共轭方向$\boldsymbol{d}^0$，$\boldsymbol{d}^1$，…，$\boldsymbol{d}^{n-1}$进行一维搜索，最多经过$n$次迭代就可以找到二次函数$f(\boldsymbol{x})$的极小点$\boldsymbol{x}^*$。

此性质表明这种迭代方法具有二次收敛性。

### 4.4.3 共轭方向法

共轭方向法是建立在共轭方向性质3的基础上的，它提供了求二次函数极小点的原则方法。

其步骤是：

1）选定初始点$\boldsymbol{x}^0$、下降方向$\boldsymbol{d}^0$和收敛精度$\varepsilon$，$k\leftarrow 0$。

2）沿$\boldsymbol{d}^k$方向进行一维搜索，得$\boldsymbol{x}^{k+1}=\boldsymbol{x}^k+\alpha_k\boldsymbol{d}^k$。

3）判断$\|\nabla f(\boldsymbol{x}^{k+1})\|<\varepsilon$是否满足，若满足，则$\boldsymbol{x}^*=\boldsymbol{x}^{k+1}$，停机，否则转4）。

4）提供新的共轭方向$\boldsymbol{d}^{k+1}$，使$(\boldsymbol{d}^i)^{\mathrm{T}}\boldsymbol{G}\,\boldsymbol{d}^{k+1}=\boldsymbol{0}$ $(i=0, 1, 2, \cdots, k)$。

5）$k\leftarrow k+1$，转2）。

共轭方向法的程序框图如图4-8所示。

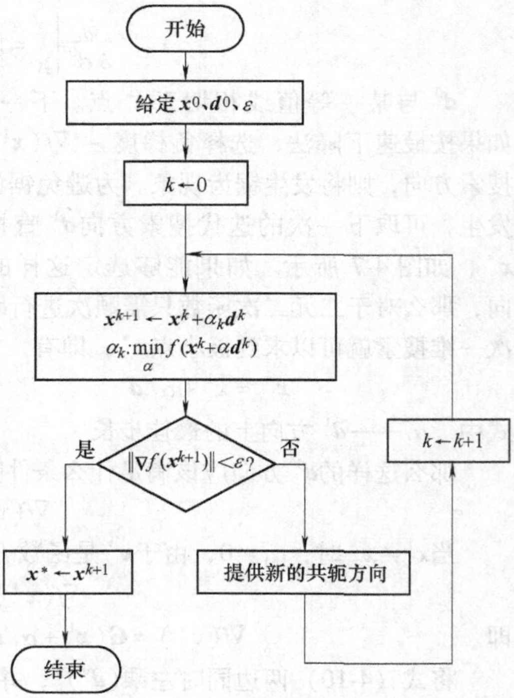


图4-8 共轭方向法的程序框图

提供共轭向量系的方法有许多种，从而形成各种具体的共轭方向法，如共轭梯度法、鲍威尔法等。这些方法将在下面几节中予以讨论。这里首先介绍格拉姆-施密特（Gram-Schmidt）向量系共轭化法，它是格拉姆-施密特向量系正交化法的推广。

设已选定线性无关向量系$\boldsymbol{v}_0$，$\boldsymbol{v}_1$，…，$\boldsymbol{v}_{n-1}$

（例如，它们是 $n$ 个坐标轴上的单位向量），首先取

$$\boldsymbol{d}^0 = \boldsymbol{v}_0$$

令

$$\boldsymbol{d}^1 = \boldsymbol{v}_1 + \beta_{10}\boldsymbol{d}^0$$

其中 $\beta_{10}$ 是待定系数，它根据 $\boldsymbol{d}^1$ 与 $\boldsymbol{d}^0$ 共轭条件来确定，即

$$(\boldsymbol{d}^0)^{\mathrm{T}}\boldsymbol{G}\,\boldsymbol{d}^1 = (\boldsymbol{d}^0)^{\mathrm{T}}\boldsymbol{G}(\boldsymbol{v}_1 + \beta_{10}\boldsymbol{d}^0) = \boldsymbol{0}$$

$$\beta_{10} = -\frac{(\boldsymbol{d}^0)^{\mathrm{T}}\boldsymbol{G}\boldsymbol{v}_1}{(\boldsymbol{d}^0)^{\mathrm{T}}\boldsymbol{G}\,\boldsymbol{d}^0} \tag{4-14}$$

从而求得与 $\boldsymbol{d}^0$ 共轭的

$$\boldsymbol{d}^1 = \boldsymbol{v}_1 - \frac{(\boldsymbol{d}^0)^{\mathrm{T}}\boldsymbol{G}\boldsymbol{v}_1}{(\boldsymbol{d}^0)^{\mathrm{T}}\boldsymbol{G}\,\boldsymbol{d}^0}\boldsymbol{d}^0 \tag{4-15}$$

设已求得共轭向量 $\boldsymbol{d}^0$，$\boldsymbol{d}^1$，…，$\boldsymbol{d}^k$，现求 $\boldsymbol{d}^{k+1}$。

令

$$\boldsymbol{d}^{k+1} = \boldsymbol{v}_{k+1} + \sum_{r=0}^{k}\beta_{k+1,r}\,\boldsymbol{d}^k$$

为使 $\boldsymbol{d}^{k+1}$ 与 $\boldsymbol{d}^j(j=0,1,2,\cdots,k)$ 共轭，应有

$$(\boldsymbol{d}^j)^{\mathrm{T}}\boldsymbol{G}\,\boldsymbol{d}^{k+1} = (\boldsymbol{d}^j)^{\mathrm{T}}\boldsymbol{G}(\boldsymbol{v}_{k+1} + \sum_{r=0}^{k}\beta_{k+1,r}\,\boldsymbol{d}^k) = \boldsymbol{0}$$

解得

$$\beta_{k+1,r} = -\frac{(\boldsymbol{d}^j)^{\mathrm{T}}\boldsymbol{G}\boldsymbol{v}_{k+1}}{(\boldsymbol{d}^j)^{\mathrm{T}}\boldsymbol{G}\,\boldsymbol{d}^j} \tag{4-16}$$

则

$$\boldsymbol{d}^{k+1} = \boldsymbol{v}_{k+1} - \sum_{j=0}^{k}\frac{(\boldsymbol{d}^j)^{\mathrm{T}}\boldsymbol{G}\boldsymbol{v}_{k+1}}{(\boldsymbol{d}^j)^{\mathrm{T}}\boldsymbol{G}\,\boldsymbol{d}^j}\boldsymbol{d}^j \tag{4-17}$$

**例 4-3**　求

$$\boldsymbol{G} = \begin{pmatrix} 2 & -1 & 0 \\ -1 & 2 & -1 \\ 0 & -1 & 2 \end{pmatrix}$$

的一组共轭向量系 $\boldsymbol{d}^0$、$\boldsymbol{d}^1$、$\boldsymbol{d}^2$。

**解：** 选三个坐标轴上的单位向量 $\boldsymbol{e}_0$、$\boldsymbol{e}_1$、$\boldsymbol{e}_2$ 作为一组线性无关向量系

$$\boldsymbol{e}_0 = \begin{pmatrix} 1 \\ 0 \\ 0 \end{pmatrix}, \boldsymbol{e}_1 = \begin{pmatrix} 0 \\ 1 \\ 0 \end{pmatrix}, \boldsymbol{e}_2 = \begin{pmatrix} 0 \\ 0 \\ 1 \end{pmatrix}$$

取

$$\boldsymbol{d}^0 = \boldsymbol{e}_0 = \begin{pmatrix} 1 \\ 0 \\ 0 \end{pmatrix}$$

设

$$\boldsymbol{d}^1 = \boldsymbol{e}_1 + \beta_{10}\boldsymbol{d}^0$$

$$\beta_{10}=-\frac{(\boldsymbol{d}^0)^{\mathrm{T}}\boldsymbol{G}\,\boldsymbol{e}_1}{(\boldsymbol{d}^0)^{\mathrm{T}}\boldsymbol{G}\,\boldsymbol{d}^0}=-\frac{(1\quad 0\quad 0)\begin{pmatrix}2&-1&0\\-1&2&-1\\0&-1&2\end{pmatrix}\begin{pmatrix}0\\1\\0\end{pmatrix}}{(1\quad 0\quad 0)\begin{pmatrix}2&-1&0\\-1&2&-1\\0&-1&2\end{pmatrix}\begin{pmatrix}1\\0\\0\end{pmatrix}}=\frac{1}{2}$$

得

$$\boldsymbol{d}^1=\begin{pmatrix}0\\1\\0\end{pmatrix}+\frac{1}{2}\begin{pmatrix}1\\0\\0\end{pmatrix}=\begin{pmatrix}\frac{1}{2}\\1\\0\end{pmatrix}$$

设

$$\boldsymbol{d}^2=\boldsymbol{e}_2+\beta_{21}\boldsymbol{d}^1+\beta_{20}\boldsymbol{d}^0$$

$$\beta_{21}=-\frac{(\boldsymbol{d}^1)^{\mathrm{T}}\boldsymbol{G}\,\boldsymbol{e}_2}{(\boldsymbol{d}^1)^{\mathrm{T}}\boldsymbol{G}\,\boldsymbol{d}^1}=-\frac{\left(\frac{1}{2}\quad 1\quad 0\right)\begin{pmatrix}2&-1&0\\-1&2&-1\\0&-1&2\end{pmatrix}\begin{pmatrix}0\\0\\1\end{pmatrix}}{\left(\frac{1}{2}\quad 1\quad 0\right)\begin{pmatrix}2&-1&0\\-1&2&-1\\0&-1&2\end{pmatrix}\begin{pmatrix}\frac{1}{2}\\1\\0\end{pmatrix}}=\frac{2}{3}$$

$$\beta_{20}=-\frac{(\boldsymbol{d}^0)^{\mathrm{T}}\boldsymbol{G}\,\boldsymbol{e}_2}{(\boldsymbol{d}^0)^{\mathrm{T}}\boldsymbol{G}\,\boldsymbol{d}^0}=-\frac{(1\quad 0\quad 0)\begin{pmatrix}2&-1&0\\-1&2&-1\\0&-1&2\end{pmatrix}\begin{pmatrix}0\\0\\1\end{pmatrix}}{(1\quad 0\quad 0)\begin{pmatrix}2&-1&0\\-1&2&-1\\0&-1&2\end{pmatrix}\begin{pmatrix}1\\0\\0\end{pmatrix}}=0$$

得

$$\boldsymbol{d}^2=\begin{pmatrix}0\\0\\1\end{pmatrix}+\frac{2}{3}\begin{pmatrix}\frac{1}{2}\\1\\0\end{pmatrix}=\begin{pmatrix}\frac{1}{3}\\\frac{2}{3}\\1\end{pmatrix}$$

计算表明

$$(\boldsymbol{d}^i)^{\mathrm{T}}\boldsymbol{G}\,\boldsymbol{d}^j\begin{cases}\neq 0 & (i=j)\\=0 & (i\neq j)\end{cases}\quad(i,j=0,1,2)$$

说明$\boldsymbol{d}^0$、$\boldsymbol{d}^1$、$\boldsymbol{d}^2$ 对 $\boldsymbol{G}$ 共轭。

上述算法是针对二次函数的，但也可以用于一般非二次函数。

非二次函数在极小点附近可用二次函数来近似。

$$f(\boldsymbol{x})\approx f(\boldsymbol{x}^*)+\frac{1}{2}(\boldsymbol{x}-\boldsymbol{x}^*)^{\mathrm{T}}\boldsymbol{G}(\boldsymbol{x}^*)(\boldsymbol{x}-\boldsymbol{x}^*)$$

上式中的海赛矩阵 $\boldsymbol{G}(\boldsymbol{x}^*)$ 相当于二次函数中的矩阵 $\boldsymbol{G}$，但$\boldsymbol{x}^*$未知。当迭代点$\boldsymbol{x}^0$ 充分靠近$\boldsymbol{x}^*$时，可用 $\boldsymbol{G}(\boldsymbol{x}^0)$ 构造共轭向量系。更有效的共轭方法是构造共轭向量系时避开海赛矩阵，这将在下节中予以讨论。

## 4.5 共轭梯度法

共轭梯度法是共轭方向法中的一种，因为在该方法中每一个共轭向量都是依赖于迭代点处的负梯度而构造出来的，所以称作共轭梯度法。

为了利用梯度求共轭方向，首先来研究共轭方向与梯度之间的关系。

考虑二次函数

$$f(\boldsymbol{x})=\frac{1}{2}\boldsymbol{x}^{\mathrm{T}}\boldsymbol{G}\boldsymbol{x}+\boldsymbol{b}^{\mathrm{T}}\boldsymbol{x}+c$$

从$\boldsymbol{x}^k$ 点出发，沿 $\boldsymbol{G}$ 的某一共轭方向$\boldsymbol{d}^k$ 作一维搜索，得到$\boldsymbol{x}^{k+1}$点，即

$$\boldsymbol{x}^{k+1}=\boldsymbol{x}^k+\alpha_k\boldsymbol{d}^k$$

或

$$\boldsymbol{x}^{k+1}-\boldsymbol{x}^k=\alpha_k\boldsymbol{d}^k \tag{4-18}$$

而在$\boldsymbol{x}^k$、$\boldsymbol{x}^{k+1}$点处的梯度$\boldsymbol{g}_k$、$\boldsymbol{g}_{k+1}$分别为

$$\boldsymbol{g}_k=\boldsymbol{G}\boldsymbol{x}^k+\boldsymbol{b}$$

$$\boldsymbol{g}_{k+1}=\boldsymbol{G}\boldsymbol{x}^{k+1}+\boldsymbol{b}$$

两式相减，并注意式（4-18），有

$$\boldsymbol{g}_{k+1}-\boldsymbol{g}_k=\boldsymbol{G}(\boldsymbol{x}^{k+1}-\boldsymbol{x}^k)=\alpha_k\boldsymbol{G}\boldsymbol{d}^k \tag{4-19}$$

若$\boldsymbol{d}^j$ 和$\boldsymbol{d}^k$ 对 $\boldsymbol{G}$ 共轭，则

$$(\boldsymbol{d}^j)^{\mathrm{T}}\boldsymbol{G}\boldsymbol{d}^k=0$$

式（4-19）两端前乘$(\boldsymbol{d}^j)^{\mathrm{T}}$，得

$$(\boldsymbol{d}^j)^{\mathrm{T}}(\boldsymbol{g}_{k+1}-\boldsymbol{g}_k)=\alpha_k(\boldsymbol{d}^j)^{\mathrm{T}}\boldsymbol{G}\boldsymbol{d}^k=0 \tag{4-20}$$

这就是共轭方向与梯度之间的关系。

式（4-20）表明沿方向$\boldsymbol{d}^k$ 进行一维搜索，其终点$\boldsymbol{x}^{k+1}$与始点$\boldsymbol{x}^k$ 的梯度之差$\boldsymbol{g}_{k+1}-\boldsymbol{g}_k$ 与$\boldsymbol{d}^k$ 的共轭方向$\boldsymbol{d}^j$ 正交。即前后两次迭代点处梯度之差与该两次迭代点所构成的方向的任一对 $\boldsymbol{G}$ 的共轭方向均正交。

共轭梯度法就是利用这个性质做到不必计算矩阵 $\boldsymbol{G}$ 就能求得共轭方向的。此性质的几何说明如图 4-9 所示。

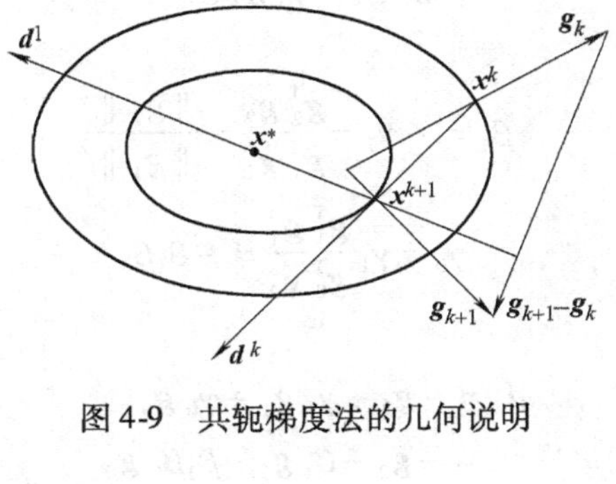


图 4-9　共轭梯度法的几何说明

共轭梯度法的计算过程如下：

1）设初始点$\boldsymbol{x}^0$，第一个搜索方向取$\boldsymbol{x}^0$ 点的负梯度 $-\boldsymbol{g}_0$，即$\boldsymbol{d}^0=-\boldsymbol{g}_0$，沿$\boldsymbol{d}^0$ 进行一维搜

索，得$\boldsymbol{x}^1=\boldsymbol{x}^0+\alpha_0\boldsymbol{d}^0$，并算出$\boldsymbol{x}^1$点处的梯度$\boldsymbol{g}_1$。$\boldsymbol{x}^1$是以$\boldsymbol{d}^0$为切线和某等值曲线的切点。根据梯度和该点等值面的切面相垂直的性质，因此$\boldsymbol{g}_1$和$\boldsymbol{d}^0$正交，有$(\boldsymbol{d}^0)^{\mathrm{T}}\boldsymbol{g}_1=0$，从而$\boldsymbol{g}_1$和$\boldsymbol{g}_0$正交，即$\boldsymbol{g}_1^{\mathrm{T}}\boldsymbol{g}_0=0$，$\boldsymbol{d}^0$和$\boldsymbol{g}_1$组成平面正交系。

2）在$\boldsymbol{d}^0$、$\boldsymbol{g}_1$所构成的平面正交系中求$\boldsymbol{d}^0$的共轭方向$\boldsymbol{d}^1$，作为下一步的搜索方向。把$\boldsymbol{d}^1$取成$-\boldsymbol{g}_1$与$\boldsymbol{d}^0$两个方向的线性组合，即$\boldsymbol{d}^1=-\boldsymbol{g}_1+\beta_0\boldsymbol{d}^0$，其中$\beta_0$为待定系数。由式（4-20）有

$$(\boldsymbol{d}^1)^{\mathrm{T}}(\boldsymbol{g}_1-\boldsymbol{g}_0)=0$$

所以

$$(-\boldsymbol{g}_1+\beta_0\boldsymbol{d}^0)^{\mathrm{T}}(\boldsymbol{g}_1-\boldsymbol{g}_0)=0$$

由于$(\boldsymbol{d}^0)^{\mathrm{T}}\boldsymbol{g}_1=0$，$\boldsymbol{g}_1^{\mathrm{T}}\boldsymbol{g}_0=0$，则

$$\beta_0=\frac{\boldsymbol{g}_1^{\mathrm{T}}\boldsymbol{g}_1}{\boldsymbol{g}_0^{\mathrm{T}}\boldsymbol{g}_0}=\frac{\|\boldsymbol{g}_1\|^2}{\|\boldsymbol{g}_0\|^2} \tag{4-21}$$

$$\boldsymbol{d}^1=-\boldsymbol{g}_1+\frac{\|\boldsymbol{g}_1\|^2}{\|\boldsymbol{g}_0\|^2}\boldsymbol{d}^0 \tag{4-22}$$

沿$\boldsymbol{d}^1$方向进行一维搜索，得$\boldsymbol{x}^2=\boldsymbol{x}^1+\alpha_1\boldsymbol{d}^1$，并算出该点梯度$\boldsymbol{g}_2$，有$(\boldsymbol{d}^1)^{\mathrm{T}}\boldsymbol{g}_2=0$，即

$$(-\boldsymbol{g}_1+\beta_0\boldsymbol{d}^0)^{\mathrm{T}}\boldsymbol{g}_2=0 \tag{4-23}$$

因为$\boldsymbol{d}^0$和$\boldsymbol{d}^1$共轭，根据共轭方向与梯度的关系式（4-20）有

$$(\boldsymbol{d}^0)^{\mathrm{T}}(\boldsymbol{g}_2-\boldsymbol{g}_1)=0$$

考虑到$(\boldsymbol{d}^0)^{\mathrm{T}}\boldsymbol{g}_1=0$，因此$(\boldsymbol{d}^0)^{\mathrm{T}}\boldsymbol{g}_2=0$，即$\boldsymbol{g}_2$和$\boldsymbol{g}_0$正交。又根据式（4-23）得$\boldsymbol{g}_1^{\mathrm{T}}\boldsymbol{g}_2=0$，即$\boldsymbol{g}_2$又和$\boldsymbol{g}_1$正交。由此可知$\boldsymbol{g}_0$、$\boldsymbol{g}_1$、$\boldsymbol{g}_2$构成一个正交系。

3）在$\boldsymbol{g}_0$、$\boldsymbol{g}_1$、$\boldsymbol{g}_2$所构成的正交系中，求与$\boldsymbol{d}^0$和$\boldsymbol{d}^1$均共轭的方向$\boldsymbol{d}^2$。

设

$$\boldsymbol{d}^2=-\boldsymbol{g}_2+\gamma_1\boldsymbol{g}_1+\gamma_0\boldsymbol{g}_0$$

其中，$\gamma_1$、$\gamma_0$为待定系数。

因为要求$\boldsymbol{d}^2$与$\boldsymbol{d}^0$和$\boldsymbol{d}^1$均共轭，根据共轭方向与梯度的关系式（4-20），有

$$(-\boldsymbol{g}_2+\gamma_1\boldsymbol{g}_1+\gamma_0\boldsymbol{g}_0)^{\mathrm{T}}(\boldsymbol{g}_1-\boldsymbol{g}_0)=0$$

$$(-\boldsymbol{g}_2+\gamma_1\boldsymbol{g}_1+\gamma_0\boldsymbol{g}_0)^{\mathrm{T}}(\boldsymbol{g}_2-\boldsymbol{g}_1)=0$$

由于$\boldsymbol{g}_0$、$\boldsymbol{g}_1$、$\boldsymbol{g}_2$相互正交，故

$$\gamma_1\boldsymbol{g}_1^{\mathrm{T}}\boldsymbol{g}_1-\gamma_0\boldsymbol{g}_0^{\mathrm{T}}\boldsymbol{g}_0=0$$

$$-\boldsymbol{g}_2^{\mathrm{T}}\boldsymbol{g}_2-\gamma_1\boldsymbol{g}_1^{\mathrm{T}}\boldsymbol{g}_1=0$$

令$\beta_1=-\gamma_1$，有

$$\beta_1=-\gamma_1=\frac{\boldsymbol{g}_2^{\mathrm{T}}\boldsymbol{g}_2}{\boldsymbol{g}_1^{\mathrm{T}}\boldsymbol{g}_1}=\frac{\|\boldsymbol{g}_2\|^2}{\|\boldsymbol{g}_1\|^2}$$

$$\gamma_0=\gamma_1\frac{\boldsymbol{g}_1^{\mathrm{T}}\boldsymbol{g}_1}{\boldsymbol{g}_0^{\mathrm{T}}\boldsymbol{g}_0}=-\beta_1\beta_0$$

所以

$$\begin{aligned}\boldsymbol{d}^2&=-\boldsymbol{g}_2+\gamma_1\boldsymbol{g}_1+\gamma_0\boldsymbol{g}_0\\&=-\boldsymbol{g}_2-\beta_1\boldsymbol{g}_1-\beta_1\beta_0\boldsymbol{g}_0\\&=-\boldsymbol{g}_2+\beta_1(-\boldsymbol{g}_1-\beta_0\boldsymbol{g}_0)\\&=-\boldsymbol{g}_2+\beta_1\boldsymbol{d}^1\end{aligned}$$

则
$$d^2 = -g_2 + \frac{\| g_2 \|^2}{\| g_1 \|^2} d^1$$

再沿$d^2$ 方向继续进行一维搜索，如此继续下去可求得共轭方向的递推公式：

$$d^{k+1} = -g_{k+1} + \frac{\| g_{k+1} \|^2}{\| g_k \|^2} d^k \quad (k=0,1,2,\cdots,n-1) \tag{4-24}$$

沿着这些共轭方向一直搜索下去，直到最后迭代点处梯度的模小于给定允许值为止。

若目标函数为非二次函数，经 $n$ 次搜索还未达到最优点时，则以最后得到的点作为初始点，重新计算共轭方向，一直到满足精度要求为止。

共轭梯度法的程序框图如图 4-10 所示。

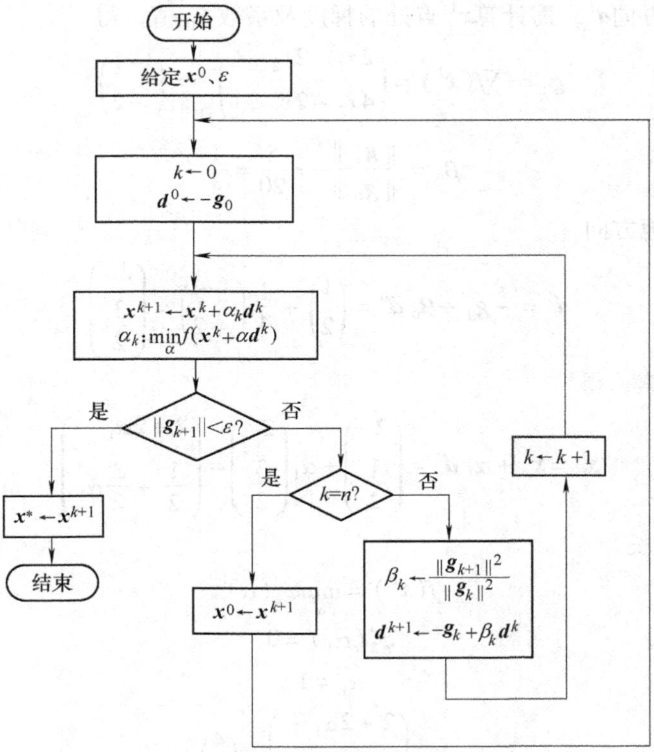


图 4-10 共轭梯度法的程序框图

**例 4-4** 用共轭梯度法求以下二次函数的极小点及极小值。

$$f(x_1, x_2) = x_1^2 + 2x_2^2 - 4x_1 - 2x_1 x_2$$

**解：** 取初始点
$$x^0 = (1 \quad 1)^T$$

则
$$g_0 = \nabla f(x^0) = \begin{pmatrix} 2x_1 - 2x_2 - 4 \\ 4x_2 - 2x_1 \end{pmatrix}_{x^0} = \begin{pmatrix} -4 \\ 2 \end{pmatrix}$$

取
$$d^0 = -g_0 = \begin{pmatrix} 4 \\ -2 \end{pmatrix}$$

沿$\boldsymbol{d}^0$方向进行一维搜索，得

$$\boldsymbol{x}^1=\boldsymbol{x}^0+\alpha_0\boldsymbol{d}^0=\begin{pmatrix}1\\1\end{pmatrix}+\alpha_0\begin{pmatrix}4\\-2\end{pmatrix}=\begin{pmatrix}1+4\alpha_0\\1-2\alpha_0\end{pmatrix}$$

其中的$\alpha_0$为最佳步长。

令
$$f(\boldsymbol{x}^1)=\min_{\alpha}\varphi_1(\alpha)$$
则
$$\varphi_1'(\alpha_0)=0$$
$$\alpha_0=\frac{1}{4}$$
$$\boldsymbol{x}^1=\begin{pmatrix}1+4\alpha_0\\1-2\alpha_0\end{pmatrix}=\begin{pmatrix}2\\\frac{1}{2}\end{pmatrix}$$

为建立第二个共轭方向$\boldsymbol{d}^1$，需计算$\boldsymbol{x}^1$点处的梯度及系数$\beta_0$值，得

$$\boldsymbol{g}_1=\nabla f(\boldsymbol{x}^1)=\begin{pmatrix}2x_1-2x_2-4\\4x_2-2x_1\end{pmatrix}_{\boldsymbol{x}^1}=\begin{pmatrix}-1\\-2\end{pmatrix}$$

$$\beta_0=\frac{\|\boldsymbol{g}_1\|^2}{\|\boldsymbol{g}_0\|^2}=\frac{5}{20}=\frac{1}{4}$$

从而求得第二个共轭方向

$$\boldsymbol{d}^1=-\boldsymbol{g}_1+\beta_0\boldsymbol{d}^0=\begin{pmatrix}1\\2\end{pmatrix}+\frac{1}{4}\begin{pmatrix}4\\-2\end{pmatrix}=\begin{pmatrix}2\\\frac{3}{2}\end{pmatrix}$$

再沿$\boldsymbol{d}^1$进行一维搜索，得

$$\boldsymbol{x}^2=\boldsymbol{x}^1+\alpha_1\boldsymbol{d}^1=\begin{pmatrix}2\\\frac{1}{2}\end{pmatrix}+\alpha_1\begin{pmatrix}2\\\frac{3}{2}\end{pmatrix}=\begin{pmatrix}2+2\alpha_1\\\frac{1}{2}+\frac{3}{2}\alpha_1\end{pmatrix}$$

其中的$\alpha_1$为最佳步长。

令
$$f(\boldsymbol{x}^2)=\min_{\alpha}\varphi_2(\alpha)$$
则
$$\varphi_2'(\alpha_1)=0$$
$$\alpha_1=1$$
$$\boldsymbol{x}^2=\begin{pmatrix}2+2\alpha_1\\\frac{1}{2}+\frac{3}{2}\alpha_1\end{pmatrix}=\begin{pmatrix}4\\2\end{pmatrix}$$

计算$\boldsymbol{x}^2$点处的梯度

$$\boldsymbol{g}_2=\nabla f(\boldsymbol{x}^2)=\begin{pmatrix}2x_1-2x_2-4\\4x_2-2x_1\end{pmatrix}_{\boldsymbol{x}^2}=\begin{pmatrix}0\\0\end{pmatrix}=\boldsymbol{0}$$

说明$\boldsymbol{x}^2$点满足极值必要条件，再根据$\boldsymbol{x}^2$点的海赛矩阵

$$\boldsymbol{G}(\boldsymbol{x}^2)=\begin{pmatrix}2&-2\\-2&4\end{pmatrix}$$

是正定的，可知$\boldsymbol{x}^2$满足极值充分必要条件。故$\boldsymbol{x}^2$为极小点，即

$$x^* = x^2 = \begin{pmatrix} 4 \\ 2 \end{pmatrix}$$

而函数极小值为$f(x^*) = -8$。

从共轭梯度法的计算过程可以看出，第一个搜索方向取作负梯度方向，这就是最速下降法。其余各步的搜索方向是将负梯度偏转一个角度，也就是对负梯度进行修正。所以共轭梯度法实质上是对最速下降法进行的一种改进，故它又被称作旋转梯度法。

上述共轭梯度法是1964年由弗来彻（Fletcher）和里伍斯（Reeves）两人提出的。此法的优点是程序简单，存储量少，具有最速下降法的优点，而在收敛速度上比最速下降法快，具有二次收敛性。

## 4.6　变尺度法

### 4.6.1　尺度矩阵的概念

变量的尺度变换是放大或缩小各个坐标。通过尺度变换，可以把函数的偏心程度降低到最低限度。

尺度变换技巧能显著地改进几乎所有极小化方法的收敛性质。如在例4-1中用最速下降法求$f(x_1, x_2) = x_1^2 + 25x_2^2$的极小值时，需要进行10次迭代才能达到极小点$x^*$。但是若作变换

$$y_1 = x_1$$
$$y_2 = 5x_2$$

即把$x_2$的尺度放大5倍，就可以将等值线为椭圆的函数$f(x_1, x_2)$变换成等值线为圆的函数$\psi(y_1, y_2) = y_1^2 + y_2^2$，从而消除了函数的偏心，用最速下降法只需一次迭代即可求得极小点。

对于一般二次函数

$$f(x) = \frac{1}{2}x^T G x + b^T x + c$$

如果进行尺度变换

$$x \leftarrow Qx \tag{4-25}$$

则在新的坐标系中，函数$f(x)$的二次项变为

$$\frac{1}{2}x^T G x \to \frac{1}{2}x^T Q^T G Q x$$

选择这样变换的目的，仍然是为了降低二次项的偏心程度。若矩阵$G$是正定的，则总存在矩阵$Q$使

$$Q^T G Q = I\text{（单位矩阵）} \tag{4-26}$$

将函数偏心度变为零。

用$Q^{-1}$右乘式（4-26）两边，得

$$Q^T G = Q^{-1} \tag{4-27}$$

用$Q$左乘式（4-27）两边，得

$$Q Q^T G = I$$

所以

$$QQ^{T}=G^{-1} \tag{4-28}$$

这说明二次函数矩阵 $G$ 的逆矩阵，可以通过尺度变换矩阵 $Q$ 来求得。这样，牛顿法迭代过程中的牛顿方向便可写成

$$d^{k}=-G^{-1}\nabla f(x^{k})=-QQ^{T}\nabla f(x^{k}) \tag{4-29}$$

牛顿迭代公式即为

$$x^{k+1}=x^{k}+\alpha_k d^{k}=x^{k}-\alpha_k QQ^{T}\nabla f(x^{k}) \tag{4-30}$$

例如在例 4-1 中，二次函数

$$f(x_1,x_2)=x_1^2+25x_2^2=\frac{1}{2}(x_1\quad x_2)\begin{pmatrix}2&0\\0&50\end{pmatrix}\begin{pmatrix}x_1\\x_2\end{pmatrix}=\frac{1}{2}x^{T}Gx$$

其中

$$G=\begin{pmatrix}2&0\\0&50\end{pmatrix}$$

若

$$Q=\begin{pmatrix}\frac{1}{\sqrt{2}}&0\\0&\frac{1}{5\sqrt{2}}\end{pmatrix}$$

变换 $x\leftarrow Qx$，则在变换后的坐标系中，矩阵 $G$ 变为

$$Q^{T}GQ=\begin{pmatrix}\frac{1}{\sqrt{2}}&0\\0&\frac{1}{5\sqrt{2}}\end{pmatrix}\begin{pmatrix}2&0\\0&50\end{pmatrix}\begin{pmatrix}\frac{1}{\sqrt{2}}&0\\0&\frac{1}{5\sqrt{2}}\end{pmatrix}=\begin{pmatrix}1&0\\0&1\end{pmatrix}=I$$

从而求得

$$G^{-1}=Q^{T}Q=\begin{pmatrix}\frac{1}{\sqrt{2}}&0\\0&\frac{1}{5\sqrt{2}}\end{pmatrix}\begin{pmatrix}\frac{1}{\sqrt{2}}&0\\0&\frac{1}{5\sqrt{2}}\end{pmatrix}=\begin{pmatrix}\frac{1}{2}&0\\0&\frac{1}{50}\end{pmatrix}$$

这与在例 4-2 中所得结果一致，而且只需通过一次迭代即可求得极小点 $x^{*}$ 和极小值 $f(x^{*})$。

比较牛顿迭代公式

$$x^{k+1}=x^{k}-\alpha_k QQ^{T}\ \nabla f(x^{k})$$

和梯度法迭代公式

$$x^{k+1}=x^{k}-\alpha_k\ \nabla f(x^{k})$$

可以看出，差别在于牛顿法中多了 $QQ^{T}$ 部分。实际上是在 $x$ 空间内测量距离大小的一种度量，称作尺度矩阵 $H$。

$$H=QQ^{T}$$

如在未进行尺度变换前，向量 $x$ 长度的概念是

$$\|x\|=(x^{T}x)^{\frac{1}{2}}$$

变换后向量 $\boldsymbol{x}$ 对于 $\boldsymbol{H}$ 尺度下的长度

$$\|\boldsymbol{x}\|_{\boldsymbol{H}}=[(\boldsymbol{Q}\boldsymbol{x})^{\mathrm{T}}(\boldsymbol{Q}\boldsymbol{x})]^{\frac{1}{2}}=[\boldsymbol{x}^{\mathrm{T}}(\boldsymbol{Q}\boldsymbol{Q}^{\mathrm{T}})\boldsymbol{x}]^{\frac{1}{2}}=(\boldsymbol{x}^{\mathrm{T}}\boldsymbol{H}\boldsymbol{x})^{\frac{1}{2}}$$

这样的长度定义，在确定“长度”这个纯量大小时，使得某些方向起的作用比较大，另一些方向起的作用比较小。

为使这种尺度有用，必须对一切非零向量的 $\boldsymbol{x}$ 均有$\boldsymbol{x}^{\mathrm{T}}\boldsymbol{H}\boldsymbol{x}>0$，即要求尺度矩阵 $\boldsymbol{H}$ 正定。

既然牛顿迭代公式可用尺度变换矩阵 $\boldsymbol{H}=\boldsymbol{Q}\boldsymbol{Q}^{\mathrm{T}}$ 表示出来，即

$$\boldsymbol{x}^{k+1}=\boldsymbol{x}^{k}-\alpha_k\boldsymbol{H}\ \nabla f(\boldsymbol{x}^{k})$$

它和梯度法迭代公式只差一个尺度矩阵 $\boldsymbol{H}$，那么牛顿法就可看成是经过尺度变换后的梯度法。经过尺度变换，使函数偏心率减小到零，函数的等值面变为球面（或超球面），使设计空间中任意点处函数的梯度都通过极小点，用最速下降法只需一次迭代就可达到极小点。

这就是对变换后的二次函数，在使用牛顿法时，由于其牛顿方向直接指向极小点，因此只需一次迭代就能找到极小点的原因所在。

### 4.6.2　变尺度矩阵的建立

对于一般函数 $f(\boldsymbol{x})$，当用牛顿法寻求极小点时，其牛顿迭代公式为

$$\boldsymbol{x}^{k+1}=\boldsymbol{x}^{k}-\alpha_k\boldsymbol{G}_k^{-1}\boldsymbol{g}_k\quad(k=0,1,2,\cdots)$$

其中

$$\boldsymbol{g}_k\equiv\nabla f(\boldsymbol{x}^{k})$$

$$\boldsymbol{G}_k\equiv\nabla^2 f(\boldsymbol{x}^{k})$$

为了避免在迭代公式中计算海赛矩阵的逆矩阵$\boldsymbol{G}_k^{-1}$，可用在迭代中逐步建立的变尺度矩阵

$$\boldsymbol{H}_k\equiv\boldsymbol{H}(\boldsymbol{x}^{k})$$

来替换$\boldsymbol{G}_k^{-1}$，即构造一个矩阵序列 $\{\boldsymbol{H}_k\}$ 来逼近海赛逆矩阵序列 $\{\boldsymbol{G}_k^{-1}\}$。每迭代一次，尺度就改变一次，这就是“变尺度”的含义。

这样，上式变为

$$\boldsymbol{x}^{k+1}=\boldsymbol{x}^{k}-\alpha_k\boldsymbol{H}_k\boldsymbol{g}_k\quad(k=0,1,2,\cdots)\tag{4-31}$$

其中 $\alpha_k$ 是从$\boldsymbol{x}^{k}$ 出发，沿方向

$$\boldsymbol{d}^{k}=-\boldsymbol{H}_k\boldsymbol{g}_k$$

作一维搜索而得到的最佳步长。

这个迭代公式代表面很广，例如当$\boldsymbol{H}_k=\boldsymbol{I}$ 时，它就变成最速下降法。

以上就是变尺度法的基本思想。

为了使变尺度矩阵$\boldsymbol{H}_k$ 确实与$\boldsymbol{G}_k^{-1}$ 近似，并具有容易计算的特点，必须对$\boldsymbol{H}_k$ 附加某些条件。

1）为保证迭代公式具有下降性质，要求 $\{\boldsymbol{H}_k\}$ 中的每一个矩阵都是对称正定的。

因为若要求搜索方向$\boldsymbol{d}^{k}=-\boldsymbol{H}_k\boldsymbol{g}_k$ 为下降方向，即要求$\boldsymbol{g}_k^{\mathrm{T}}\boldsymbol{d}^{k}<0$，也就是 $-\boldsymbol{g}_k^{\mathrm{T}}\boldsymbol{H}_k\boldsymbol{g}_k<0$，即$\boldsymbol{g}_k^{\mathrm{T}}\boldsymbol{H}_k\boldsymbol{g}_k>0$，即$\boldsymbol{H}_k$ 应为对称正定。

2）要求$\boldsymbol{H}_k$ 之间的迭代具有简单的形式。

显然$\boldsymbol{H}_{k+1}=\boldsymbol{H}_k+\boldsymbol{E}_k$为最简单的形式，其中$\boldsymbol{E}_k$为校正矩阵。该式称作校正公式。

3）要求$\{\boldsymbol{H}_k\}$必须满足拟牛顿条件。

所谓拟牛顿条件，可由下面的推导给出。

设迭代过程已进行到$k+1$步，$\boldsymbol{x}^{k+1}$、$\boldsymbol{g}_{k+1}$均已求出，现在推导$\boldsymbol{H}_{k+1}$所必须满足的条件。

当$f(\boldsymbol{x})$为具有正定矩阵$\boldsymbol{G}$的二次函数时，根据泰勒展开可得

$$\boldsymbol{g}_{k+1}=\boldsymbol{g}_k+\boldsymbol{G}(\boldsymbol{x}^{k+1}-\boldsymbol{x}^k)$$

即

$$\boldsymbol{G}^{-1}(\boldsymbol{g}_{k+1}-\boldsymbol{g}_k)=\boldsymbol{x}^{k+1}-\boldsymbol{x}^k$$

因为具有正定海赛矩阵$\boldsymbol{G}_{k+1}$的一般函数，在极小点附近可用二次函数很好地近似，所以就联想到如果迫使$\boldsymbol{H}_{k+1}$满足类似于上式的关系

$$\boldsymbol{H}_{k+1}(\boldsymbol{g}_{k+1}-\boldsymbol{g}_k)=\boldsymbol{x}^{k+1}-\boldsymbol{x}^k$$

这样$\boldsymbol{H}_{k+1}$就可以很好地近似于$\boldsymbol{G}_{k+1}^{-1}$。因此，该关系式称作拟牛顿条件（或拟牛顿方程）。为简便起见，记

$$\boldsymbol{y}_k\equiv\boldsymbol{g}_{k+1}-\boldsymbol{g}_k$$

$$\boldsymbol{s}_k=\boldsymbol{x}^{k+1}-\boldsymbol{x}^k$$

则拟牛顿条件可写成

$$\boldsymbol{H}_{k+1}\boldsymbol{y}_k=\boldsymbol{s}_k \tag{4-32}$$

根据上述拟牛顿条件，不通过海赛矩阵求逆就可以构造一个矩阵$\boldsymbol{H}_{k+1}$来逼近海赛矩阵的逆矩阵$\boldsymbol{G}_{k+1}^{-1}$，这类方法统称作拟牛顿法。

由于变尺度矩阵的建立应用了拟牛顿条件，所以变尺度法也是一种拟牛顿法。

还可以证明，变尺度法对于具有正定矩阵$\boldsymbol{G}$的二次函数，能产生对$\boldsymbol{G}$共轭的搜索方向，因此变尺度法又可以看成是一种共轭方向法。

### 4.6.3 变尺度法的一般步骤

对一般多元函数$f(\boldsymbol{x})$，用变尺度法求极小点$\boldsymbol{x}^*$的一般步骤是：

1）选定初始点$\boldsymbol{x}^0$和收敛精度$\varepsilon$。

2）计算$\boldsymbol{g}_0=\nabla f(\boldsymbol{x}^0)$，选取初始对称正定矩阵$\boldsymbol{H}_0$（例如$\boldsymbol{H}_0=\boldsymbol{I}$），$k\leftarrow 0$。

3）计算搜索方向$\boldsymbol{d}^k=-\boldsymbol{H}_k\boldsymbol{g}_k$。

4）沿$\boldsymbol{d}^k$方向进行一维搜索$\boldsymbol{x}^{k+1}=\boldsymbol{x}^k+\alpha_k\boldsymbol{d}^k$，计算$\boldsymbol{g}_{k+1}=\nabla f(\boldsymbol{x}^{k+1})$，$\boldsymbol{s}_k=\boldsymbol{x}^{k+1}-\boldsymbol{x}^k$，$\boldsymbol{y}_k=\boldsymbol{g}_{k+1}-\boldsymbol{g}_k$。

5）判断是否满足迭代终止准则，若满足，则$\boldsymbol{x}^*=\boldsymbol{x}^{k+1}$，停机，否则转6）；

6）当迭代$n$次后还没找到极小点时，重置$\boldsymbol{H}_k$为单位矩阵$\boldsymbol{I}$，并以当前设计点为初始点$\boldsymbol{x}^0\leftarrow\boldsymbol{x}^{k+1}$，返回到2）进行下一轮迭代，否则转到7）。

7）计算矩阵$\boldsymbol{H}_{k+1}=\boldsymbol{H}_k+\boldsymbol{E}_k$，置$k\leftarrow k+1$，返回到3）。

对于校正矩阵$\boldsymbol{E}_k$，可由具体的公式来计算，不同的公式对应不同的变尺度法，将在下面进行讨论。但不论哪种变尺度法，$\boldsymbol{E}_k$必须满足拟牛顿条件

$$\boldsymbol{H}_{k+1}\boldsymbol{y}_k=\boldsymbol{s}_k$$

即

$$(\boldsymbol{H}_k+\boldsymbol{E}_k)\boldsymbol{y}_k=\boldsymbol{s}_k$$

或

$$\boldsymbol{E}_k\boldsymbol{y}_k=\boldsymbol{s}_k-\boldsymbol{H}_k\boldsymbol{y}_k$$

满足上式的$\boldsymbol{E}_k$ 有无穷多个，因此上述变尺度法（属于拟牛顿法）构成一族算法。

变尺度法计算程序框图如图 4-11 所示。

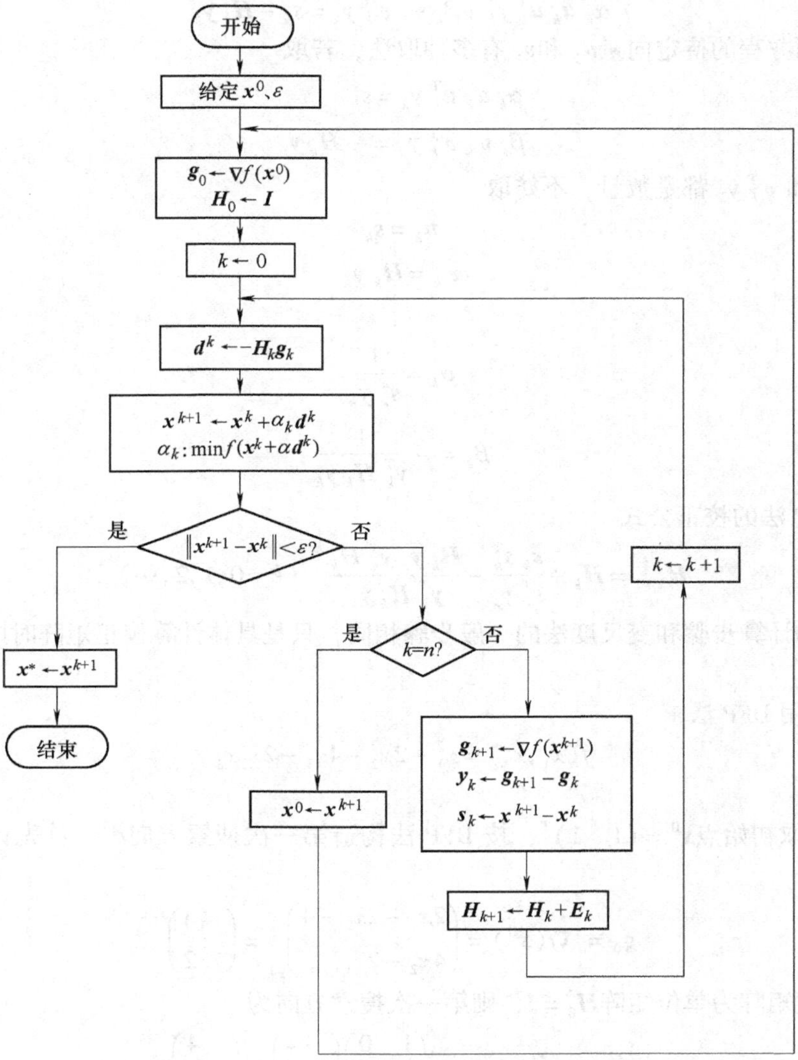


图 4-11　变尺度法计算程序框图

### 4.6.4　DFP 法

在变尺度法中，校正矩阵$\boldsymbol{E}_k$ 取不同的形式，就形成不同的变尺度法。DFP 算法中的校正矩阵$\boldsymbol{E}_k$ 取下列形式：

$$\boldsymbol{E}_k = \alpha_k \boldsymbol{u}_k \boldsymbol{u}_k^{\mathrm{T}} + \beta_k \boldsymbol{v}_k \boldsymbol{v}_k^{\mathrm{T}} \tag{4-33}$$

其中$\boldsymbol{u}_k$、$\boldsymbol{v}_k$ 是 $n$ 维待定向量，$\alpha_k$、$\beta_k$ 是待定常数，$\boldsymbol{u}_k \boldsymbol{u}_k^{\mathrm{T}}$、$\boldsymbol{v}_k \boldsymbol{v}_k^{\mathrm{T}}$ 都是秩为 1 的对称矩阵，它们可以说是一种最简单的矩阵。

根据校正矩阵$\boldsymbol{E}_k$ 需要满足拟牛顿条件

$$\boldsymbol{E}_k \boldsymbol{y}_k = \boldsymbol{s}_k - \boldsymbol{H}_k \boldsymbol{y}_k$$

则有
$$(\alpha_k \boldsymbol{u}_k \boldsymbol{u}_k^{\mathrm{T}} + \beta_k \boldsymbol{v}_k \boldsymbol{v}_k^{\mathrm{T}}) \boldsymbol{y}_k = \boldsymbol{s}_k - \boldsymbol{H}_k \boldsymbol{y}_k$$

即
$$\alpha_k \boldsymbol{u}_k \boldsymbol{u}_k^{\mathrm{T}} \boldsymbol{y}_k + \beta_k \boldsymbol{v}_k \boldsymbol{v}_k^{\mathrm{T}} \boldsymbol{y}_k = \boldsymbol{s}_k - \boldsymbol{H}_k \boldsymbol{y}_k$$

满足上面方程的待定向量$\boldsymbol{u}_k$和$\boldsymbol{v}_k$有多种取法，若取

$$\alpha_k \boldsymbol{u}_k \boldsymbol{u}_k^{\mathrm{T}} \boldsymbol{y}_k = \boldsymbol{s}_k$$

$$\beta_k \boldsymbol{v}_k \boldsymbol{v}_k^{\mathrm{T}} \boldsymbol{y}_k = -\boldsymbol{H}_k \boldsymbol{y}_k$$

注意到$\boldsymbol{u}_k^{\mathrm{T}} \boldsymbol{y}_k$和$\boldsymbol{v}_k^{\mathrm{T}} \boldsymbol{y}_k$都是数量，不妨取

$$\boldsymbol{u}_k = \boldsymbol{s}_k$$

$$\boldsymbol{v}_k = \boldsymbol{H}_k \boldsymbol{y}_k$$

则

$$\alpha_k = \frac{1}{\boldsymbol{s}_k^{\mathrm{T}} \boldsymbol{y}_k}$$

$$\beta_k = -\frac{1}{\boldsymbol{y}_k^{\mathrm{T}} \boldsymbol{H}_k \boldsymbol{y}_k}$$

从而可得 DFP 法的校正公式

$$\boldsymbol{H}_{k+1} = \boldsymbol{H}_k + \frac{\boldsymbol{s}_k \boldsymbol{s}_k^{\mathrm{T}}}{\boldsymbol{s}_k^{\mathrm{T}} \boldsymbol{y}_k} - \frac{\boldsymbol{H}_k \boldsymbol{y}_k \boldsymbol{y}_k^{\mathrm{T}} \boldsymbol{H}_k}{\boldsymbol{y}_k^{\mathrm{T}} \boldsymbol{H}_k \boldsymbol{y}_k} \quad (k=0,1,2,\cdots) \tag{4-34}$$

DFP 法的计算步骤和变尺度法的一般步骤相同，只是具体计算校正矩阵时应按上面公式进行。

**例 4-5** 用 DFP 法求

$$f(x_1, x_2) = x_1^2 + 2x_2^2 - 4x_1 - 2x_1 x_2$$

的极值解。

**解：** 1）取初始点$\boldsymbol{x}^0 = (1 \quad 1)^{\mathrm{T}}$，按 DFP 法构造第一次搜索方向$\boldsymbol{d}^0$。首先计算初始点处的梯度

$$\boldsymbol{g}_0 = \nabla f(\boldsymbol{x}^0) = \begin{pmatrix} 2x_1 - 2x_2 - 4 \\ 4x_2 - 2x_1 \end{pmatrix}_{\boldsymbol{x}^0} = \begin{pmatrix} -4 \\ 2 \end{pmatrix}$$

取初始变尺度矩阵为单位矩阵$\boldsymbol{H}_0 = \boldsymbol{I}$，则第一次搜索方向为

$$\boldsymbol{d}^0 = -\boldsymbol{H}_0 \boldsymbol{g}_0 = -\begin{pmatrix} 1 & 0 \\ 0 & 1 \end{pmatrix} \begin{pmatrix} -4 \\ 2 \end{pmatrix} = \begin{pmatrix} 4 \\ -2 \end{pmatrix}$$

沿$\boldsymbol{d}^0$方向进行一维搜索，得

$$\boldsymbol{x}^1 = \boldsymbol{x}^0 + \alpha_0 \boldsymbol{d}^0 = \begin{pmatrix} 1 \\ 1 \end{pmatrix} + \alpha_0 \begin{pmatrix} 4 \\ -2 \end{pmatrix} = \begin{pmatrix} 1 + 4\alpha_0 \\ 1 - 2\alpha_0 \end{pmatrix}$$

其中$\alpha_0$为一维搜索最佳步长，应满足

$$f(\boldsymbol{x}^1) = \min_{\alpha} f(\boldsymbol{x}^0 + \alpha \boldsymbol{d}^0) = \min_{\alpha}(40\alpha^2 - 20\alpha - 3)$$

得

$$\alpha_0 = 0.25$$

$$\boldsymbol{x}^1 = \begin{pmatrix} 2 \\ 0.5 \end{pmatrix}$$

2）再按 DFP 法构造$\boldsymbol{x}^1$ 点处的搜索方向$\boldsymbol{d}^1$，计算

$$\boldsymbol{g}_1=\begin{pmatrix}2x_1-2x_2-4\\4x_2-2x_1\end{pmatrix}_{\boldsymbol{x}^1}=\begin{pmatrix}-1\\-2\end{pmatrix}$$

$$\boldsymbol{y}_0=\boldsymbol{g}_1-\boldsymbol{g}_0=\begin{pmatrix}-1\\-2\end{pmatrix}-\begin{pmatrix}-4\\2\end{pmatrix}=\begin{pmatrix}3\\-4\end{pmatrix}$$

$$\boldsymbol{s}_0=\boldsymbol{x}^1-\boldsymbol{x}^0=\begin{pmatrix}2\\0.5\end{pmatrix}-\begin{pmatrix}1\\1\end{pmatrix}=\begin{pmatrix}1\\-0.5\end{pmatrix}$$

代入校正公式

$$\boldsymbol{H}_1=\boldsymbol{H}_0+\frac{\boldsymbol{s}_0\,\boldsymbol{s}_0^{\mathrm{T}}}{\boldsymbol{s}_0^{\mathrm{T}}\,\boldsymbol{y}_0}-\frac{\boldsymbol{H}_0\,\boldsymbol{y}_0\,\boldsymbol{y}_0^{\mathrm{T}}\,\boldsymbol{H}_0}{\boldsymbol{y}_0^{\mathrm{T}}\,\boldsymbol{H}_0\,\boldsymbol{y}_0}$$

$$=\begin{pmatrix}1&0\\0&1\end{pmatrix}+\frac{\begin{pmatrix}1\\-0.5\end{pmatrix}(1\quad -0.5)}{(1\quad -0.5)\begin{pmatrix}3\\-4\end{pmatrix}}-\frac{\begin{pmatrix}3\\-4\end{pmatrix}(3\quad -4)}{(3\quad -4)\begin{pmatrix}3\\-4\end{pmatrix}}$$

$$=\begin{pmatrix}1&0\\0&1\end{pmatrix}+\frac{1}{5}\begin{pmatrix}1&-0.5\\-0.5&0.25\end{pmatrix}-\frac{1}{25}\begin{pmatrix}9&-12\\-12&16\end{pmatrix}=\begin{pmatrix}\frac{21}{25}&\frac{19}{50}\\\frac{19}{50}&\frac{41}{100}\end{pmatrix}$$

则第二次搜索方向为

$$\boldsymbol{d}^1=-\boldsymbol{H}_1\,\boldsymbol{g}_1=-\begin{pmatrix}\frac{21}{25}&\frac{19}{50}\\\frac{19}{50}&\frac{41}{100}\end{pmatrix}\begin{pmatrix}-1\\-2\end{pmatrix}=\begin{pmatrix}\frac{8}{5}\\\frac{6}{5}\end{pmatrix}$$

再沿$\boldsymbol{d}^1$ 进行一维搜索，得

$$\boldsymbol{x}^2=\boldsymbol{x}^1+\alpha_1\,\boldsymbol{d}^1=\begin{pmatrix}2\\0.5\end{pmatrix}+\alpha_1\begin{pmatrix}\frac{8}{5}\\\frac{6}{5}\end{pmatrix}=\begin{pmatrix}2+\frac{8}{5}\alpha_1\\0.5+\frac{6}{5}\alpha_1\end{pmatrix}$$

其中 $\alpha_1$ 为一维搜索最佳步长，应满足

$$f(\boldsymbol{x}^2)=\min_{\alpha}f(\boldsymbol{x}^1+\alpha\,\boldsymbol{d}^1)=\min_{\alpha}\left(\frac{8}{5}\alpha^2-4\alpha-\frac{11}{2}\right)$$

得

$$\alpha_1=\frac{5}{4}$$

$$\boldsymbol{x}^2=\begin{pmatrix}4\\2\end{pmatrix}$$

3）为了判断$\boldsymbol{x}^2$ 点是否为极值点，需计算$\boldsymbol{x}^2$ 点处的梯度及其海赛矩阵

$$\boldsymbol{g}_2=\begin{pmatrix}2x_1-2x_2-4\\4x_2-2x_1\end{pmatrix}_{\boldsymbol{x}^2}=\begin{pmatrix}0\\0\end{pmatrix}$$

$$\nabla^2 f(\boldsymbol{x}^2)=\begin{pmatrix}2 & -2\\ -2 & 4\end{pmatrix}$$

梯度为零向量，海赛矩阵正定。可见$\boldsymbol{x}^2$点满足极值充要条件，因此$\boldsymbol{x}^2$为极小点。此函数的极值解为

$$\boldsymbol{x}^*=\boldsymbol{x}^2=(4\quad 2)^{\mathrm{T}}$$

$$f(\boldsymbol{x}^*)=-8$$

当初始矩阵$\boldsymbol{H}_0$选为对称正定矩阵时，DFP 法将保证以后的迭代矩阵$\boldsymbol{H}_k$都是对称正定的，即使将 DFP 法施用于非二次函数也是如此，从而保证算法总是下降的。

这种算法用于高维问题（如 20 个变量以上），收敛速度快，效果好。

DFP 法是无约束优化方法中最有效的方法之一，因为它不单纯是利用向量传递信息，还采用了矩阵来传递信息。

DFP 法是戴维登（Davidon）于 1959 年提出的，后来由弗来彻（Fletcher）和鲍威尔（Powell）于 1963 年做了改进，故用三人名字的字头命名。

DFP 法由于舍入误差和一维搜索不精确，有可能导致$\boldsymbol{H}_k$奇异，从而使数值稳定性方面不够理想。所以在 1970 年提出更稳定的算法公式，称作 BFGS 算法，其校正公式为

$$\boldsymbol{H}_{k+1}=\boldsymbol{H}_k+\left[\left(1+\frac{\boldsymbol{y}_k^{\mathrm{T}}\boldsymbol{H}_k\boldsymbol{v}_k}{\boldsymbol{s}_k^{\mathrm{T}}\boldsymbol{y}_k}\right)\boldsymbol{s}_k\boldsymbol{s}_k^{\mathrm{T}}-\boldsymbol{H}_k\boldsymbol{y}_k\boldsymbol{s}_k^{\mathrm{T}}-\boldsymbol{s}_k\boldsymbol{y}_k^{\mathrm{T}}\boldsymbol{H}_k\right]/\boldsymbol{s}_k^{\mathrm{T}}\boldsymbol{y}_k$$

因为变尺度法的有效性促使其不断发展，所以出现过许多变尺度的算法。1970 年黄（Huang）从共轭条件出发对变尺度法做了统一处理，写出了统一公式

$$\boldsymbol{u}_k=\alpha_{11}^k\boldsymbol{s}_k+\alpha_{12}^k\boldsymbol{H}_k\boldsymbol{y}_k$$

$$\boldsymbol{v}_k=\alpha_{21}^k\boldsymbol{s}_k+\alpha_{22}^k\boldsymbol{H}_k\boldsymbol{y}_k$$

并取

$$\boldsymbol{E}_k=\boldsymbol{s}_k(\boldsymbol{u}_k)^{\mathrm{T}}+\boldsymbol{H}_k\boldsymbol{y}_k(\boldsymbol{v}_k)^{\mathrm{T}}$$

可以看出，当取$\alpha_{12}^k=\alpha_{21}^k=0$、$\alpha_{11}^k=\alpha_k$、$\alpha_{22}^k=\beta_k$时，就是 DFP 法的公式。

当取$\alpha_{12}^k=\alpha_{21}^k$、$\alpha_{22}^k=0$时，就是 BFGS 法的公式。

还可以取$\boldsymbol{u}_k=-\boldsymbol{v}_k$及$\alpha_{11}^k=0$或$\alpha_{12}^k=0$、$\alpha_{11}^k=\alpha_k=-\alpha_{12}^k=-\alpha_{21}^k$等。

这就是说，对$\alpha_{ij}^k$的不同赋值，即可得不同变尺度算法。如取$\alpha_{11}^k=\alpha_{22}^k=0$时，得麦考密克（Mc-Cormick）法；取$\alpha_{11}^k=\alpha_{21}^k=0$时，即得皮尔逊（Pearson）法等。

## 4.7 鲍威尔法

鲍威尔法是直接利用函数值来构造共轭方向的一种共轭方向法。这种方法是在研究具有正定矩阵$\boldsymbol{G}$的二次函数

$$f(\boldsymbol{x})=\frac{1}{2}\boldsymbol{x}^{\mathrm{T}}\boldsymbol{G}\boldsymbol{x}+\boldsymbol{b}^{\mathrm{T}}\boldsymbol{x}+c$$

的极小化问题时形成的。其基本思想是在不用导数的前提下，在迭代中逐次构造$\boldsymbol{G}$的共轭方向。

### 4.7.1 共轭方向的生成

设$\boldsymbol{x}^k$、$\boldsymbol{x}^{k+1}$为从不同点出发，沿同一方向$\boldsymbol{d}^j$进行一维搜索而得到的两个极小点，如

图 4-12 所示。根据梯度和等值面相垂直的性质，$\boldsymbol{d}^j$ 和 $\boldsymbol{x}^k$、$\boldsymbol{x}^{k+1}$ 两点处的梯度 $\boldsymbol{g}_k$、$\boldsymbol{g}_{k+1}$ 之间存在关系

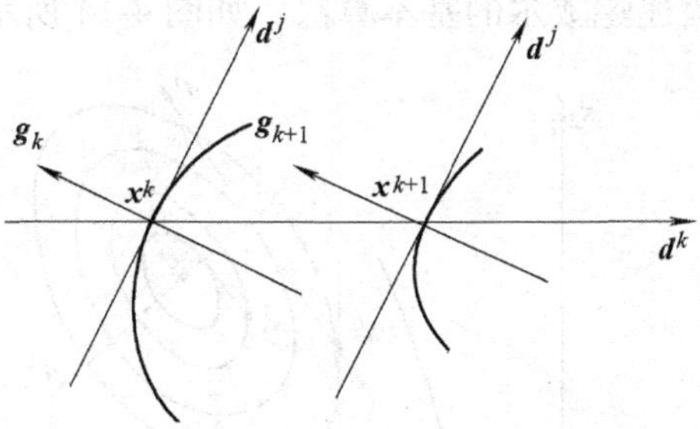


图 4-12　通过一维搜索确定共轭方向

$$(\boldsymbol{d}^j)^{\mathrm{T}}\boldsymbol{g}_k=0$$
$$(\boldsymbol{d}^j)^{\mathrm{T}}\boldsymbol{g}_{k+1}=0$$

另一方面，对于上述二次函数，其 $\boldsymbol{x}^k$、$\boldsymbol{x}^{k+1}$ 两点处的梯度可表示为

$$\boldsymbol{g}_k=\boldsymbol{G}\boldsymbol{x}^k+\boldsymbol{b}$$
$$\boldsymbol{g}_{k+1}=\boldsymbol{G}\boldsymbol{x}^{k+1}+\boldsymbol{b}$$

两式相减，得

$$\boldsymbol{g}_{k+1}-\boldsymbol{g}_k=\boldsymbol{G}(\boldsymbol{x}^{k+1}-\boldsymbol{x}^k)$$

因而有

$$(\boldsymbol{d}^j)^{\mathrm{T}}(\boldsymbol{g}_{k+1}-\boldsymbol{g}_k)=(\boldsymbol{d}^j)^{\mathrm{T}}\boldsymbol{G}(\boldsymbol{x}^{k+1}-\boldsymbol{x}^k)=0$$

若取方向 $\boldsymbol{d}^k=\boldsymbol{x}^{k+1}-\boldsymbol{x}^k$，如图 4-12 所示，则 $\boldsymbol{d}^k$ 和 $\boldsymbol{d}^j$ 对 $\boldsymbol{G}$ 共轭。

这说明，只要沿 $\boldsymbol{d}^j$ 方向分别对函数作两次一维搜索，得到两个极小点 $\boldsymbol{x}^k$ 和 $\boldsymbol{x}^{k+1}$，则这两点的连线所给出的方向就是与 $\boldsymbol{d}^j$ 一起对 $\boldsymbol{G}$ 共轭的方向。

对于二维问题，$f(\boldsymbol{x})$ 的等值线为一族椭圆，$A$、$B$ 为沿 $x_1$ 轴方向上的两个极小点，分别处于等值线与 $x_1$ 轴方向的切点上，如图 4-13 所示。根据上述分析，则 $A$、$B$ 两点的连线 $AB$ 就是与 $x_1$ 轴一起对 $\boldsymbol{G}$ 共轭的方向。沿此共轭方向进行一维搜索，就可找到函数 $f(\boldsymbol{x})$ 的极小点 $\boldsymbol{x}^*$。

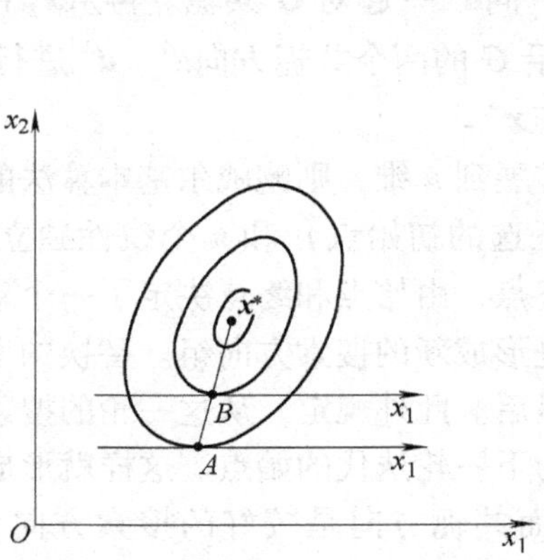


图 4-13　二维情况下的共轭方向

## 4.7.2 基本算法

现在针对二维情况来描述鲍威尔的基本算法，如图 4-14 所示。

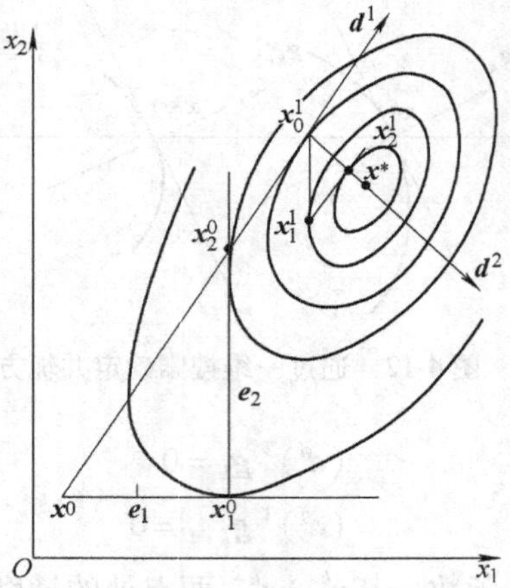


图 4-14　二维情况下的鲍威尔法

1）任选一初始点$\boldsymbol{x}^0$，再选两个线性无关的向量，如坐标轴单位向量$\boldsymbol{e}_1=(1\quad 0)^{\mathrm{T}}$和$\boldsymbol{e}_2=(0\quad 1)^{\mathrm{T}}$作为初始搜索方向。

2）从$\boldsymbol{x}^0$出发，顺次沿$\boldsymbol{e}_1$、$\boldsymbol{e}_2$作一维搜索，得点$\boldsymbol{x}_1^0$、$\boldsymbol{x}_2^0$。连接$\boldsymbol{x}^0$、$\boldsymbol{x}_2^0$两点，得一新方向

$$\boldsymbol{d}^1=\boldsymbol{x}_2^0-\boldsymbol{x}^0$$

用$\boldsymbol{d}^1$代替$\boldsymbol{e}_1$形成两个线性无关向量$\boldsymbol{e}_2$、$\boldsymbol{d}^1$，作为下一轮迭代的搜索方向。再从$\boldsymbol{x}_2^0$出发，沿$\boldsymbol{d}^1$作一维搜索得点$\boldsymbol{x}_0^1$，作为下一轮迭代的初始点。

3）从$\boldsymbol{x}_0^1$出发，顺次沿$\boldsymbol{e}_2$、$\boldsymbol{d}^1$作一维搜索，得到点$\boldsymbol{x}_1^1$、$\boldsymbol{x}_2^1$，连接$\boldsymbol{x}_0^1$、$\boldsymbol{x}_2^1$两点，得一新方向

$$\boldsymbol{d}^2=\boldsymbol{x}_2^1-\boldsymbol{x}_0^1$$

由于$\boldsymbol{x}_0^1$、$\boldsymbol{x}_2^1$两点是从不同点$\boldsymbol{x}_2^0$、$\boldsymbol{x}_1^1$出发，分别沿$\boldsymbol{d}^1$方向进行一维搜索而得的极小点，因此$\boldsymbol{x}_0^1$、$\boldsymbol{x}_2^1$两点连线的方向$\boldsymbol{d}^2$同$\boldsymbol{d}^1$一起对$\boldsymbol{G}$共轭。再从$\boldsymbol{x}_2^1$出发，沿$\boldsymbol{d}^2$作一维搜索得点$\boldsymbol{x}^2$。因为$\boldsymbol{x}^2$相当于从$\boldsymbol{x}^0$出发分别沿$\boldsymbol{G}$的两个共轭方向$\boldsymbol{d}^1$、$\boldsymbol{d}^2$进行两次一维搜索而得到的点，所以$\boldsymbol{x}^2$点即是二维问题的极小点$\boldsymbol{x}^*$。

把二维情况的基本算法扩展到$n$维，则鲍威尔基本算法的要点是：在每一轮迭代中总有一个始点（第一轮的始点是任选的初始点）和$n$个线性独立的搜索方向。从始点出发顺次沿$n$个方向作一维搜索得一终点，由始点和终点决定了一个新的搜索方向。用这个方向替换原来$n$个方向中的一个，于是形成新的搜索方向组。替换的原则是去掉原方向组的第一个方向而将新方向排在原方向的最后。此外规定，从这一轮的搜索终点出发沿新的搜索方向作一维搜索而得到的极小点，作为下一轮迭代的始点。这样就形成算法的循环。因为这种方法在迭代中逐次生成共轭方向，而共轭方向是较好的搜索方向，所以鲍威尔法又称作方向加速法。

上述基本算法仅具有理论意义，不要说对于一般函数，就是对于二次函数，这个算法也

可能失效，因为在迭代中的 $n$ 个搜索方向有时会变成线性相关而不能形成共轭方向。这样就构不成 $n$ 维空间，可能求不到极小点，所以上述基本算法有待改进。

### 4.7.3 改进的算法

在鲍威尔基本算法中，每一轮迭代都用连接始点和终点所产生出的搜索方向去替换原向量组中的第一个向量，而不管它的“好坏”，这是产生向量组线性相关的原因所在。因此在改进的算法中首先判断原向量组是否需要替换。如果需要替换，还要进一步判断原向量组中哪个向量最坏，然后再用新产生的向量替换这个最坏的向量，以保证逐次生成共轭方向。

改进算法的具体步骤如下：

1）给定初始点 $\boldsymbol{x}^0$（记作 $\boldsymbol{x}_0^0$），选取初始方向组，它由 $n$ 个线性无关的向量 $\boldsymbol{d}_1^0$，$\boldsymbol{d}_2^0$，…，$\boldsymbol{d}_n^0$（如 $n$ 个坐标轴单位向量 $\boldsymbol{e}_1$，$\boldsymbol{e}_2$，…，$\boldsymbol{e}_n$）所组成，置 $k \leftarrow 0$。

2）从 $\boldsymbol{x}_0^k$ 出发，顺次沿 $\boldsymbol{d}_1^k$，$\boldsymbol{d}_2^k$，…，$\boldsymbol{d}_n^k$ 作一维搜索得 $\boldsymbol{x}_1^k$，$\boldsymbol{x}_2^k$，…，$\boldsymbol{x}_n^k$。接着以 $\boldsymbol{x}_n^k$ 为起点，沿方向

$$\boldsymbol{d}_{n+1}^k = \boldsymbol{x}_n^k - \boldsymbol{x}_0^k$$

移动一个 $\boldsymbol{x}_n^k - \boldsymbol{x}_0^k$ 的距离，得到

$$\boldsymbol{x}_{n+1}^k = \boldsymbol{x}_n^k + (\boldsymbol{x}_n^k - \boldsymbol{x}_0^k) = 2\boldsymbol{x}_n^k - \boldsymbol{x}_0^k$$

$\boldsymbol{x}_0^k$、$\boldsymbol{x}_n^k$、$\boldsymbol{x}_{n+1}^k$ 分别称为一轮迭代的始点、终点和反射点。始点、终点和反射点所对应的函数值分别表示为

$$F_0 = f(\boldsymbol{x}_0^k)$$

$$F_2 = f(\boldsymbol{x}_n^k)$$

$$F_3 = f(\boldsymbol{x}_{n+1}^k)$$

同时计算各中间点处的函数值，并记为

$$f_i = f(\boldsymbol{x}_i^k) \quad (i = 0, 1, 2, \cdots, n)$$

因此有 $F_0 = f_0$，$F_2 = f_n$。

计算 $n$ 个函数值之差 $f_0 - f_1$，$f_1 - f_2$，…，$f_{n-1} - f_n$。

记作

$$\Delta_i = f_{i-1} - f_i \quad (i = 1, 2, \cdots, n)$$

其中最大者记作

$$\Delta_m = \max_{1 \leqslant i \leqslant n} \Delta_i = f_{m-1} - f_m$$

3）根据是否满足判别条件

$$F_3 < F_0$$

和

$$(F_0 - 2F_2 + F_3)(F_0 - F_2 - \Delta_m)^2 < 0.5\Delta_m (F_0 - F_3)^2$$

来确定是否要对原方向组进行替换。

若不满足判别条件，则下一轮迭代仍用原方向组，并以 $\boldsymbol{x}_n^k$、$\boldsymbol{x}_{n+1}^k$ 中函数值小者作为下轮迭代的始点。

若满足上述判别条件，则下一轮迭代应对原方向组进行替换，将 $\boldsymbol{d}_{n+1}^k$ 补充到原方向组的最后位置，而除掉 $\boldsymbol{d}_m^k$。即新方向组为 $\boldsymbol{d}_1^k$，$\boldsymbol{d}_2^k$，…，$\boldsymbol{d}_{m-1}^k$，$\boldsymbol{d}_{m+1}^k$，…，$\boldsymbol{d}_n^k$，$\boldsymbol{d}_{n+1}^k$ 作为下一轮迭代的搜索方向。下一轮迭代的始点取为沿 $\boldsymbol{d}_{n+1}^k$ 方向进行一维搜索的极小点 $\boldsymbol{x}_0^{k+1}$。

4）判断是否满足收敛准则。若满足，则取 $\boldsymbol{x}_0^{k+1}$ 为极小点，否则应置 $k \leftarrow k+1$，返回 2），继续进行下一轮迭代。

这样重复迭代的结果，后面加进去的向量都彼此对 $G$ 共轭，经 $n$ 轮迭代即可得到一个由 $n$ 个共轭方向所组成的方向组。

对于二次函数，最多不超过 $n$ 次就可找到极小点，而对一般函数，往往要超过 $n$ 次才能找到极小点（这里的"$n$"表示设计空间的维数）。

改进后的鲍威尔法程序框图如图 4-15 所示。

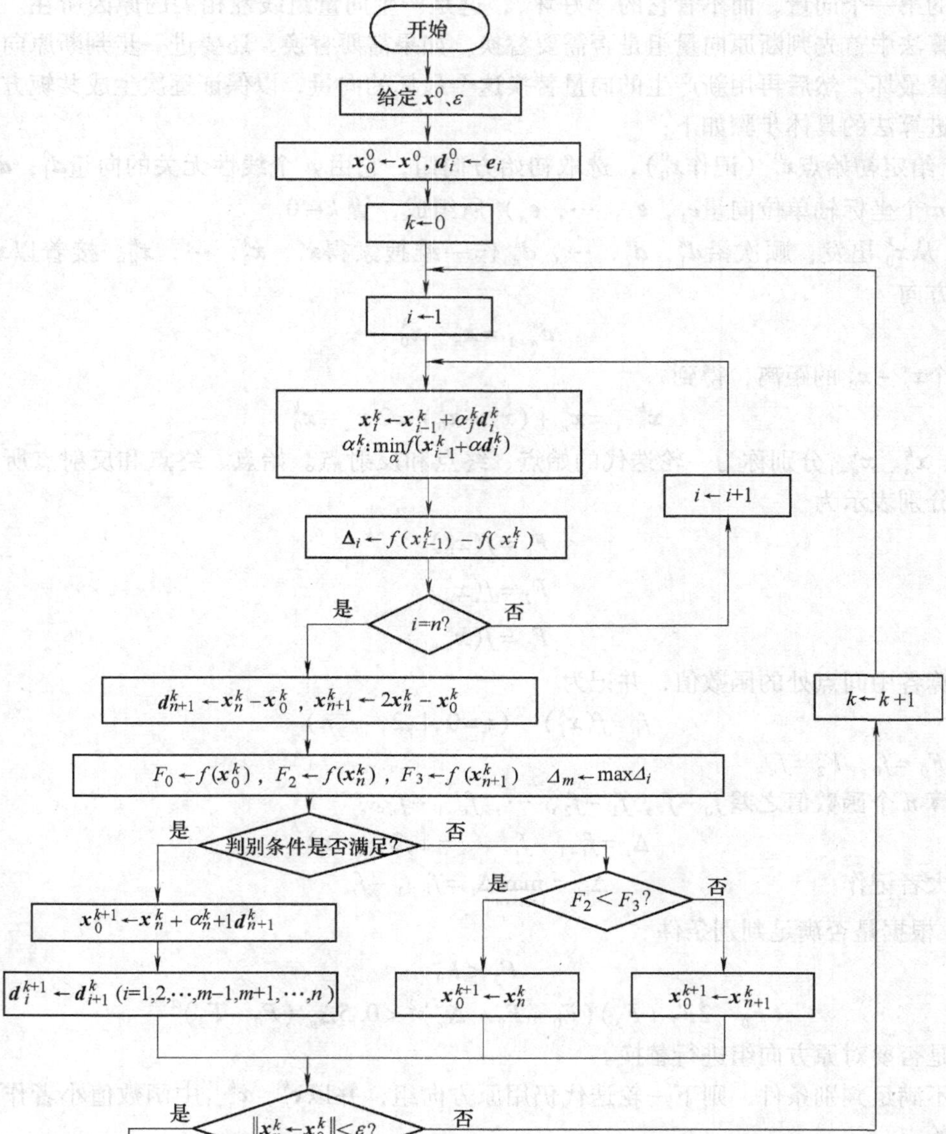


图 4-15 鲍威尔法程序框图

**例 4-6** 用鲍威尔法求下列函数的极小值。

$$f(x_1,x_2)=10\ (x_1+x_2-5)^2+(x_1-x_2)^2$$

**解**：选初始点$\boldsymbol{x}_0^0=(0\quad 0)^{\mathrm{T}}$，初始搜索方向$\boldsymbol{d}_1^0=\boldsymbol{e}_1=(1\quad 0)^{\mathrm{T}}$，$\boldsymbol{d}_2^0=\boldsymbol{e}_2=(0\quad 1)^{\mathrm{T}}$。初始点处的函数值 $F_0=f_0=f(\boldsymbol{x}_0^0)=250$。

第一轮迭代：

1）沿$\boldsymbol{d}_1^0$ 方向进行一维搜索，得

$$\boldsymbol{x}_1^0=\boldsymbol{x}_0^0+\alpha_1\boldsymbol{d}_1^0=\begin{pmatrix}0\\0\end{pmatrix}+\alpha_1\begin{pmatrix}1\\0\end{pmatrix}=\begin{pmatrix}\alpha_1\\0\end{pmatrix}$$

$$f_1=f(\boldsymbol{x}_1^0)=10\ (\alpha_1-5)^2+\alpha_1^2$$

最佳步长 $\alpha_1$ 可通过

$$\frac{\partial f_1}{\partial\alpha_1}=20(\alpha_1-5)+2\alpha_1=0$$

得

$$\alpha_1=\frac{100}{22}=4.5455$$

$$\boldsymbol{x}_1^0=\begin{pmatrix}4.5455\\0\end{pmatrix}$$

从而算出$\boldsymbol{x}_1^0$ 点处的函数值及沿$\boldsymbol{d}_1^0$ 走步后函数值的增量

$$f_1=f(\boldsymbol{x}_1^0)=22.727$$

$$\Delta_1=f_0-f_1=250-22.727=227.273$$

2）再沿$\boldsymbol{d}_2^0$ 方向进行一维搜索，得

$$\boldsymbol{x}_2^0=\boldsymbol{x}_1^0+\alpha_2\boldsymbol{d}_2^0=\begin{pmatrix}4.5455\\0\end{pmatrix}+\alpha_2\begin{pmatrix}0\\1\end{pmatrix}=\begin{pmatrix}4.5455\\\alpha_2\end{pmatrix}$$

$$f_2=f(\boldsymbol{x}_2^0)=10\ (4.5455+\alpha_2-5)^2+(4.5455-\alpha_2)^2$$

最佳步长 $\alpha_2$ 可通过

$$\frac{\partial f_2}{\partial\alpha_2}=20(\alpha_2-0.4545)-2(4.5455-\alpha_2)=0$$

得

$$\alpha_2=\frac{18.181}{22}=0.8264$$

$$\boldsymbol{x}_2^0=\begin{pmatrix}4.5455\\0.8264\end{pmatrix}$$

从而算出$\boldsymbol{x}_2^0$ 点处的函数值及沿$\boldsymbol{d}_2^0$ 走步后函数值的增量

$$F_2=f_2=f(\boldsymbol{x}_2^0)=15.214$$

$$\Delta_2=f_1-f_2=22.727-15.214=7.513$$

取沿$\boldsymbol{d}_1^0$、$\boldsymbol{d}_2^0$ 走步后函数值增量中的最大者

$$\Delta_m=\Delta_1=227.273$$

终点$\boldsymbol{x}_2^0$ 的反射点及其函数值为

$$x_3^0 = 2\,x_2^0 - x_0^0 = 2\begin{pmatrix}4.5455\\0.8264\end{pmatrix} - \begin{pmatrix}0\\0\end{pmatrix} = \begin{pmatrix}9.091\\1.6528\end{pmatrix}$$

$$F_3 = f(x_3^0) = 385.24$$

3）为确定下一轮迭代的搜索方向和起始点，需检查判别条件 $F_3 < F_0$ 和 $(F_0 - 2F_2 + F_3)(F_0 - F_2 - \Delta_m)^2 < 0.5\Delta_m(F_0 - F_3)^2$ 是否满足。

因为 $F_3 > F_0$，所以不满足判别条件，因而下一轮迭代应继续使用原来的搜索方向 $e_1$、$e_2$。

因为 $F_2 < F_3$，所以取 $x_2^0$ 为下一轮迭代的起始点。

第二轮迭代：

第二轮初始点及其函数值分别为

$$x_0^1 = x_2^0 = \begin{pmatrix}4.5455\\0.8264\end{pmatrix}$$

$$F_0 = f_0 = f(x_0^1) = 15.214$$

1）沿 $e_1$ 方向（即 $x_1$ 轴方向）进行一维搜索，相当于固定 $x_2 = 0.8264$，改变 $x_1$ 使函数 $f(x_1, x_2)$ 的值极小。设计点 $x_1^1$ 位置可通过函数对 $x_1$ 的偏导数等于零求得。即

$$f(x) = 10\,(x_1 + 0.8264 - 5)^2 + (x_1 - 0.8264)^2$$

$$\frac{\partial f}{\partial x_1} = 20(x_1 - 4.1736) + 2(x_1 - 0.8264) = 0$$

$$x_1 = \frac{85.1248}{22} = 3.8693$$

得

$$x_1^1 = \begin{pmatrix}3.8693\\0.8264\end{pmatrix}$$

$x_1^1$ 点处的函数值及函数值增量分别为

$$f_1 = f(x_1^1) = 10.185$$

$$\Delta_1 = f_0 - f_1 = 15.214 - 10.185 = 5.029$$

2）再沿 $e_2$ 方向（即 $x_2$ 轴方向）进行一维搜索，相当于固定 $x_1 = 3.8693$，改变 $x_2$ 使函数 $f(x_1, x_2)$ 的值极小。设计点 $x_2^1$ 位置可通过函数对 $x_2$ 的偏导数等于零求得。即

$$f(x) = 10\,(3.8693 + x_2 - 5)^2 + (3.8693 - x_2)^2$$

$$\frac{\partial f}{\partial x_2} = 20(x_2 - 1.1307) - 2(3.8693 - x_2) = 0$$

$$x_2 = \frac{30.3526}{22} = 1.3797$$

得

$$x_2^1 = \begin{pmatrix}3.8693\\1.3797\end{pmatrix}$$

第二轮终点 $x_2^1$ 处的函数值及沿 $x_2$ 方向函数值增量分别为

$$F_2 = f_2 = f(\boldsymbol{x}_2^1) = 6.818$$

$$\Delta_2 = f_1 - f_2 = 10.185 - 6.818 = 3.367$$

取沿 $x_1$、$x_2$ 走步后函数值增量中的最大者

$$\Delta_m = \Delta_1 = 5.029$$

终点$\boldsymbol{x}_2^1$ 的反射点及其函数值分别为

$$\boldsymbol{x}_3^1 = 2\boldsymbol{x}_2^1 - \boldsymbol{x}_0^1 = 2\begin{pmatrix} 3.8693 \\ 1.3797 \end{pmatrix} - \begin{pmatrix} 4.5455 \\ 0.8264 \end{pmatrix} = \begin{pmatrix} 3.1931 \\ 1.9330 \end{pmatrix}$$

$$F_3 = f(\boldsymbol{x}_3^1) = 1.747$$

3）为确定下一轮迭代的搜索方向和起始点，需检查判别条件 $F_3 < F_0$ 和 $(F_0 - 2F_2 + F_3)(F_0 - F_2 - \Delta_m)^2 < 0.5\Delta_m(F_0 - F_3)^2$ 是否满足。经代入运算知，该判别条件满足，应进行方向替换。用新方向$\boldsymbol{d}_3^1$ 替换$\boldsymbol{e}_1$，下一轮迭代搜索方向为$\boldsymbol{e}_2$、$\boldsymbol{d}_3^1$。

$$\boldsymbol{d}_3^1 = \boldsymbol{x}_2^1 - \boldsymbol{x}_0^1 = \begin{pmatrix} 3.8693 \\ 1.3797 \end{pmatrix} - \begin{pmatrix} 4.5455 \\ 0.8264 \end{pmatrix} = \begin{pmatrix} -0.6762 \\ 0.5533 \end{pmatrix}$$

下一轮迭代起始点$\boldsymbol{x}_0^2$ 为从$\boldsymbol{x}_2^1$ 出发，沿$\boldsymbol{d}_3^1$ 方向进行一维搜索的极小点，可通过下面计算求得：

$$\boldsymbol{x}_0^2 = \boldsymbol{x}_2^1 + \alpha_3 \boldsymbol{d}_3^1 = \begin{pmatrix} 3.8693 \\ 1.3797 \end{pmatrix} + \alpha_3 \begin{pmatrix} -0.6762 \\ 0.5533 \end{pmatrix} = \begin{pmatrix} 3.8693 - 0.6762\alpha_3 \\ 1.3797 + 0.5533\alpha_3 \end{pmatrix}$$

$$f(\boldsymbol{x}_0^2) = 10(3.8693 - 0.6762\alpha_3 + 1.3797 + 0.5533\alpha_3 - 5)^2 + (3.8693 - 0.6762\alpha_3 - 1.3797 - 0.5533\alpha_3)^2$$

通过

$$\frac{\mathrm{d}f}{\mathrm{d}\alpha_3} = 0$$

求得

$$\alpha_3 = \frac{2.4896}{1.229} = 2.0257$$

因此，下一轮迭代初始点及其函数值分别为

$$\boldsymbol{x}_0^2 = \begin{pmatrix} 2.4995 \\ 2.5091 \end{pmatrix}$$

$$F_0 = f_0 = f(\boldsymbol{x}_0^2) = 0.0008$$

可见已足够接近极值点$\boldsymbol{x}^* = (2.5 \quad 2.5)^{\mathrm{T}}$ 及极小值$f(\boldsymbol{x}^*) = 0$。

鲍威尔法是鲍威尔于 1964 年提出的，以后又经过他本人的改进。该法是一种有效的共轭方向法，它可以在有限步内找到二次函数的极小点。对于非二次函数，只要具有连续二阶导数，用这种方法也是有效的。

## 4.8　坐标轮换法

坐标轮换法是每次搜索只允许一个变量变化，其余变量保持不变，即沿坐标方向轮流进行搜索的寻优方法。它把多变量的优化问题轮流地转化成单变量（其余变量视为常量）的优化问题，因此又称这种方法为变量轮换法。在搜索过程中可以不需要目标函数的导数，只需目标函数值信息。

这比前面所讨论的利用目标函数导数信息建立搜索方向的方法要简单得多。

先以二元函数 $f(x_1,x_2)$ 为例说明坐标轮换法的寻优过程。

如图 4-16 所示。从初始点 $\boldsymbol{x}_0^0$ 出发，沿第一个坐标方向搜索，即沿 $\boldsymbol{d}_1^0=\boldsymbol{e}_1$ 方向搜索，得 $\boldsymbol{x}_1^0=\boldsymbol{x}_0^0+\alpha_1^0\boldsymbol{d}_1^0$，按照一维搜索方法确定最佳步长因子 $\alpha_1^0$，使其满足 $\min\limits_{\alpha} f(\boldsymbol{x}_0^0+\alpha\boldsymbol{d}_1^0)$，然后从 $\boldsymbol{x}_1^0$ 出发沿 $\boldsymbol{d}_2^0=\boldsymbol{e}_2$ 方向搜索，得 $\boldsymbol{x}_2^0=\boldsymbol{x}_1^0+\alpha_2^0\boldsymbol{d}_2^0$，其中步长因子 $\alpha_2^0$ 满足 $\min\limits_{\alpha} f(\boldsymbol{x}_1^0+\alpha\boldsymbol{d}_2^0)$，$\boldsymbol{x}_2^0$ 为一轮（$k=0$）的终点。检验始、终点间距离是否满足精度要求，即判断 $\|\boldsymbol{x}_2^0-\boldsymbol{x}_0^0\|<\varepsilon$ 的条件是否满足。若满足，则 $\boldsymbol{x}^*\leftarrow\boldsymbol{x}_2^0$，否则令 $\boldsymbol{x}_0^1\leftarrow\boldsymbol{x}_2^0$，重新依次沿坐标方向进行下一轮（$k=1$）的搜索。

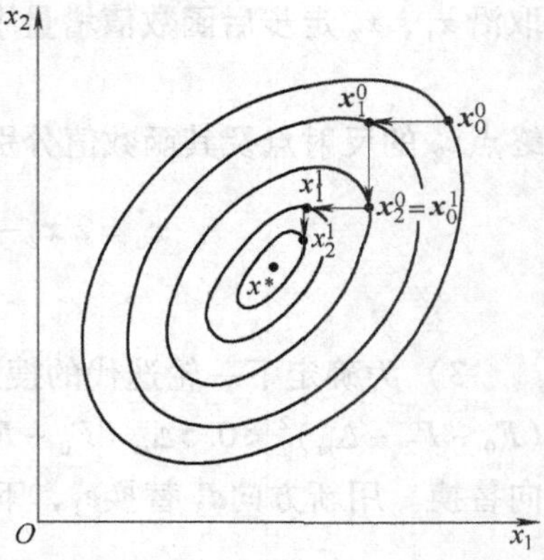

图 4-16 坐标轮换法的搜索过程

对于 $n$ 个变量的函数，若在第 $k$ 轮沿第 $i$ 个坐标方向 $\boldsymbol{d}_i^k$ 进行搜索，其迭代公式为

$$\boldsymbol{x}_i^k=\boldsymbol{x}_{i-1}^k+\alpha_i^k\boldsymbol{d}_i^k\quad(k=0,1,2,\cdots;\quad i=1,\cdots,n)$$

其中搜索方向取坐标方向，即 $\boldsymbol{d}_i^k=\boldsymbol{e}_i$。若 $\|\boldsymbol{x}_n^k-\boldsymbol{x}_0^k\|<\varepsilon$，则 $\boldsymbol{x}^*\leftarrow\boldsymbol{x}_n^k$，否则 $\boldsymbol{x}_0^{k+1}\leftarrow\boldsymbol{x}_n^k$，进行下一轮搜索，一直到满足精度要求为止。按此计算步骤设计出如图 4-17 所示的程序框图。

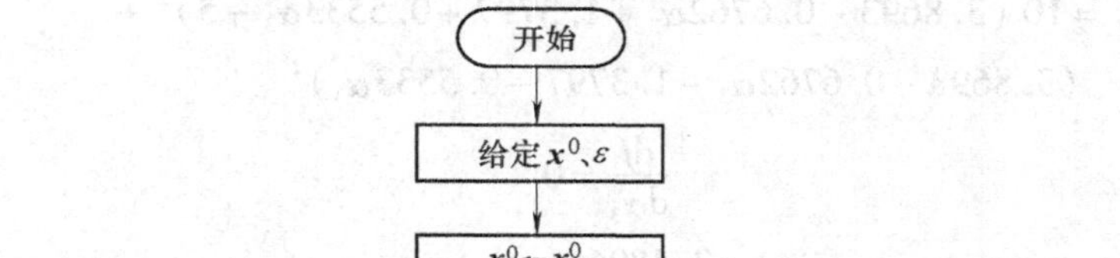

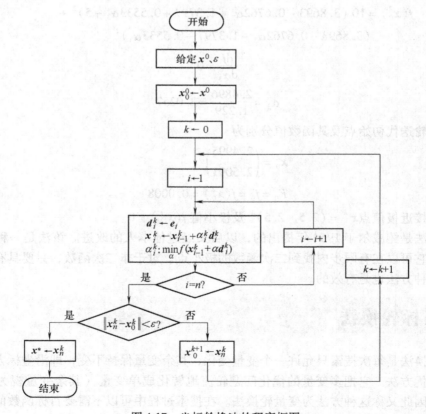

图 4-17 坐标轮换法的程序框图

这种方法的收敛效果与目标函数等值线的形状有很大关系。

如果目标函数为二元二次函数，其等值线为圆或长短轴平行于坐标轴的椭圆时，此法很有效，一般经过两次搜索即可达到最优点，如图4-18a所示。

如果等值线为长短轴不平行于坐标轴的椭圆，则需多次迭代才能达到最优点，如图4-18b所示。

如果等值线出现脊线，本来沿脊线方向一步可达到最优点，但因坐标轮换法总是沿坐标轴方向搜索而不能沿脊线搜索，所以就终止到脊线上而不能找到最优点，如图4-18c所示。

从以上分析可以看出，采用坐标轮换法只能轮流沿着坐标方向搜索，尽管也能使函数值步步下降，但要经过多次曲折迂回的路径才能达到极值点；尤其在极值点附近步长很小，收敛很慢，所以坐标轮换法不是一种很好的搜索方法。但是，在坐标轮换法的基础上可以构造出更好的搜索策略。

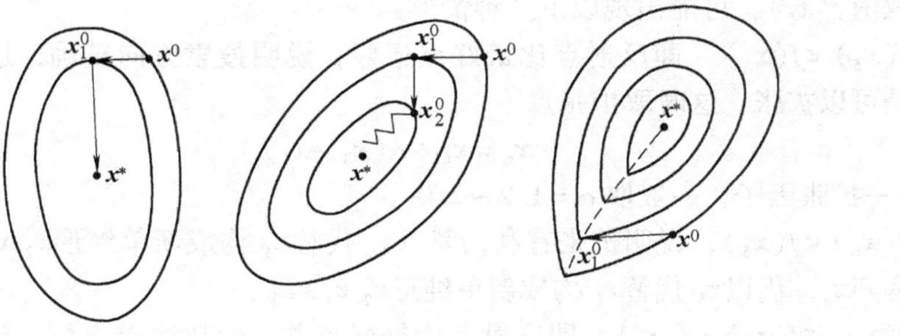


图4-18　坐标轮换法搜索过程的几种情况

## 4.9　单形替换法

### 4.9.1　基本原理

函数的导数是函数性态的反映，它对选择搜索方向提供了有用的信息。如最速下降法、共轭梯度法、变尺度法和牛顿法等，都是利用函数一阶或二阶导数信息来建立搜索方向的。

若在不计算导数的情况下，先算出若干点处的函数值，从它们之间的大小关系中也可以看出函数变化的大概趋势，为寻求函数的下降方向提供依据。

这里所说的若干点，一般取在单纯形的顶点上。所谓单纯形，是指在 $n$ 维空间中具有 $n+1$ 个顶点的多面体。

利用单纯形的顶点，计算其函数值并加以比较，从中确定有利的搜索方向和步长，找到一个较好的点取代单纯形中较差的点，组成新的单纯形来代替原来的单纯形。使新单纯形不断地向目标函数的极小点靠近，直到搜索到极小点为止。这就是单形替换法的基本思想。

在线性规划中，将提到单纯形法，那是因为线性规划问题是在凸多面体顶点集上进行迭代求解。这里是无约束极小化中的单形替换法，利用不断替换单纯形来寻找无约束极小点。虽然二者都用到单纯形，但决不可以把这两种方法混淆起来。为此将通常在无约束极小化中所说的单纯形法，称作单形替换法，以避免和线性规划中的单纯形法相混淆。

现以二元函数$f(x_1,x_2)$为例，说明单形替换法的基本原理。

如图4-19所示，在$x_1-x_2$平面上取不在同一直线上的三点$\boldsymbol{x}_1$、$\boldsymbol{x}_2$、$\boldsymbol{x}_3$，以它们为顶点组成一单纯形（即三角形）。计算各顶点函数值，设

$$f(\boldsymbol{x}_1)>f(\boldsymbol{x}_2)>f(\boldsymbol{x}_3)$$

这说明$\boldsymbol{x}_3$点最好，$\boldsymbol{x}_1$点最差。为了寻找极小点，一般来说，应向最差点的反对称方向进行搜索，即通过$\boldsymbol{x}_1$并穿过$\boldsymbol{x}_2\boldsymbol{x}_3$的中点$\boldsymbol{x}_4$的方向进行搜索。在此方向上取点$\boldsymbol{x}_5$，使

$$\boldsymbol{x}_5=\boldsymbol{x}_4+(\boldsymbol{x}_4-\boldsymbol{x}_1)=2\boldsymbol{x}_4-\boldsymbol{x}_1$$

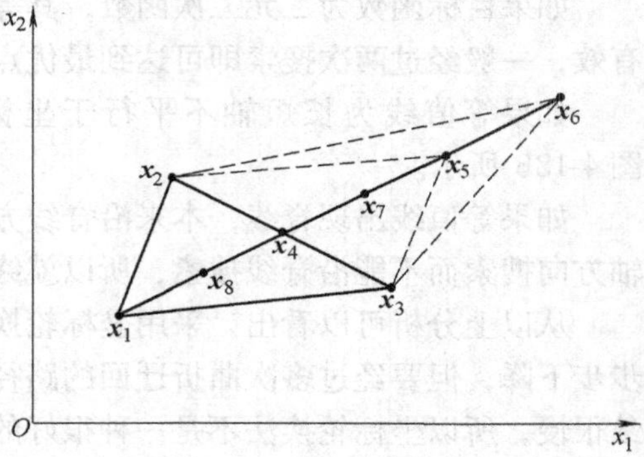

图4-19 单形替换法

$\boldsymbol{x}_5$点称作$\boldsymbol{x}_1$点相对于$\boldsymbol{x}_4$点的反射点。计算反射点的函数值$f(\boldsymbol{x}_5)$，可能出现以下几种情形：

（1）$f(\boldsymbol{x}_5)<f(\boldsymbol{x}_3)$ 即反射点比最好点还好，说明搜索方向正确，还可以往前迈进一步，也就是可以扩张。这时取扩张点

$$\boldsymbol{x}_6=\boldsymbol{x}_4+\alpha(\boldsymbol{x}_4-\boldsymbol{x}_1)$$

式中 $\alpha$——扩张因子，一般取$\alpha=1.2\sim2.0$。

如果$f(\boldsymbol{x}_6)<f(\boldsymbol{x}_5)$，说明扩张有利，就以$\boldsymbol{x}_6$代替$\boldsymbol{x}_1$构成新单纯形$\boldsymbol{x}_2\boldsymbol{x}_3\boldsymbol{x}_6$。否则说明扩张不利，舍弃$\boldsymbol{x}_6$，仍以$\boldsymbol{x}_5$代替$\boldsymbol{x}_1$构成新单纯形$\boldsymbol{x}_2\boldsymbol{x}_3\boldsymbol{x}_5$。

（2）$f(\boldsymbol{x}_3)\leqslant f(\boldsymbol{x}_5)<f(\boldsymbol{x}_2)$ 即反射点比最好点差，但比次差点好，说明反射可行，则以反射点代替最差点，构成新单纯形$\boldsymbol{x}_2\boldsymbol{x}_3\boldsymbol{x}_5$。

（3）$f(\boldsymbol{x}_2)\leqslant f(\boldsymbol{x}_5)<f(\boldsymbol{x}_1)$ 即反射点比次差点差，但比最差点好，说明$\boldsymbol{x}_5$走得太远，应缩回一些，即收缩。这时取收缩点

$$\boldsymbol{x}_7=\boldsymbol{x}_4+\beta(\boldsymbol{x}_5-\boldsymbol{x}_4)$$

式中 $\beta$——收缩因子，常取成0.5。

如果$f(\boldsymbol{x}_7)<f(\boldsymbol{x}_5)$，则用$\boldsymbol{x}_7$代替$\boldsymbol{x}_1$构成新单纯形$\boldsymbol{x}_2\boldsymbol{x}_3\boldsymbol{x}_7$，否则$\boldsymbol{x}_7$不用。用$\boldsymbol{x}_5$代替$\boldsymbol{x}_1$构成新单纯形$\boldsymbol{x}_2\boldsymbol{x}_3\boldsymbol{x}_5$。

（4）$f(\boldsymbol{x}_5)\geqslant f(\boldsymbol{x}_1)$ 即反射点比最差点还差，这时应收缩得更多一些，即将新点收缩在$\boldsymbol{x}_1\boldsymbol{x}_4$之间，取收缩点：

$$\boldsymbol{x}_8=\boldsymbol{x}_4-\beta(\boldsymbol{x}_4-\boldsymbol{x}_1)=\boldsymbol{x}_4+\beta(\boldsymbol{x}_1-\boldsymbol{x}_4)$$

如果$f(\boldsymbol{x}_8)<f(\boldsymbol{x}_1)$，则用$\boldsymbol{x}_8$代替$\boldsymbol{x}_1$构成新单纯形$\boldsymbol{x}_2\boldsymbol{x}_3\boldsymbol{x}_8$，否则$\boldsymbol{x}_8$不用，转5）。

（5）$f(\boldsymbol{x}_8)\geqslant f(\boldsymbol{x}_1)$ 即若$\boldsymbol{x}_1\boldsymbol{x}_4$方向上的所有点都比最差点差，则说明不能沿此方向搜索。这时应以$\boldsymbol{x}_3$为中心缩边，使顶点$\boldsymbol{x}_1$、$\boldsymbol{x}_2$向$\boldsymbol{x}_3$移近一半距离，得新单纯形$\boldsymbol{x}_3\boldsymbol{x}_9\boldsymbol{x}_{10}$，如图4-20所示，在此基础上进行寻优。

以上说明，可以通过反射、扩张、收缩和缩边等方式得到一个新单纯形，其中至少有一个顶点的函数值比原单纯形要小。

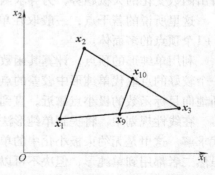

图4-20 缩边方式的几何表示

### 4.9.2　计算步骤

将上述对二元函数的处置方法扩展应用到多元函数$f(\boldsymbol{x})$中，其计算步骤如下：

1）构造初始单纯形。选初始点$\boldsymbol{x}_0$，从$\boldsymbol{x}_0$出发沿各坐标轴方向走步长$h$，得$n$个顶点$\boldsymbol{x}_i(i=1,2,\cdots,n)$与$\boldsymbol{x}_0$构成初始单纯形。这样可以保证此单纯形各边是$n$个线性无关的向量，否则就会使搜索范围局限在某个较低维的空间内，有可能找不到极小点。

2）计算各顶点函数值

$$f_i=f(\boldsymbol{x}_i)\quad(i=0,1,2,\cdots,n)$$

3）比较函数值的大小，确定最好点$\boldsymbol{x}_L$、最差点$\boldsymbol{x}_H$和次差点$\boldsymbol{x}_G$，即有

$$f_L=f(\boldsymbol{x}_L)=\min f_i\quad(i=0,1,2,\cdots,n)$$

$$f_H=f(\boldsymbol{x}_H)=\max f_i\quad(i=0,1,2,\cdots,n)$$

$$f_G=f(\boldsymbol{x}_G)=\max f_i\quad(i=0,1,2,\cdots,h-1,h+1,\cdots,n)$$

4）检验是否满足收敛准则

$$\left|\frac{f_H-f_L}{f_L}\right|<\varepsilon$$

如满足，则$\boldsymbol{x}^*=\boldsymbol{x}_L$，停机，否则转5）。

5）计算除$\boldsymbol{x}_H$点之外各点的“重心”$\boldsymbol{x}_{n+1}$：

$$\boldsymbol{x}_{n+1}=\frac{1}{n}\left(\sum_{i=0}^{n}\boldsymbol{x}_i-\boldsymbol{x}_H\right)$$

反射点

$$\boldsymbol{x}_{n+2}=2\boldsymbol{x}_{n+1}-\boldsymbol{x}_H$$

$$f_{n+2}=f(\boldsymbol{x}_{n+2})$$

当$f_L\leqslant f_{n+2}<f_G$时，以$\boldsymbol{x}_{n+2}$代替$\boldsymbol{x}_H$，$f_{n+2}$代替$f_H$，构成一新单纯形，然后返回到3）。

6）扩张。当$f_{n+2}<f_L$时，取扩张点

$$\boldsymbol{x}_{n+3}=\boldsymbol{x}_{n+1}+\alpha(\boldsymbol{x}_{n+2}-\boldsymbol{x}_{n+1})$$

并计算其函数值

$$f_{n+3}=f(\boldsymbol{x}_{n+3})$$

若$f_{n+3}<f_{n+2}$，则以$\boldsymbol{x}_{n+3}$代替$\boldsymbol{x}_H$，$f_{n+3}$代替$f_H$形成一新单纯形；否则以$\boldsymbol{x}_{n+2}$代替$\boldsymbol{x}_H$，$f_{n+2}$代替$f_H$形成新单纯形，然后返回到3）。

7）收缩。当$f_{n+2}\geqslant f_G$时则需收缩。

如果$f_{n+2}<f_H$，则取收缩点

$$\boldsymbol{x}_{n+4}=\boldsymbol{x}_{n+1}+\beta(\boldsymbol{x}_{n+2}-\boldsymbol{x}_{n+1})$$

并计算其函数值

$$f_{n+4}=f(\boldsymbol{x}_{n+4})$$

否则在上式中以$\boldsymbol{x}_H$代替$\boldsymbol{x}_{n+2}$，计算收缩点$\boldsymbol{x}_{n+4}$及其函数值$f_{n+4}$。

如果$f_{n+4}<f_H$，则以$\boldsymbol{x}_{n+4}$代替$\boldsymbol{x}_H$，$f_{n+4}$代替$f_H$，得新单纯形，返回到3），否则转8）。

8）缩边。将单纯形缩边，可将各向量

$$\boldsymbol{x}_i-\boldsymbol{x}_L\quad(i=0,1,2,\cdots,n)$$

的长度缩小一半，即

$$\boldsymbol{x}_i = \boldsymbol{x}_L - \frac{1}{2}(\boldsymbol{x}_L - \boldsymbol{x}_i) = \frac{1}{2}(\boldsymbol{x}_L + \boldsymbol{x}_i) \quad (i = 0, 1, 2, \cdots, n)$$

并返回到2)。

单形替换法的程序框图如图4-21所示。

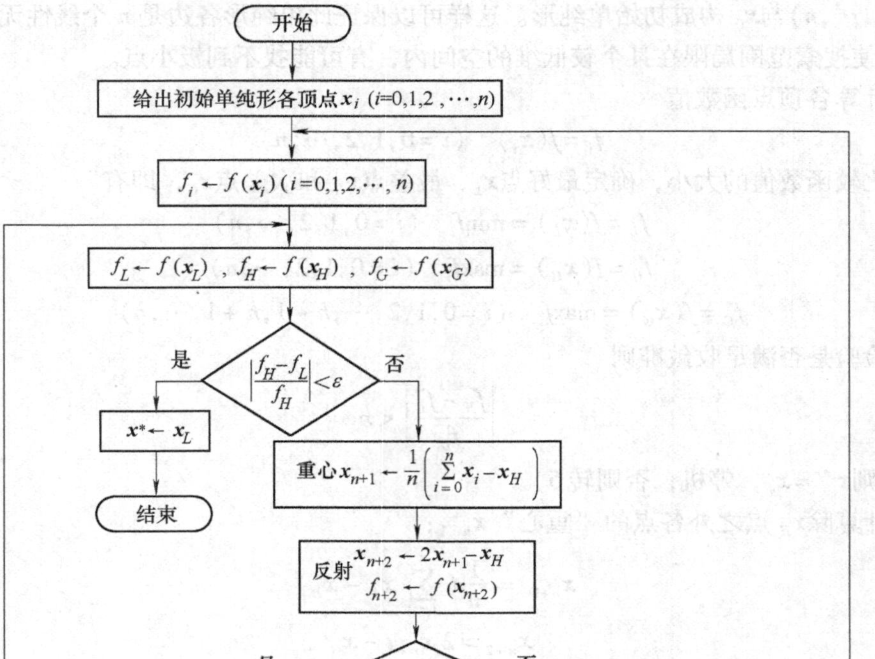

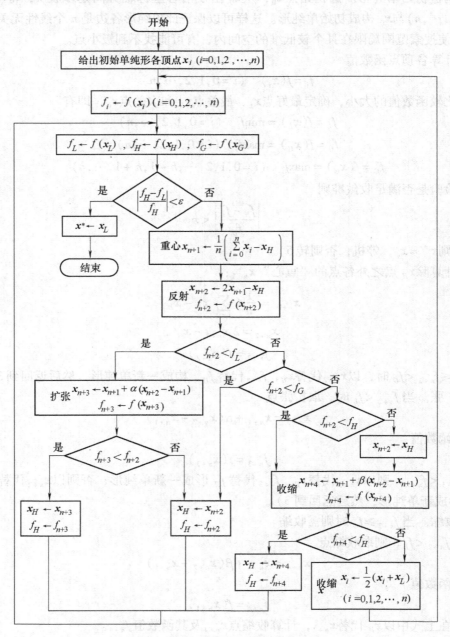

图4-21 单形替换法的程序框图

**例4-7** 试用单形替换法求

$$f(x_1, x_2) = 4(x_1 - 5)^2 + (x_2 - 6)^2$$

的极小值。

**解：** 选$\boldsymbol{x}_0=(8 \quad 9)^T$，$\boldsymbol{x}_1=(10 \quad 11)^T$，$\boldsymbol{x}_2=(8 \quad 11)^T$为顶点作初始单纯形，如图 4-22 所示。计算各顶点函数值$f_0=f(\boldsymbol{x}_0)=45$，$f_1=f(\boldsymbol{x}_1)=125$，$f_2=f(\boldsymbol{x}_2)=61$。可见最好点$\boldsymbol{x}_L=\boldsymbol{x}_0$，最差点$\boldsymbol{x}_H=\boldsymbol{x}_1$，次差点$\boldsymbol{x}_G=\boldsymbol{x}_2$。

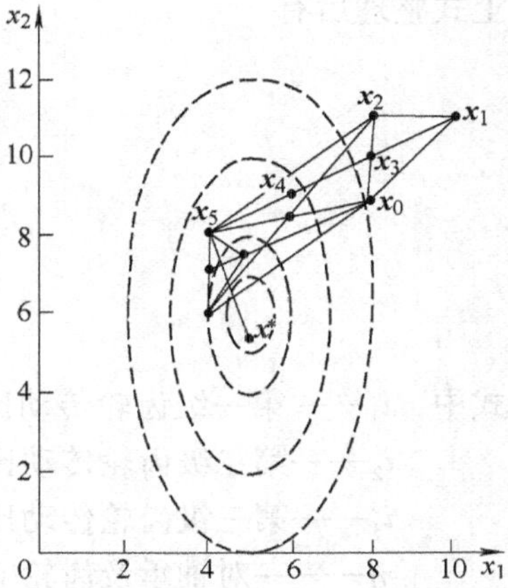

图 4-22 单形替换法的迭代过程

求$\boldsymbol{x}_0$、$\boldsymbol{x}_2$的重心$\boldsymbol{x}_3$：

$$\boldsymbol{x}_3=\frac{1}{n}\left(\sum_{i=0}^{n}\boldsymbol{x}_i-\boldsymbol{x}_H\right)=\frac{1}{2}(\boldsymbol{x}_0+\boldsymbol{x}_2)=\begin{pmatrix}8\\10\end{pmatrix}$$

求反射点$\boldsymbol{x}_4$及其函数值$f_4$：

$$\boldsymbol{x}_4=2\,\boldsymbol{x}_3-\boldsymbol{x}_1=2\begin{pmatrix}8\\10\end{pmatrix}-\begin{pmatrix}10\\11\end{pmatrix}=\begin{pmatrix}6\\9\end{pmatrix}$$

$$f_4=f(\boldsymbol{x}_4)=13$$

由于$f_4<f_0$，故需扩张，取$\alpha=2$得扩张点$\boldsymbol{x}_5$及其函数值$f_5$：

$$\boldsymbol{x}_5=\boldsymbol{x}_3+2(\boldsymbol{x}_4-\boldsymbol{x}_3)=\begin{pmatrix}8\\10\end{pmatrix}+2\left[\begin{pmatrix}6\\9\end{pmatrix}-\begin{pmatrix}8\\10\end{pmatrix}\right]=\begin{pmatrix}4\\8\end{pmatrix}$$

$$f_5=f(\boldsymbol{x}_5)=8$$

由于$f_5<f_4$，故以$\boldsymbol{x}_5$代替$\boldsymbol{x}_1$，由$\boldsymbol{x}_0\,\boldsymbol{x}_2\,\boldsymbol{x}_5$构成新单纯形，进行下一循环。

经 32 次循环，可将目标函数值降到$1\times10^{-6}$，接近极小值$f^*=f(\boldsymbol{x}^*)=f(5,6)=0$

当问题维数$n$较高时使用单形替换法需要经过很多次迭代，因此一般用于$n<10$的情况。

## 4.10 工程设计应用

### 4.10.1 三级圆柱齿轮减速器传动比的优化设计

多级圆柱齿轮传动比如何分配，将直接影响到减速器各部分的尺寸、质量以及齿轮的润滑条件。对三级圆柱齿轮减速器来讲，以三个大齿轮浸油深度相近为目的分配传动比，必然会造成各级齿轮承载能力差异过大，不利于力传递；如果齿轮润滑采用喷油润滑，传动比分配以三对齿轮的质量和最轻为优化目标是较为合理的。

减速器闭式齿轮的失效形式多为齿轮齿面接触疲劳破坏。因此设计齿轮通常是以齿面接触强度为主要设计依据，若齿面接触强度得到保证，一般轮齿的抗弯强度能够得到满足。为简化计算，仅仅考虑齿轮的接触强度。钢—钢制直齿圆柱齿轮齿面接触强度为

$$\sigma_H=21200\sqrt{\frac{KT}{bd^2}\,\frac{i+1}{i}}\leqslant[\sigma_H]$$

式中 $K$——载荷系数；

$T$——主动齿轮输入扭矩（N·m）；

$b$——齿轮接触宽度（mm）；

$d$——主动齿轮分度圆直径（mm）；

$i$——一对齿轮传动比。

上式整理后有

$$b_1 d_1^2 \geqslant \left( \frac{21200}{[\sigma_H]_{12}} \right)^2 K T_1 \frac{i_1 + 1}{i_1}$$

$$b_3 d_3^2 \geqslant \left( \frac{21200}{[\sigma_H]_{34}} \right)^2 K \eta i_1 T_1 \frac{i_2 + 1}{i_2}$$

$$b_5 d_5^2 \geqslant \left( \frac{21200}{[\sigma_H]_{56}} \right)^2 K \eta^2 i_1 i_2 T_1 \frac{i_3 + 1}{i_3}$$

式中 $i_1$——第一级齿轮传动比；

$i_2$——第二级齿轮传动比；

$i_3$——第三级齿轮传动比；

$\eta$——一对轴承及齿轮啮合的综合效率；

$[\sigma_H]_{12}$——齿轮 1 和 2 材料的最小许用接触应力（MPa）；

$[\sigma_H]_{34}$——齿轮 3 和 4 材料的最小许用接触应力（MPa）；

$[\sigma_H]_{56}$——齿轮 5 和 6 材料的最小许用接触应力（MPa）。

以三对齿轮质量和最轻为优化目标函数，则

$$\min f(\boldsymbol{x}) = \rho(V_1 + V_2 + V_3 + V_4 + V_5 + V_6)$$

式中 $\rho$——齿轮材料密度；

$V$——齿轮体积。

如果取 $[\sigma_H]_{12} = [\sigma_H]_{34} = [\sigma_H]_{56}$，$\eta = 0.97$，则

$$\min f(\boldsymbol{x}) = \frac{1 + i_1}{i_1}(1 + i_1^2) + 0.97 i_1 \frac{1 + i_2}{i_2}(1 + i_2^2) + 0.97^2 i_1 i_2 \frac{1 + i_3}{i_3}(1 + i_3^2)$$

其中 $i_3 = \dfrac{i}{i_1 i_2}$。

若不计约束条件，采用最速下降法，当减速器传动比 $i$ 分别为 30，40，50，…，100 时，取 $\boldsymbol{x}^0 = (1 \quad 1)^{\mathrm{T}}$，收敛精度 $\varepsilon = 0.01$，三级圆柱齿轮减速器各级传动比分配值见表 4-1。

**表 4-1 三级圆柱齿轮减速器各级传动比分配值**

| $i$ | $i_1$ | $i_2$ | $i_3$ | $i_1/i_2$ | $i_2/i_3$ |
|---|---|---|---|---|---|
| 30 | 3.285 | 3.061 | 2.983 | 1.073 | 1.026 |
| 40 | 3.981 | 3.284 | 3.059 | 1.212 | 1.074 |
| 50 | 4.609 | 3.474 | 3.122 | 1.327 | 1.113 |
| 60 | 5.189 | 3.640 | 3.176 | 1.426 | 1.146 |
| 70 | 5.734 | 3.787 | 3.223 | 1.514 | 1.175 |
| 80 | 6.244 | 3.923 | 3.266 | 1.592 | 1.201 |
| 90 | 6.732 | 4.046 | 3.304 | 1.664 | 1.225 |
| 100 | 7.193 | 4.163 | 3.340 | 1.728 | 1.246 |

## 4.10.2　四级圆柱齿轮减速器传动比的优化设计

设计多级圆柱齿轮减速器时，如果传动比 $i=200\sim1500$，往往设计为四级齿轮传动。如果齿轮选择喷油润滑，通常希望以四对齿轮的质量和最轻为优化目标函数来优化分配各级齿轮的传动比。如上所述，对于钢—钢制直齿圆柱齿轮齿面接触强度为

$$\sigma_H=21200\sqrt{\frac{KT}{bd^2}\frac{i+1}{i}}\leqslant[\sigma_H]$$

上式整理后有

$$b_1d_1^2\geqslant\left(\frac{21200}{[\sigma_H]_{12}}\right)^2KT_1\frac{i_1+1}{i_1}$$

$$b_3d_3^2\geqslant\left(\frac{21200}{[\sigma_H]_{34}}\right)^2K\eta i_1T_1\frac{i_2+1}{i_2}$$

$$b_5d_5^2\geqslant\left(\frac{21200}{[\sigma_H]_{56}}\right)^2K\eta^2i_1i_2T_1\frac{i_3+1}{i_3}$$

$$b_7d_7^2\geqslant\left(\frac{21200}{[\sigma_H]_{78}}\right)^2K\eta^3i_1i_2i_3T_1\frac{i_4+1}{i_4}$$

以四对齿轮质量和最轻为优化目标函数，则

$$\min f(\boldsymbol{x})=\rho(V_1+V_2+V_3+V_4+V_5+V_6+V_7+V_8)$$

如果取$[\sigma_H]_{12}=[\sigma_H]_{34}=[\sigma_H]_{56}=[\sigma_H]_{78}$，$\eta=0.97$，则

$$\min f(\boldsymbol{x})=\frac{1+i_1}{i_1}(1+i_1^2)+0.97i_1\frac{1+i_2}{i_2}(1+i_2^2)+0.97^2i_1i_2\frac{1+i_3}{i_3}(1+i_3^2)+0.97^3i_1i_2i_3\frac{1+i_4}{i_4}(1+i_4^2)$$

其中　$i_4=\dfrac{i}{i_1i_2i_3}$。

若不计约束条件，采用单形替换法，当减速器传动比 $i$ 分别为 200，300，400，…，900 时，取$\boldsymbol{x}^0=(1\quad 1\quad 1)^{\mathrm{T}}$，收敛精度 $\varepsilon=0.001$，四级圆柱齿轮减速器各级传动比分配值见表 4-2。

**表 4-2　四级圆柱齿轮减速器各级传动比分配值**

| $i$ | $i_1$ | $i_2$ | $i_3$ | $i_4$ | $K$ | $f^*$ |
|---|---|---|---|---|---|---|
| 200 | 5.515 | 3.718 | 3.209 | 3.040 | 42 | 1240.792 |
| 300 | 7.131 | 4.121 | 3.325 | 3.070 | 46 | 1879.975 |
| 400 | 8.417 | 4.468 | 3.422 | 3.109 | 51 | 2526.028 |
| 500 | 9.642 | 4.748 | 3.491 | 3.128 | 52 | 3177.518 |
| 600 | 10.723 | 4.919 | 3.603 | 3.157 | 40 | 3844.491 |
| 700 | 11.752 | 5.172 | 3.631 | 3.172 | 59 | 4493.176 |
| 800 | 12.878 | 5.302 | 3.673 | 3.178 | 71 | 5156.321 |
| 900 | 13.595 | 5.529 | 3.735 | 3.206 | 51 | 5822.309 |

# 习 题

4-1 用牛顿法求函数 $f(x_1, x_2) = (x_1 - 2)^4 + (x_1 - 2x_2)^2$ 的极小点（迭代二次）。

4-2 用阻尼牛顿法求函数 $f(x_1, x_2) = (x_1 - 2)^4 + (x_1 - 2x_2)^2$ 的极小点（迭代二次，一维搜索任选一种方法）。

4-3 用共轭梯度法求函数 $f(x_1, x_2) = \frac{3}{2}x_1^2 + \frac{1}{2}x_2^2 - x_1 x_2 - 2x_1$ 的极小点。

4-4 用鲍威尔法求函数 $f(x_1, x_2) = x_1^2 + 2x_2^2 - 4x_1 - 2x_1 x_2$ 的极小点（迭代二次）。

4-5 用最速下降法求函数 $f(x_1, x_2) = \frac{3}{2}x_1^2 + \frac{1}{2}x_2^2 - x_1 x_2 - 2x_1$ 的极小点。

# 第5章

# 线 性 规 划

约束函数和目标函数都为线性函数的优化问题称作线性规划问题。它的解法在理论上和方法上都很成熟，实际应用也很广泛。虽然大多数工程设计是非线性的，但是也有采用线性逼近方法求解非线性问题的。此外，线性规划方法还常被用作解决非线性问题的子问题的工具，如在可行方向法中可行方向的寻求就是采用线性规划方法。当然，对于真正的线性优化问题，线性规划方法就更有用了。

## 5.1 线性规划的标准形式与基本性质

### 5.1.1 引例

**例 5-1** 某工厂生产甲、乙两种产品，甲产品每生产 1 件需消耗材料 9 kg、3 个工时、4kW 电，可获利 60 元；乙产品每生产 1 件需消耗材料 4 kg、10 个工时、5kW 电，可获利 120 元。若每天可供应材料 360 kg，有 300 个工时，能供 200kW 电，问每天生产甲、乙两种产品各多少件，才能够获得最大的利润？

**解**：设每天生产的甲、乙两种产品分别为 $x_1$、$x_2$ 件，则此问题的数学模型为

$$
\begin{gathered}
f(x_1,x_2)=60x_1+120x_2\rightarrow\max\\
9x_1+4x_2\leqslant 360\text{（材料约束）}\\
3x_1+10x_2\leqslant 300\text{（工时约束）}\\
4x_1+5x_2\leqslant 200\text{（电力约束）}\\
x_1\geqslant 0,x_2\geqslant 0
\end{gathered}
$$

将其化成标准形式为：求 $\boldsymbol{x}=(x_1 \quad x_2)^{\mathrm{T}}$

使 $\min \quad f(\boldsymbol{x})=-60x_1-120x_2$

且满足

$$
\begin{aligned}
&9x_1+4x_2+x_3=360\\
&3x_1+10x_2+x_4=300\\
&4x_1+5x_2+x_5=200\\
&x_i\geqslant 0\quad (i=1,2,3,4,5)
\end{aligned}
$$

### 5.1.2 线性规划的标准形式

线性规划数学模型的一般形式为：

求 $\boldsymbol{x}=(x_1 \quad x_2 \quad \cdots \quad x_n)^{\mathrm{T}}$

使 $f(\boldsymbol{x})=c_1x_1+c_2x_2+\cdots+c_nx_n \rightarrow \min$

且满足

$$
\begin{aligned}
a_{11}x_1+a_{12}x_2+\cdots+a_{1n}x_n&=b_1\\
a_{21}x_1+a_{22}x_2+\cdots+a_{2n}x_n&=b_2\\
&\vdots\\
a_{m1}x_1+a_{m2}x_2+\cdots+a_{mn}x_n&=b_m\\
b_j\geqslant 0 \quad (j&=1,2,\cdots,m)\\
x_i\geqslant 0 \quad (i&=1,2,\cdots,n)
\end{aligned}
$$

也可写成如下的简化形式：

求 $\boldsymbol{x}=(x_1 \quad x_2 \quad \cdots \quad x_i \quad \cdots \quad x_n)^{\mathrm{T}}$

使目标函数 $f(\boldsymbol{x}) = \sum_{i=1}^{n} c_i x_i \rightarrow \min$

要求满足约束条件 $\sum_{i=1}^{n} a_{ji}x_i = b_j \quad (j=1,\ 2,\ \cdots,\ m)$

$$x_i\geqslant 0 \quad (i=1,2,\cdots,n) \tag{5-1}$$

约束条件包括两部分：一是等式约束条件，二是变量的非负要求，它是标准形式中出现的唯一不等式形式。如果除变量的非负要求外，还有其他不等式约束条件，可通过引入松弛变量将不等式约束化成上述等式约束形式。

例如，约束条件为

$$2x_1+x_2\leqslant 2$$
$$x_1\geqslant 0, x_2\geqslant 0$$

通过引入松弛变量 $x_3\geqslant 0$，将第一个不等式约束条件化成等式形式

$$2x_1+x_2+x_3=2$$
$$x_1\geqslant 0, x_2\geqslant 0, x_3\geqslant 0$$

这样，可行域就由二维空间 $ABC$ 变成三维空间 $A'B'C'$，如图 5-1 所示。

如果在原来的问题中有一些变量并不要求是非负的，那么可以把它们写成两个非负变量的差。例如

$$x_k=x_k'-x''_k$$
$$x_k'\geqslant 0, x''_k\geqslant 0$$

当引入松弛变量以及新的非负变量后，再将所有的变量重新编序，原来的线性规划问题就变成式（5-1）的标准形式。注意，引入的松弛变量在目标函数中并不出现，而新的非负变量一般将出现在目标函数中。

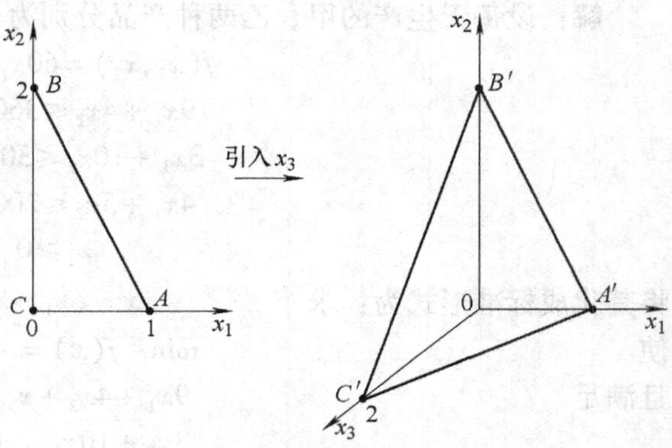


图 5-1 松弛变量对可行域的影响

线性规划问题的标准形式可写成如下的矩阵形式：

求 $\boldsymbol{x}$ 使 $f(\boldsymbol{x})=\boldsymbol{c}^{\mathrm{T}}\boldsymbol{x}\rightarrow\min$

$$\text{s. t.} \quad \boldsymbol{Ax} = \boldsymbol{b}$$
$$\boldsymbol{x} \geqslant \boldsymbol{0}$$

其中，$\boldsymbol{A} \equiv (a_{ji})_{m\times n}$，$\boldsymbol{b} \equiv (b_j)$，$\boldsymbol{c}^{\mathrm{T}} \equiv (c_i)$，而$\boldsymbol{0}$代表零矢量。

在所有具有实际意义的线性规划问题中，总有$m<n$。因为如果$m=n$，从方程组（5-1）中唯一决定$\boldsymbol{x}$，即方程组$\boldsymbol{Ax}=\boldsymbol{b}$只有唯一解，没有可供选择的$\boldsymbol{x}$，这样也就不存在所谓最优化问题；如果$m>n$，方程组$\boldsymbol{Ax}=\boldsymbol{b}$变成矛盾方程组，不存在严格满足方程组的解；所以只有当$m<n$时，方程组$\boldsymbol{Ax}=\boldsymbol{b}$的解才是不定的，一般将有无穷多个解，就可以从中找出使目标函数$f(\boldsymbol{x})$取最小值的解。

## 5.1.3 线性规划的基本性质

下面采用图解法和代数解法对上述线性规划实例例5-1进行分析，以便说明线性规划的基本概念和基本性质。

若令$x_3=x_4=x_5=0$，则三个约束方程在$x_1Ox_2$平面上表示为三条直线。它们与两坐标轴形成的凸多边形$OABCD$为可行域，如图5-2所示。画出目标函数等值线，在可行域内找出取值最小的等值线$f(\boldsymbol{x})=-4080$，它通过凸多边形的一个顶点，$\boldsymbol{x}^*=(20 \quad 24)^{\mathrm{T}}$为极值点。

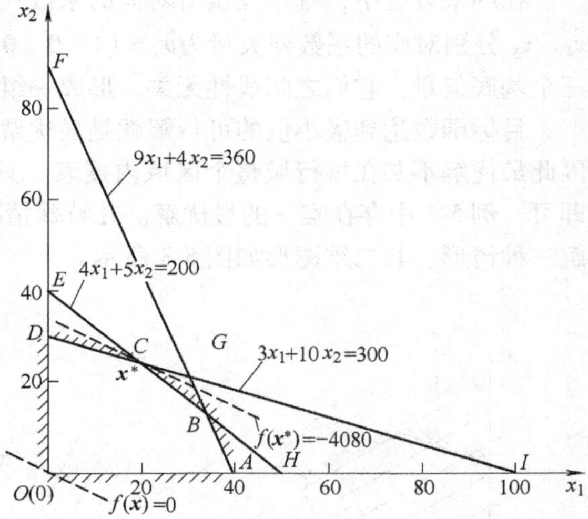

图5-2 二维线性规划问题的图解法

用代数解法求解约束方程时，由于变量数$n=5$，方程数$m=3$，$m<n$，故有无穷多组解。若在5个变量中使其中$p=n-m=2$个变量取零值，则当方程组有解时，其解是唯一的。这样的解称作基本解，其个数为

$$C_n^m=\frac{n!}{m!\ (n-m)!}=\frac{5!}{3!\ \times 2!}=10$$

10个解的列表见表5-1。其中第1、3、5、9、10号解对应凸多边形顶点$O$、$D$、$A$、$B$、$C$，而其余5个解（第2、4、6、7、8号）都有一个或两个变量取负值，不满足变量非负约束条件。满足非负要求的基本解称为基本可行解，它处于凸多边形的各顶点上。凸多边形内各点满足全部约束条件称为可行解。

表5-1 实例中的基本解

| 解的值 \ 序号 / 变量 | 1 | 2 | 3 | 4 | 5 | 6 | 7 | 8 | 9 | 10 |
|---|---|---|---|---|---|---|---|---|---|---|
| $x_1$ | 0 | 0 | 0 | 0 | 40 | 100 | 50 | $\frac{400}{13}$ | $\frac{1000}{29}$ | 20 |
| $x_2$ | 0 | 90 | 30 | 40 | 0 | 0 | 0 | $\frac{270}{13}$ | $\frac{360}{29}$ | 24 |
| $x_3$ | 360 | 0 | 240 | 200 | 0 | -540 | -90 | 0 | 0 | 84 |

（续）

| 解的值 \ 序号 变量 | 1 | 2 | 3 | 4 | 5 | 6 | 7 | 8 | 9 | 10 |
|---|---|---|---|---|---|---|---|---|---|---|
| $x_4$ | 300 | 600 | 0 | -100 | 180 | 0 | 150 | 0 | $\frac{2100}{29}$ | 0 |
| $x_5$ | 200 | -250 | 50 | 0 | 40 | -200 | 0 | $-\frac{350}{13}$ | 0 | 0 |
| 在图中的点 | $O$ | $F$ | $D$ | $E$ | $A$ | $I$ | $H$ | $G$ | $B$ | $C$ |

在基本可行解中取正值的变量称作基本变量，取零值的变量称作非基本变量。基本可行解不同，所对应的基本变量与非基本变量也不同。如第1组解的基本变量为 $x_3$、$x_4$、$x_5$，非基本变量为 $x_1$、$x_2$；第3组解的基本变量为 $x_2$、$x_3$、$x_5$，非基本变量为 $x_1$、$x_4$。

在约束方程中，基本变量所对应的系数列矢量称作基底矢量，如第1组解基本变量 $x_3$、$x_4$、$x_5$ 分别对应的系数列矢量为$\boldsymbol{p}_3=(1\quad 0\quad 0)^{\mathrm{T}}$、$\boldsymbol{p}_4=(0\quad 1\quad 0)^{\mathrm{T}}$、$\boldsymbol{p}_5=(0\quad 0\quad 1)^{\mathrm{T}}$，构成三个基底矢量，它们之间线性无关，形成一组基底。

目标函数达到极小值的可行解就是最优解，它处于凸多边形（或凸多面体）的顶点上，因此最优解不必在可行域整个区域内搜索，只要在它的有限个顶点（基本可行解）中寻找即可。例5-1中存在唯一的最优解。在特殊情况下还会出现无穷多个最优解、无解和无可行解三种情形。其二维图形如图5-3所示。

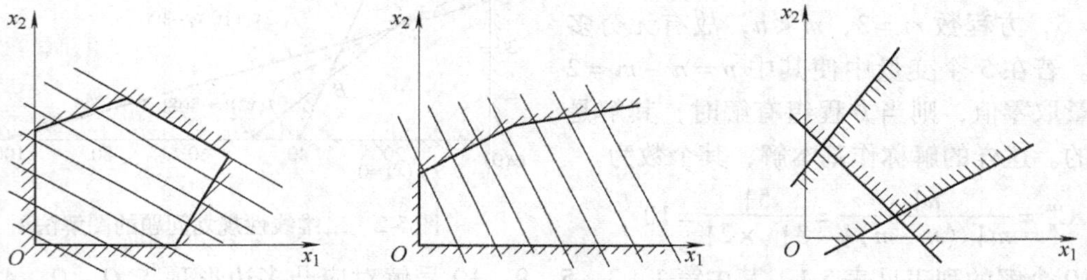


图5-3　线性规划解的三种特殊情形

a）无穷多个最优解　b）无解　c）无可行解

## 5.2　基本可行解的转换

### 5.2.1　从一个基本解转到另一个基本解

单纯形法是一种获得可行解，并能从中确定最优解的很有效的方法。为了理解单纯形法，先说明如何从 $\boldsymbol{Ax}=\boldsymbol{b}$ 中算出基本解，又如何从一组基本解转到另一组基本解。

把约束条件的线性方程组 $\boldsymbol{Ax}=\boldsymbol{b}$ 写成展开的形式。即

$$\begin{cases} a_{11}x_1 + a_{12}x_2 + \cdots + a_{1n}x_n = b_1 \\ a_{21}x_1 + a_{22}x_2 + \cdots + a_{2n}x_n = b_2 \\ \vdots \\ a_{m1}x_1 + a_{m2}x_2 + \cdots + a_{mn}x_n = b_m \end{cases} \tag{5-2}$$

从方程组（5-2）中并不能明显地看出它的一组解来，但是如果对这个方程组进行一系列的初等变换，就可以从中找到一组基本解，如选定某个系数 $a_{lk}$ 作为主元，采用高斯-约当法进行消元，即可从除第 $l$ 个方程外的其余方程中消去变量 $x_k$，则上面的方程将变成下列形式：

$$\begin{cases} a'_{11}x_1 + a'_{12}x_2 + \cdots + 0x_k + \cdots + a'_{1n}x_n = b'_1 \\ a'_{21}x_1 + a'_{22}x_2 + \cdots + 0x_k + \cdots + a'_{2n}x_n = b'_2 \\ \vdots \\ a'_{l1}x_1 + a'_{l2}x_2 + \cdots + 1x_k + \cdots + a'_{ln}x_n = b'_l \\ \vdots \\ a'_{m1}x_1 + a'_{m2}x_2 + \cdots + 0x_k + \cdots + a'_{mn}x_n = b'_m \end{cases}$$

其中 $$a'_{lj} = \frac{a_{lj}}{a_{lk}}, b'_l = \frac{b_l}{a_{lk}} \quad (j = 1, 2, \cdots, n)$$

$$a'_{ij} = a_{ij} - a_{ik}\frac{a_{lj}}{a_{lk}}, b'_i = b_i - a_{ik}\frac{b_l}{a_{lk}} \quad (j = 1, 2, \cdots, n; i = 1, 2, \cdots, m, i \neq l)$$

此过程称作对变量 $x_k$ 进行转轴运算，其中 $x_k$ 称作转轴变量，$a_{ik}$ 称作转轴元素。

如果再取另一变量 $x_t$ 作为转轴变量，$a'_{st}$ 作为转轴元素（$s \neq l$，$t \neq k$）进行第二次转轴运算，并不会使第 $k$ 列系数中的1或0有什么变动。如果对该方程组反复进行这样的转轴运算（每次对不同的方程和不同的变量进行转轴运算），直到对每个方程都进行了这样的转轴运算，就会使 $m$ 列的系数只有一个是1，其余都为0，则经过重新编序后得到

$$\begin{cases} 1x_1 + 0x_2 + \cdots + 0x_m + a''_{1,m+1}x_{m+1} + \cdots + a''_{1n}x_n = b''_1 \\ 0x_1 + 1x_2 + \cdots + 0x_m + a''_{2,m+1}x_{m+1} + \cdots + a''_{2n}x_n = b''_2 \\ \vdots \\ 0x_1 + 0x_2 + \cdots + 1x_m + a''_{m,m+1}x_{m+1} + \cdots + a''_{mn}x_n = b''_m \end{cases} \tag{5-3}$$

这一方程组称为正则方程组（此过程就是高斯-约当消元过程），从而得到一组基本解

$$\begin{cases} x_i = b''_i & (i = 1, 2, \cdots, m) \\ x_i = 0 & (i = m+1, m+2, \cdots, n) \end{cases}$$

若 $b''_i$ 非负，则这组解为基本可行解。前 $m$ 个变量称作基本变量，基本解中所有基本变量的全体称作它的基。

如果已经把一个方程组化成上述正则形式，再取 $a''_{st}$ 为转轴元素（$s$ 任意，$t > m$）进行一次附加的转轴运算，这时得到的新方程组仍旧是正则形式的，不过 $x_t$ 进入基中，而 $x_s$（它原来是基本变量）就不再属于基中的了。因此，对正则形式的方程组进行一次附加的转运算，可以从一个基本解转换到另一个基本解，从而把基本变量与非基本变量进行交换。在这种情况下，一般地说，所有基本变量的数值都要改变，其中有一个非零的基本变量变成零值的非基本变量。只有一个零值的非基本变量进入基中变成非零的基本变量。

下面用一个简例说明这种方法。

**例 5-2** 给定一个方程组

$$\begin{cases}5x_1-4x_2+13x_3-2x_4+x_5=20\\x_1-x_2+5x_3-x_4+x_5=8\end{cases}$$

试进行基本解的转换计算。

**解：** 当顺次用 $a_{11}$ 和 $a_{22}$ 为转轴元素时，则得

$$\begin{cases}x_1+0-7x_3+2x_4-3x_5=-12\\0+x_2-12x_3+3x_4-4x_5=-20\end{cases}$$

从而得一组基本解 $x_1=-12$，$x_2=-20$，$x_3=x_4=x_5=0$

因为 $x_1$ 和 $x_2$ 皆为负值，所以它不是可行解。

如果在上述基础上，再用 $a_{25}=-4$ 为转轴元素，则得正则方程组

$$\begin{cases}x_1-\dfrac{3}{4}x_2+2x_3-\dfrac{1}{4}x_4+0=3\\0-\dfrac{1}{4}x_2+3x_3-\dfrac{3}{4}x_4+x_5=5\end{cases}$$

得又一组基本解 $x_1=3$，$x_5=5$，$x_2=x_3=x_4=0$

因为此时的 $x_1$ 和 $x_5$ 都是正值，所以这组基本解是可行解。和前一组基本解相比，这里 $x_2$ 由基本变量变成非基本变量（出基），而 $x_5$ 由非基本变量变成基本变量（进基），从而实现从一个基本解到另一个基本解的变换。

### 5.2.2 从一个基本可行解转到另一个基本可行解

要使变换后所得的基本解变成可行解，还要研究这样的方法，即如何使某个选定的变量 $x_k(k=m+1,m+2,\cdots,n)$ 进入基本变量，来替换另一个现在还在基本变量中的 $x_s(s=1,2,\cdots,m)$，形成新的基本可行解。

应看出，当已经得到一组可行解，即现在所有的 $b'_l$ 都是非负时，若要求把 $x_k$ 选进基本变量的下一组基本解是可行解的话，则在第 $k$ 列所有系数中不能取任何负值的 $a'_{lk}$ 作为轴元素，否则将使 $b'_l$ 为负值，结果对应的 $x_k$ 必将是负的，它就不是可行解的一个元素。

因此第一个要求是：若 $b'_l$ 都是非负的，则必须 $a'_{lk}>0$ 才可选作轴元素进行转轴运算，以便用 $x_k$ 去代替 $x_s$。这个过程是：反复进行转轴运算，直到 $x_s$ 从某个正值变成 0，而 $x_k$ 则从 0 变成某个正值 $\theta$ 为止。

根据原来的正则形式方程组

$$\begin{pmatrix}1&0&\cdots&0&\cdots&0&a'_{1,m+1}&\cdots&a'_{1k}&\cdots&a'_{1n}\\0&1&\cdots&0&\cdots&0&a'_{2,m+1}&\cdots&a'_{2k}&\cdots&a'_{2n}\\\vdots&\vdots&&\vdots&&\vdots&\vdots&&\vdots&&\vdots\\0&0&\cdots&1&\cdots&0&a'_{l,m+1}&\cdots&a'_{lk}&\cdots&a'_{ln}\\\vdots&\vdots&&\vdots&&\vdots&\vdots&&\vdots&&\vdots\\0&0&\cdots&0&\cdots&1&a'_{m,m+1}&\cdots&a'_{mk}&\cdots&a'_{mn}\end{pmatrix}\begin{pmatrix}x_1\\x_2\\\vdots\\x_l\\\vdots\\x_k\\\vdots\\x_m\\x_{m+1}\\\vdots\\x_n\end{pmatrix}=\begin{pmatrix}b'_1\\b'_2\\\vdots\\b'_l\\\vdots\\\theta\\\vdots\\b'_m\end{pmatrix} \tag{5-4}$$

由于要求 $x_k$ 进基，即由非基本变量变成基本变量，其值将由0变成某一正值 $\theta$，这将引起原来各基本变量取值的变化。根据上述方程组有

$$\begin{cases} x_k = \theta \\ x_1 = b_1' - a_{1k}'x_k = b_1' - a_{1k}'\theta \\ x_2 = b_2' - a_{2k}'x_k = b_2' - a_{2k}'\theta \\ \quad\vdots \\ x_l = b_l' - a_{lk}'x_k = b_l' - a_{lk}'\theta \\ \quad\vdots \\ x_m = b_m' - a_{mk}'x_k = b_m' - a_{mk}'\theta \end{cases} \tag{5-5}$$

如果式（5-5）是可行解，且 $x_k = \theta > 0$ 又是其中的一个基本变量，则在 $x_1$，$x_2$，…，$x_m$ 中必然有一个［假定它是 $x_s$（$s \leqslant m$）］是0，其余皆为正。当然这个变量 $x_s$ 就应从基本变量中排除出去。这就是说，只有取式（5-5）中各差值的最小者为0时，才能保证使其余各差值皆为正。所以，由条件

$$\min_l(b_l' - a_{lk}'\theta) = 0$$

可知，只有保证

$$\min_l\left(\frac{b_l'}{a_{lk}'}\right) = \theta = x_k \tag{5-6}$$

才能使 $x_k$ 进入可行解的基本变量中去，并把 $x_s$ 从可行解的基本变量中排除出去。同时对非负的 $b_l'$又有 $a_{lk}' > 0$ 的要求。式（5-6）中的 $a_{sk}'$就是进行转轴运算时应取的轴元素。这是一个规则，称为 $\theta$ 规则。它说明：若想用 $x_k$ 取代 $x_s$ 成为可行解中的基本变量，就应选 $b_s' - a_{sk}'\theta = 0$（其余的仍为非负）所对应的第 $s$ 行为转轴行，即所选的行要满足条件

$$a_{lk}' > 0$$

$$\theta = \min_l\left(\frac{b_l'}{a_{lk}'}\right) = x_k$$

例如，在例5-2中

$$\begin{cases} x_1 - \dfrac{3}{4}x_2 + 2x_3 - \dfrac{1}{4}x_4 + 0 = 3 \\ 0 - \dfrac{1}{4}x_2 + 3x_3 - \dfrac{3}{4}x_4 + x_5 = 5 \end{cases}$$

已得可行解：$x_1 = 3$，$x_5 = 5$，$x_2 = x_3 = x_4 = 0$。此时的基本变量是 $x_1$ 和 $x_5$，非基本变量是 $x_2$、$x_3$ 和 $x_4$。

由于 $b_1 = 3$，$b_2 = 5$，是非负的，而 $x_2$ 和 $x_4$ 的系数又全是负的，所以不能用 $x_2$ 或 $x_4$ 来取代 $x_1$ 或 $x_5$。但是，由于 $x_3$ 的系数是正值，则可取 $x_3$ 所在的第3列为转轴列。考虑到 $\frac{3}{2}$ 比 $\frac{5}{3}$ 小，则取第一行为转轴行。于是取 $a_{13}' = 2$ 为轴元素，使 $x_3$ 取代 $x_1$ 成为基本变量。

从这里可以看出，此时的 $b_s'/a_{sk}' = 3/2 = \theta$，即 $\theta$ 所在的第 $s = 1$ 行和 $k = 3$ 列。所以要调出的行是第1行，基本变量 $x_1$ 是要调出的基本变量，而 $k = 3$ 说明 $x_k = x_3$ 要进入基本变量。同时得到调入列和调出行相交处的系数 $a_{sk}' = a_{13}' = 2$ 为轴元素。然后进行以轴元素为中心的（$s$，$k$）的转轴运算，求得改进了的新的基本可行解。具体的（$s$，$k$）变换就是把调入变量 $x_k$ 所对应的列矢量 $\boldsymbol{p}_k$ 转化为单位矢量的初等变换，即

$$p_k=\begin{pmatrix}a_{1k}\\ \vdots\\ a_{s-1,k}\\ a_{sk}\\ a_{s+1,k}\\ \vdots\\ a_{mk}\end{pmatrix}\xrightarrow[\text{变换}]{\text{初等}}\begin{pmatrix}0\\ \vdots\\ 0\\ 1\\ 0\\ \vdots\\ 0\end{pmatrix}\leftarrow\text{第 } s \text{ 行的元素为 } 1$$

经过转轴运算，得

$$\begin{cases}\frac{1}{2}x_1-\frac{3}{8}x_2+x_3-\frac{1}{8}x_4+0=\frac{3}{2}\\ -\frac{3}{2}x_1-\frac{7}{8}x_2+0-\frac{3}{8}x_4+x_5=\frac{1}{2}\end{cases}$$

得可行解 $x_3=\frac{3}{2}$，$x_5=\frac{1}{2}$，$x_1=x_2=x_4=0$

如果取第二行为转轴行，$a'_{23}=3$ 为转轴元素，则解为 $x_1=-\frac{1}{3}$，$x_3=\frac{5}{3}$，$x_2=x_4=x_5=0$。它不是可行解。

对于这个例子，先后计算出了四组基本解。即

$$x_1=-12,x_2=-20,x_3=x_4=x_5=0$$
$$x_1=3,x_5=5,x_2=x_3=x_4=0$$
$$x_3=\frac{3}{2},x_5=\frac{1}{2},x_1=x_2=x_4=0$$
$$x_1=-\frac{1}{3},x_3=\frac{5}{3},x_2=x_4=x_5=0$$

它们虽然都是方程组的解，但只有两组是可行解。

### 5.2.3 初始基本可行解的求法

上面已讨论了如何从一个基本可行解转换到另一个基本可行解的算法，那么最初的基本可行解如何求得呢？

当用添加松弛变量的方法把不等式约束转换成等式约束时，往往会发现这些松弛变量就可以作为初始基本可行解中的一部分基本变量。例如，假若约束条件为

$$\begin{cases}x_1-x_2+x_3\leqslant 5\\ x_1+2x_2-x_3\leqslant 10\\ x_i\geqslant 0\ \ (i=1,2,3)\end{cases}$$

引入松弛变量 $x_4$、$x_5$，可将前两个不等式约束条件转换成等式形式

$$\begin{cases}x_1-x_2+x_3+x_4+0=5\\ x_1+2x_2-x_3+0+x_5=10\\ x_i\geqslant 0\ \ (i=1,2,3,4,5)\end{cases}$$

于是立即得到一组基本可行解 $x_4=5$，$x_5=10$，$x_1=x_2=x_3=0$

但是，如果不等式约束条件右端项 $b_i$ 是负的，它所对应的松弛变量就不能作为基本可行解的基本变量，所以上述方法并不是总能成功的。这时需引入人工变量，经过变换再将它从基本变量中替换出去，其具体做法将在5.4节单纯形法应用举例中予以介绍。

## 5.3 单纯形法

前面阐述了应用 $\theta$ 规则所规定的条件，可以做到从一组基本可行解转换到另一组可行解。但哪一组可行解是最优解呢？当然可以用各组可行解分别代入目标函数 $f(\boldsymbol{x})$，取使 $f(\boldsymbol{x})\to\min$（或 max）者为最优解。但是，通过下面的分析，可以找出确定最优解的规则。

对于可行解（当由前 $m$ 个变量组成可行解的基本变量时），目标函数可以写成

$$f(\boldsymbol{x}) = \sum_{l=1}^{m} c_l b'_l = c_1 b'_1 + c_2 b'_2 + \cdots + c_m b'_m + 0 + \cdots + 0$$

如果还有另一组可行解，它的基本变量中包含有 $x_k=\theta(k>m)$。即

$$\boldsymbol{x} = \begin{pmatrix} x_1 \\ x_2 \\ \vdots \\ x_l \\ \vdots \\ x_k \end{pmatrix} = \begin{pmatrix} b'_1 - a'_{1k}\theta \\ b'_2 - a'_{2k}\theta \\ \vdots \\ b'_l - a'_{lk}\theta \\ \vdots \\ \theta \end{pmatrix}$$

其中 $x_s=b'_s-a'_{sk}\theta=0$（$s\leqslant m$）。它所对应的目标函数值是

$$\bar{f}(\boldsymbol{x}) = c_1(b'_1 - a'_{1k}\theta) + c_2(b'_2 - a'_{2k}\theta) + \cdots + c_m(b'_m - a'_{mk}\theta) + 0 + c_k\theta + 0 + \cdots + 0$$

$$= \sum_{l=1}^{m} c_l b'_l - \sum_{l=1}^{m} c_l a'_{lk}\theta + c_k\theta$$

令

$$f(\boldsymbol{a}_k) = \sum_{l=1}^{m} c_l a'_{lk}$$

则

$$\bar{f}(\boldsymbol{x}) = f(\boldsymbol{x}) + [c_k - f(\boldsymbol{a}_k)]\theta = f(\boldsymbol{x}) + r\theta$$

式中 $r$——相对价值系数，$r=c_k-f(\boldsymbol{a}_k)$。

显然，对极小化问题，应要求 $\bar{f}(\boldsymbol{x})<f(x)$，即 $r\theta$ 应是负值。由于 $\theta$ 是正值，则就应要求 $r=c_k-f(\boldsymbol{a}_k)$ 为负值。只要它仍是负值，则目标函数 $f(\boldsymbol{x})$ 还没有达到极小值，还有下降的趋势，就还可以进行转轴运算，选取另一组可行解。因此，一旦 $r=c_k-f(\boldsymbol{a}_k)$ 为正，即可停止转轴运算。对应的可行解就是最优解。

也可能有几组 $r=c_k-f(\boldsymbol{a}_k)$ 都为负值。对极小化问题应取

$$\min_j [c_j - f(\boldsymbol{a}_j)] = c_k - f(\boldsymbol{a}_k) \tag{5-7}$$

其中

$$f(\boldsymbol{a}_j) = \sum_{l=1}^{m} c_l a'_{lj}$$

这又是一个规则，称为最速变化规则（即目标函数值变化最大规则）。

上面的方法是利用约束条件方程组解出可行解，再用目标函数检验最优解的方法。

计算时，也可以直接把目标函数和约束条件同时列为转轴运算方程组，采用一边计算可

行解，一边校验目标函数值的变化情况的办法来求最优解。这时，对于极小化问题，只要

$$f(\boldsymbol{x}) = c_1x_1 + c_2x_2 + \cdots + c_nx_n$$

式中的系数 $c_k$ 有一个或几个是负值时，就说明 $f(\boldsymbol{x})$ 值还可以减小，就应把对应于 $c_k = \min\limits_j(c_j)$ 的变量 $x_k$ 选进可行解的基本变量中去。

一个 $\theta$ 规则，即 $$x_k = \theta = \min_l\left(\frac{b'_l}{a'_{lk}}\right)$$

$$a'_{lk} > 0$$

一个最速变化规则，即 $$\min_j[c_j - f(\boldsymbol{a}_j)] = c_k - f(\boldsymbol{a}_k)$$

就构成单纯形法的基础。

当目标函数表示成只是非基本变量的函数时，对应于基本变量的系数 $c_l = 0$（$l = 1, 2, \cdots, m$），则 $f(\boldsymbol{a}_j) = \sum\limits_{l=1}^{m} c_l a'_{lj} = 0$，最速变化规则又可表示为$\min\limits_j(c_j) = c_k$。对于极大值问题，则最速变化规则应取 max 号。

上述单纯形法的整个运算过程可以用框图表示，如图 5-4 所示。

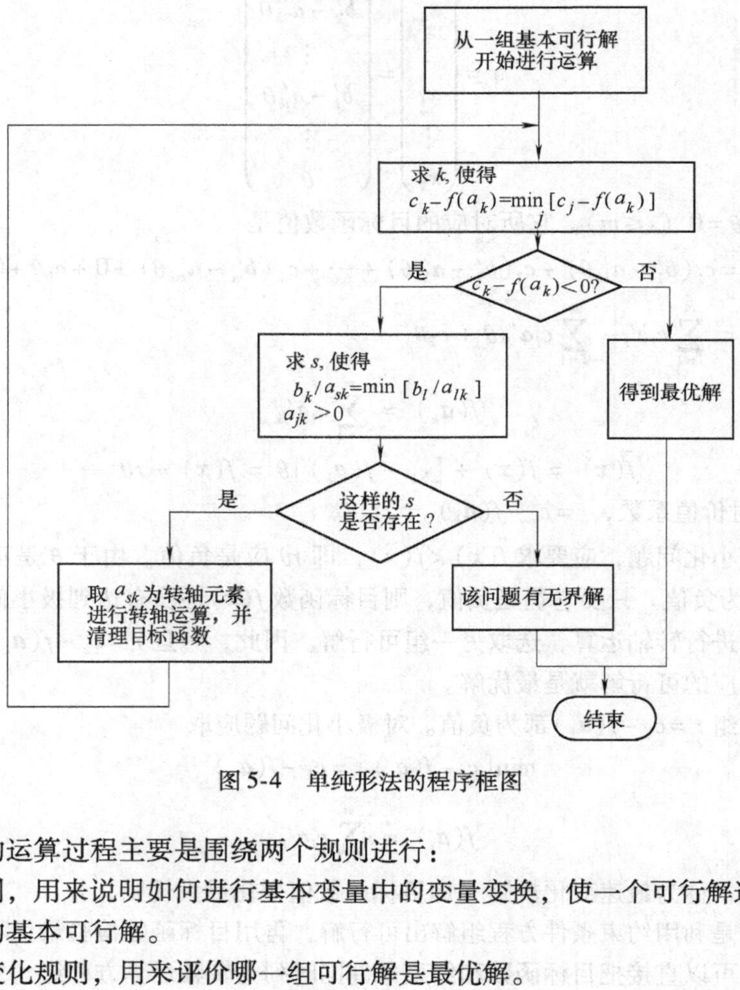


图 5-4 单纯形法的程序框图

单纯形法的运算过程主要是围绕两个规则进行：

一是 $\theta$ 规则，用来说明如何进行基本变量中的变量变换，使一个可行解通过转轴运算转换成另一个新的基本可行解。

二是最速变化规则，用来评价哪一组可行解是最优解。

这两个规则的运算可以用矩阵的运算来表述，而且转轴运算可以直接调用标准程序，如高斯消去法或高斯-约当消去法程序进行。为此，在这里给出有关运算的矩阵表述。

前已说明，线性规划问题的标准形式可以写成下面的一种矩阵形式：

求 $\boldsymbol{x}$ 使

$$f(\boldsymbol{x}) = c\boldsymbol{x} \to \min \text{ 或 } \min f(\boldsymbol{x}) = c\boldsymbol{x}$$
$$\text{s. t.} \quad \boldsymbol{Ax} = \boldsymbol{b}$$
$$\boldsymbol{x} \geqslant \boldsymbol{0}$$

其中，$\boldsymbol{0}$ 代表零矢量，$\boldsymbol{x}$、$\boldsymbol{A}$、$\boldsymbol{b}$ 和 $\boldsymbol{c}$ 的展开式可以写成

$$\boldsymbol{x} = (x_1 \quad x_2 \quad \cdots \quad x_n)^{\mathrm{T}} = \begin{pmatrix} x_1 \\ x_2 \\ \vdots \\ x_n \end{pmatrix}$$

$$\boldsymbol{c} = (c_1 \quad c_2 \quad \cdots \quad c_n)$$

$$\boldsymbol{A} = \begin{pmatrix} a_{11} & a_{12} & \cdots & a_{1n} \\ a_{21} & a_{22} & \cdots & a_{2n} \\ \vdots & \vdots & & \vdots \\ a_{m1} & a_{m2} & \cdots & a_{mn} \end{pmatrix} = \begin{pmatrix} \boldsymbol{A}_1 \\ \boldsymbol{A}_2 \\ \vdots \\ \boldsymbol{A}_m \end{pmatrix} = (\boldsymbol{p}_1 \quad \boldsymbol{p}_2 \quad \cdots \quad \boldsymbol{p}_n)$$

$$\boldsymbol{A}_j = (a_{j1} \quad a_{j2} \quad \cdots \quad a_{jn})$$

$$\boldsymbol{p}_i = (a_{1i} \quad a_{2i} \quad \cdots \quad a_{mi})^{\mathrm{T}} = \begin{pmatrix} a_{1i} \\ a_{2i} \\ \vdots \\ a_{mi} \end{pmatrix}$$

$$\boldsymbol{b} = (b_1 \quad b_2 \quad \cdots \quad b_m)^{\mathrm{T}} = \begin{pmatrix} b_1 \\ b_2 \\ \vdots \\ b_m \end{pmatrix}$$

$$(i = 1, 2, \cdots, n; j = 1, 2, \cdots, m; n > m)$$

线性规划的基本性质说明，当约束方程组 $\boldsymbol{Ax} = \boldsymbol{b}$ 中的等式数目 $m$ 小于变量 $\boldsymbol{x}$ 的个数 $n$ 时，将有无穷组解，但只有满足约束条件 $\boldsymbol{x} \geqslant \boldsymbol{0}$ 的有限个解是基本可行解。在基本可行解中，变量 $\boldsymbol{x}$ 可区分为基本变量 $\boldsymbol{x}_E$ 和非基本变量 $\boldsymbol{x}_F$ 两部分，即 $\boldsymbol{x} = (\boldsymbol{x}_E \quad \boldsymbol{x}_F)^{\mathrm{T}}$。

记矩阵 $\boldsymbol{A}$ 中的基本变量 $\boldsymbol{x}_E$ 相对应的部分（假定 $\boldsymbol{A}$ 的前 $m$ 个矢量为 $\boldsymbol{p}_1$、$\boldsymbol{p}_2$、…、$\boldsymbol{p}_m$，且它们线性无关）分块矩阵 $\boldsymbol{E}$ 是 $m$ 行 $m$ 列的方阵，与非基本变量 $\boldsymbol{x}_F$ 对应的分块矩阵 $\boldsymbol{F}$ 是 $m$ 行 $n-m$ 列矩阵。$\boldsymbol{E}$ 称为含有 $m$ 个基矢量的基方阵，它可写成 $\boldsymbol{E} = (\boldsymbol{p}_1 \quad \boldsymbol{p}_2 \quad \cdots \quad \boldsymbol{p}_m)$，这样，约束方程 $\boldsymbol{Ax} = \boldsymbol{b}$ 可写成

$$\boldsymbol{Ax} = (\boldsymbol{E} \quad \boldsymbol{F}) \begin{pmatrix} \boldsymbol{x}_E \\ \boldsymbol{x}_F \end{pmatrix} = \boldsymbol{E}\,\boldsymbol{x}_E + \boldsymbol{F}\,\boldsymbol{x}_F = \boldsymbol{b}$$

两端同乘 $\boldsymbol{E}^{-1}$，得

$$\boldsymbol{x}_E + \boldsymbol{E}^{-1}\boldsymbol{F}\,\boldsymbol{x}_F = \boldsymbol{E}^{-1}\boldsymbol{b}$$

这是用$\boldsymbol{x}_F$ 表示$\boldsymbol{x}_E$ 的式子。

对于基本可行解，非基本变量$\boldsymbol{x}_F=\boldsymbol{0}$，则得

$$\boldsymbol{x}_E=\boldsymbol{E}^{-1}\boldsymbol{b} \tag{5-8}$$

记$\boldsymbol{c}=(\boldsymbol{c}_E \quad \boldsymbol{c}_F)=(c_1 \quad c_2 \quad \cdots \quad c_m \quad c_{m+1} \quad \cdots \quad c_n)$，把从式（5-8）解出的$\boldsymbol{x}_E$ 代入目标函数，得

$$f(\boldsymbol{x})=\boldsymbol{c}\boldsymbol{x}=(\boldsymbol{c}_E \quad \boldsymbol{c}_F)\begin{pmatrix}\boldsymbol{x}_E\\ \boldsymbol{x}_F\end{pmatrix}=\boldsymbol{c}_E\boldsymbol{x}_E+\boldsymbol{c}_F\boldsymbol{x}_F=\boldsymbol{c}_E(\boldsymbol{E}^{-1}\boldsymbol{b}-\boldsymbol{E}^{-1}\boldsymbol{F}\boldsymbol{x}_F)+\boldsymbol{c}_F\boldsymbol{x}_F$$

$$=\boldsymbol{c}_E\boldsymbol{E}^{-1}\boldsymbol{b}-(\boldsymbol{c}_E\boldsymbol{E}^{-1}\boldsymbol{F}-\boldsymbol{c}_F)\boldsymbol{x}_F$$

或

$$f(\boldsymbol{x})+(\boldsymbol{c}_E\boldsymbol{E}^{-1}\boldsymbol{F}-\boldsymbol{c}_F)\boldsymbol{x}_F=\boldsymbol{c}_E\boldsymbol{E}^{-1}\boldsymbol{b} \tag{5-9}$$

这是用$\boldsymbol{x}_F$ 表示目标函数的式子。

对于$\boldsymbol{x}_F=\boldsymbol{0}$ 的基本可行解，有$\boldsymbol{c}_E\boldsymbol{E}^{-1}\boldsymbol{F}-\boldsymbol{c}_F=\boldsymbol{0}$，则有

$$f(\boldsymbol{x})=\boldsymbol{c}_E\boldsymbol{E}^{-1}\boldsymbol{b} \tag{5-10}$$

可以调用标准程序进行转轴运算，实现从一组基本解转换到另一组基本解。所谓从一组基本解转换到另一组基本解的转轴运算，实际上就是把$\boldsymbol{E}=(\boldsymbol{p}_1 \quad \boldsymbol{p}_2 \quad \cdots \quad \boldsymbol{p}_m)$ 中的列向量$\boldsymbol{p}_s$ 用另一个列向量$\boldsymbol{p}_k$ 代替，即把原基方阵$\boldsymbol{E}=(\boldsymbol{p}_1 \quad \boldsymbol{p}_2 \quad \cdots \quad \boldsymbol{p}_s \quad \cdots \quad \boldsymbol{p}_m)$ 转换成新的基方阵$\boldsymbol{E}^{-1}=(\boldsymbol{p}_1 \quad \boldsymbol{p}_2 \quad \cdots \quad \boldsymbol{p}_k \quad \cdots \quad \boldsymbol{p}_m)$。这种转轴变换的结果，是把原基本解的基本变量$x_1$，$x_2$，…，$x_s$，…，$x_m$ 中的$x_s$ 用$x_k$ 来替换，使新一组基本解的基本变量变成$x_1$，$x_2$，…，$x_k$，…，$x_m$。

当用矩阵形式表示时，就可以写出对应于5.4 节中五个表的基本方阵：

表5-2 的初始表的初始基方阵

$$\boldsymbol{E}_0=(\boldsymbol{p}_4 \quad \boldsymbol{p}_9 \quad \boldsymbol{p}_6 \quad \boldsymbol{p}_7 \quad \boldsymbol{p}_8)$$

表5-3 的第一次转轴运算表的第一基方阵

$$\boldsymbol{E}_1=(\boldsymbol{p}_4 \quad \boldsymbol{p}_9 \quad \boldsymbol{p}_6 \quad \boldsymbol{p}_7 \quad \boldsymbol{p}_3)$$

表5-4 的第二次转轴运算表的第二基方阵

$$\boldsymbol{E}_2=(\boldsymbol{p}_2 \quad \boldsymbol{p}_9 \quad \boldsymbol{p}_6 \quad \boldsymbol{p}_7 \quad \boldsymbol{p}_3)$$

表5-5 的第三次转轴运算表的第三基方阵

$$\boldsymbol{E}_3=(\boldsymbol{p}_2 \quad \boldsymbol{p}_9 \quad \boldsymbol{p}_1 \quad \boldsymbol{p}_7 \quad \boldsymbol{p}_3)$$

表5-6 的第四次转轴运算表的第四基方阵

$$\boldsymbol{E}_4=(\boldsymbol{p}_2 \quad \boldsymbol{p}_8 \quad \boldsymbol{p}_1 \quad \boldsymbol{p}_7 \quad \boldsymbol{p}_3)$$

利用式（5-6）的$\theta$ 规则就可以确定$\boldsymbol{x}_k$ 的选取，从而可以做到从一组基本解转换到另一组基本解。

由约束条件$\boldsymbol{x}\geqslant\boldsymbol{0}$ 可以写出符合$\boldsymbol{x}_E=\boldsymbol{E}^{-1}\boldsymbol{b}\geqslant\boldsymbol{0}$，$\boldsymbol{x}_F=0$ 的解是基本可行解。对于基方阵$\boldsymbol{E}=(\boldsymbol{p}_1 \quad \boldsymbol{p}_2 \quad \cdots \quad \boldsymbol{p}_m)$ 来说，这时基本可行解的基本变量是$x_1$，$x_2$，…，$x_m$；非基本变量是$x_{m+1}$，$x_{m+2}$，…，$x_n$。

再利用最速变化规则，就可以确定使目标函数达到极值的最优解。

## 5.4 单纯形法应用举例

**例5-3** 某建筑单位拟盖一批2 人、3 人和4 人的宿舍单元，要确定每一种宿舍单元的

数目，以获得最大利润。其限制条件如下：

1）预算不能超过9000千元。

2）宿舍单元总数不得少于350套。

3）每类宿舍单元的百分比为：2人的不超过总数的20%，3人的不超过总数的60%，4人的不超过总数的40%（百分比总和超过100%，这是上限）。

4）建造价格为：2人的宿舍单元是20千元，3人的宿舍单元是25千元，4人的宿舍单元是30千元。

5）净利润为：2人的宿舍单元是2千元，3人的宿舍单元是3千元，4人的宿舍单元是4千元。

**解**：根据上述条件，利润总数就是目标函数。若令$x_1$、$x_2$、$x_3$分别是2人、3人和4人的宿舍单元数目，则利润总数为$f(\boldsymbol{x})=2x_1+3x_2+4x_3$，其值应是最大值。

约束条件有以下几个：

1）预算不超过9000千元，即

$$20x_1+25x_2+30x_3\leqslant 9000$$

2）宿舍单元总数最少是350套，即

$$x_1+x_2+x_3\geqslant 350$$

3）每类宿舍单元数的约束不等式是（设宿舍总套数为$350+x_5$）

$$\begin{cases}x_1\leqslant 0.2(350+x_5)\\x_2\leqslant 0.6(350+x_5)\\x_3\leqslant 0.4(350+x_5)\end{cases}$$

因此问题可归结为：求$x_1$、$x_2$、$x_3$的值，使目标函数$f(\boldsymbol{x})=2x_1+3x_2+4x_3$为极大，且满足约束条件

$$\begin{cases}20x_1+25x_2+30x_3\leqslant 9000\\x_1+x_2+x_3\geqslant 350\\x_1-0.2x_5\leqslant 70\\x_2-0.6x_5\leqslant 210\\x_3-0.4x_5\leqslant 140\end{cases}$$

对于此例，可以通过引入“松弛变量”$x_4$、$x_5$、$x_6$、$x_7$、$x_8$的方法把不等式约束写成等式约束的形式，则问题变成

$$\max\ f(\boldsymbol{x})=2x_1+3x_2+4x_3$$

$$\text{s. t.}\quad\begin{cases}20x_1+25x_2+30x_3+x_4=9000\\x_1+x_2+x_3-x_5=350\\x_1-0.2x_5+x_6=70\\x_2-0.6x_5+x_7=210\\x_3-0.4x_5+x_8=140\end{cases}$$

这里共有5个约束方程，却有$x_1$、$x_2$、…、$x_8$共8个未知数，其中的$x_4$、$x_5$、$x_6$、$x_7$、$x_8$是松弛变量。这就相当于在可能的8个变量中每次同时取出5个来进行组合，即有

$\frac{8!}{3!\ \times 5!}=56$ 种可能的不同组合。从中要选出能获得最大利润（目标函数值最大）的一种组合，就是所求的最优解。

可取系数为 1 的 $x_4$、$x_5$、$x_6$、$x_7$、$x_8$ 这 5 个松弛变量作为初始基本解的基本变量。但是由于 $x_5$ 的系数是 -1，不是正值，而对应的 $b$ 是正值，所以 $x_5$ 是不能进入可行解的基本变量。因此需引入一个人工变量，即新的非负变量 $x_9$，则约束方程组变为

$$\begin{cases} 20x_1+25x_2+30x_3+x_4 = 9000 \\ x_1+x_2+x_3-x_5+x_9 = 350 \\ x_1-0.2x_5+x_6 = 70 \\ x_2-0.6x_5+x_7 = 210 \\ x_3-0.4x_5+x_8 = 140 \end{cases}$$

由此引出一个问题，就是要保证最后能把 $x_9$ 从最优解中排除出去。为了做到这一点，可以给 $x_9$ 一个很大的系数 $c_9$，对于极大值问题它取负值（对于极小值问题它应取正值）。而只要 $f(\boldsymbol{x})$ 还没有达到极值，运算过程就可以继续进行下去。在给 $x_9$ 一个大值的系数 $c_9$ 后，目标函数中将增加 $c_9x_9$ 一项。因此，只要 $x_9$ 还不是 0，目标函数就没有达到极大值。

这样，此线性规划问题变为（取 $c_9=-1000$）

$$\max\ f(\boldsymbol{x})=2x_1+3x_2+4x_3-1000x_9$$

$$\text{s.t.}\ \begin{cases} 20x_1+25x_2+30x_3+x_4 = 9000 \\ x_1+x_2+x_3-x_5+x_9 = 350 \\ x_1-0.2x_5+x_6 = 70 \\ x_2-0.6x_5+x_7 = 210 \\ x_3-0.4x_5+x_8 = 140 \end{cases}$$

令 $x_1=x_2=x_3=x_5=0$，则得 $x_4=9000$，$x_6=70$，$x_7=210$，$x_8=140$，$x_9=350$。它是一组可行解。

以这组可行解为出发点用单纯形表进行运算。表 5-2 是它的初始形式。

**表 5-2　初始表**

| $c_j\rightarrow$ / $c_l\downarrow$ | 解 | 2<br>$\boldsymbol{p}_1$ | 3<br>$\boldsymbol{p}_2$ | 4<br>$\boldsymbol{p}_3$ | 0<br>$\boldsymbol{p}_4$ | 0<br>$\boldsymbol{p}_5$ | 0<br>$\boldsymbol{p}_6$ | 0<br>$\boldsymbol{p}_7$ | 0<br>$\boldsymbol{p}_8$ | -1000<br>$\boldsymbol{p}_9$ | 0<br>$\boldsymbol{b}$ | -991<br>校核 | $\theta_l$ |
|---|---|---|---|---|---|---|---|---|---|---|---|---|---|
| 0 | $x_4$ | 20 | 25 | 30 | 1 | 0 | 0 | 0 | 0 | 0 | 9000 | 9076 | 300 |
| -1000 | $x_9$ | 1 | 1 | 1 | 0 | -1 | 0 | 0 | 0 | 1 | 350 | 353 | 350 |
| 0 | $x_6$ | 1 | 0 | 0 | 0 | -0.2 | 1 | 0 | 0 | 0 | 70 | 71.8 | |
| 0 | $x_7$ | 0 | 1 | 0 | 0 | -0.6 | 0 | 1 | 0 | 0 | 210 | 211.4 | |
| 0 | $x_8$ | 0 | 0 | ① | 0 | -0.4 | 0 | 0 | 1 | 0 | 140 | 141.6 | 140← |
| $f(\boldsymbol{a}_j)$ | | -1000 | -1000 | -1000 | 0 | 1000 | 0 | 0 | 0 | -1000 | -350000 | -353000 | |
| $c_j-f(\boldsymbol{a}_j)$ | | 1002 | 1003 | 1004 | 0 | -1000 | 0 | 0 | 0 | 0 | 350000 | 352009 | |
| | | | | ↑ | | | | | | | | | |

考虑到此类表格要进行四次运算，所以首先以构成初始表中各列内容的计算为例，对表 5-2 各列内容的计算方法进行说明，在具体说明完成后，指出可以根据上述方法进行其后的

运算，直到第四次转轴运算为止。

现对表5-2中各项内容进行说明：

1）第一列的数值是可行解中各基本变量在目标函数$f(\boldsymbol{x})$中的对应系数$c_j$的值。例如，此时的$f(\boldsymbol{x})=2x_1+3x_2+4x_3-1000x_9$，所以“解”列中$x_9$所在行的$c_j=-1000$。

2）第二列是“解”列，其中列出进入本次可行解中的基本变量。上面已经给出，令$x_1=x_2=x_3=x_5=0$，则得$x_4=9000$，$x_6=70$，$x_7=210$，$x_8=140$，$x_9=350$。所以这一列的“解”记录为$x_4$、$x_9$、$x_6$、$x_7$、$x_8$。

3）$\boldsymbol{p}_j$的各列代表对应于约束方程中各变量$x_j$的系数$a_{lj}$的列矢量。从“约束方程组”中可以直接写出$\boldsymbol{p}_1$、$\boldsymbol{p}_2$、$\boldsymbol{p}_3$、$\boldsymbol{p}_4$、$\boldsymbol{p}_5$、$\boldsymbol{p}_6$、$\boldsymbol{p}_7$、$\boldsymbol{p}_8$、$\boldsymbol{p}_9$和$\boldsymbol{b}$列五组相应的数值。

例如，由于$x_1$列是$(20x_1\quad x_1\quad x_1\quad 0\quad 0)^{\mathrm{T}}$，所以表5-2的初始表中的$\boldsymbol{p}_1$列数值是$\boldsymbol{p}_1=(20\quad 1\quad 1\quad 0\quad 0)^{\mathrm{T}}$，同理$\boldsymbol{p}_2$列的数值是$\boldsymbol{p}_2=(25\quad 1\quad 0\quad 1\quad 0)^{\mathrm{T}}$，$\boldsymbol{p}_3$列的数值是$\boldsymbol{p}_3=(30\quad 1\quad 0\quad 0\quad 1)^{\mathrm{T}}$，以此类推，可逐一写出$\boldsymbol{p}_4$、$\boldsymbol{p}_5$、$\boldsymbol{p}_6$、$\boldsymbol{p}_7$、$\boldsymbol{p}_8$、$\boldsymbol{p}_9$和$\boldsymbol{b}$各列的数值。

4）$\boldsymbol{b}$列是规定值列矢量。表5-2中，$\boldsymbol{b}$列的值是$(9000\quad 350\quad 70\quad 210\quad 140)^{\mathrm{T}}$。

5）“校核”列用于核实其他列中的计算，这一列的值是其他各列中对应元素之和。在表5-2中，校核列的数值是$1+1+1+0-1+0+0+0+1+350=353$。

6）最后一列是当本次运算完成时，记录$\theta_l$值用的。由$\theta$规则，即$\theta_l=\min\left(\dfrac{b_l'}{a_{lk}'}\right)$和$a_{lk}'>0$可知，需要分别计算各行的$\theta_l$值，并写在$\theta_l$列中。对于表5-2，有$b_1'=9000$，$a_{13}'=30$。

利用$\theta_l$的计算式，可以写出表5-2中的$\theta_1=\dfrac{b_1'}{a_{13}'}=\dfrac{9000}{30}=300$；$\theta_2=\dfrac{b_2'}{a_{23}'}=350$；因为$a_{33}'=a_{43}'=0$，所以$\theta_3$和$\theta_4$处无相应值；$\theta_5=\dfrac{b_5'}{a_{53}'}=140$。

7）最后两行用于记录$f(\boldsymbol{a}_j)$和$c_j-f(\boldsymbol{a}_j)$的值。

8）$c_j$行表示目标函数$f(\boldsymbol{x})$中每个变量$x_j$的系数，即$\max\ f(\boldsymbol{x})=2x_1+3x_2+4x_3-1000x_9$。

取各松弛变量（其数量和约束不等式个数相同。对于等式约束，采用加一个松弛变量再减去这个松弛变量的办法，但须对两者加以区分）为初始可行解的基本变量。这在表5-2中是容易实现的。因为表中的一行就是一个对应的约束方程，所以只要把5个约束方程的相应系数$a_{lj}$填入表中对应位置即可。

具体计算如下：

校核列是各行数值相加的结果。例如20所在的这一行的值是

$$20+25+30+1+0+0+0+0+0+9000=9076$$

据此计算，其余四行的值依次是353、71.8、211.4、141.6。

$c_j$一行的值是

$$2+3+4+0+0+0+0+0-1000+0=-991$$

现在计算$f(\boldsymbol{a}_j)$的值。因为$f(\boldsymbol{a}_j)=\sum\limits_{l=1}^{m}c_l a'_{lj}=c_1a'_{1j}+c_2a'_{2j}+\cdots+c_m a'_{mj}$，所以$f(\boldsymbol{a}_j)$行的数值即为在$c_l$列中取每个元素乘以$\boldsymbol{p}_j$列中元素之和，即得本轮运算的可行解的$f(\boldsymbol{a}_j)$的值。

例如，对应于$\boldsymbol{p}_1$列的$f(\boldsymbol{a}_j)=0\times20+(-1000)\times1+0\times1+0\times0+0\times0=-1000$。

据此可计算出其余各$\boldsymbol{p}_j$列对应的$f(\boldsymbol{a}_j)$的值。

最后再计算 $c_j - f(\boldsymbol{a}_j)$ 的值。很明显，它就是 $c_j$ 行中的值减去相应的 $f(\boldsymbol{a}_j)$ 的值。

例如，$c_1 - f(\boldsymbol{a}_1) = 2 - (-1000) = 1002$。

根据最速变化规则，考虑到本问题是求极大值问题，所以应取 $\max[c_j - f(\boldsymbol{a}_j)]$，则在下一组可行解的基本变量中，应进入的变量为 $c_j - f(\boldsymbol{a}_j)$ 中最大者所在列的变量。

表 5-2 中，$c_3 - f(\boldsymbol{a}_3) = 1004$ 最大，所以 $x_3$ 应进入下一组可行解的基本变量中去。这在表 5-2 的下边用箭头标出了，同时又把 $\boldsymbol{p}_3$ 列框起来了。

既然 $x_3$ 要进入可行解的基本变量中，那么就应从上次可行解基本变量中排除一个变量。由 $\theta$ 规则，$\theta = \min\left(\dfrac{b'_l}{a'_{lk}}\right)$ 和 $a'_{lk} > 0$（这里 $k = 3$ 已定）可知，需分别计算各行的 $\theta_l$ 值，并写在 $\theta_l$ 列中。

取 $\boldsymbol{b}$ 列中的各元素 $b'_l$，分别用 $\boldsymbol{p}_3$ 列中的对应元素 $a'_{l3}$ 除之得 $\theta_1 = \dfrac{b'_1}{a'_{13}} = \dfrac{9000}{30} = 300$，$\theta_2 = \dfrac{b'_2}{a'_{23}} = \dfrac{350}{1} = 350$，$\theta_5 = \dfrac{b'_5}{a'_{53}} = \dfrac{140}{1} = 140$，因为 $a'_{33} = a'_{43} = 0$，所以 $\theta_3$ 和 $\theta_4$ 处空着。

三个 $\theta_l$ 值中 140 最小（即 $\theta_5$ 最小），所以它所对应的 $x_8$ 就是应排除出基本变量的变量。这在表 5-2 的右边也用箭头标出了。因此，下一组可行解中的基本变量将是 $x_4$、$x_9$、$x_6$、$x_7$、$x_3$。在表 5-2 中把位于 $x_8$ 所在的行和 $\boldsymbol{p}_3$ 列交点处的元素用圆圈上，称为轴元素，即 $a'_{sk}$，这里是 $a'_{53}$。

为了保证用 $x_3$ 取代 $x_8$ 进入下一组可行解基本变量中，就要对 $\boldsymbol{p}_3$ 进行初等变换，使除轴元素 $a'_{sk} = a'_{53} = 1$ 外，其余各元素全为零。这样即可计算出从 $\boldsymbol{p}_1$ 直到 $\boldsymbol{b}$ 列中各元素的值，如表 5-3 所示。

从初始表中可以看出，$\boldsymbol{p}_4$、$\boldsymbol{p}_9$、$\boldsymbol{p}_6$、$\boldsymbol{p}_7$、$\boldsymbol{p}_8$ 各列的数值形成一个"单位矩阵"，根据正则方程的概念，它们将组成基本解，即本轮的基本解是 $x_4$、$x_9$、$x_6$、$x_7$、$x_8$。这也就是"解"列中记入它们的原因。所以说，在初始表中心部分是约束条件的系数矩阵，它是一个"单位矩阵"。那些和单位矩阵对应的变量是基本变量，其余的变量是非基本变量。

**表 5-3　第一次转轴运算**

| $c_j$→ | 解 | 2 | 3 | 4 | 0 | 0 | 0 | 0 | 0 | −1000 | 0 | −991 | $\theta_l$ |
|---|---|---|---|---|---|---|---|---|---|---|---|---|---|
| $c_l$↓ | | $\boldsymbol{p}_1$ | $\boldsymbol{p}_2$ | $\boldsymbol{p}_3$ | $\boldsymbol{p}_4$ | $\boldsymbol{p}_5$ | $\boldsymbol{p}_6$ | $\boldsymbol{p}_7$ | $\boldsymbol{p}_8$ | $\boldsymbol{p}_9$ | $\boldsymbol{b}$ | 校核 | |
| 0 | $x_4$ | 20 | ㉕ | 0 | 1 | 12 | 0 | 0 | −30 | 0 | 4800 | 4828 | 192← |
| −1000 | $x_9$ | 1 | 1 | 0 | 0 | −0.6 | 0 | 0 | −1 | 1 | 210 | 211.4 | 210 |
| 0 | $x_6$ | 1 | 0 | 0 | 0 | −0.2 | 1 | 0 | 0 | 0 | 70 | 71.8 | |
| 0 | $x_7$ | 0 | ① | 0 | 0 | −0.6 | 0 | 1 | 0 | 0 | 210 | 211.4 | 210 |
| 4 | $x_3$ | 0 | 0 | 1 | 0 | −0.4 | 0 | 0 | 1 | 0 | 140 | 141.6 | |
| $f(\boldsymbol{a}_j)$ | | −1000 | −1000 | 4 | 0 | 598.4 | 0 | 0 | 1004 | −1000 | −209440 | −210833.6 | |
| $c_j - f(\boldsymbol{a}_j)$ | | 1002 | 1003 | 0 | 0 | −598.4 | 0 | 0 | −1004 | 0 | 209440 | 209842.6 | |
| | | | ↑ | | | | | | | | | | |

由 $c_j - f(\boldsymbol{a}_j)$ 中最大值确定进入下一轮运算的进基变量，此处是 $x_3$。再由 $\theta$ 规则确定退出下一轮运算的出基变量，此处是 $x_8$。

表 5-3 是从表 5-2 变换来的。由于表 5-3 中已把 $x_3$ 列为可行解的基本变量，所以在 $c_l$ 列

和 $x_3$ 对应的系数应换成 $x_3$ 的系数 $c_3=4$。这样

$$f(\boldsymbol{a}_3)=0\times0+(-1000)\times0+0\times0+0\times0+4\times1=4$$

同理可计算出其他列对应的 $f(\boldsymbol{a}_j)$。

对表5-2中由约束方程组组成的矩阵进行初等变换（即转轴运算），使表5-2变换成一个含有一个由单位矩阵组成的正则方程组，即可根据正则方程组的性质求得一组可行解，在这里可行解就是由与单位矩阵相对应的变量所组成的解。所以，对由约束方程组组成的矩阵反复进行初等变换，直到形成一个新的单位矩阵即可。

例如，对于表5-2可以先将其调整为一个由单位矩阵组成的形式，即将

$$\begin{array}{c} \\ x_4 \\ x_9 \\ x_6 \\ x_7 \\ x_8 \end{array}\begin{array}{c}\begin{matrix} \boldsymbol{p}_1 & \boldsymbol{p}_2 & \boldsymbol{p}_3 & \boldsymbol{p}_4 & \boldsymbol{p}_5 & \boldsymbol{p}_6 & \boldsymbol{p}_7 & \boldsymbol{p}_8 & \boldsymbol{p}_9 & \boldsymbol{b} \end{matrix} \\ \begin{pmatrix} 20 & 25 & 30 & 1 & 0 & 0 & 0 & 0 & 0 & 9000 \\ 1 & 1 & 1 & 0 & -1 & 0 & 0 & 0 & 1 & 350 \\ 1 & 0 & 0 & 0 & -0.2 & 1 & 0 & 0 & 0 & 70 \\ 0 & 1 & 0 & 0 & -0.6 & 0 & 1 & 0 & 0 & 210 \\ 0 & 0 & 1 & 0 & -0.4 & 0 & 0 & 1 & 0 & 140 \end{pmatrix}\end{array}$$

调整为

$$\begin{array}{c} \\ x_4 \\ x_9 \\ x_6 \\ x_7 \\ x_8 \end{array}\begin{array}{c}\begin{matrix} \boldsymbol{p}_4 & \boldsymbol{p}_9 & \boldsymbol{p}_6 & \boldsymbol{p}_7 & \boldsymbol{p}_8 & \boldsymbol{p}_1 & \boldsymbol{p}_2 & \boldsymbol{p}_3 & \boldsymbol{p}_5 & \boldsymbol{b} \end{matrix} \\ \begin{pmatrix} 1 & 0 & 0 & 0 & 0 & 20 & 25 & 30 & 0 & 9000 \\ 0 & 1 & 0 & 0 & 0 & 1 & 1 & 1 & -1 & 350 \\ 0 & 0 & 1 & 0 & 0 & 1 & 0 & 0 & -0.2 & 70 \\ 0 & 0 & 0 & 1 & 0 & 0 & 1 & 0 & -0.6 & 210 \\ 0 & 0 & 0 & 0 & 1 & 0 & 0 & 1 & -0.4 & 140 \end{pmatrix}\end{array}$$

很明显，现在$\boldsymbol{p}_4$、$\boldsymbol{p}_9$、$\boldsymbol{p}_6$、$\boldsymbol{p}_7$ 和$\boldsymbol{p}_8$ 组成了一个单位矩阵，所以根据正则方程组的性质，可以写出它的一个解是：$x_1=x_2=x_3=x_5=0$，$x_4=9000$，$x_9=350$，$x_6=70$，$x_7=210$，$x_8=140$。它是一组可行解。

从表5-2看出，$c_j-f(\boldsymbol{a}_j)=1004$ 最大，所以 $x_3$ 进入解变量，$x_8$ 退出解变量，则解变成 $(x_4\quad x_9\quad x_6\quad x_7\quad x_3)^{\mathrm{T}}$。如果要进行下一轮的转轴运算，则目标是找出一个由 $x_4$、$x_9$、$x_6$、$x_7$、$x_3$ 对应的$\boldsymbol{p}_4$、$\boldsymbol{p}_9$、$\boldsymbol{p}_6$、$\boldsymbol{p}_7$ 和$\boldsymbol{p}_3$ 这五个列矢量组成的单位矢量，即约束方程组矩阵

$$\begin{array}{c} \\ x_4 \\ x_9 \\ x_6 \\ x_7 \\ x_3 \end{array}\begin{array}{c}\begin{matrix} \boldsymbol{p}_4 & \boldsymbol{p}_9 & \boldsymbol{p}_6 & \boldsymbol{p}_7 & \boldsymbol{p}_8 & \boldsymbol{p}_1 & \boldsymbol{p}_2 & \boldsymbol{p}_3 & \boldsymbol{p}_5 & \boldsymbol{b} \end{matrix} \\ \begin{pmatrix} 1 & 0 & 0 & 0 & 0 & 20 & 25 & 30 & 0 & 9000 \\ 0 & 1 & 0 & 0 & 0 & 1 & 1 & 1 & -1 & 350 \\ 0 & 0 & 1 & 0 & 0 & 1 & 0 & 0 & -0.2 & 70 \\ 0 & 0 & 0 & 1 & 0 & 0 & 1 & 0 & -0.6 & 210 \\ 0 & 0 & 0 & 0 & 1 & 0 & 0 & 1 & -0.4 & 140 \end{pmatrix}\end{array}$$

通过反复初等变换后，转换成一个由$\boldsymbol{p}_4$、$\boldsymbol{p}_9$、$\boldsymbol{p}_6$、$\boldsymbol{p}_7$ 和$\boldsymbol{p}_3$ 组成的单位矩阵。

通过上面的约束方程组矩阵可知，现在主要是把$\boldsymbol{p}_3$ 列通过初等变换转换成$\boldsymbol{p}_8$ 的形式，即把$\boldsymbol{p}_3$ 原来的$(30\quad 1\quad 0\quad 0\quad 1)^{\mathrm{T}}$ 转换成$(0\quad 0\quad 0\quad 0\quad 1)^{\mathrm{T}}$ 即可。因此，需要对$\boldsymbol{p}_3$ 列进行初等变换，即矩阵

$$\begin{array}{c|cccccccccc}
 & \boldsymbol{p}_4 & \boldsymbol{p}_9 & \boldsymbol{p}_6 & \boldsymbol{p}_7 & \boldsymbol{p}_8 & \boldsymbol{p}_1 & \boldsymbol{p}_2 & \boldsymbol{p}_3 & \boldsymbol{p}_5 & \boldsymbol{b} \\
\hline
x_4 & 1 & 0 & 0 & 0 & 0 & 20 & 25 & 30 & 0 & 9000 \\
x_9 & 0 & 1 & 0 & 0 & 0 & 1 & 1 & 1 & -1 & 350 \\
x_6 & 0 & 0 & 1 & 0 & 0 & 1 & 0 & 0 & -0.2 & 70 \\
x_7 & 0 & 0 & 0 & 1 & 0 & 0 & 1 & 0 & -0.6 & 210 \\
x_3 & 0 & 0 & 0 & 0 & 1 & 0 & 0 & 1 & -0.4 & 140
\end{array}$$

通过（-30）×第五行（$x_3$ 所在行）再与第一行相加，得

$$\begin{array}{c|cccccccccc}
 & \boldsymbol{p}_4 & \boldsymbol{p}_9 & \boldsymbol{p}_6 & \boldsymbol{p}_7 & \boldsymbol{p}_8 & \boldsymbol{p}_1 & \boldsymbol{p}_2 & \boldsymbol{p}_3 & \boldsymbol{p}_5 & \boldsymbol{b} \\
\hline
x_4 & 1 & 0 & 0 & 0 & -30 & 20 & 25 & 0 & 12 & 4800 \\
x_9 & 0 & 1 & 0 & 0 & 0 & 1 & 1 & 1 & -1 & 350 \\
x_6 & 0 & 0 & 1 & 0 & 0 & 1 & 0 & 0 & -0.2 & 70 \\
x_7 & 0 & 0 & 0 & 1 & 0 & 0 & 1 & 0 & -0.6 & 210 \\
x_3 & 0 & 0 & 0 & 0 & 1 & 0 & 0 & 1 & -0.4 & 140
\end{array}$$

调整为

$$\begin{array}{c|cccccccccc}
 & \boldsymbol{p}_1 & \boldsymbol{p}_2 & \boldsymbol{p}_3 & \boldsymbol{p}_4 & \boldsymbol{p}_5 & \boldsymbol{p}_6 & \boldsymbol{p}_7 & \boldsymbol{p}_8 & \boldsymbol{p}_9 & \boldsymbol{b} \\
\hline
x_4 & 20 & 25 & 0 & 1 & 12 & 0 & 0 & -30 & 0 & 4800 \\
x_9 & 1 & 1 & 1 & 0 & -1 & 0 & 0 & 0 & 1 & 350 \\
x_6 & 1 & 0 & 0 & 0 & -0.2 & 1 & 0 & 0 & 0 & 70 \\
x_7 & 0 & 1 & 0 & 0 & -0.6 & 0 & 1 & 0 & 0 & 210 \\
x_3 & 0 & 0 & 1 & 0 & -0.4 & 0 & 0 & 1 & 0 & 140
\end{array}$$

现设法消去$\boldsymbol{p}_3$ 列中第二行的值1。通过（-1）×第五行再与第二行相加得

$$\begin{array}{c|cccccccccc}
 & \boldsymbol{p}_1 & \boldsymbol{p}_2 & \boldsymbol{p}_3 & \boldsymbol{p}_4 & \boldsymbol{p}_5 & \boldsymbol{p}_6 & \boldsymbol{p}_7 & \boldsymbol{p}_8 & \boldsymbol{p}_9 & \boldsymbol{b} \\
\hline
x_4 & 20 & 25 & 0 & 1 & 12 & 0 & 0 & -30 & 0 & 4800 \\
x_9 & 1 & 1 & 0 & 0 & -0.6 & 0 & 0 & -1 & 1 & 210 \\
x_6 & 1 & 0 & 0 & 0 & -0.2 & 1 & 0 & 0 & 0 & 70 \\
x_7 & 0 & 1 & 0 & 0 & -0.6 & 0 & 1 & 0 & 0 & 210 \\
x_3 & 0 & 0 & 1 & 0 & -0.4 & 0 & 0 & 1 & 0 & 140
\end{array}$$

调整为

$$\begin{array}{c|cccccccccc}
 & \boldsymbol{p}_4 & \boldsymbol{p}_9 & \boldsymbol{p}_6 & \boldsymbol{p}_7 & \boldsymbol{p}_3 & \boldsymbol{p}_1 & \boldsymbol{p}_2 & \boldsymbol{p}_5 & \boldsymbol{p}_8 & \boldsymbol{b} \\
\hline
x_4 & 1 & 0 & 0 & 0 & 0 & 20 & 25 & 12 & -30 & 4800 \\
x_9 & 0 & 1 & 0 & 0 & 0 & 1 & 1 & -0.6 & -1 & 210 \\
x_6 & 0 & 0 & 1 & 0 & 0 & 1 & 0 & -0.2 & 0 & 70 \\
x_7 & 0 & 0 & 0 & 1 & 0 & 0 & 1 & -0.6 & 0 & 210 \\
x_3 & 0 & 0 & 0 & 0 & 1 & 0 & 0 & -0.4 & 1 & 140
\end{array}$$

这是表5-3中的结果，即第一次转轴运算的结果。

根据正则方程规则，可由$\boldsymbol{p}_4$、$\boldsymbol{p}_9$、$\boldsymbol{p}_6$、$\boldsymbol{p}_7$ 和$\boldsymbol{p}_3$ 组成的单位矩阵得一组可行解：$x_4 = 4800$，

$x_9=210$，$x_6=70$，$x_7=210$，$x_3=140$，$x_1=x_2=x_5=x_8=0$。

从表5-3的完整形式中可以看出，由于$\boldsymbol{p}_2$的$c_j-f(\boldsymbol{a}_j)=1003$是最大的，但它还未达到$c_j-f(\boldsymbol{a}_j)\leqslant 0$，即目标函数还未达到最大值，所以还需要进行初等变换。根据$\theta$规则，应把$\theta$值最小行（即192←）所对应的$x_4$排除出基本变量，而把$c_j-f(\boldsymbol{a}_j)$最大的列（即1003）所对应的$x_2$（$\boldsymbol{p}_2$对应的列）作为进基变量来替换出基本变量$x_4$。这样，解变量就是表5-4中“解”列的$x_2$、$x_9$、$x_6$、$x_7$、$x_3$。$\theta$最小值（192←）所在的行和$c_j-f(\boldsymbol{a}_j)$最大值所在的列（1003），两者的交汇点“25”就是下一轮转轴变换的轴元素。即$a'_{12}=25$是轴元素。

为使$x_2$对应的$\boldsymbol{p}_2$列变换成只有一个元素是1，其他皆为0，以便使约束条件矩阵转变成正则方程组形式，则取轴元素“25”进行初等变换。

首先用25分别去除$x_4$所在行的各元素，即得

$$\frac{a'_{11}}{a'_{12}}=\frac{20}{25}=0.8,\frac{a'_{12}}{a'_{12}}=\frac{25}{25}=1,\frac{a'_{13}}{a'_{12}}=\frac{0}{25}=0,\frac{a'_{14}}{a'_{12}}=\frac{1}{25}=0.04,\frac{a'_{15}}{a'_{12}}=\frac{12}{25}=0.48$$

$$\frac{a'_{16}}{a'_{12}}=\frac{0}{25}=0,\frac{a'_{17}}{a'_{12}}=\frac{0}{25}=0,\frac{a'_{18}}{a'_{12}}=\frac{-30}{25}=-1.2,\frac{a'_{19}}{a'_{12}}=\frac{0}{25}=0,b'_1=\frac{4800}{25}=192$$

下面介绍$\boldsymbol{b}$（现在是$\boldsymbol{b}'$）列中$b'_2$、$b'_3$、$b'_4$和$b'_5$的计算方法。将主元素所在的$l$行（现在是第一行）数字除以主元素$a_{lk}$，即$b'_l=b_l/a_{lk}$。例如，现在的主元素是$a_{lk}=25$，则$l=1$，有$b'_l=b_l/a_{lk}=4800/25=192$。其他各行中的$b'_l=b_l-(b_l/a_{lk})a_{ik}(i=l)$，其中$a_{ik}$是主元素所在列中第$i$行的数值。

例如，当$l=2$时，有$b'_2=210-\frac{b_l}{a_{lk}}a_{ik}=210-192\times 1=18$，$b'_3=70-192\times 0=70$，$b'_4=210-192\times 1=18$，$b'_5=140-192\times 0=140$。

上述$\boldsymbol{b}'=(192\quad 18\quad 70\quad 18\quad 140)^{\mathrm{T}}$，见表5-4（第二次转轴运算表）。

**表5-4 第二次转轴运算**

| $c_j\rightarrow$ | 解 | 2 | 3 | 4 | 0 | 0 | 0 | 0 | 0 | -1000 | 0 | -991 | $\theta_l$ |
|---|---|---|---|---|---|---|---|---|---|---|---|---|---|
| $c_l\downarrow$ | | $\boldsymbol{p}_1$ | $\boldsymbol{p}_2$ | $\boldsymbol{p}_3$ | $\boldsymbol{p}_4$ | $\boldsymbol{p}_5$ | $\boldsymbol{p}_6$ | $\boldsymbol{p}_7$ | $\boldsymbol{p}_8$ | $\boldsymbol{p}_9$ | $\boldsymbol{b}$ | 校核 | |
| 3 | $x_2$ | 0.8 | 1 | 0 | 0.04 | 0.48 | 0 | 0 | -1.2 | 0 | 192 | 193.12 | 240 |
| -1000 | $x_9$ | 0.2 | 0 | 0 | -0.04 | -1.08 | 0 | 0 | 0.2 | 1 | 18 | 18.26 | 90 |
| 0 | $x_6$ | ① | 0 | 0 | 0 | -0.2 | 1 | 0 | 0 | 0 | 70 | 71.8 | 70← |
| 0 | $x_7$ | -0.8 | 0 | 0 | -0.04 | -1.08 | 0 | 1 | 1.2 | 0 | 18 | 18.26 | |
| 4 | $x_3$ | 0 | 0 | 1 | 0 | -0.4 | 0 | 0 | 1 | 0 | 140 | 141.6 | |
| $f(\boldsymbol{a}_j)$ | | -197.6 | 3 | 4 | 40.12 | 1079.84 | 0 | 0 | -199.6 | -1000 | -16864 | -17134.34 | |
| $c_j-f(\boldsymbol{a}_j)$ | | 199.6 | 0 | 0 | -40.12 | -1079.84 | 0 | 0 | 199.6 | 0 | 16864 | 16143.24 | |
| | | ↑ | | | | | | | | | | | |

下面说明第一行至第五行各行的计算公式。

第一行的计算公式是$a'_{ij}=a_{lj}/a_{lk}(l=1,k=2)$。如$a'_{11}=a_{11}/a_{lk}=20/25=0.8$。

第二行至第五行的计算公式是$a'_{ij}=a_{ij}-a_{ik}a_{lj}/a_{lk}$。$a_{lj}/a_{lk}$可直接取第一行相应列的值。如$a'_{21}=a_{21}-a_{2k}a_{lj}/a_{lk}=1-1\times 0.8=0.2$（此处$a_{2k}=1$），$a'_{31}=a_{31}-a_{3k}a_{lj}/a_{lk}=1-0\times 0.8=1$（此处$a_{3k}=0$），$a'_{41}=a_{41}-a_{4k}a_{lj}/a_{lk}=0-1\times 0.8=-0.8$（此处$a_{4k}=1$），$a'_{51}=a_{51}-a_{5k}a_{lj}/a_{lk}=0-0\times 0.8=0$（此处$a_{5k}=0$）。

整理以上结果即可得

$$
\begin{array}{c}
\\ x_2 \\ x_9 \\ x_6 \\ x_7 \\ x_3
\end{array}
\begin{array}{c}
\begin{array}{cccccccccc} \boldsymbol{p}_1 & \boldsymbol{p}_2 & \boldsymbol{p}_3 & \boldsymbol{p}_4 & \boldsymbol{p}_5 & \boldsymbol{p}_6 & \boldsymbol{p}_7 & \boldsymbol{p}_8 & \boldsymbol{p}_9 & \boldsymbol{b} \end{array} \\
\begin{pmatrix}
0.8 & 1 & 0 & 0.04 & 0.48 & 0 & 0 & -1.2 & 0 & 192 \\
0.2 & 0 & 0 & -0.04 & -1.08 & 0 & 0 & 0.2 & 1 & 18 \\
1 & 0 & 0 & 0 & -0.2 & 1 & 0 & 0 & 0 & 70 \\
-0.8 & 0 & 0 & -0.04 & -1.08 & 0 & 1 & 1.2 & 0 & 18 \\
0 & 0 & 1 & 0 & -0.4 & 0 & 0 & 1 & 0 & 140
\end{pmatrix}
\end{array}
$$

这就是表 5-3 以“25”为主元素进行初等变换的结果，见表 5-4。

把上面各列进行重新排列，可以写出一个包含单位矩阵的约束条件矩阵，即

$$
\begin{array}{c}
\\ x_2 \\ x_9 \\ x_6 \\ x_7 \\ x_3
\end{array}
\begin{array}{c}
\begin{array}{cccccccccc} \boldsymbol{p}_2 & \boldsymbol{p}_9 & \boldsymbol{p}_6 & \boldsymbol{p}_7 & \boldsymbol{p}_3 & \boldsymbol{p}_1 & \boldsymbol{p}_4 & \boldsymbol{p}_5 & \boldsymbol{p}_8 & \boldsymbol{b} \end{array} \\
\begin{pmatrix}
1 & 0 & 0 & 0 & 0 & 0.8 & 0.04 & 0.48 & -1.2 & 192 \\
0 & 1 & 0 & 0 & 0 & 0.2 & -0.04 & -1.08 & 0.2 & 18 \\
0 & 0 & 1 & 0 & 0 & 1 & 0 & -0.2 & 0 & 70 \\
0 & 0 & 0 & 1 & 0 & -0.8 & -0.04 & -1.08 & 1.2 & 18 \\
0 & 0 & 0 & 0 & 1 & 0 & 0 & -0.4 & 1 & 140
\end{pmatrix}
\end{array}
$$

这是个正则方程组，从中可以直接求出一组基本可行解，即当 $x_1 = x_4 = x_5 = x_8 = 0$ 时，$x_2 = 192$，$x_9 = 18$，$x_6 = 70$，$x_7 = 18$，$x_3 = 140$。

表 5-4 中的 $c_j - f(\boldsymbol{a}_j)$ 最大值（此处是 199.6）和 $\theta_l$ 最小值（此处是 70）的交汇点，即为下一轮初等运算的新主元素，也就是表中的①，同时也可确定下一轮运算时的进基变量和出基变量。表 5-4 中，$x_1$ 是进基变量，$x_6$ 是出基变量。

对表 5-2 ~ 表 5-4 进行的转轴运算，就是在确定“主元素（转轴元素）”后进行初等变换，即对约束条件矩阵方程组进行转轴运算，将其变换成一个正则方程组，也就是其中包含有一个单位矩阵的约束条件方程组，从而求出方程组的基本可行解来。

上述运算仅涉及约束条件方程组，但为了能反复地进行运算，还必须补充一些有关的计算和判断的项目，如 $\theta_l$、$c_j - f(\boldsymbol{a}_j)$ 等，这样才能正确判断何时计算结束和正确确定进基变量与出基变量以及各组解的数值和相应的目标函数值。

再来进行从第二次转轴运算到第三次转轴运算的变换。

$\boldsymbol{b}$ 列中各值的计算方法是：用主元素所在的 $l$ 行（现在是第三行）的 $a_{lk}$（现在是①）去除相应的 $b$ 值，即有 $b_l' = b_l / a_{lk}$。

因为主元素 $a_{lk} = 1$，所以当 $l = 3$ 时，$b_3' = b_3 / a_{3k}$，即 $b_3' = 70/1 = 70$。

其他各行中的 $b_l' = b_l - (b_l / a_{lk}) a_{ix} (i = l)$，这里的 $a_{ix}$ 是主元素所在列中第 $i$ 行的数值。

例如，当 $l = 1$ 时，$b_1' = b_1 - (b_1 / a_{1k}) a_{ix} = 192 - 70 \times 0.8 = 136$。

其余各行依次进行计算即可。

再来进行约束条件方程组等式右侧各行各列数值的计算。

首先直接写出主元素所在行的各列数值，第三行的数值为：1、0、0、0、$-0.2$、1、0、0、0。

其他各行数值需用公式 $a_{ij}' = a_{ij} - a_i a_{lj} / a_{lk}$ 来计算。进行计算时，$a_{lj} / a_{lk}$ 的取值均是第三行相应列的数值。

如第一行（此行 $a_{ix}=0.8$）

$$a'_{11}=0.8-0.8\times1=0$$
$$a'_{12}=1-0.8\times0=1$$

以此类推进行计算即可。

把以上计算结果整理后可得

$$\begin{matrix} & p_1 & p_2 & p_3 & p_4 & p_5 & p_6 & p_7 & p_8 & p_9 & b \\ x_2 & 0 & 1 & 0 & 0.04 & 0.64 & -0.8 & 0 & -1.2 & 0 & 136 \\ x_9 & 0 & 0 & 0 & -0.04 & -1.04 & -0.2 & 0 & 0.2 & 1 & 4 \\ x_1 & 1 & 0 & 0 & 0 & -0.2 & 1 & 0 & 0 & 0 & 70 \\ x_7 & 0 & 0 & 0 & -0.04 & -1.24 & 0.8 & 1 & 1.2 & 0 & 74 \\ x_3 & 0 & 0 & 1 & 0 & -0.4 & 0 & 0 & 1 & 0 & 140 \end{matrix}$$

这就是第三次转轴运算的结果，见表5-5。

**表5-5 第三次转轴运算**

| $c_j\rightarrow$ | 解 | 2 | 3 | 4 | 0 | 0 | 0 | 0 | 0 | -1000 | 0 | -991 | $\theta_l$ |
|---|---|---|---|---|---|---|---|---|---|---|---|---|---|
| $c_l\downarrow$ | | $p_1$ | $p_2$ | $p_3$ | $p_4$ | $p_5$ | $p_6$ | $p_7$ | $p_8$ | $p_9$ | $b$ | 校核 | |
| 3 | $x_2$ | 0 | 1 | 0 | 0.04 | 0.64 | -0.8 | 0 | -1.2 | 0 | 136 | 135.68 | |
| -1000 | $x_9$ | 0 | 0 | 0 | -0.04 | -1.04 | -0.2 | 0 | 0.2 | 1 | 4 | 3.92 | 20← |
| 2 | $x_1$ | 1 | 0 | 0 | 0 | -0.2 | 1 | 0 | 0 | 0 | 70 | 71.8 | |
| 0 | $x_7$ | 0 | 0 | 0 | -0.04 | -1.24 | 0.8 | 1 | 1.2 | 0 | 74 | 75.72 | 61.66 |
| 4 | $x_3$ | 0 | 0 | 1 | 0 | -0.4 | 0 | 0 | 1 | 0 | 140 | 141.6 | 140 |
| $f(\boldsymbol{a}_j)$ | | 2 | 3 | 4 | 40.12 | 1039.92 | 199.6 | 0 | -199.6 | -1000 | -2892 | -2802.96 | |
| $c_j-f(\boldsymbol{a}_j)$ | | 0 | 0 | 0 | -40.12 | -1039.92 | -199.6 | 0 | 199.6 | 0 | 2892 | 1811.96 | |
| | | | | | | | | | ↑ | | | | |

调整各列位置，即可得到一个正则方程组，即

$$\begin{matrix} & p_2 & p_9 & p_1 & p_7 & p_3 & p_4 & p_5 & p_6 & p_8 & b \\ x_2 & 1 & 0 & 0 & 0 & 0 & 0.04 & 0.64 & -0.8 & -1.2 & 136 \\ x_9 & 0 & 1 & 0 & 0 & 0 & -0.04 & -1.04 & -0.2 & 0.2 & 4 \\ x_1 & 0 & 0 & 1 & 0 & 0 & 0 & -0.2 & 1 & 0 & 70 \\ x_7 & 0 & 0 & 0 & 1 & 0 & -0.04 & -1.24 & 0.8 & 1.2 & 74 \\ x_3 & 0 & 0 & 0 & 0 & 1 & 0 & -0.4 & 0 & 1 & 140 \end{matrix}$$

从中可以直接求出一组基本可行解为 $x_2=136$，$x_9=4$，$x_1=70$，$x_7=74$，$x_3=140$，$x_4=x_5=x_6=x_8=0$。

表5-5中的 $c_j-f(\boldsymbol{a}_j)$ 最大值和 $\theta_l$ 最小值的交汇点，即为下一轮初等运算的新主元素 $a_{lk}$，即0.2，同时也可确定下一轮运算时的进基变量和出基变量。

表5-5中的 $c_j-f(\boldsymbol{a}_j)$ 最大值所对应的是$\boldsymbol{p}_8$，即 $x_8$ 是进基变量；$\theta_{l\min}=20$，即变量 $x_9$ 是出基变量。

另外需要补充说明的是，只要 $c_j-f(\boldsymbol{a}_j)$ 仍大于0，就说明目标函数还没有达到最大值（这是根据最速变化规则确定的），则还需继续进行转轴运算，所以需对表5-5进行转轴运算

(即第四次转轴运算),运算结果见表5-6。

**表5-6 第四次转轴运算**

| $c_j \to$ | 解 | 2 | 3 | 4 | 0 | 0 | 0 | 0 | 0 | -1000 | 0 | -991 | $\theta_l$ |
|---|---|---|---|---|---|---|---|---|---|---|---|---|---|
| $c_l \downarrow$ | | $\boldsymbol{p}_1$ | $\boldsymbol{p}_2$ | $\boldsymbol{p}_3$ | $\boldsymbol{p}_4$ | $\boldsymbol{p}_5$ | $\boldsymbol{p}_6$ | $\boldsymbol{p}_7$ | $\boldsymbol{p}_8$ | $\boldsymbol{p}_9$ | $\boldsymbol{b}$ | 校核 | |
| 3 | $x_2$ | 0 | 1 | 0 | -0.2 | -5.6 | -2 | 0 | 0 | 6 | 160 | 159.2 | |
| 0 | $x_8$ | 0 | 0 | 0 | -0.2 | -5.2 | -1 | 0 | 1 | 5 | 20 | 19.6 | |
| 2 | $x_1$ | 1 | 0 | 0 | 0 | -0.2 | 1 | 0 | 0 | 0 | 70 | 71.8 | |
| 0 | $x_7$ | 0 | 0 | 0 | 0.2 | 5 | 2 | 1 | 0 | -6 | 50 | 52.2 | |
| 4 | $x_3$ | 0 | 0 | 1 | 0.2 | 4.8 | 1 | 0 | 0 | -5 | 120 | 122 | |
| $f(\boldsymbol{a}_j)$ | | 2 | 3 | 4 | 0.2 | 2 | 0 | 0 | 0 | -2 | 1100 | 1109.2 | |
| $c_j - f(\boldsymbol{a}_j)$ | | 0 | 0 | 0 | -0.2 | -2 | 0 | 0 | 0 | -998 | -1100 | -2100.2 | |

计算 $\boldsymbol{b}$ 列中各值的方法是:用主元素(0.2)所在的 $l$ 行(第二行)的 $a_{lk}(0.2)$去除相应的 $b$ 值,即有 $b'_l = b_l / a_{lk}$。因主元素是0.2,所以当 $l=2$ 时,$b'_2 = b_2 / a_{2k} = 4/0.2 = 20$。

其他各行中的 $b'_l = b_l - a_{ix} b_l / a_{lk} (i = l)$,这里的 $a_{ix}$是主元素所在列中第 $i$ 行的数值。如当 $l=1$ 时,得 $b'_1 = 136 - 20 \times (-1.2) = 160$。其余各行依次计算即可。最后算得 $\boldsymbol{b} = (160 \quad 20 \quad 70 \quad 50 \quad 120)^{\mathrm{T}}$。

再来确定约束条件方程组等式右侧各行数值。

首先直接写出主元素所在行的各列数值,即第二行各元素被主元素除后的结果,即0、0、0、-0.2、-5.2、-1、0、1、5。其他各行的计算公式为 $a'_{ij} = a_{ij} - a_{ix} a_{lj} / a_{lk}$。

如第一行($a_{ix} = -1.2$)的 $a'_{11} = 0 - (-1.2) \times 0 = 0$;$a'_{12} = 1 - (-1.2) \times 0 = 1$;以此类推,可得其他各行的值。

整理以上计算结果,得

$$
\begin{array}{c}
 \\ x_2 \\ x_8 \\ x_1 \\ x_7 \\ x_3
\end{array}
\begin{array}{c}
\begin{array}{cccccccccc}
\boldsymbol{p}_1 & \boldsymbol{p}_2 & \boldsymbol{p}_3 & \boldsymbol{p}_4 & \boldsymbol{p}_5 & \boldsymbol{p}_6 & \boldsymbol{p}_7 & \boldsymbol{p}_8 & \boldsymbol{p}_9 & \boldsymbol{b}
\end{array} \\
\begin{pmatrix}
0 & 1 & 0 & -0.2 & -5.6 & -2 & 0 & 0 & 6 & 160 \\
0 & 0 & 0 & -0.2 & -5.2 & -1 & 0 & 1 & 5 & 20 \\
1 & 0 & 0 & 0 & -0.2 & 1 & 0 & 0 & 0 & 70 \\
0 & 0 & 0 & 0.2 & 5 & 2 & 1 & 0 & -6 & 50 \\
0 & 0 & 1 & 0.2 & 4.8 & 1 & 0 & 0 & -5 & 120
\end{pmatrix}
\end{array}
$$

调整各列位置可以得到一个相应的正则方程组,即

$$
\begin{array}{c}
 \\ x_2 \\ x_8 \\ x_1 \\ x_7 \\ x_3
\end{array}
\begin{array}{c}
\begin{array}{cccccccccc}
\boldsymbol{p}_2 & \boldsymbol{p}_8 & \boldsymbol{p}_1 & \boldsymbol{p}_7 & \boldsymbol{p}_3 & \boldsymbol{p}_4 & \boldsymbol{p}_5 & \boldsymbol{p}_6 & \boldsymbol{p}_9 & \boldsymbol{b}
\end{array} \\
\begin{pmatrix}
1 & 0 & 0 & 0 & 0 & -0.2 & -5.6 & -2 & 6 & 160 \\
0 & 1 & 0 & 0 & 0 & -0.2 & -5.2 & -1 & 5 & 20 \\
0 & 0 & 1 & 0 & 0 & 0 & -0.2 & 1 & 0 & 70 \\
0 & 0 & 0 & 1 & 0 & 0.2 & 5 & 2 & -6 & 50 \\
0 & 0 & 0 & 0 & 1 & 0.2 & 4.8 & 1 & -5 & 120
\end{pmatrix}
\end{array}
$$

从中即可求出一组可行解为 $x_2 = 160$,$x_8 = 20$,$x_1 = 70$,$x_7 = 50$,$x_3 = 120$,$x_4 = x_5 = x_6 = x_9 = 0$。

根据 $\theta$ 规则,各表中的 $\theta_l$ 按照公式 $\theta_l = \min(b'_l / a'_{lk})$计算,但要求 $a'_{lk} > 0$。

表5-6中已无主元素的记录，所以就不必计算 $\theta_l$ 值。

表5-2～表5-6中，$f(\boldsymbol{a}_j)$都有的数值，它的计算比较直接，即

$$f(\boldsymbol{a}_j) = c_1a'_{1j}+c_2a'_{2j}+\cdots+c_ma'_{mj} = \sum_{l=1}^{m} c_la'_{lj}$$

例如，在初始表5-2中，对应于$\boldsymbol{p}_1$列的$f(\boldsymbol{a}_j)$为

$$f(\boldsymbol{a}_1)=20\times0+1\times(-1000)+1\times0+0\times0+0\times0=-1000$$

$$f(\boldsymbol{a}_2)=25\times0+1\times(-1000)+0\times0+1\times0+0\times0=-1000$$

有了各列的$f(\boldsymbol{a}_j)$，就可以从表5-2第一行（$c_j$→行）逐列取值计算 $c_j-f(\boldsymbol{a}_j)$的值。如表5-2的第一行第三列 $c_j-f(\boldsymbol{a}_j)=2-(-1000)=1002$，其余以此类推。

表5-2中最上面一行的数值（$c_j$→）是目标函数中对应的各变量的系数。

求解例5-3时，令 $x_1$、$x_2$、$x_3$ 分别是2人、3人、4人的宿舍单元数目，而利润总数是目标函数，则问题归结为：求 $\boldsymbol{x}=(x_1 \quad x_2 \quad x_3)^{\mathrm{T}}$，使目标函数$f(\boldsymbol{x})=2x_1+3x_2+4x_3$ 为最大。对应的约束条件为

1）预算不超过9000千元，则有 $20x_1+25x_2+30x_3\leqslant9000$

2）宿舍单元总数最少是350套，则有 $x_1+x_2+x_3\geqslant350$

3）某宿舍单元数的约束不等式是（设宿舍总数为 $350+x_5$）

$$x_1\leqslant0.2(350+x_5)$$

$$x_2\leqslant0.6(350+x_5)$$

$$x_3\leqslant0.4(350+x_5)$$

从所求的结果来看，2人宿舍数 $x_1=70$，3人宿舍数 $x_2=160$，4人宿舍数 $x_3=120$，总利润$f(\boldsymbol{x})=2x_1+3x_2+4x_3=140+480+480=1100$（千元）。

按照题目中给出的各类单元的造价价格，则需要的总投资为

$$20\times70+25\times160+30\times120=9000(\text{千元})$$

宿舍的单元总数为 $70+160+120=350$(套)。

每类宿舍所占百分比的限制是

$$x_1=\frac{70}{350}\times100\%=20\%$$

$$x_2=\frac{160}{350}\times100\%=45.7\%$$

$$x_3=\frac{120}{350}\times100\%=34.3\%$$

均满足要求。

上面应用举例的运算是用单纯形表进行的。单纯形表的矩阵形式可以通过下面的矩阵运算给出。

对 $\boldsymbol{Ax}=\boldsymbol{b}$ 的两边左乘$\boldsymbol{E}^{-1}$，有

$$\boldsymbol{E}^{-1}\boldsymbol{Ax}=\boldsymbol{E}^{-1}\boldsymbol{b} \tag{5-11}$$

两边再左乘$\boldsymbol{c}_E$，得

$$\boldsymbol{c}_E\boldsymbol{E}^{-1}\boldsymbol{Ax}=\boldsymbol{c}_E\boldsymbol{E}^{-1}\boldsymbol{b}$$

把它的左、右两边分别加到$f(\boldsymbol{x})=\boldsymbol{cx}$ 的左、右两边，有

$$f(\boldsymbol{x})+\boldsymbol{c}_E\boldsymbol{E}^{-1}\boldsymbol{A}\boldsymbol{x}=\boldsymbol{c}\boldsymbol{x}+\boldsymbol{c}_E\boldsymbol{E}^{-1}\boldsymbol{b}$$

或写成
$$f(\boldsymbol{x})+(\boldsymbol{c}_E\boldsymbol{E}^{-1}\boldsymbol{A}-\boldsymbol{c})\boldsymbol{x}=\boldsymbol{c}_E\boldsymbol{E}^{-1}\boldsymbol{b}$$

把上式和式（5-11）联立，即

$$\begin{cases}\boldsymbol{E}^{-1}\boldsymbol{A}\boldsymbol{x}=\boldsymbol{E}^{-1}\boldsymbol{b}\\ f(\boldsymbol{x})+(\boldsymbol{c}_E\boldsymbol{E}^{-1}\boldsymbol{A}-\boldsymbol{c})\boldsymbol{x}=\boldsymbol{c}_E\boldsymbol{E}^{-1}\boldsymbol{b}\end{cases}$$

它的矩阵形式是

$$\begin{pmatrix}\boldsymbol{0} & \boldsymbol{E}^{-1}\boldsymbol{A}\\ \boldsymbol{I} & \boldsymbol{c}_E\boldsymbol{E}^{-1}\boldsymbol{A}-\boldsymbol{c}\end{pmatrix}\begin{pmatrix}f(\boldsymbol{x})\\ \boldsymbol{x}\end{pmatrix}=\begin{pmatrix}\boldsymbol{E}^{-1}\boldsymbol{b}\\ \boldsymbol{c}_E\boldsymbol{E}^{-1}\boldsymbol{b}\end{pmatrix}$$

矩阵

$$\boldsymbol{T}(\boldsymbol{E})=\begin{pmatrix}\boldsymbol{E}^{-1}\boldsymbol{b} & \boldsymbol{E}^{-1}\boldsymbol{A}\\ \boldsymbol{c}_E\boldsymbol{E}^{-1}\boldsymbol{b} & \boldsymbol{c}_E\boldsymbol{E}^{-1}\boldsymbol{A}-\boldsymbol{c}\end{pmatrix}$$

就是对应于基矩阵的单纯形表。其中：

1）$\boldsymbol{E}^{-1}\boldsymbol{b}$ 给出对应于 $\boldsymbol{E}$ 的基本解中 $m$ 个基本变量 $x_1$、$x_2$、…、$x_m$ 的值，表中记为 $\boldsymbol{b}$。

2）$\boldsymbol{c}_E\boldsymbol{E}^{-1}\boldsymbol{b}$ 对应于 $\boldsymbol{E}$ 的基本解的目标函数值，表中 $f(\boldsymbol{a}_j)$ 和 $\boldsymbol{b}$ 的交点处的值。

3）$\boldsymbol{E}^{-1}\boldsymbol{A}=\boldsymbol{E}^{-1}(\boldsymbol{p}_1\ \ \boldsymbol{p}_2\ \ \cdots\ \ \boldsymbol{p}_n)=(\boldsymbol{E}^{-1}\boldsymbol{p}_1\ \ \boldsymbol{E}^{-1}\boldsymbol{p}_2\ \ \cdots\ \ \boldsymbol{E}^{-1}\boldsymbol{p}_n)$ 给出的子矩阵是原来约束方程用非基本变量 $\boldsymbol{x}_F$ 表示基本变量后 $x_i$ 的新系数，也就是通过转轴运算实现 $x_k$ 代替 $x_s$ 的结果。在单纯形表中，它对应于 $x_1$、$x_2$、…、$x_n$ 和 $\boldsymbol{p}_1$、$\boldsymbol{p}_2$、…、$\boldsymbol{p}_n$ 的子矩阵。

$$\begin{aligned}\boldsymbol{c}_E\boldsymbol{E}^{-1}\boldsymbol{A}-\boldsymbol{c}&=(\boldsymbol{c}_E\boldsymbol{E}^{-1}\boldsymbol{p}_1-c_1\ \ \ \boldsymbol{c}_E\boldsymbol{E}^{-1}\boldsymbol{p}_2-c_2\ \ \ \cdots\ \ \ \boldsymbol{c}_E\boldsymbol{E}^{-1}\boldsymbol{p}_n-c_n)\\ &=(f(\boldsymbol{a}_1)-c_1\ \ \ f(\boldsymbol{a}_2)-c_2\ \ \ \cdots\ \ \ f(\boldsymbol{a}_n)-c_n)\end{aligned}$$

它是相对价值系数或称检验值。单纯形表中的 $c_j-f(\boldsymbol{a}_j)$ 用 $r_j$ 表示。

实际上，当用 $\boldsymbol{p}_k$ 替换 $\boldsymbol{p}_s$ 形成新的基方阵 $\boldsymbol{E}'$ 时，其对应的单纯形表可以直接利用高斯-约当消去法得到新的单纯形表。

## 5.5 修正单纯形法

把表 5-2 初始表重新按非基本变量和基本变量的次序调整一下列矢量，则结果见表 5-7。

同样，把第一次转轴运算表 5-3 也按非基本变量和基本变量的顺序重新调整一下列矢量，则结果见表 5-8。

调整第二次转轴运算表 5-4 的列矢量，结果见表 5-9。

**表 5-7** $\boldsymbol{E}_0=(\boldsymbol{p}_4\ \ \boldsymbol{p}_9\ \ \boldsymbol{p}_6\ \ \boldsymbol{p}_7\ \ \boldsymbol{p}_8)$

| | | 非基本变量 | | | | 基本变量 | | | | | | |
|---|---|---|---|---|---|---|---|---|---|---|---|---|
| | | $x_1$ | $x_2$ | $x_3$ | $x_5$ | $x_4$ | $x_9$ | $x_6$ | $x_7$ | $x_8$ | | |
| $c_j\rightarrow$ | 解 | 2 | 3 | 4 | 0 | 0 | −1000 | 0 | 0 | 0 | 0 | $\theta_l$ |
| $c_l\downarrow$ | | $\boldsymbol{p}_1$ | $\boldsymbol{p}_2$ | $\boldsymbol{p}_3$ | $\boldsymbol{p}_5$ | $\boldsymbol{p}_4$ | $\boldsymbol{p}_9$ | $\boldsymbol{p}_6$ | $\boldsymbol{p}_7$ | $\boldsymbol{p}_8$ | $\boldsymbol{b}$ | |

（续）

| | | 非基本变量 | | | 基本变量 | | | | | | | |
|---|---|---|---|---|---|---|---|---|---|---|---|---|
| | | $x_1$ | $x_2$ | $x_3$ | $x_5$ | $x_4$ | $x_9$ | $x_6$ | $x_7$ | $x_8$ | | |
| 0 | $x_4$ | 20 | 25 | 30 | 0 | 1 | 0 | 0 | 0 | 0 | 9000 | 300 |
| -1000 | $x_9$ | 1 | 1 | 1 | -1 | 0 | 1 | 0 | 0 | 1 | 350 | 350 |
| 0 | $x_6$ | 1 | 0 | 0 | -0.2 | 0 | 0 | 1 | 0 | 0 | 70 | |
| 0 | $x_7$ | 0 | 1 | 0 | -0.6 | 0 | 0 | 0 | 1 | 0 | 210 | |
| 0 | $x_8$ | 0 | 0 | ① | -0.4 | 0 | 0 | 0 | 0 | 1 | 140 | 140← |
| $f(\boldsymbol{a}_j)$ | | -1000 | -1000 | -1000 | 1000 | 0 | -1000 | 0 | 0 | 0 | -350000 | |
| $c_j-f(\boldsymbol{a}_j)$ | | 1002 | 1003 | 1004 | -1000 | 0 | 0 | 0 | 0 | 0 | 350000 | |
| | | | | ↑ | | | | | | | | |

**表 5-8　$E_1=(\boldsymbol{p}_4\ \ \boldsymbol{p}_9\ \ \boldsymbol{p}_6\ \ \boldsymbol{p}_7\ \ \boldsymbol{p}_3)$**

| | | 非基本变量 | | | | 基本变量 | | | | | | |
|---|---|---|---|---|---|---|---|---|---|---|---|---|
| | | $x_1$ | $x_2$ | $x_5$ | $x_8$ | $x_4$ | $x_9$ | $x_6$ | $x_7$ | $x_3$ | | |
| $c_j\rightarrow$ | 解 | 2 | 3 | 0 | 0 | 0 | -1000 | 0 | 0 | 4 | 0 | $\theta_l$ |
| $c_l\downarrow$ | | $\boldsymbol{p}_1$ | $\boldsymbol{p}_2$ | $\boldsymbol{p}_5$ | $\boldsymbol{p}_8$ | $\boldsymbol{p}_4$ | $\boldsymbol{p}_9$ | $\boldsymbol{p}_6$ | $\boldsymbol{p}_7$ | $\boldsymbol{p}_3$ | $\boldsymbol{b}$ | |
| 0 | $x_4$ | 20 | ㉕ | 12 | -30 | 1 | 0 | 0 | 0 | 0 | 4800 | 192← |
| -1000 | $x_9$ | 1 | 1 | -0.6 | -1 | 0 | 1 | 0 | 0 | 0 | 210 | 210 |
| 0 | $x_6$ | 1 | 0 | -0.2 | 0 | 0 | 0 | 1 | 0 | 0 | 70 | |
| 0 | $x_7$ | 0 | 1 | -0.6 | 0 | 0 | 0 | 0 | 1 | 0 | 210 | 210 |
| 4 | $x_3$ | 0 | 0 | -0.4 | 1 | 0 | 0 | 0 | 0 | 1 | 140 | |
| $f(\boldsymbol{a}_j)$ | | -1000 | -1000 | 598.4 | 1004 | 0 | -1000 | 0 | 0 | 4 | -209440 | |
| $c_j-f(\boldsymbol{a}_j)$ | | 1002 | 1003 | -598.4 | -1004 | 0 | 0 | 0 | 0 | 0 | 209440 | |
| | | | ↑ | | | | | | | | | |

**表 5-9　$E_2=(\boldsymbol{p}_2\ \ \boldsymbol{p}_9\ \ \boldsymbol{p}_6\ \ \boldsymbol{p}_7\ \ \boldsymbol{p}_3)$**

| | | 非基本变量 | | | | 基本变量 | | | | | | |
|---|---|---|---|---|---|---|---|---|---|---|---|---|
| | | $x_1$ | $x_4$ | $x_5$ | $x_8$ | $x_2$ | $x_9$ | $x_6$ | $x_7$ | $x_3$ | | |
| $c_j\rightarrow$ | 解 | 2 | 0 | 0 | 0 | 3 | -1000 | 0 | 0 | 4 | 0 | $\theta_l$ |
| $c_l\downarrow$ | | $\boldsymbol{p}_1$ | $\boldsymbol{p}_4$ | $\boldsymbol{p}_5$ | $\boldsymbol{p}_8$ | $\boldsymbol{p}_2$ | $\boldsymbol{p}_9$ | $\boldsymbol{p}_6$ | $\boldsymbol{p}_7$ | $\boldsymbol{p}_3$ | $\boldsymbol{b}$ | |
| 3 | $x_2$ | 0.8 | 0.04 | 0.48 | -1.2 | 1 | 0 | 0 | 0 | 0 | 192 | 240 |
| -1000 | $x_9$ | 0.2 | -0.04 | -1.08 | 0.2 | 0 | 1 | 0 | 0 | 0 | 18 | 90 |
| 0 | $x_6$ | ① | 0 | -0.2 | 0 | 0 | 0 | 1 | 0 | 0 | 70 | 70← |
| 0 | $x_7$ | -0.8 | -0.04 | -1.08 | 1.2 | 0 | 0 | 0 | 1 | 0 | 18 | |
| 4 | $x_3$ | 0 | 0 | -0.4 | 1 | 1 | 0 | 0 | 0 | 1 | 140 | |
| $f(\boldsymbol{a}_j)$ | | -197.6 | 40.12 | 1079.84 | -199.6 | 3 | -1000 | 0 | 0 | 4 | -16864 | |
| $c_j-f(\boldsymbol{a}_j)$ | | 199.6 | -40.12 | -1079.84 | 199.6 | 0 | 0 | 0 | 0 | 0 | 16864 | |
| | ↑ | | | | | | | | | | | |

对照分析表 5-2 和表 5-7、表 5-3 和表 5-8 以及表 5-4 和表 5-9，可以发现：

1）从一组基本解通过转轴运算获得另一组基本解时，会出现一次基本变量和非基本变量的交换。如表 5-2 和表 5-7 中 $x_3$ 退出原非基本变量进入基本变量，$x_8$ 退出原基本变量进入非基本变量。

2）分析表5-2和表5-7，根据$r_j=c_j-f(\boldsymbol{a}_j)$的值确定把$x_3$调入基本变量，$x_8$调出基本变量，同时伴随着基方阵$\boldsymbol{E}_0=(\boldsymbol{p}_4\ \ \boldsymbol{p}_9\ \ \boldsymbol{p}_6\ \ \boldsymbol{p}_7\ \ \boldsymbol{p}_8)$变换成一个新的基方阵$\boldsymbol{E}_1=(\boldsymbol{p}_4\ \ \boldsymbol{p}_9\ \ \boldsymbol{p}_6\ \ \boldsymbol{p}_7\ \ \boldsymbol{p}_3)$，即由

$$\boldsymbol{E}_0=\begin{pmatrix}1&0&0&0&0\\0&1&0&0&0\\0&0&1&0&0\\0&0&0&1&0\\0&0&0&0&1\end{pmatrix}\text{变换到}\boldsymbol{E}_1=\begin{pmatrix}1&0&0&0&30\\0&1&0&0&1\\0&0&1&0&0\\0&0&0&1&0\\0&0&0&0&1\end{pmatrix}$$

这时可以把经过$\boldsymbol{p}_8$、$\boldsymbol{p}_3$以及$x_8$、$x_3$变换后的单纯形表看成是一个新的线性规划问题的初始单纯形表，再进行新一轮的求解运算。

$$\boldsymbol{E}_1^{-1}=\begin{pmatrix}1&0&0&0&-30\\0&1&0&0&-1\\0&0&1&0&0\\0&0&0&1&0\\0&0&0&0&1\end{pmatrix}$$

$$\boldsymbol{E}_1^{-1}\boldsymbol{b}=\begin{pmatrix}1&0&0&0&-30\\0&1&0&0&-1\\0&0&1&0&0\\0&0&0&1&0\\0&0&0&0&1\end{pmatrix}\begin{pmatrix}9000\\350\\70\\210\\140\end{pmatrix}=\begin{pmatrix}9000-4200\\350-140\\70\\210\\140\end{pmatrix}=\begin{pmatrix}4800\\210\\70\\210\\140\end{pmatrix}$$

即$x_4=4800$，$x_9=210$，$x_6=70$，$x_7=210$，$x_3=140$，$x_1=x_2=x_5=x_8=0$。

$$f(\boldsymbol{x})=4\times140-1000\times210=-209440$$

3）分析表5-3和表5-8，根据$r_j=c_j-f(\boldsymbol{a}_j)$的值确定把$x_2$调入基本变量，$x_4$调出基本变量，并伴随着基方阵$\boldsymbol{E}_1=(\boldsymbol{p}_4\ \ \boldsymbol{p}_9\ \ \boldsymbol{p}_6\ \ \boldsymbol{p}_7\ \ \boldsymbol{p}_3)$变换成一个新的基方阵$\boldsymbol{E}_2=(\boldsymbol{p}_2\ \ \boldsymbol{p}_9\ \ \boldsymbol{p}_6\ \ \boldsymbol{p}_7\ \ \boldsymbol{p}_3)$，即由

$$\boldsymbol{E}_2=(\boldsymbol{p}_2\ \ \boldsymbol{p}_9\ \ \boldsymbol{p}_6\ \ \boldsymbol{p}_7\ \ \boldsymbol{p}_3)=\begin{pmatrix}25&0&0&0&0\\1&1&0&0&0\\0&0&1&0&0\\1&0&0&1&0\\0&0&0&0&1\end{pmatrix}$$

求出$\boldsymbol{E}_2^{-1}$后，即可计算出这一轮的$\boldsymbol{x}$和$f(\boldsymbol{x})$的值为：$x_2=192$，$x_9=18$，$x_6=70$，$x_7=18$，$x_3=140$，$x_1=x_4=x_5=x_8=0$，$f(\boldsymbol{x})=-16864$。

然后，根据$r_j=c_j-f(\boldsymbol{a}_j)$的值确定把$x_1$调入基本变量，$x_6$调出基本变量，同时基方阵也由$\boldsymbol{E}_2=(\boldsymbol{p}_2\ \ \boldsymbol{p}_9\ \ \boldsymbol{p}_6\ \ \boldsymbol{p}_7\ \ \boldsymbol{p}_3)$变换成$\boldsymbol{E}_3=(\boldsymbol{p}_2\ \ \boldsymbol{p}_9\ \ \boldsymbol{p}_1\ \ \boldsymbol{p}_7\ \ \boldsymbol{p}_3)$。求出$\boldsymbol{E}_3^{-1}$，计算出$\boldsymbol{x}$和$f(\boldsymbol{x})$。如此反复进行计算，直到求出最优解和目标函数的极值为止。

可以看出，上面的每一次基方阵变换后所进行的迭代，只需要计算新形成的矩阵$\boldsymbol{E}$中的一列数字。显然，这样可以减少计算$\boldsymbol{E}$的逆矩阵的工作量。

另外，也可以看出，在整个单纯形表中，只用到$\boldsymbol{E}^{-1}\boldsymbol{b}$，$\boldsymbol{E}^{-1}\boldsymbol{A}=\boldsymbol{E}^{-1}(\boldsymbol{p}_1\ \ \boldsymbol{p}_2\ \ \cdots\ \ \boldsymbol{p}_n)$和

$c_E - c_E E^{-1}A$ 这三组数据。表中的其他数据在进行转轴运算时并未用到。修正单纯形法就是为了避免计算上面三组数据以外的数据而做的一种改进，所以称修正单纯形法或改进单纯形法。

从上述三组数据可以看出，只要算出$E^{-1}$，就可计算出这三组数据。因此，单纯形法与修正单纯形法的主要区别在于：单纯形法要计算单纯形表中的所有元素，而修正单纯形法则只要计算基矩阵 $E$ 的逆矩阵$E^{-1}$和上述的三组数据（大部分是转轴计算的结果）。因此，修正单纯形法的计算量比单纯形法的要小，且每一次迭代时只存储一个初等矩阵，存储量小。所以，修正单纯形法是在计算机上求解线性规划的实用而有效的方法，并且已有成熟的程序可利用。

计算是根据问题的初始信息 $c_j$ 和$p_j$ 进行的，因为基方阵 $E=(p_1 \quad p_2 \quad \cdots \quad p_m)$，故计算出 $E$ 的逆矩阵$E^{-1}$后，即可算出$E^{-1}b$ 和$E^{-1}A=E^{-1}\ (p_1 \quad p_2 \quad \cdots \quad p_n)$；再根据 $c_j$ 算出$c_E E^{-1}A-c$ 或 $r=c-c_E E^{-1}A$。当 $r$ 非负（对极大值的线性规划问题，则为 $r\leqslant 0$）时，即得到最优解和相应的目标函数最优值$f(x)=c_E E^{-1}b$。

和单纯形法一样，在进行 $E=(p_1 \quad p_2 \quad \cdots \quad p_s \quad \cdots \quad p_m)$到$E'=(p_1 \quad p_2 \quad \cdots \quad p_k \quad \cdots \quad p_m)$的基方阵变换时，仍要确定进入基本变量的变量 $x_k$ 和离开基本变量的变量 $x_s$ 的判别和计算。因此，$\theta$ 规则和最速变化规则仍是修正单纯形法应遵循的基本规则。

虽然每一轮的基方阵 $E$ 求逆只需对其中的一列数据进行计算，但是由于 $E$ 的不断变换，所以应找出这一列数据的确定方法。

设基方阵 $E=(p_1 \quad p_2 \quad \cdots \quad p_s \quad \cdots \quad p_m)$，当确定 $x_k$ 为调入变量，$x_s$ 为调出变量后，即可形成新的基方阵 $E'=(p_1 \quad p_2 \quad \cdots \quad p_k \quad \cdots \quad p_m)$。

由于$E^{-1}$仍是单位矩阵，则根据表 5-7 ~ 表 5-9，可知

$$E'=(p_1 \quad p_2 \quad \cdots \quad p_k \quad \cdots \quad p_m)=\begin{pmatrix} 1 & 0 & \cdots & a'_{1k} & \cdots & 0 \\ 0 & 1 & \cdots & a'_{2k} & \cdots & 0 \\ \vdots & \vdots & & \vdots & & \vdots \\ 0 & 0 & \cdots & a'_{sk} & \cdots & 0 \\ \vdots & \vdots & & \vdots & & \vdots \\ 0 & 0 & \cdots & a'_{mk} & \cdots & 1 \end{pmatrix}$$

很明显，这里的

$$E^{-1}p_k=E^{-1}\begin{pmatrix} a_{1k} \\ a_{2k} \\ \vdots \\ a_{sk} \\ \vdots \\ a_{mk} \end{pmatrix}=\begin{pmatrix} a'_{1k} \\ a'_{2k} \\ \vdots \\ a'_{sk} \\ \vdots \\ a'_{mk} \end{pmatrix}$$

在$E^{-1}E'$的矩阵中，除第 $k$ 列以外，其他各列都是单位矢量，而第 $s$ 行中 $a'_{sk}$是主元素。下一步就是对矩阵$E^{-1}E'$求逆。前已指出，此时只需对第 $k$ 列的元素$(a'_{1k} \quad a'_{2k} \quad \cdots \quad a'_{sk} \quad \cdots \quad a'_{mk})^{\mathrm{T}}$ 进行计算。$(E^{-1}E')^{-1}$的计算结果说明，第 $k$ 列中各元素的值可按下面方法确定。

$(\boldsymbol{E}^{-1}\boldsymbol{E}')^{-1}$中的第 $k$ 列的第 $s$ 个元素为主元素的倒数，即$\frac{1}{a'_{sk}}$，其他各元素为 $-\frac{a'_{ik}}{a'_{sk}}$（$i=1, 2, \cdots, m$）。于是得到$(\boldsymbol{E}^{-1}\boldsymbol{E}')^{-1}$为

$$(\boldsymbol{E}^{-1}\boldsymbol{E}')^{-1}=\begin{pmatrix} 1 & 0 & \cdots & -\frac{a'_{1k}}{a'_{sk}} & \cdots & 0 \\ 0 & 1 & \cdots & -\frac{a'_{2k}}{a'_{sk}} & \cdots & 0 \\ \vdots & \vdots & & \vdots & & \vdots \\ 0 & 0 & \cdots & \frac{1}{a'_{sk}} & \cdots & 0 \\ \vdots & \vdots & & \vdots & & \vdots \\ 0 & 0 & \cdots & -\frac{a'_{mk}}{a'_{sk}} & \cdots & 1 \end{pmatrix}$$

由于$(\boldsymbol{E}^{-1}\boldsymbol{E}')^{-1}=(\boldsymbol{E}')^{-1}\boldsymbol{E}$，则

$$(\boldsymbol{E}')^{-1}=\begin{pmatrix} 1 & 0 & \cdots & -\frac{a'_{1k}}{a'_{sk}} & \cdots & 0 \\ 0 & 1 & \cdots & -\frac{a'_{2k}}{a'_{sk}} & \cdots & 0 \\ \vdots & \vdots & & \vdots & & \vdots \\ 0 & 0 & \cdots & \frac{1}{a'_{sk}} & \cdots & 0 \\ \vdots & \vdots & & \vdots & & \vdots \\ 0 & 0 & \cdots & -\frac{a'_{mk}}{a'_{sk}} & \cdots & 1 \end{pmatrix}$$

参照表 5-7 ~ 表 5-9 的说明，很明显，上面的矩阵求逆方法可推广到以下各轮的矩阵求逆计算中去。

上述修正单纯形法的迭代过程如下：

1）根据问题需要，加入松弛变量或人工变量，写出初始基方阵 $\boldsymbol{E}$，求$\boldsymbol{E}^{-1}$和基本解

$$\boldsymbol{x}=\begin{pmatrix}\boldsymbol{x}_E \\ \boldsymbol{x}_F\end{pmatrix}=\begin{pmatrix}\boldsymbol{E}^{-1}\boldsymbol{b} \\ \boldsymbol{0}\end{pmatrix}$$

2）计算$\boldsymbol{c}_E\boldsymbol{E}^{-1}\boldsymbol{A}$ 和 $\boldsymbol{r}=\boldsymbol{c}-\boldsymbol{c}_E\boldsymbol{E}^{-1}\boldsymbol{A}$，对应于非基本变量计算相应的 $r_k=c_k-f(\boldsymbol{a}_k)=c_k-\boldsymbol{c}_E\boldsymbol{E}^{-1}\boldsymbol{p}_k$。若所有 $r\geqslant 0$（对极小化问题），则 $\boldsymbol{x}$ 为最优解；否则转至步骤 3）。

3）选取进入新的基方阵的$\boldsymbol{p}_k$，找出 $r_k=\min[c_k-f(\boldsymbol{a}_k)]<0$，计算$\boldsymbol{E}^{-1}\boldsymbol{p}_k$。若所有$\boldsymbol{E}^{-1}\boldsymbol{p}_k\leqslant 0$，则无解；否则转至步骤 4）。

4）计算$\min\limits_{l}\left(\frac{b'_l}{a'_{lk}}\right)=\frac{b'_s}{a'_{sk}}=x_k$（$a'_{lk}>0$），选取离开基方阵的$\boldsymbol{p}_s$，形成新的基方阵 $\boldsymbol{E}'$，转至步骤 5）。

5）计算新的矩阵$\boldsymbol{E}^{-1}\boldsymbol{E}'$的逆矩阵$(\boldsymbol{E}^{-1}\boldsymbol{E}')^{-1}$和$(\boldsymbol{E}')^{-1}$。每迭代一次，就构成一个新的逆矩阵。

然后转至步骤1）重复计算，直到求得最优解和相应的目标函数值（极小值或极大值）。

**例 5-4** 求解线性规划问题

$$\max z = 5x_1 + 4x_2$$

$$\text{s.t.} \begin{cases} x_1 + 3x_2 + x_3 = 90 \\ 2x_1 + x_2 + x_4 = 80 \\ x_1 + x_2 + x_5 = 45 \\ x_i \geqslant 0 \quad (i = 1, 2, \cdots, 5) \end{cases}$$

**解：** 1）由问题的数学模型写出初始信息，即

$$\begin{matrix} & \boldsymbol{p}_1 & \boldsymbol{p}_2 & \boldsymbol{p}_3 & \boldsymbol{p}_4 & \boldsymbol{p}_5 \end{matrix}$$

$$\boldsymbol{A} = \begin{pmatrix} 1 & 3 & 1 & 0 & 0 \\ 2 & 1 & 0 & 1 & 0 \\ 1 & 1 & 0 & 0 & 1 \end{pmatrix}$$

$$\boldsymbol{c} = (5 \quad 4 \quad 0 \quad 0 \quad 0)^{\mathrm{T}}$$

$$\boldsymbol{b} = (90 \quad 80 \quad 45)^{\mathrm{T}}$$

显然初始基方阵$\boldsymbol{E}_0 = (\boldsymbol{p}_3 \quad \boldsymbol{p}_4 \quad \boldsymbol{p}_5) = \begin{pmatrix} 1 & 0 & 0 \\ 0 & 1 & 0 \\ 0 & 0 & 1 \end{pmatrix}$，同时得

$$\boldsymbol{E}_0^{-1} = \begin{pmatrix} 1 & 0 & 0 \\ 0 & 1 & 0 \\ 0 & 0 & 1 \end{pmatrix}$$

所以

$$\boldsymbol{x}_{E_0} = \begin{pmatrix} x_3 \\ x_4 \\ x_5 \end{pmatrix} = \boldsymbol{E}_0^{-1}\boldsymbol{b} = \begin{pmatrix} 1 & 0 & 0 \\ 0 & 1 & 0 \\ 0 & 0 & 1 \end{pmatrix}\begin{pmatrix} 90 \\ 80 \\ 45 \end{pmatrix} = \begin{pmatrix} 90 \\ 80 \\ 45 \end{pmatrix}$$

$$\boldsymbol{c}_{E_0}\boldsymbol{E}_0^{-1} = (0 \quad 0 \quad 0)\begin{pmatrix} 1 & 0 & 0 \\ 0 & 1 & 0 \\ 0 & 0 & 1 \end{pmatrix} = (0 \quad 0 \quad 0)$$

2）计算各非基本变量的相对价值系数，得

$$r_1 = c_1 - c_{E_0}\boldsymbol{E}_0^{-1}\boldsymbol{p}_1 = 5 - (0 \quad 0 \quad 0)\begin{pmatrix} 1 \\ 2 \\ 1 \end{pmatrix} = 5$$

$$r_2 = c_2 - c_{E_0}\boldsymbol{E}_0^{-1}\boldsymbol{p}_2 = 4 - (0 \quad 0 \quad 0)\begin{pmatrix} 3 \\ 1 \\ 1 \end{pmatrix} = 4$$

3）根据 $\max\{r_1 = 5, r_2 = 4\} = r_1$，对应非基本变量 $x_1$，确定 $x_1$ 为调入基本变量的变量。同时计算

$$\boldsymbol{E}_0^{-1}\boldsymbol{p}_1 = \begin{pmatrix} 1 & 0 & 0 \\ 0 & 1 & 0 \\ 0 & 0 & 1 \end{pmatrix}\begin{pmatrix} 1 \\ 2 \\ 1 \end{pmatrix} = \begin{pmatrix} 1 \\ 2 \\ 1 \end{pmatrix}$$

4）根据 $\theta$ 规则，求出 $\theta_s=\min\left\{\frac{90}{1},\ \frac{80}{2},\ \frac{45}{1}\right\}=\frac{80}{2}=40$，得到 $s=2$。它所对应的基本变量 $x_4$ 被确定为调出变量。于是得到新的基方阵 $\boldsymbol{E}_1=(\boldsymbol{p}_3\quad \boldsymbol{p}_1\quad \boldsymbol{p}_5)$，相应的 $\boldsymbol{c}_{E_1}=(0\quad 5\quad 0)$。

5）计算新的基方阵的逆矩阵 $\boldsymbol{E}_1^{-1}$。因为从步骤3）和4）可得到主元素为2，$s=2$，所以可以得到

$$(\boldsymbol{E}_0^{-1}\boldsymbol{E}_1)^{-1}=\begin{pmatrix}1 & -\frac{1}{2} & 0\\ 0 & \frac{1}{2} & 0\\ 0 & -\frac{1}{2} & 1\end{pmatrix}$$

由于 $\boldsymbol{E}_0^{-1}$ 是单位矩阵，所以 $\boldsymbol{E}_1^{-1}$ 仍是上式。这样可求得

$$\boldsymbol{E}_1^{-1}=\begin{pmatrix}1 & -\frac{1}{2} & 0\\ 0 & \frac{1}{2} & 0\\ 0 & -\frac{1}{2} & 1\end{pmatrix}$$

$$\boldsymbol{x}_{E_1}=\boldsymbol{E}_1^{-1}\boldsymbol{x}_{E_0}=\begin{pmatrix}1 & -\frac{1}{2} & 0\\ 0 & \frac{1}{2} & 0\\ 0 & -\frac{1}{2} & 1\end{pmatrix}\begin{pmatrix}90\\80\\45\end{pmatrix}=\begin{pmatrix}50\\40\\5\end{pmatrix}$$

$$\boldsymbol{c}_{E_1}\boldsymbol{E}_1^{-1}=(0\quad 5\quad 0)\begin{pmatrix}1 & -\frac{1}{2} & 0\\ 0 & \frac{1}{2} & 0\\ 0 & -\frac{1}{2} & 1\end{pmatrix}=\begin{pmatrix}0 & \frac{5}{2} & 0\end{pmatrix}$$

用 $\boldsymbol{E}_1^{-1}$ 代替 $\boldsymbol{E}_0^{-1}$ 重复以上步骤2）～5）。

1）计算非基本变量 $x_2$ 和 $x_4$ 的相对价值系数，得

$$r_2=c_2-\boldsymbol{c}_{E_1}\boldsymbol{E}_1^{-1}\boldsymbol{p}_2=4-\begin{pmatrix}0 & \frac{5}{2} & 0\end{pmatrix}\begin{pmatrix}3\\1\\1\end{pmatrix}=\frac{3}{2}$$

$$r_4=c_4-\boldsymbol{c}_{E_1}\boldsymbol{E}_1^{-1}\boldsymbol{p}_4=0-\begin{pmatrix}0 & \frac{5}{2} & 0\end{pmatrix}\begin{pmatrix}0\\1\\0\end{pmatrix}=-\frac{5}{2}$$

2）因为 $\max\left\{r_2=\frac{3}{2},\ r_4=-\frac{5}{2}\right\}=r_2=\frac{3}{2}$，确定 $x_2$ 为调入基本变量的变量。计算

$$E_1^{-1}p_2=\begin{pmatrix}1 & -\frac{1}{2} & 0\\ 0 & \frac{1}{2} & 0\\ 0 & -\frac{1}{2} & 1\end{pmatrix}\begin{pmatrix}3\\1\\1\end{pmatrix}=\begin{pmatrix}\frac{5}{2}\\ \frac{1}{2}\\ \frac{1}{2}\end{pmatrix}$$

3）求 $\theta_k=\min\left\{\frac{50}{\frac{5}{2}},\ \frac{40}{\frac{1}{2}},\ \frac{5}{\frac{1}{2}}\right\}=\frac{5}{\frac{1}{2}}=10$，得到 $s=3$。它所对应的基本变量 $x_5$ 被确定为调出变量。于是又得到新的基方阵$E_2=(p_3\quad p_1\quad p_2)$，相应的$c_{E_2}=(0\quad 5\quad 4)$。

4）计算$E_2^{-1}$。由于所得到的主元素为$\frac{1}{2}$，$s=3$，所以可以得到

$$(E_1^{-1}E_2)^{-1}=\begin{pmatrix}1 & 0 & -5\\ 0 & 1 & -1\\ 0 & 0 & 2\end{pmatrix}$$

则

$$E_2^{-1}=(E_1^{-1}E_2)^{-1}E_1^{-1}=\begin{pmatrix}1 & 0 & -5\\ 0 & 1 & -1\\ 0 & 0 & 2\end{pmatrix}\begin{pmatrix}1 & -\frac{1}{2} & 0\\ 0 & \frac{1}{2} & 0\\ 0 & -\frac{1}{2} & 1\end{pmatrix}=\begin{pmatrix}1 & 2 & -5\\ 0 & 1 & -1\\ 0 & -1 & 2\end{pmatrix}$$

$$x_{E_2}=E_2^{-1}x_{E_1}=\begin{pmatrix}1 & 0 & -5\\ 0 & 1 & -1\\ 0 & 0 & 2\end{pmatrix}\begin{pmatrix}50\\40\\5\end{pmatrix}=\begin{pmatrix}25\\35\\10\end{pmatrix}$$

$$c_{E_2}E_2^{-1}=(0\quad 5\quad 4)\begin{pmatrix}1 & 2 & -5\\ 0 & 1 & -1\\ 0 & -1 & 2\end{pmatrix}=(0\quad 1\quad 3)$$

$$r_4=c_4-c_{E_2}E_2^{-1}p_4=0-(0\quad 1\quad 3)\begin{pmatrix}0\\1\\0\end{pmatrix}=-1<0$$

$$r_5=c_5-c_{E_2}E_2^{-1}p_5=0-(0\quad 1\quad 3)\begin{pmatrix}0\\0\\1\end{pmatrix}=-3<0$$

故得到最优解。最优解为 $x_1=35$，$x_2=10$，$x_3=25$，$x_4=x_5=0$。
目标函数的极大值为

$$z=f(x)=c_{E_2}x_{E_2}=(0\quad 5\quad 4)\begin{pmatrix}25\\35\\10\end{pmatrix}=215$$

# 5.6 工程设计应用

## 5.6.1 等截面长条类材料下料方案的最优确定

在工程中，最大限度地节约材料，提高材料利用率是实际生产中追求的目标。在等截面长条类材料，如各种型材的下料过程中，往往都是从一种规格的材料中下出各种不同长度尺寸的坯料。一般工程中通常采用凭直觉判断下料的方案，几乎不可能实现最节省原材料的最优方案。评价下料方案的优劣，可通过比较原材料利用率大小来确定。

**例 5-5** 今有一批 4m 长的圆钢，需要下长 0.7m 的坯料 4000 件，长 0.52m 的坯料 3600 件，问如何下料可以使材料的利用率最高（忽略切口损失长度）?

**解**：如果采用单一的下料方案，所需圆钢数目

$$n = n_1 + n_2$$

式中 $n_1$——0.7m 长 4000 件坯料所需型材的条数；

$n_2$——0.52m 长 3600 件坯料所需型材的条数。

$$n = n_1 + n_2 = [4000/\mathrm{INT}(4/0.7)] + [3600/\mathrm{INT}(4/0.52)] = (4000/5) + (3600/7) = 1315$$

INT($m$)为不大于 $m$ 的最大整数，如 INT(5.714) = 5。

材料利用率 $\eta = (0.7 \times 4000 + 0.52 \times 3600)/(1315 \times 4) = 0.888213 = 88.8213\%$

采用优化设计，建立数学模型：

目标函数 $$\min f(\boldsymbol{x}) = \sum_{i=1}^{n} x_i$$

约束条件

$$\begin{cases} \sum_{i=1}^{n} a_{1i} x_i \geqslant 4000 \\ \sum_{i=1}^{n} a_{2i} x_i \geqslant 3600 \end{cases}$$

式中 $i$——分配方案的数量；

$x_i$——第 $i$ 种下料方案所需 4m 型材的数量；

$a_{ji}$——对 $i$ 种方案，4m 的型材取第 $j$ 种尺寸的数量，$j = 1$，2。

$a_{11} = \mathrm{INT}[4/0.7] = 5$

$a_{21} = \mathrm{INT}[(4 - a_{11} \times 0.7)/0.52] = 0$

$a_{12} = a_{11} - 1 = 4$

$a_{22} = \mathrm{INT}[(4 - a_{12} \times 0.7)/0.52] = 2$

$a_{13} = a_{12} - 1 = 3$

$a_{23} = \mathrm{INT}[(4 - a_{13} \times 0.7)/0.52] = 3$

$a_{14} = a_{13} - 1 = 2$

$a_{24} = \mathrm{INT}[(4 - a_{14} \times 0.7)/0.52] = 5$

$a_{15} = a_{14} - 1 = 1$

$a_{25} = \mathrm{INT}[(4-a_{15}\times 0.7)/0.52]=6$

$a_{16}=a_{15}-1=0$

$a_{26} = \mathrm{INT}[(4-a_{16}\times 0.7)/0.52]=7$

故该问题的优化设计数学模型为 $\min f(\boldsymbol{x})=x_1+x_2+x_3+x_4+x_5+x_6$

约束条件

$$\begin{cases}5x_1+4x_2+3x_3+2x_4+x_5\geqslant 4000\\2x_2+3x_3+5x_4+6x_5+7x_6\geqslant 3600\end{cases}$$

采用单纯形法，计算结果为 $\boldsymbol{x}=(0\quad 800\quad 0\quad 400\quad 0\quad 0)^{\mathrm{T}}$，$f(\boldsymbol{x})=800+400=1200$，即需每条型钢下0.7m的坯料4件、0.52m的坯料2件，共计800条；需每条型钢下0.7m的坯料2件、0.52m的坯料5件，共计400条，合计4m的型钢共需1200条。材料利用率 $\eta=(0.7\times 4000+0.52\times 3600)/(1200\times 4)=0.973333=97.3333\%$。

## 5.6.2 分配运输任务的最有确定

**例5-6** 有一车队有八辆车，这八辆车存放在不同的地点，队长要派出五辆车去不同的地点拉货，各辆车从存放处去拉货至返回原处所需费用见表5-10，问选派哪五辆车分别到何处去拉货，可使运输所需的总费用最少？

**解**：优化设计数学模型为

目标函数

$$\begin{aligned}\min f(\boldsymbol{x})=&30x_{11}+29x_{12}+28x_{13}+29x_{14}+21x_{15}+\\&25x_{21}+31x_{22}+29x_{23}+30x_{24}+20x_{25}+\\&18x_{31}+19x_{32}+30x_{33}+19x_{34}+18x_{35}+\\&32x_{41}+18x_{42}+19x_{43}+24x_{44}+17x_{45}+\\&27x_{51}+21x_{52}+19x_{53}+25x_{54}+16x_{55}+\\&19x_{61}+20x_{62}+22x_{63}+19x_{64}+14x_{65}+\\&22x_{71}+30x_{72}+23x_{73}+18x_{74}+16x_{75}+\\&26x_{81}+19x_{82}+26x_{83}+21x_{84}+18x_{85}\end{aligned}$$

**表5-10 费用表** （单位：元）

| 费用 \ 地点 / 车号 | 1 | 2 | 3 | 4 | 5 |
|---|---|---|---|---|---|
| 1 | 30 | 29 | 28 | 29 | 21 |
| 2 | 25 | 31 | 29 | 30 | 20 |
| 3 | 18 | 19 | 30 | 19 | 18 |
| 4 | 32 | 18 | 19 | 24 | 17 |
| 5 | 27 | 21 | 19 | 25 | 16 |
| 6 | 19 | 20 | 22 | 19 | 14 |
| 7 | 22 | 30 | 23 | 18 | 16 |
| 8 | 26 | 19 | 26 | 21 | 18 |

约束条件

$$\begin{cases}\sum_{j=1}^{8} x_{ij} = 1 \quad (i = 1,2,\cdots,8) \\ \sum_{i=1}^{8} x_{ij} = 1 \quad (j = 1,2,\cdots,8) \\ x_{ij} = 0 \quad 或 \quad x_{ij} = 1\end{cases}$$

采用单纯形法，可解得：

| $x^*$ | $x_{16}$ | $x_{27}$ | $x_{31}$ | $x_{42}$ | $x_{53}$ | $x_{65}$ | $x_{74}$ | $x_{88}$ |
|---|---|---|---|---|---|---|---|---|
| 数值 | 1 | 1 | 1 | 1 | 1 | 1 | 1 | 1 |

其余 $x_{ij}=0$

最优值 $f(x^*)=18+18+19+14+18=87$

即派的五辆车号和去的地点分别是：3 号车去地点 1，4 号车去地点 2，5 号车去地点 3，6 号车去地点 5，7 号车去地点 4，总费用为 87 元。

## 习　题

5-1　将下列线性规划化为标准形式：

（1）$\min y=3x_1+2x_2+x_3-x_4$

s. t. $x_1-2x_2+3x_3-x_4\leqslant 15$

$2x_1+x_2-x_3+2x_4\geqslant 6$

$x_1,\ \cdots,\ x_4\geqslant 0$

（2）$\min y=x_1-2x_2+3x_3$

s. t. $x_1+x_2+x_3\leqslant 6$

$x_1+2x_2+4x_3\geqslant 12$

$x_1-x_2+x_3\geqslant 2$

$x_1,\ x_2,\ x_3\geqslant 0$

5-2　对下面的线性规划，以 $B=(p_2,p_3,p_6)$ 为基写出对应的规范式：

$$\min y=x_1-2x_2+x_3$$

$$\text{s. t. } 3x_1-x_2+2x_3+x_4=7$$

$$-2x_1+4x_2+x_5=12$$

$$-4x_1+3x_2+8x_3+x_6=10$$

$$x_1,\cdots,x_6\geqslant 0$$

5-3　用单纯形法求解下列线性规划：

（1）$\min y=-x_1+2x_2$

s. t. $-x_1+x_2\leqslant 2$

$x_1+2x_2\leqslant 6$

$x_1,\ x_2\geqslant 0$

（2）$\max y=3x_1+6x_2$

s. t. $-x_1+x_2\leqslant 2$

$x_1+2x_2\leqslant 6$

$x_1,\ x_2\geqslant 0$

（3） $\min y = 3x_1 + 2x_2 + x_3 - x_4$

s. t. $x_1 - 2x_2 + 3x_3 - x_4 \leqslant 15$

$2x_1 + x_2 - x_3 + 2x_4 \leqslant 10$

$x_1, \cdots, x_4 \geqslant 0$

（4） $\min y = -10x_1 - 5x_2 - 2x_3 + 6x_4$

s. t. $5x_1 + 3x_2 + x_3 \leqslant 9$

$-5x_1 + 6x_2 + 15x_3 \leqslant 15$

$2x_1 + x_2 + x_3 - x_4 \leqslant 13$

$x_1, \cdots, x_4 \geqslant 0$

5-4 建立下列问题的数学模型，并分别用单纯形法和修正单纯形法求解这个问题。

某工厂计划安排甲、乙两种产品，它们分别要在 A、B、C、D 四种不同的设备上加工。按照工艺规定，两产品在各设备上需要的加工台时数（一台设备工作 1h 称为台时数）见下表：

| 设备<br>产品 | A | B | C | D |
| --- | --- | --- | --- | --- |
| 甲 | 2 | 1 | 4 | 0 |
| 乙 | 2 | 2 | 0 | 4 |

已知各设备在计划内可提供的台时数分别是 12、8、16、12。若该工厂生产一件甲产品可得利 2 元，生产一件乙产品可得利 3 元。问应如何安排生产计划才能得利最多？

5-5 用修正单纯形法求解：

$$\min y = -2x_2 + x_3$$

s. t.

$$\begin{aligned} -x_1 + 2x_2 - x_3 &\leqslant 4 \\ x_1 + x_2 + x_3 &\leqslant 9 \\ 2x_1 - x_2 - x_3 &\leqslant 5 \\ x_1, x_2 &\geqslant 0 \end{aligned}$$

5-6 用单纯形法和修正单纯形法分别求解：

$$\min y = -(3x_1 + x_2 + 3x_3)$$

$$\text{s. t.} \begin{pmatrix} 2 & 1 & 1 \\ 1 & 2 & 3 \\ 2 & 2 & 1 \end{pmatrix} \begin{pmatrix} x_1 \\ x_2 \\ x_3 \end{pmatrix} \leqslant \begin{pmatrix} 2 \\ 5 \\ 6 \end{pmatrix}, \boldsymbol{x} \geqslant \boldsymbol{0}$$

# 第6章 约束优化方法

## 6.1 概述

机械优化设计中的问题大多数属于约束优化设计问题，其数学模型为

$$\begin{aligned} &\min f(\boldsymbol{x})=f(x_1,x_2,\cdots,x_n)\\ &\text{s.t.}\ \ g_j(\boldsymbol{x})=g_j(x_1,x_2,\cdots,x_n)\leqslant 0\ (j=1,2,\cdots,m)\\ &\qquad h_k(\boldsymbol{x})=h_k(x_1,x_2,\cdots,x_n)=0\ (k=1,2,\cdots,l) \end{aligned} \tag{6-1}$$

求解式（6-1）的方法称为约束优化方法。根据求解方式的不同，可分为直接解法和间接解法等。

### 6.1.1 直接解法

直接解法通常适用于仅含不等式约束的问题，它的搜索路线（见图6-1）是在 $m$ 个不等式约束条件所确定的可行域内，选择一个初始点 $\boldsymbol{x}^0$，然后决定可行搜索方向 $\boldsymbol{d}$，且以适当的步长 $\alpha$，沿 $\boldsymbol{d}$ 方向进行搜索，得到一个使目标函数值下降的可行的新点 $\boldsymbol{x}^1$，即完成一次迭代。再以新点为起点，重复上述搜索过程，满足收敛条件后，迭代终止。每次迭代计算均按以下基本迭代格式进行：

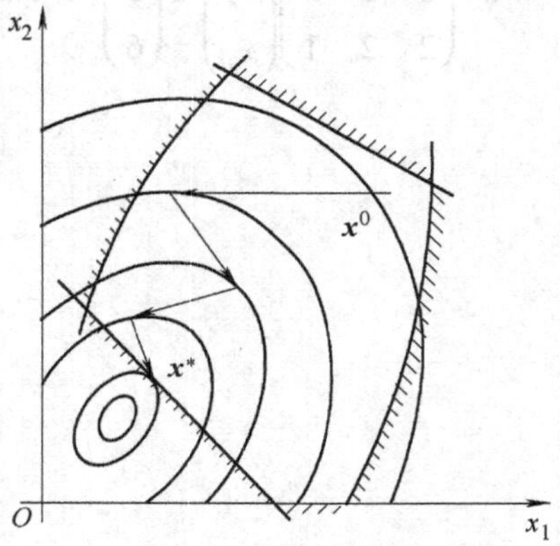


图6-1 直接解法的搜索路线

$$x^{k+1}=x^k+\alpha_k d^k(k=1,2,\cdots) \tag{6-2}$$

式中　$\alpha_k$——步长；

$d^k$——可行搜索方向。

所谓可行搜索方向，是指当设计点沿该方向做微量移动时，目标函数值将下降，且不会超出可行域。产生可行搜索方向的方法取决于直接解法中使用的算法。

直接解法的原理简单，方法实用，其特点有：

1）由于整个求解过程在可行域内进行，所以迭代计算不论何时终止，都可以获得一个比初始点好的设计点。

2）若目标函数为凸函数，可行域为凸集，则可保证获得全域最优解，否则，因存在多个局部最优解，当选择的初始点不相同时，可能搜索到不同的局部最优解。为此，常在可行域内选择几个差别较大的初始点分别进行计算，以便从求得的多个局部最优解中选择更好的最优解。

3）要求可行域为有界的非空集，即在有界可行域内存在满足全部约束条件的点，且目标函数有定义。

### 6.1.2　间接解法

间接解法有不同的求解策略，其中一种解法的思路是将约束优化问题中的约束函数进行特殊加权处理后，和目标函数结合起来，构成一个新的目标函数，即将原约束优化问题转化为一个或一系列的无约束优化问题。再对新的目标函数进行无约束优化计算，从而间接地搜索到原约束问题的最优解。

间接解法的基本迭代过程如图 6-2 所示。

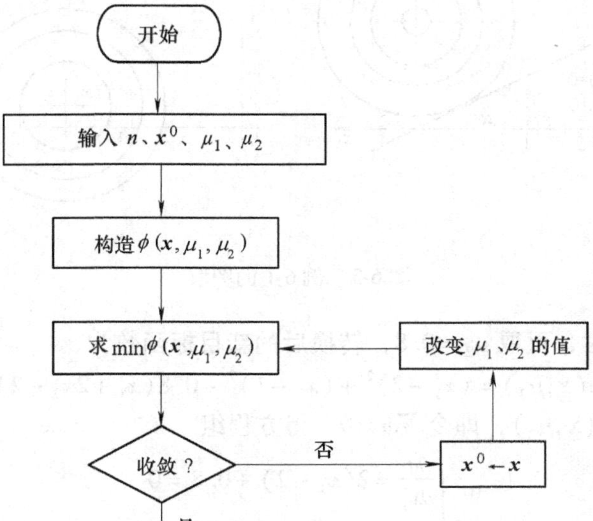


图 6-2　间接解法框图

首先将式（6-1）所示的约束优化问题转化成新的无约束目标函数

$$\phi(\boldsymbol{x},\mu_1,\mu_2) = f(\boldsymbol{x}) + \sum_{j=1}^{m}\mu_1 G(g_j(\boldsymbol{x})) + \sum_{k=1}^{l}\mu_2 H(h_k(\boldsymbol{x})) \tag{6-3}$$

式中 $\phi(\boldsymbol{x},\mu_1,\mu_2)$——转换后的新目标函数；

$\sum_{j=1}^{m}\mu_1 G(g_j(\boldsymbol{x}))$，$\sum_{k=1}^{l}\mu_2 H(h_k(\boldsymbol{x}))$——分别为约束函数 $g_j(\boldsymbol{x})$、$h_k(\boldsymbol{x})$经过加权处理后构成的某种形式的复合函数或泛函数；

$\mu_1$，$\mu_2$——加权因子。

然后对 $\phi(\boldsymbol{x},\mu_1,\mu_2)$进行无约束极小化计算。由于在新目标函数中包含了各种约束条件，在求极值的过程中还将改变加权因子的大小。因此可以不断地调整设计点，使其逐步逼近约束边界，从而间接地求得原约束问题的最优解。

下面举一个简单的例子来说明用间接解法求解约束优化问题的可能性。

**例 6-1** 求下列约束优化问题的最优解。

$$\min f(x) = (x_1-2)^2 + (x_2-1)^2$$
$$\text{s. t.} \quad h(\boldsymbol{x}) = x_1 + 2x_2 - 2 = 0$$

**解：**该问题的约束最优解为 $\boldsymbol{x}^* = (1.6 \quad 0.2)^{\mathrm{T}}$，$f(\boldsymbol{x}^*) = 0.8$。由图 6-3a 可知，约束最优点 $\boldsymbol{x}^*$ 为目标函数等值线与等式约束函数（直线）的切点。

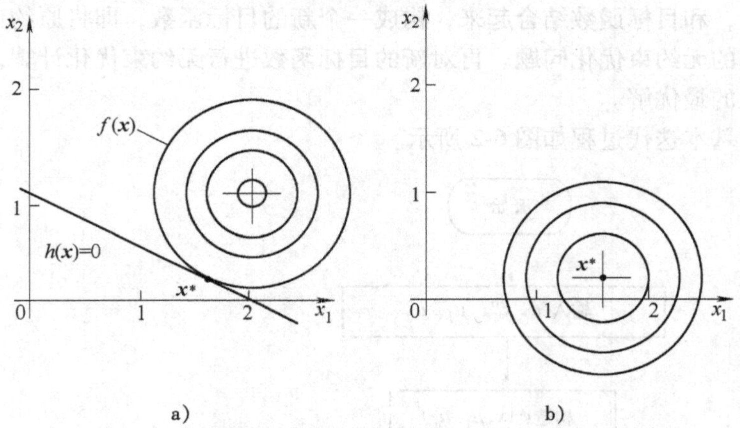


图 6-3 例 6-1 的图解

用间接解法求解时，可取 $\mu_2 = 0.8$，转换后的新目标函数为

$$\phi(\boldsymbol{x},\mu_2) = (x_1-2)^2 + (x_2-1)^2 + 0.8(x_1+2x_2-2)$$

可以用解析法求 $\min\phi(\boldsymbol{x},\mu_2)$，即令 $\nabla\phi = 0$，得方程组

$$\begin{cases} \dfrac{\partial\phi}{\partial x_1} = 2(x_1-2) + 0.8 = 0 \\ \dfrac{\partial\phi}{\partial x_2} = 2(x_2-1) + 1.6 = 0 \end{cases}$$

解此方程组，求得无约束最优解为 $\boldsymbol{x}^* = (1.6 \quad 0.2)^{\mathrm{T}}$，$\phi(\boldsymbol{x}^*,\mu_2) = 0.8$。其结果和原约束最优解相同。图 6-3b 表示出最优点 $\boldsymbol{x}^*$ 为新目标函数等值线族的中心。

间接解法是目前在机械优化设计中得到广泛应用的一种有效方法。其特点有：

1）由于无约束优化方法的研究日趋成熟，已经研究出不少有效的无约束优化方法和程序，使得间接解法有了可靠的基础。目前，这类算法的计算效率和数值计算的稳定性也都有较大提高。

2）可以有效地处理具有等式约束的约束优化问题。

3）间接解法存在的主要问题是，选取加权因子较为困难。加权因子选取不当，不但影响收敛速度和计算精度，甚至会导致计算发散。

求解约束优化设计问题的方法很多，本章将着重介绍属于直接解法的随机方向法、复合形法、可行方向法，属于间接解法的惩罚函数法。此外，还将对约束优化方法的另一类解法——二次规划法做简要介绍。

## 6.2　随机方向法

随机方向法是一种原理简单的直接解法，其基本思路如图6-4所示。首先在可行域内选择一个初始点 $\boldsymbol{x}^0$，利用随机数的概率特性，产生若干个随机方向，并从中选择一个能使目标函数值下降最快的随机方向作为可行搜索方向，记作 $\boldsymbol{d}$。然后从初始点 $\boldsymbol{x}^0$ 出发，沿 $\boldsymbol{d}$ 方向以一定的步长进行搜索，得到新点 $\boldsymbol{x}$。新点 $\boldsymbol{x}$ 应满足约束条件：$g_j(\boldsymbol{x}) \leqslant 0$（$j=1, 2, \cdots, m$），且 $f(\boldsymbol{x}) < f(\boldsymbol{x}^0)$，至此完成一次迭代。之后，将起始点移至 $\boldsymbol{x}$，即令 $\boldsymbol{x}^0 \leftarrow \boldsymbol{x}$。重复以上过程，经过若干次迭代计算后，最终取得约束优化问题的最优解。

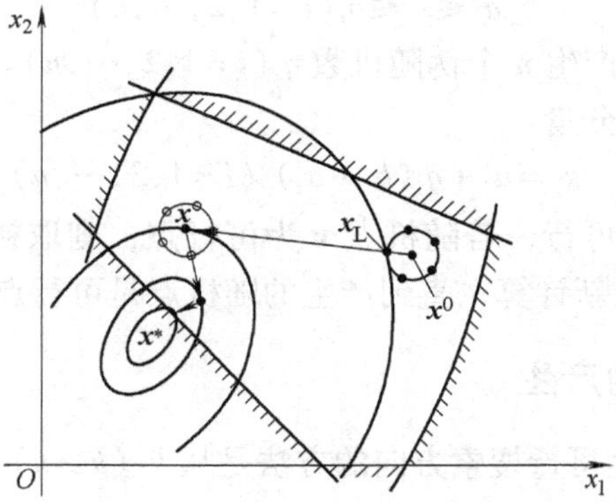


图6-4　随机方向法的算法原理图

随机方向法的优点是对目标函数的性态无特殊要求，程序设计简单，使用方便。由于可行搜索方向是从许多随机方向中选择的使目标函数值下降最快的方向，而且步长还可以灵活变动，所以此算法的收敛速度比较快。若能取得一个较好的初始点，迭代次数可以大大减少。这种方法是求解小型机械优化设计问题的一种十分有效的算法。

### 6.2.1　随机数的产生

在随机方向法中，为产生可行的初始点及随机方向，需要用到大量的（0，1）和（－1，1）区间内均匀分布的随机数。在计算机内，随机数通常是按照一定的数学模型进行计算后得到的，这样得到的随机数称为伪随机数。它的特点是产生速度快，计算机内存占用少，并且有较好的概率统计特性。产生伪随机数的方法很多，下面仅介绍一种常用的数学模型。

首先令 $r_1=2^{35}$，$r_2=2^{36}$，$r_3=2^{37}$，取 $r=2657863$（$r$ 为小于 $r_1$ 的正奇数），然后按以下步骤计算：

令 $r \leftarrow 5r$

若 $r \geqslant r_3$，则 $r \leftarrow r-r_3$

若 $r \geqslant r_2$，则 $r \leftarrow r-r_2$

若 $r \geqslant r_1$，则 $r \leftarrow r-r_1$

则
$$q=\frac{r}{r_1} \tag{6-4}$$

$q$ 即为（0，1）区间内的伪随机数。利用 $q$，容易求得任意区间（$a$，$b$）内的伪随机数，其计算公式为

$$x=a+q(b-a) \tag{6-5}$$

### 6.2.2 初始点的选择

随机方向法的初始点 $\boldsymbol{x}^0$ 必须是一个可行点，即需满足全部不等式约束条件：$g_j(\boldsymbol{x}) \leqslant 0$ $(j=1,2,\cdots,m)$。当约束条件较为复杂，用人工不易选择可行初始点时，可用随机选择的方法来产生。其计算步骤如下：

1）输入设计变量的下限值和上限值，即

$$a_i \leqslant x_i \leqslant b_i (i=1,2,\cdots,n)$$

2）在区间（0，1）内产生 $n$ 个伪随机数 $q_i(i=1,2,\cdots,n)$。

3）计算随机点 $\boldsymbol{x}$ 的各分量

$$x_i=a_i+q_i(b_i-a_i) \quad (i=1,2,\cdots,n) \tag{6-6}$$

4）判别随机点 $\boldsymbol{x}$ 是否可行，若随机点 $\boldsymbol{x}$ 为可行点，则取初始点 $\boldsymbol{x}^0 \leftarrow \boldsymbol{x}$；若随机点 $\boldsymbol{x}$ 为非可行点，则转步骤 2）重新计算，直到产生的随机点是可行点为止。

### 6.2.3 可行搜索方向的产生

在随机方向法中，产生可行搜索方向的方法是从 $k$（$k \geqslant n$）个随机方向中，选取一个较好的方向。其计算步骤为：

1）在（−1，1）区间内产生伪随机数 $r_i^j(i=1,2,\cdots,n;\ j=1,2,\cdots,k)$，按下式计算随机单位向量 $\boldsymbol{e}^j$

$$\boldsymbol{e}^j=\frac{1}{\left[\sum\limits_{i=1}^{n}(r_i^j)^2\right]^{\frac{1}{2}}}\begin{pmatrix} r_1^j \\ r_2^j \\ \vdots \\ r_n^j \end{pmatrix} \quad (j=1,2,\cdots,k) \tag{6-7}$$

2）取一试验步长 $\alpha_0$，按下式计算 $k$ 个随机点

$$\boldsymbol{x}^j=\boldsymbol{x}^0+\alpha_0\boldsymbol{e}^j \quad (j=1,2,\cdots,k) \tag{6-8}$$

显然，$k$ 个随机点分布在以 $\boldsymbol{x}^0$ 为中心，以试验步长 $\alpha_0$ 为半径的超球面上。

3）检验 $k$ 个随机点 $\boldsymbol{x}^j(j=1,2,\cdots,k)$ 是否为可行点，除去非可行点，计算剩下的可行随

机点的目标函数值，比较其大小，选出目标函数值最小的点 $\boldsymbol{x}_{\mathrm{L}}$。

4）比较 $\boldsymbol{x}_{\mathrm{L}}$ 和 $\boldsymbol{x}^0$ 两点的目标函数值，若 $f(\boldsymbol{x}_{\mathrm{L}})<f(\boldsymbol{x}^0)$，则取 $\boldsymbol{x}_{\mathrm{L}}$ 和 $\boldsymbol{x}^0$ 的连线方向作为可行搜索方向；若 $f(\boldsymbol{x}_{\mathrm{L}})\geqslant f(\boldsymbol{x}^0)$，则将步长 $\alpha_0$ 缩小，转至步骤2）重新计算，直至 $f(\boldsymbol{x}_L)<f(\boldsymbol{x}^0)$ 为止。如果 $\alpha_0$ 缩小到很小（如 $\alpha_0\leqslant10^{-6}$）仍然找不到一个 $\boldsymbol{x}_{\mathrm{L}}$ 使 $f(\boldsymbol{x}_{\mathrm{L}})<f(\boldsymbol{x}^0)$，则说明 $\boldsymbol{x}^0$ 是一个局部极小点，此时可更换初始点，转至步骤2）。

综上所述，产生可行搜索方向的条件可概括为：当 $\boldsymbol{x}_{\mathrm{L}}$ 满足

$$\begin{cases} g_i(\boldsymbol{x}_{\mathrm{L}})\leqslant 0 \ (i=1,2,\cdots,m) \\ f(\boldsymbol{x}_{\mathrm{L}})=\min\{f(\boldsymbol{x}^j)\,|\,j=1,2,\cdots,k\} \\ f(\boldsymbol{x}_{\mathrm{L}})<f(\boldsymbol{x}^0) \end{cases} \tag{6-9}$$

则可行搜索方向为

$$\boldsymbol{d}=\boldsymbol{x}_{\mathrm{L}}-\boldsymbol{x}^0 \tag{6-10}$$

### 6.2.4 搜索步长的确定

可行搜索方向 $\boldsymbol{d}$ 确定后，初始点移至 $\boldsymbol{x}_{\mathrm{L}}$ 点，即 $\boldsymbol{x}^0\leftarrow\boldsymbol{x}_{\mathrm{L}}$。从 $\boldsymbol{x}^0$ 出发沿 $\boldsymbol{d}$ 方向进行搜索，所用的步长 $\alpha$ 一般按加速步长法来确定。所谓加速步长法，是指依次迭代的步长按一定的比例递增的方法。各次迭代的步长按下式计算：

$$\alpha=\tau\alpha \tag{6-11}$$

式中 $\tau$——步长加速系数，可取 $\tau=1.3$；

$\alpha$——步长，初始步长取 $\alpha=\alpha_0$。

### 6.2.5 随机方向法的计算步骤

随机方向法的计算步骤如下：

1）选择一个可行的初始点 $\boldsymbol{x}^0$。

2）按式（6-7）产生 $k$ 个 $n$ 维随机单位向量 $\boldsymbol{e}^j(j=1,2,\cdots,k)$。

3）取试验步长 $\alpha_0$，按式（6-8）计算出 $k$ 个随机点 $\boldsymbol{x}^j(j=1,2,\cdots,k)$。

4）在 $k$ 个随机点中，找出满足式（6-9）的随机点 $\boldsymbol{x}_{\mathrm{L}}$，产生可行搜索方向 $\boldsymbol{d}=\boldsymbol{x}_{\mathrm{L}}-\boldsymbol{x}^0$。

5）$\boldsymbol{x}^0\leftarrow\boldsymbol{x}_{\mathrm{L}}$，从 $\boldsymbol{x}^0$ 出发，沿可行搜索方向 $\boldsymbol{d}$ 以步长 $\alpha$ 进行迭代计算，直到搜索到一个满足全部约束条件，且目标函数值不再下降的新点 $\boldsymbol{x}$。

6）若收敛条件

$$\begin{cases} |f(\boldsymbol{x})-f(\boldsymbol{x}^0)|\leqslant\varepsilon_1 \\ \|\boldsymbol{x}-\boldsymbol{x}^0\|\leqslant\varepsilon_2 \end{cases} \tag{6-12}$$

得到满足，迭代终止。约束最优解为 $\boldsymbol{x}^*=\boldsymbol{x}$，$f(\boldsymbol{x}^*)=f(\boldsymbol{x})$。否则，令 $\boldsymbol{x}^0\leftarrow\boldsymbol{x}$ 转步骤2）。

随机方向法的程序框图见图6-5。

**例6-2** 求下列约束优化问题的最优解。

$$\min f(\boldsymbol{x})=x_1{}^2+x_2$$

$$\text{s.t. } g_1(\boldsymbol{x})=x_1^2+x_2^2-9\leqslant0$$

$$g_2(\boldsymbol{x})=x_1+x_2-1\leqslant0$$

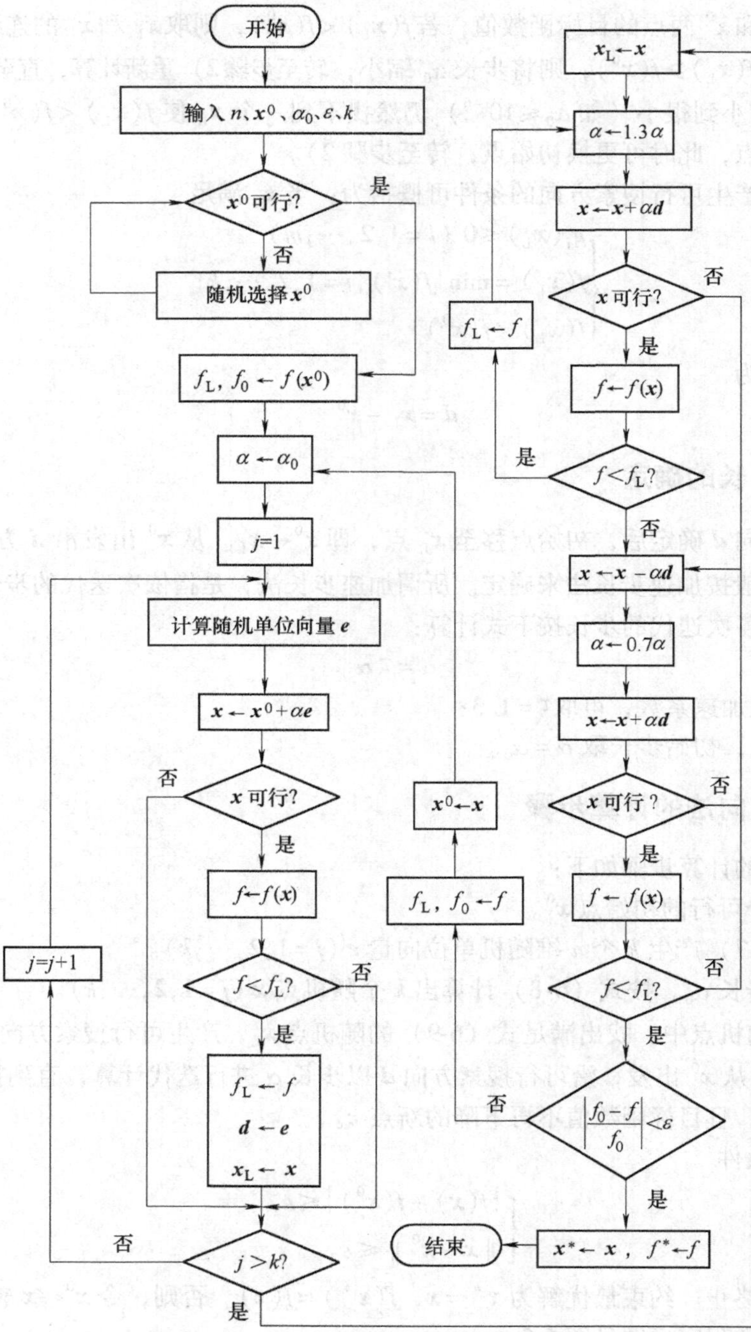


图 6-5 随机方向法的程序框图

**解：** 用随机方向法程序在计算机上运行，共迭代 13 次求得约束最优解 $\boldsymbol{x}^* = (-0.0027 \quad -3.0)^{\mathrm{T}}$，$f(\boldsymbol{x}^*) = -3$。计算机计算的结果摘录于表 6-1，该问题的图解示于图 6-6。

表 6-1　例 6-2 的摘录计算结果

| $k$ | $x_1$ | $x_2$ | $f(\boldsymbol{x})$ |
|---|---|---|---|
| 0 | -2.0 | 2.0 | 6.0 |
| 1 | -0.168 | 1.117 | 1.196 |
| 4 | -0.033 | 1.024 | 1.025 |
| 7 | -0.114 | 0.717 | 0.730 |
| 10 | -0.077 | -2.998 | -2.997 |
| 13 | -0.002 | -3.0 | -3.0 |

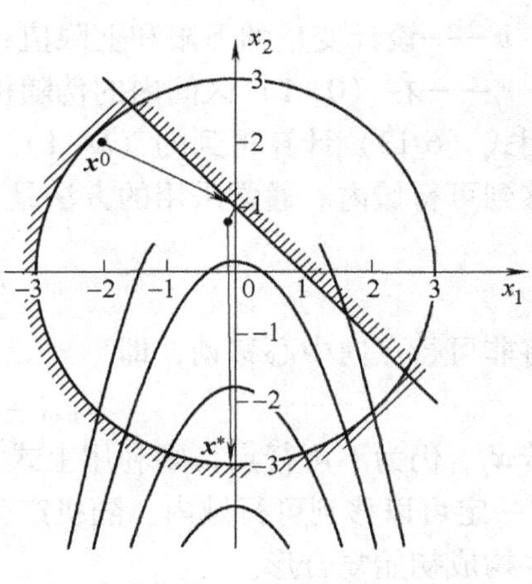

图 6-6　例 6-2 图解

## 6.3　复合形法

复合形法是求解约束优化问题的一种重要的直接解法，其基本思路见图 6-7。首先在可行域内构造一个具有 $k$ 个顶点的初始复合形，对该复合形各顶点的目标函数值进行比较，找到目标函数值最大的顶点（称为最坏点）。然后按一定的法则求出目标函数值有所下降的可行的新点，并用此点代替最坏点，构成新的复合形。复合形的形状每改变一次，就向最优点移动一步，直至逼近最优点。

由于复合形的形状不必保持规则的图形，对目标函数及约束函数的性状又无特殊要求，所以这种方法的适应性较强，在机械优化设计中得到广泛应用。

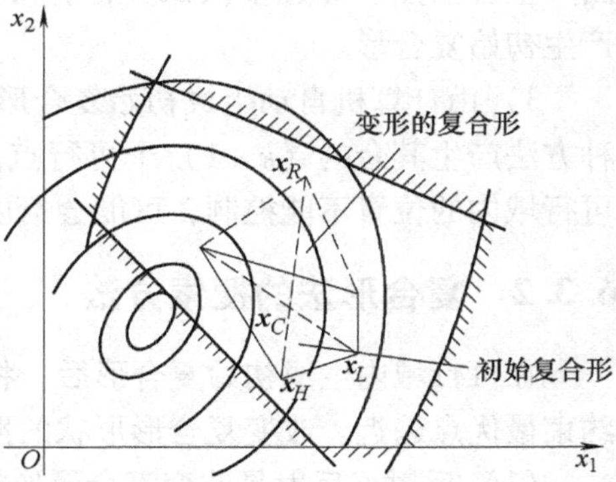


图 6-7　复合形法的算法原理图

### 6.3.1　初始复合形的形成

复合形法是在可行域内直接搜索最优点，因此，要求初始复合形在可行域内生成，即复合形的 $k$ 个顶点必须都是可行点。

生成初始复合形的方法有以下几种：

1）由设计者决定 $k$ 个可行点，构成初始复合形。当设计变量较多或约束函数复杂时，由设计者决定 $k$ 个可行点常常很困难。只有在设计变量少，约束函数简单的情况下，这种方法才被采用。

2）由设计者选定一个可行点，其余的（$k-1$）个可行点用随机方法产生。各顶点按下式计算：

$$\boldsymbol{x}_j=\boldsymbol{a}+r_j(\boldsymbol{b}-\boldsymbol{a})\ (j=2,\cdots,k) \tag{6-13}$$

式中　$\boldsymbol{x}_j$——复合形中第 $j$ 个顶点；

$\boldsymbol{a}$、$\boldsymbol{b}$——设计变量的下限和上限值；

$r_j$——在（0，1）区间内的伪随机数。

用式（6-13）计算得到的（$k-1$）个随机点不一定都在可行域内，因此要设法将非可行点移到可行域内。通常采用的方法是，求出已经在可行域内的 $L$ 个顶点的中心 $\boldsymbol{x}_C$

$$\boldsymbol{x}_C = \frac{1}{L}\sum_{j=1}^{L}\boldsymbol{x}_j \tag{6-14}$$

然后将非可行点向中心移动，即

$$\boldsymbol{x}_{L+1} = \boldsymbol{x}_C + 0.5(\boldsymbol{x}_{L+1} - \boldsymbol{x}_C) \tag{6-15}$$

若 $\boldsymbol{x}_{L+1}$ 仍为不可行点，则利用上式，使其继续向中心点移动。显然，只要中心点可行，$\boldsymbol{x}_{L+1}$ 点一定可以移到可行域内。随机产生的（$k-1$）个点经过这样的处理后，全部成为可行点，并构成初始复合形。

事实上，只要可行域为凸集，其中心点必为可行点，用上述方法可以成功地在可行域内构成初始复合形。如果可行域为非凸集，如图 6-8 所示，中心点不一定在可行域之内，则上述方法可能失败。此时，可以通过改变设计变量的下限和上限值，重新产生各顶点。经过多次试算，有可能在可行域内产生初始复合形。

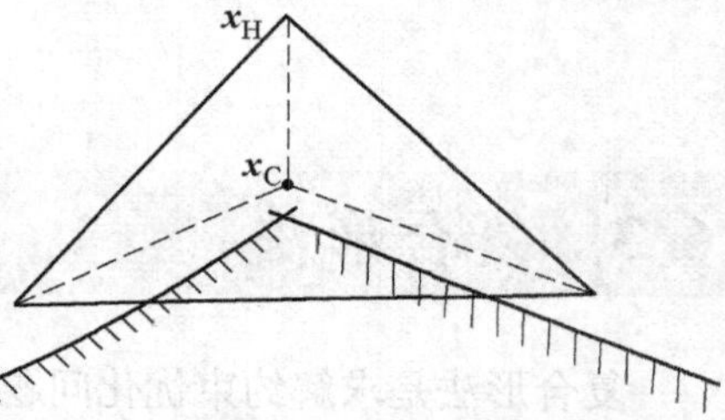

图 6-8 中心点 $\boldsymbol{x}_C$ 为非可行点的情况

3）由计算机自动生成初始复合形的全部顶点。首先随机产生一个可行点，然后按第 2）种方法产生其余的（$k-1$）个可行点。这种方法对设计者来说最简单，但因初始复合形在可行域内的位置不能控制，可能会给以后的计算带来困难。

### 6.3.2 复合形法的搜索方法

在可行域内生成初始复合形后，将采用不同的搜索方法来改变其形状，使复合形逐步向约束最优点趋近。改变复合形形状的搜索方法主要有以下几种：

（1）反射 反射是改变复合形形状的一种主要策略，其计算步骤为：

1）计算复合形各顶点的目标函数值，并比较其大小，求出最好点 $\boldsymbol{x}_L$、最坏点 $\boldsymbol{x}_H$ 及次坏点 $\boldsymbol{x}_G$。即

$$\boldsymbol{x}_L: f(\boldsymbol{x}_L) = \min\{f(\boldsymbol{x}_j) \mid j=1,2,\cdots,k\}$$
$$\boldsymbol{x}_H: f(\boldsymbol{x}_H) = \max\{f(\boldsymbol{x}_j) \mid j=1,2,\cdots,k\}$$
$$\boldsymbol{x}_G: f(\boldsymbol{x}_G) = \max\{f(\boldsymbol{x}_j) \mid j=1,2,\cdots,k, j\neq H\}$$

2）计算除去最坏点 $\boldsymbol{x}_H$ 外的（$k-1$）个顶点的中心点 $\boldsymbol{x}_C$：

$$\boldsymbol{x}_C = \frac{1}{k-1}\sum_{\substack{j=1\\ j\neq H}}^{k}\boldsymbol{x}_j \tag{6-16}$$

3）从统计的观点来看，一般情况下，最坏点 $\boldsymbol{x}_H$ 和中心点 $\boldsymbol{x}_C$ 的连线方向为目标函数下降的方向。为此，以 $\boldsymbol{x}_C$ 为中心点，将最坏点 $\boldsymbol{x}_H$ 按一定比例进行反射，有希望找到一个比最坏点 $\boldsymbol{x}_H$ 的目标函数值更小的新点 $\boldsymbol{x}_R$，$\boldsymbol{x}_R$ 称为反射点，其计算公式为

$$\boldsymbol{x}_R = \boldsymbol{x}_C + \alpha(\boldsymbol{x}_C - \boldsymbol{x}_H) \tag{6-17}$$

式中　$\alpha$——反射系数，一般取 $\alpha=1.3$。

反射点 $\boldsymbol{x}_R$ 与最坏点 $\boldsymbol{x}_H$、中心点 $\boldsymbol{x}_C$ 的相对位置如图 6-9 所示。

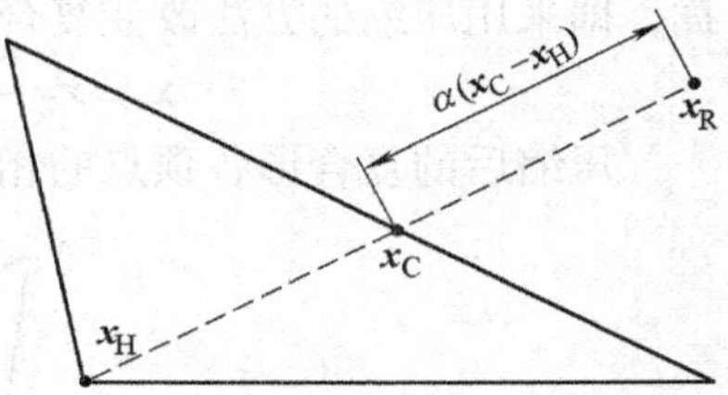


图 6-9　$\boldsymbol{x}_R$、$\boldsymbol{x}_H$ 与 $\boldsymbol{x}_C$ 的相对位置

4）判别反射点 $\boldsymbol{x}_R$ 的位置。若 $\boldsymbol{x}_R$ 为可行点，则比较 $\boldsymbol{x}_R$ 和 $\boldsymbol{x}_H$ 两点的目标函数值，如果 $f(\boldsymbol{x}_R)<f(\boldsymbol{x}_H)$，则用 $\boldsymbol{x}_R$ 取代 $\boldsymbol{x}_H$，构成新的复合形，完成一次迭代；如果 $f(\boldsymbol{x}_R)\geqslant f(\boldsymbol{x}_H)$，则将 $\alpha$ 缩小为原来的 7/10，用式（6-17）重新计算新的反射点，若仍不可行，则继续缩小 $\alpha$，直至 $f(\boldsymbol{x}_R)<f(\boldsymbol{x}_H)$ 为止。

若 $\boldsymbol{x}_R$ 为非可行点，则将 $\alpha$ 缩小为原来的 7/10，仍用式（6-17）计算反射点 $\boldsymbol{x}_R$，直至可行为止。然后重复以上步骤，即判别 $f(\boldsymbol{x}_R)$ 和 $f(\boldsymbol{x}_H)$ 的大小，一旦 $f(\boldsymbol{x}_R)<f(\boldsymbol{x}_H)$，就用 $\boldsymbol{x}_R$ 取代 $\boldsymbol{x}_H$ 完成一次迭代。

综上所述，反射成功的条件是：

$$\begin{cases} g_j(\boldsymbol{x}_R)\leqslant 0 \quad (j=1,2,\cdots,m) \\ f(\boldsymbol{x}_R)<f(\boldsymbol{x}_H) \end{cases} \tag{6-18}$$

（2）扩张　当求得的反射点 $\boldsymbol{x}_R$ 为可行点，且目标函数值下降较多（如 $f(\boldsymbol{x}_R)<f(\boldsymbol{x}_C)$），则沿反射方向继续移动，即采用扩张的方法，可能找到更好的新点 $\boldsymbol{x}_E$。$\boldsymbol{x}_E$ 称为扩张点，其计算公式为

$$\boldsymbol{x}_E=\boldsymbol{x}_R+\gamma(\boldsymbol{x}_R-\boldsymbol{x}_C) \tag{6-19}$$

式中　$\gamma$——扩张系数，一般取 $\gamma=1$。

扩张点 $\boldsymbol{x}_E$ 与中心点 $\boldsymbol{x}_C$、反射点 $\boldsymbol{x}_R$ 的相对位置如图 6-10 所示。

若扩张点 $\boldsymbol{x}_E$ 为可行点，且 $f(\boldsymbol{x}_E)<f(\boldsymbol{x}_R)$，则称扩张成功，用 $\boldsymbol{x}_E$ 取代 $\boldsymbol{x}_R$，构成新的复合形。否则称扩张失败，放弃扩张，仍用反射点 $\boldsymbol{x}_R$ 取代 $\boldsymbol{x}_H$，构成新的复合形。

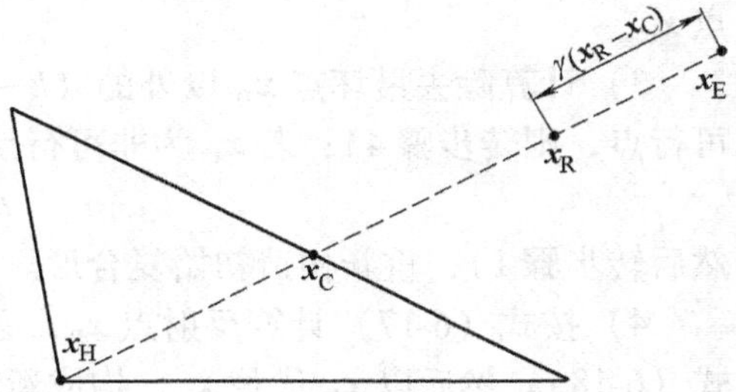


图 6-10　$\boldsymbol{x}_R$、$\boldsymbol{x}_H$ 与 $\boldsymbol{x}_C$ 的相对位置

（3）收缩　若在中心点 $\boldsymbol{x}_C$ 以外找不到好的反射点，还可以在 $\boldsymbol{x}_C$ 以内，即采用收缩的方法寻找较好的新点 $\boldsymbol{x}_k$。$\boldsymbol{x}_k$ 称为收缩点，其计算公式为

$$\boldsymbol{x}_k=\boldsymbol{x}_H+\beta(\boldsymbol{x}_C-\boldsymbol{x}_H) \tag{6-20}$$

式中　$\beta$——收缩系数，一般取 $\beta=0.7$。

收缩点 $\boldsymbol{x}_k$ 与最坏点 $\boldsymbol{x}_H$、中心点 $\boldsymbol{x}_C$ 的相对位置如图 6-11 所示。

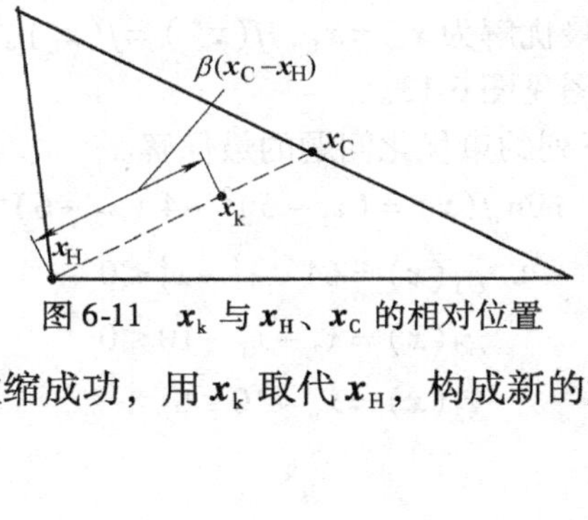


图 6-11　$\boldsymbol{x}_k$ 与 $\boldsymbol{x}_H$、$\boldsymbol{x}_C$ 的相对位置

若 $f(\boldsymbol{x}_k)<f(\boldsymbol{x}_H)$，则称收缩成功，用 $\boldsymbol{x}_k$ 取代 $\boldsymbol{x}_H$，构成新的复合形。

(4) 压缩　若采用上述各种方法均无效，还可以采取将复合形各顶点向最好点 $\boldsymbol{x}_L$ 靠拢，即采用压缩的方法改变复合形的形状。压缩后各顶点的计算公式为

$$\boldsymbol{x}_j=\boldsymbol{x}_L-0.5(\boldsymbol{x}_L-\boldsymbol{x}_j)\quad (j=1,2,\cdots,k,j\neq L) \tag{6-21}$$

压缩后的复合形各顶点的相对位置如图 6-12 所示。

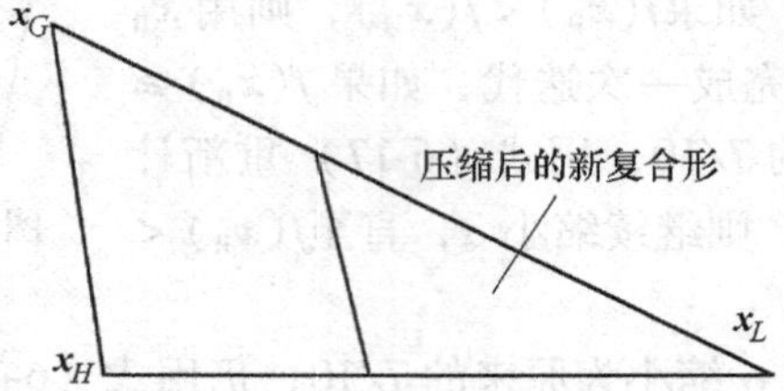


图 6-12　复合形的压缩变形

然后再对压缩后的复合形采用反射、扩张或收缩等方法，继续改变复合形的形状。

除此之外，还可以采用旋转等方法改变复合形的形状。需要指出的是，改变复合形形状的方法越多，程序设计越复杂，有可能降低计算效率及可靠性。因此，程序设计时，应针对具体情况，采用有效的方法。

### 6.3.3　复合形法的计算步骤

基本的复合形法（只含反射）的计算步骤为：

1）选择复合形的顶点数 $k$，一般取 $n+1\leqslant k\leqslant 2n$，在可行域内构成具有 $k$ 个顶点的初始复合形。

2）计算复合形各顶点的目标函数值，比较其大小，找出最好点 $\boldsymbol{x}_L$、最坏点 $\boldsymbol{x}_H$ 及次坏点 $\boldsymbol{x}_G$。

3）计算除去最坏点 $\boldsymbol{x}_H$ 以外的（$k-1$）个顶点的中心 $\boldsymbol{x}_C$。判别 $\boldsymbol{x}_C$ 是否可行，若 $\boldsymbol{x}_C$ 为可行点，则转步骤 4)；若 $\boldsymbol{x}_C$ 为非可行点，则重新确定设计变量的下限和上限值，即令

$$\boldsymbol{a}=\boldsymbol{x}_L,\ \boldsymbol{b}=\boldsymbol{x}_C \tag{6-22}$$

然后转步骤 1)，重新构造初始复合形。

4）按式（6-17）计算反射点 $\boldsymbol{x}_R$，必要时改变反射系数 $\alpha$ 的值，直至反射成功，即满足式（6-18)。然后以 $\boldsymbol{x}_R$ 代替 $\boldsymbol{x}_H$，构成新的复合形。

5）若收敛条件

$$\delta=\left\{\frac{1}{k}\sum_{j=1}^{k}\left[f(\boldsymbol{x}_j)-f(\boldsymbol{x}_L)\right]^2\right\}^{\frac{1}{2}}\leqslant\varepsilon \tag{6-23}$$

得到满足，计算终止，约束最优解为 $\boldsymbol{x}^*=\boldsymbol{x}_L$，$f(\boldsymbol{x}^*)=f(\boldsymbol{x}_L)$。否则，转步骤 2)。

复合形法计算的程序框图见图 6-13。

**例 6-3**　用复合形法求下列约束优化问题的最优解。

$$\min f(\boldsymbol{x})=(x_1-5)^2+4(x_2-6)^2$$

$$\text{s.t.}\quad g_1(\boldsymbol{x})=64-x_1^2-x_2^2\leqslant 0$$

$$g_2(\boldsymbol{x})=x_2-x_1-10\leqslant 0$$

$$g_3(\boldsymbol{x})=x_1-10\leqslant 0$$

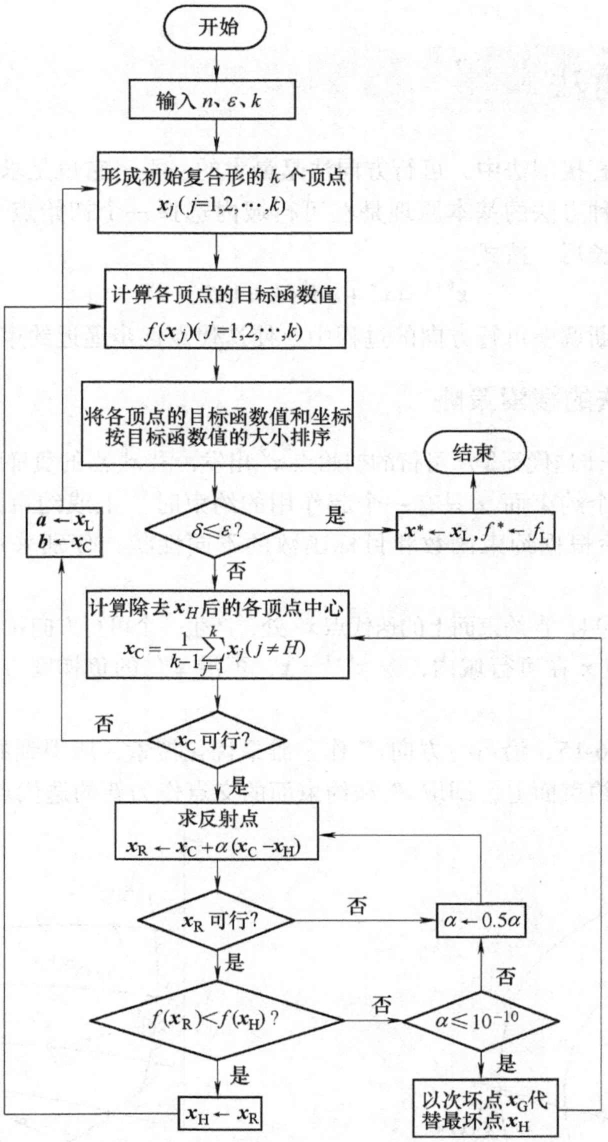


图 6-13 复合形法计算的程序框图

**解**：用复合形法程序，在计算机上运行，共迭代 67 次，求得约束最优解为 $x^*=(5.21975\quad 6.06253)^T$，$f(x^*)=0.06393$。计算机计算的结果摘录于表 6-2。

**表 6-2 例 6-3 的摘录计算结果**

| $k$ | $x_1$ | $x_2$ | $f(x)$ |
|---|---|---|---|
| 0 | 8 | 14 | 100 |
| 10 | 4.43521 | 6.90164 | 3.57084 |
| 20 | 5.35314 | 6.68238 | 1.98728 |
| 30 | 5.58604 | 6.06063 | 0.35813 |
| 40 | 5.25561 | 6.06049 | 0.07997 |
| 50 | 5.20952 | 6.07303 | 0.06523 |
| 67 | 5.21975 | 6.06253 | 0.06393 |

# 6.4 可行方向法

约束优化问题的直接解法中，可行方向法是最大的一类，它也是求解大型约束优化问题的主要方法之一。这种方法的基本原理是在可行域内选择一个初始点 $\boldsymbol{x}^0$，当确定了一个可行方向 $\boldsymbol{d}$ 和适当的步长后，按式

$$\boldsymbol{x}^{k+1}=\boldsymbol{x}^k+\alpha\boldsymbol{d}^k(k=1,2,\cdots) \tag{6-24}$$

进行迭代计算。在不断调整可行方向的过程中，使迭代点逐步逼近约束最优点。

## 6.4.1 可行方向法的搜索策略

可行方向法的第一步迭代都是从可行的初始点 $\boldsymbol{x}^0$ 出发，沿 $\boldsymbol{x}^0$ 点的负梯度方向 $\boldsymbol{d}^0=-\nabla f(\boldsymbol{x}^0)$，将初始点移动到某一个约束面（只有一个起作用的约束时）上或约束面的交集（有几个起作用的约束时）。然后根据约束函数和目标函数的不同性状，分别采用以下几种策略继续搜索：

第一种情况见图6-14，在约束面上的迭代点 $\boldsymbol{x}^k$ 处，产生一个可行方向 $\boldsymbol{d}^k$，沿此方向作一维最优化搜索，所得到的新点 $\boldsymbol{x}$ 在可行域内，令 $\boldsymbol{x}^{k+1}=\boldsymbol{x}$，再沿 $\boldsymbol{x}^{k+1}$ 的负梯度方向 $\boldsymbol{d}^{k+1}=-\nabla f(\boldsymbol{x}^{k+1})$ 继续搜索。

第二种情况见图6-15，沿可行方向 $\boldsymbol{d}^k$ 作一维最优化搜索，所得到的新点 $\boldsymbol{x}$ 在可行域外，则设法将 $x$ 点移动到约束面上，即取 $\boldsymbol{d}^k$ 和约束面的交点作为新的迭代点 $\boldsymbol{x}^{k+1}$。

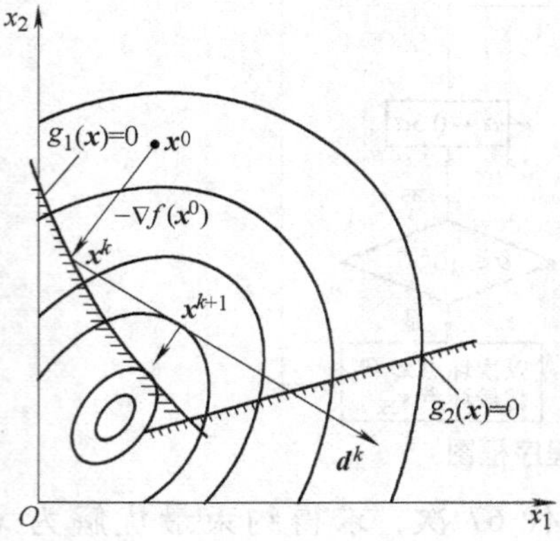


图6-14 新点在可行域内的情况

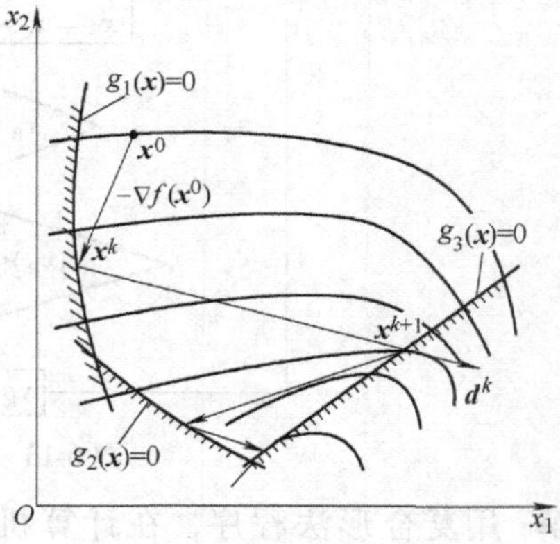


图6-15 新点在可行域外的情况

第三种情况是沿约束面搜索。对于只具有线性约束条件的非线性规划问题（见图6-16），从 $\boldsymbol{x}^k$ 点出发，沿约束面移动，在有限的几步内即可搜索到约束最优点；对于非线性约束函数（见图6-17），沿约束面移动将会进入非可行域，使问题变得复杂得多。此时，需将进入非可行域的新点 $\boldsymbol{x}$ 设法调整到约束面上，然后才能进行下一步迭代。调整的方法是先规定约束面允差 $\delta$，建立新的约束边界（如图6-17 上的虚线所示），然后将已离开约束面的 $\boldsymbol{x}$ 点，沿起作用约束函数的负梯度方向 $-\nabla g(\boldsymbol{x})$ 返回到约束面上。其计算公式为

$$\boldsymbol{x}^{k+1}=\boldsymbol{x}-\alpha_t\nabla g(\boldsymbol{x}) \tag{6-25}$$

式中的 $\alpha_t$ 称为调整步长，可用试探法决定，或用下式估算。

$$\alpha_t = \left| \frac{g(\boldsymbol{x})}{[\nabla g(\boldsymbol{x})]^{\mathrm{T}} \nabla g(\boldsymbol{x})} \right| \tag{6-26}$$

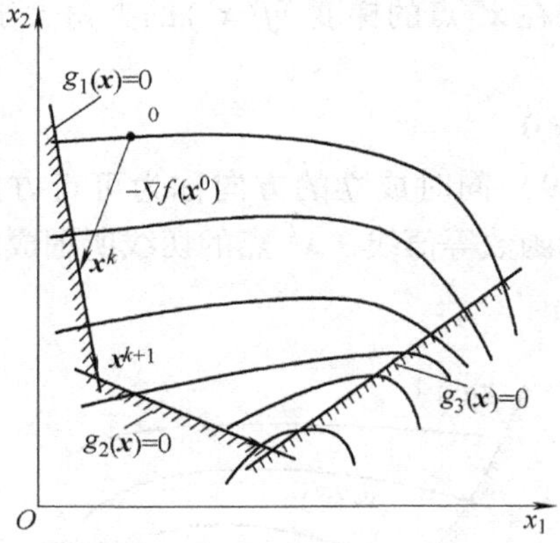


图 6-16　沿线性约束面的搜索

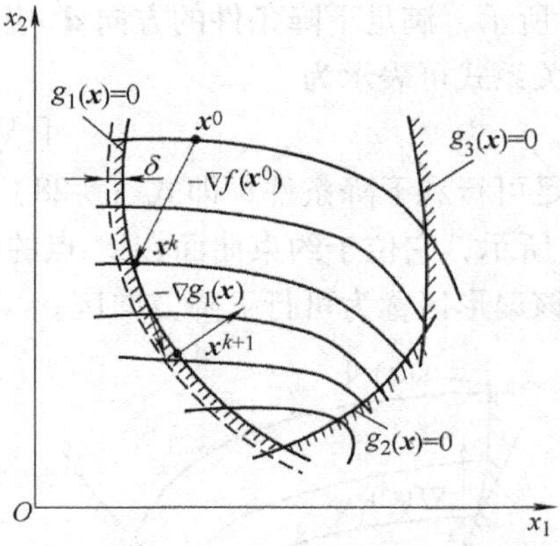


图 6-17　沿非线性约束面的搜索

## 6.4.2　产生可行方向的条件

可行方向是指沿该方向做微小移动后，所得到的新点是可行点，且目标函数值有所下降。显然，可行方向应满足可行和下降两个条件。

**1. 可行条件**

方向的可行条件是指沿该方向做微小移动后，所得到的新点即为可行点。如图 6-18a 所示，若 $\boldsymbol{x}^k$ 点在一个约束面上，对 $\boldsymbol{x}^k$ 点作约束面 $g(\boldsymbol{x})=0$ 的切线 $\tau$，显然满足可行条件的方向 $\boldsymbol{d}^k$ 应与起作用的约束函数在 $\boldsymbol{x}^k$ 点的梯度 $\nabla g(\boldsymbol{x}^k)$ 的夹角大于或等于 90°。用向量关系式可表示为

$$[\nabla g(\boldsymbol{x}^k)]^{\mathrm{T}} \boldsymbol{d}^k \leqslant 0 \tag{6-27}$$

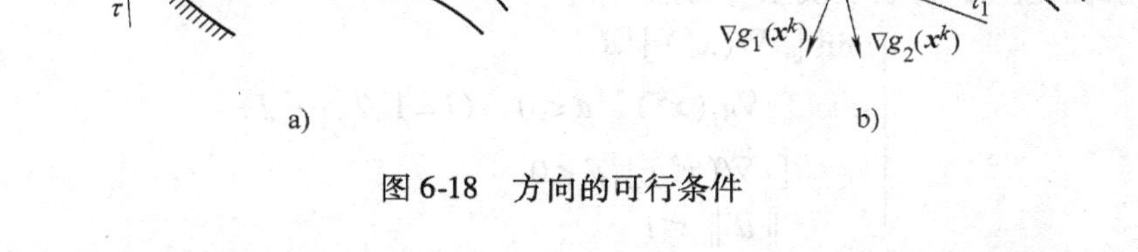

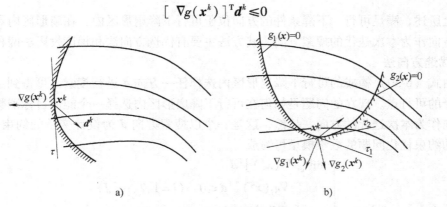

图 6-18　方向的可行条件

若 $\boldsymbol{x}^k$ 点在 $J$ 个约束面的交集上，如图 6-18b 所示，为保证方向 $\boldsymbol{d}^k$ 可行，要求 $\boldsymbol{d}^k$ 和 $J$ 个约束函数在 $\boldsymbol{x}^k$ 点的梯度 $\nabla g_j(\boldsymbol{x}^k)\ (j=1,2,\cdots,J)$ 的夹角均大于或等于 90°。其向量关系式可表示为

$$[\nabla g_j(\boldsymbol{x}^k)]^{\mathrm{T}}\boldsymbol{d}^k \leqslant 0 \quad (j=1,2,\cdots,J) \tag{6-28}$$

**2. 下降条件**

方向的下降条件是指沿该方向做微小移动后，所得新点的目标函数值是下降的。如图 6-19 所示，满足下降条件的方向 $\boldsymbol{d}^k$ 应和目标函数在 $\boldsymbol{x}^k$ 点的梯度 $\nabla f(\boldsymbol{x}^k)$ 的夹角大于 90°。其向量关系式可表示为

$$[\nabla f(\boldsymbol{x}^k)]^{\mathrm{T}}\boldsymbol{d}^k < 0 \tag{6-29}$$

满足可行和下降条件，即式（6-28）和式（6-29）同时成立的方向称为可行方向。如图 6-20 所示，它位于约束曲面在 $\boldsymbol{x}^k$ 点的切线和目标函数等值线在 $\boldsymbol{x}^k$ 点的切线所围成的扇形区内，该扇形区称为可行下降方向区。

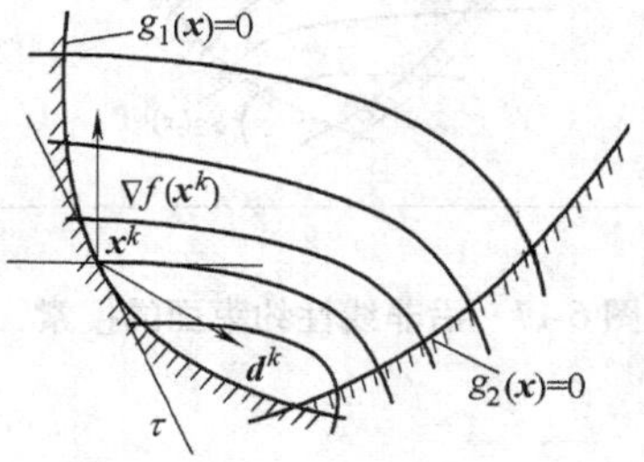


图 6-19　方向的下降条件

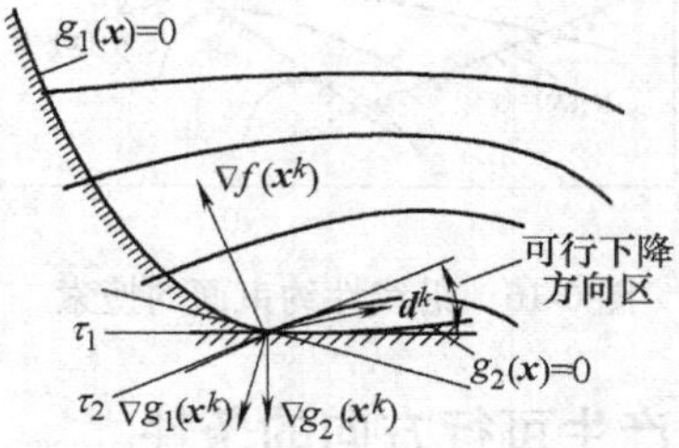


图 6-20　可行下降方向区

综上所述，当 $\boldsymbol{x}^k$ 点位于 $J$ 个起作用的约束面上时，满足

$$\begin{cases}[\nabla g_j(\boldsymbol{x}^k)]^{\mathrm{T}}\boldsymbol{d}^k \leqslant 0 \quad (j=1,2,\cdots,J)\\ [\nabla f(\boldsymbol{x}^k)]^{\mathrm{T}}\boldsymbol{d}^k < 0\end{cases} \tag{6-30}$$

的方向 $\boldsymbol{d}^k$ 称为可行方向。

## 6.4.3 可行方向的产生方法

如上所述，满足可行、下降条件的方向位于可行下降扇形区内，在扇形区内寻找一个最有利的方向作为本次迭代的搜索方向，其方法主要有优选方向法和梯度投影法两种。

**1. 优选方向法**

在由式（6-30）构成的可行下降扇形区内选择任一方向 $\boldsymbol{d}$ 进行搜索，可得到一个目标函数值下降的可行点。现在的问题是如何在可行下降扇形区内选择一个能使目标函数值下降最快的方向作为本次迭代的方向。显然，这是一个以搜索方向 $\boldsymbol{d}$ 为设计变量的约束优化问题，这个新的约束优化问题的数学模型可写成

$$\begin{cases}\min\ [\nabla f(\boldsymbol{x}^k)]^{\mathrm{T}}\boldsymbol{d}\\ \text{s.t.}\ \ [\nabla g_j(\boldsymbol{x}^k)]^{\mathrm{T}}\boldsymbol{d} \leqslant 0 \quad (j=1,2,\cdots,J)\\ \qquad [\nabla f(\boldsymbol{x}^k)]^{\mathrm{T}}\boldsymbol{d} < 0\\ \qquad \|\boldsymbol{d}\| \leqslant 1\end{cases} \tag{6-31}$$

由于 $\nabla f(\boldsymbol{x}^k)$ 和 $\nabla g_j(\boldsymbol{x}^k)$ $(j=1,2,\cdots,J)$ 为定值，上述各函数均为设计变量 $\boldsymbol{d}$ 的线性函数，因此式（6-31）为一个线性规划问题。用线性规划法求解后，求得的最优解 $\boldsymbol{d}^*$ 即为本次迭代的可行方向，即 $\boldsymbol{d}^k=\boldsymbol{d}^*$。

**2. 梯度投影法**

当 $\boldsymbol{x}^k$ 点目标函数的负梯度方向 $-\nabla f(\boldsymbol{x}^k)$ 不满足可行条件时，可将 $-\nabla f(\boldsymbol{x}^k)$ 方向投影到约束面（或约束面的交集）上，得到投影向量 $\boldsymbol{d}^k$，从图 6-21 中可以看出，该投影向量显然满足方向的可行和下降条件。梯度投影法就是取该方向作为本次迭代的可行方向。可行方向的计算公式为

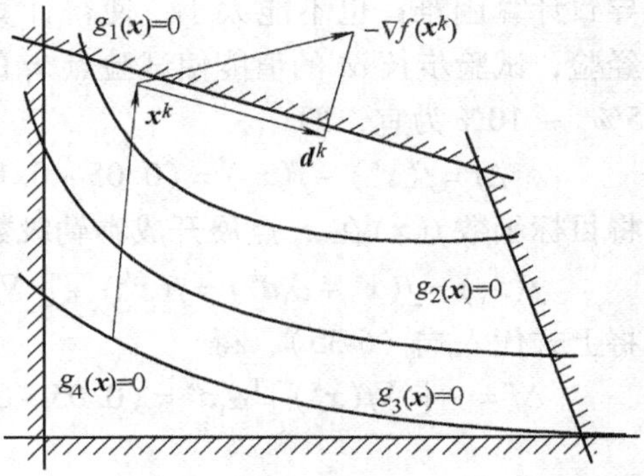

图 6-21　约束面上的梯度投影方向

$$\boldsymbol{d}^k = -\frac{\boldsymbol{P}\ \nabla f(\boldsymbol{x}^k)}{\|\boldsymbol{P}\ \nabla f(\boldsymbol{x}^k)\|} \tag{6-32}$$

式中　$\nabla f(\boldsymbol{x}^k)$——$\boldsymbol{x}^k$ 点的目标函数梯度；

$\boldsymbol{P}$——投影算子，为 $n\times n$ 阶矩阵，其计算公式为

$$\boldsymbol{P} = \boldsymbol{I} - \boldsymbol{G}\,(\boldsymbol{G}^{\mathrm{T}}\boldsymbol{G})^{-1}\boldsymbol{G}^{\mathrm{T}} \tag{6-33}$$

式中　$\boldsymbol{I}$——$n\times n$ 阶单位矩阵；

$\boldsymbol{G}$——起作用约束函数的梯度矩阵，$n\times J$ 阶矩阵：

$$\boldsymbol{G} = (\ \nabla g_1(\boldsymbol{x}^k)\ \ \nabla g_2(\boldsymbol{x}^k)\ \ \cdots\ \ \nabla g_J(\boldsymbol{x}^k))$$

式中　$J$——起作用的约束函数个数。

### 6.4.4　步长的确定

可行方向 $\boldsymbol{d}^k$ 确定后，按下式计算新的迭代点：

$$\boldsymbol{x}^{k+1} = \boldsymbol{x}^k + \alpha_k \boldsymbol{d}^k \tag{6-34}$$

由于目标函数及约束函数的性状不同，步长 $\alpha_k$ 的确定方法也不同，不论是用何种方法，都应使新的迭代点 $\boldsymbol{x}^{k+1}$ 为可行点，且目标函数具有最大的下降量。确定步长 $\alpha_k$ 的常用方法有两种：

**1. 取最优步长**

如图 6-22 所示，从 $\boldsymbol{x}^k$ 点出发，沿 $\boldsymbol{d}^k$ 方向进行一维最优化搜索，取得最优步长 $\alpha^*$，计算新点 $\boldsymbol{x}$ 的值

$$\boldsymbol{x} = \boldsymbol{x}^k + \alpha^* \boldsymbol{d}^k$$

若新点 $\boldsymbol{x}$ 为可行点，则本次迭代的步长取 $\alpha_k = \alpha^*$。

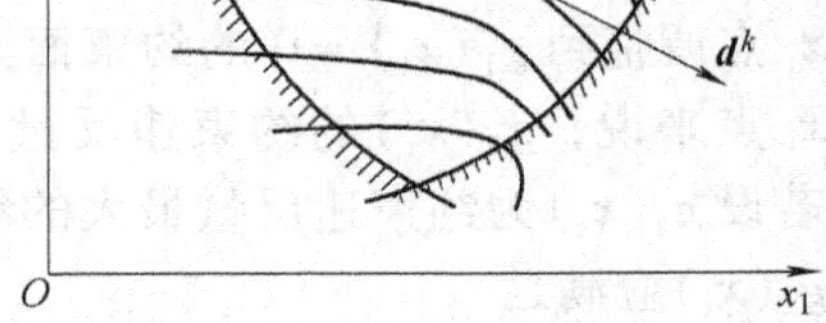

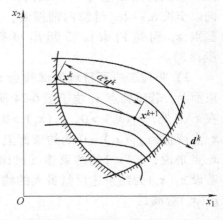

图 6-22　按最优步长确定新点

**2. 取到约束边界的最大步长**

如图 6-23 所示，从 $\boldsymbol{x}^k$ 点出发沿 $\boldsymbol{d}^k$ 方向进行一维最优化搜索，得到的新点 $\boldsymbol{x}$ 为不可行点，根据可行方向法的搜索策略，应改变步长，使新点 $\boldsymbol{x}$ 返回到约束面上来。使新点 $\boldsymbol{x}$ 恰好位于约束面上的步长称为最大步长，记作 $\alpha_{\mathrm{M}}$。则本次迭代的步长取 $\alpha_k = \alpha_{\mathrm{M}}$。

由于不能预测 $\boldsymbol{x}^k$ 点到另一个起约束作用面的距离，$\alpha_{\mathrm{M}}$ 的确定比较困难，大致可按以下步骤计算：

1）取一试验步长 $\alpha_t$，计算试验点 $\boldsymbol{x}_{\mathrm{t}}$。试验步长 $\alpha_t$ 的值不能太大，以免因一步走得太远

导致计算困难；也不能太小，使得计算效率太低。根据经验，试验步长 $\alpha_t$ 的值能使试验点 $x_t$ 的目标函数值下降 5% ~ 10% 为宜，即

$$\Delta f = f(\boldsymbol{x}^k) - f(\boldsymbol{x}_t) = (0.05 \sim 0.1)\,|f(\boldsymbol{x}^k)| \tag{6-35}$$

将目标函数 $f(\boldsymbol{x})$ 在 $\boldsymbol{x}_t$ 点展开成泰勒级数的线性式

$$f(\boldsymbol{x}_t) = f(\boldsymbol{x}^k + \alpha_t \boldsymbol{d}^k) = f(\boldsymbol{x}^k) + [\nabla f(\boldsymbol{x}^k)]^T \alpha_t \boldsymbol{d}^k$$

将上式代入式（6-35），得

$$\Delta f = -[\nabla f(\boldsymbol{x}^k)]^T \alpha_t \boldsymbol{d}^k = (0.05 \sim 0.1)\,|f(\boldsymbol{x}^k)| \tag{6-36}$$

由此可得试验步长 $\alpha_t$ 的计算公式为

$$\alpha_t = \frac{-\Delta f}{[\nabla f(\boldsymbol{x}^k)]^T \boldsymbol{d}^k} = (0.05 \sim 0.1)\frac{-|f(\boldsymbol{x}^k)|}{[\nabla f(\boldsymbol{x}^k)]^T \boldsymbol{d}^k} \tag{6-37}$$

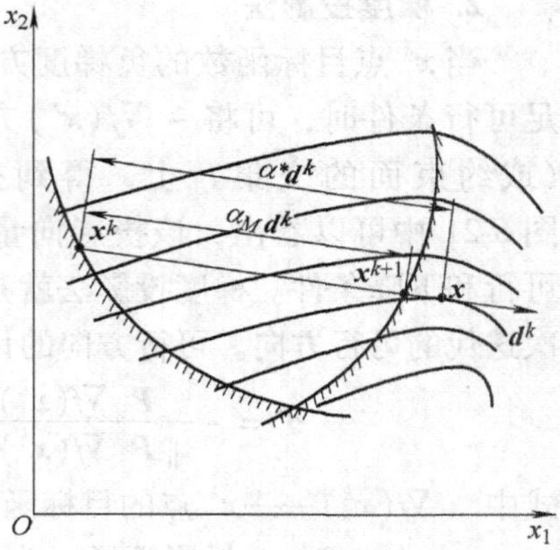

图 6-23 按最大步长确定新点

由于 $\boldsymbol{d}^k$ 为目标函数值的下降方向，$[\nabla f(\boldsymbol{x}^k)]^T \boldsymbol{d}^k < 0$，所以试验步长 $\alpha_t$ 恒为正值。

试验步长选定后，试验点 $\boldsymbol{x}_t$ 按下式计算：

$$\boldsymbol{x}_t = \boldsymbol{x}^k + \alpha_t \boldsymbol{d}^k \tag{6-38}$$

2）判别试验点 $\boldsymbol{x}_t$ 的位置。由试验步长 $\alpha_t$ 确定的试验点 $\boldsymbol{x}_t$ 可能在约束面上，也可能在可行域或非可行域内。只要 $\boldsymbol{x}_t$ 不在约束面上，就要设法将其调整到约束面上来。要想使 $\boldsymbol{x}_t$ 到达约束面 $\nabla g_j(\boldsymbol{x}^k)$（$j=1, 2, \cdots, J$）是很困难的。为此，先确定一个约束允差 $\delta$，当试验点 $\boldsymbol{x}_t$ 满足

$$-\delta \leqslant g_j(\boldsymbol{x}_t) \leqslant 0 \quad (j=1,2,\cdots,J) \tag{6-39}$$

的条件时，则认为试验点 $\boldsymbol{x}_t$ 已位于约束面上。

若试验点 $\boldsymbol{x}_t$ 位于非可行域上，则转步骤 3）；若试验点 $\boldsymbol{x}_t$ 位于可行域内，则应沿 $\boldsymbol{d}^k$ 方向以步长 $\alpha_t \leftarrow 2\alpha_t$ 继续向前搜索，直至新的试验点 $\boldsymbol{x}_t$ 到达约束面或超出可行域，再转步骤 3）。

3）将位于非可行域的试验点 $\boldsymbol{x}_t$ 调整到约束面上。若试验点 $\boldsymbol{x}_t$ 位于图 6-24 所示的位置，在 $\boldsymbol{x}_t$ 点处，$g_1(\boldsymbol{x}_t) > 0$，$g_2(\boldsymbol{x}_t) > 0$。显然应将 $\boldsymbol{x}_t$ 点调整到 $g_1(\boldsymbol{x}_t) = 0$ 的约束面上。因为对于 $\boldsymbol{x}_t$ 点来说，$g_1(\boldsymbol{x}_t)$ 的约束违反量比 $g_2(\boldsymbol{x}_t)$ 大。若设 $g_k(\boldsymbol{x}_t)$ 为约束违反量最大的约束条件，则 $g_k(\boldsymbol{x}_t)$ 应满足

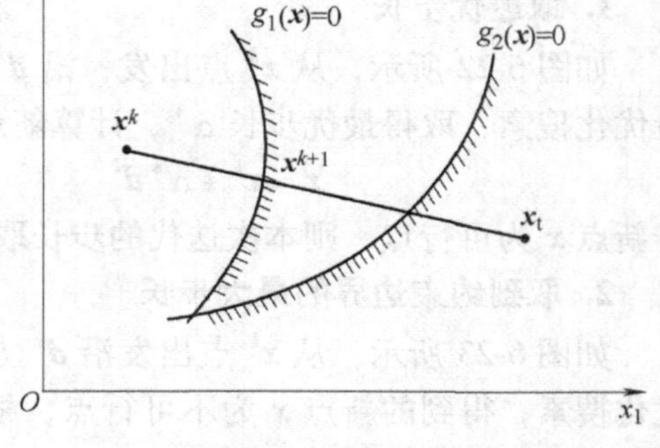

图 6-24 违反量最大的约束条件

$$g_k(\boldsymbol{x}_t) = \max\{g_j(\boldsymbol{x}_t) > 0 \mid j=1,2,\cdots,J\} \tag{6-40}$$

将试验点 $\boldsymbol{x}_t$ 调整到 $g_k(\boldsymbol{x}_t) = 0$ 的约束面上的方法有试探法和插值法两种。

试探法的基本内容是当试验点位于非可行域时，将试验步长 $\alpha_t$ 缩短；当试验点位于可行域内时，将试验步长 $\alpha_t$ 增加，即不断变化 $\alpha_t$ 的大小，直至满足式（6-39）的条件时，就

认为试验点 $\boldsymbol{x}_t$ 已被调整到约束面上了。图 6-25 所示框图表示了用试探法调整试验步长 $\alpha_t$ 的过程。

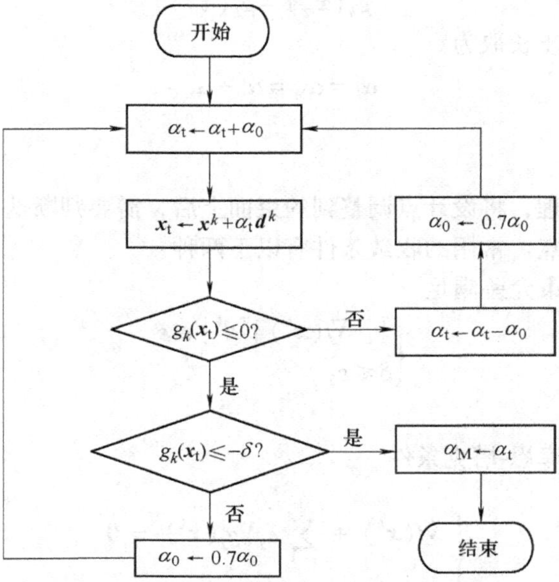


图 6-25　用试探法调整试验步长的程序框图

插值法是利用线性插值将位于非可行域的试验点 $\boldsymbol{x}_t$ 调整到约束面上。设试验步长为 $\alpha_t$ 时，求得可行试验点

$$\boldsymbol{x}_{t1} = \boldsymbol{x}^k + \alpha_t \boldsymbol{d}^k$$

当试验步长为 $\alpha_t + \alpha_0$ 时，求得非可行试验点

$$\boldsymbol{x}_{t2} = \boldsymbol{x}^k + (\alpha_t + \alpha_0)\boldsymbol{d}^k$$

并设试验点 $\boldsymbol{x}_{t1}$ 和 $\boldsymbol{x}_{t2}$ 的约束函数分别为 $g_k(\boldsymbol{x}_{t1}) < 0$，$g_k(\boldsymbol{x}_{t2}) > 0$，它们之间的位置关系如图 6-26 所示。

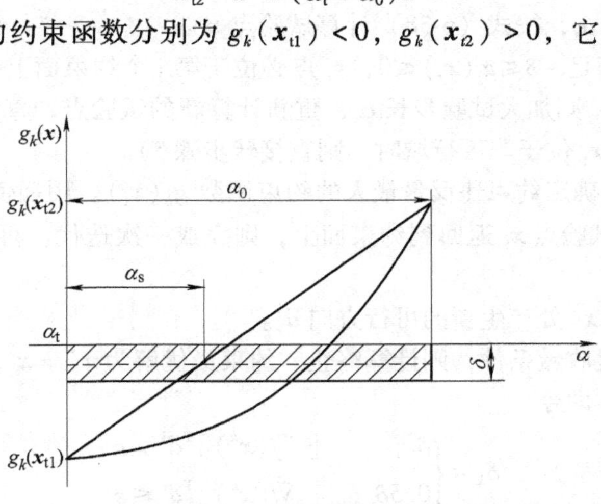


图 6-26　用插值法确定步长示意图

若考虑约束允差 $\delta$，并按照允差中心 $\delta/2$ 作线性内插，可以得到将 $\boldsymbol{x}_{t2}$ 点调整到约束面上

的步长 $\alpha_s$。其计算公式为

$$\alpha_s = \frac{-0.5\delta - g_k(\boldsymbol{x}_{t1})}{g_k(\boldsymbol{x}_{t2}) - g_k(\boldsymbol{x}_{t1})}\alpha_0 \tag{6-41}$$

因此，本次迭代的步长取为

$$\alpha_k = \alpha_M = \alpha_t + \alpha_s \tag{6-42}$$

### 6.4.5 收敛条件

按可行方向法的原理，将设计点调整到约束面上后，需要判断迭代是否收敛，即判断该迭代点是否为约束最优点。常用的收敛条件有以下两种：

1）设计点 $\boldsymbol{x}^k$ 及约束允差满足

$$\begin{cases} |[\nabla f(\boldsymbol{x}^k)]^T \boldsymbol{d}^k| \leqslant \varepsilon \\ \delta \leqslant \varepsilon_2 \end{cases} \tag{6-43}$$

条件时，迭代收敛。

2）设计点 $\boldsymbol{x}^k$ 满足库恩-塔克条件

$$\begin{cases} \nabla f(\boldsymbol{x}^k) + \sum_{j=1}^{J} \lambda_j \nabla g_j(\boldsymbol{x}^k) = \boldsymbol{0} \\ \lambda_j \geqslant 0 \quad (j = 1,2,\cdots,J) \end{cases} \tag{6-44}$$

时，迭代收敛。

### 6.4.6 可行方向法的计算步骤

可行方向法的计算步骤如下：

1）在可行域内选择一个初始点 $\boldsymbol{x}^0$，给出约束允差 $\delta$ 及收敛精度值 $\varepsilon$。

2）令迭代次数 $k=0$，第一次迭代的搜索方向取 $\boldsymbol{d}^0 = -\nabla f(\boldsymbol{x}^0)$。

3）估算试验步长 $\alpha_t$，按式（6-38）计算试验点 $\boldsymbol{x}_t$。

4）若试验点 $\boldsymbol{x}_t$ 满足 $-\delta \leqslant g_j(\boldsymbol{x}_t) \leqslant 0$，$\boldsymbol{x}_t$ 点必位于第 j 个约束面上，则转步骤 6）；若试验点 $\boldsymbol{x}_t$ 位于可行域内，则加大试验步长 $\alpha_t$，重新计算新的试验点，直至 $\boldsymbol{x}_t$ 越出可行域，再转步骤 5）；若试验点 $\boldsymbol{x}_t$ 位于非可行域时，则直接转步骤 5）。

5）按式（6-40）确定约束违反量最大的约束函数 $g_k(\boldsymbol{x}_t)$。用插值法，即按式（6-41）计算调整步长 $\alpha_t$，使试验点 $\boldsymbol{x}_t$ 返回到约束面上，则完成一次迭代。再令 $k=k+1$，$\boldsymbol{x}^k = \boldsymbol{x}_t$，转下一步。

6）在新的设计点 $\boldsymbol{x}^k$ 处产生新的可行方向 $\boldsymbol{d}^k$。

7）若在 $\boldsymbol{x}^k$ 点满足收敛条件，则计算终止。约束最优解为 $\boldsymbol{x}^* = \boldsymbol{x}^k$，$f(\boldsymbol{x}^*) = f(\boldsymbol{x}^k)$。否则，改变允差 $\delta$ 的值，即令

$$\delta_k = \begin{cases} \delta_k, & [\nabla f(\boldsymbol{x}^k)]^T \boldsymbol{d}^k > \varepsilon \\ 0.5\delta_k, & [\nabla f(\boldsymbol{x}^k)]^T \boldsymbol{d}^k \leqslant \varepsilon \end{cases} \tag{6-45}$$

再转步骤 2）。

可行方向法计算的程序框图见图 6-27。

**例 6-4** 用可行方向法求解下列约束优化问题的约束最优解。

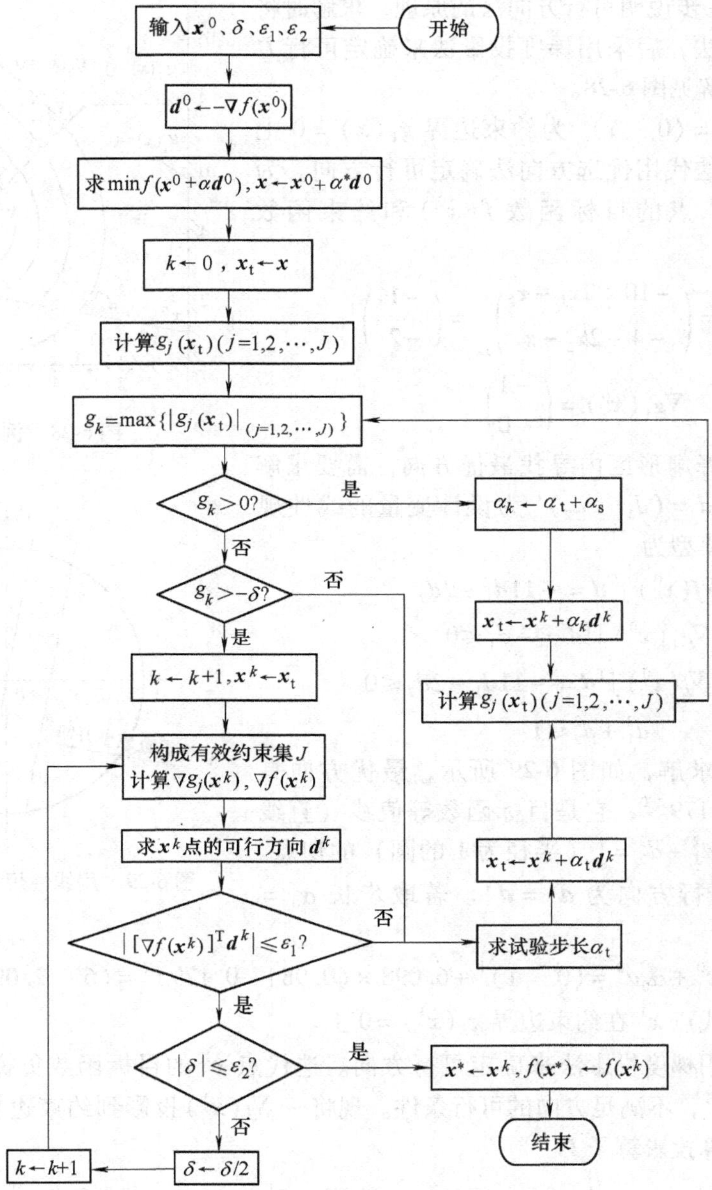


图 6-27　可行方向法计算的程序框图

$$
\begin{aligned}
\min f(\boldsymbol{x}) &= 60-10x_1-4x_2+x_1^2+x_2^2-x_1x_2 \\
\text{s. t.}\quad g_1(\boldsymbol{x}) &= -x_1 \leqslant 0 \\
g_2(\boldsymbol{x}) &= -x_2 \leqslant 0 \\
g_3(\boldsymbol{x}) &= x_1-6 \leqslant 0 \\
g_4(\boldsymbol{x}) &= x_2-8 \leqslant 0 \\
g_5(\boldsymbol{x}) &= x_1+x_2-11 \leqslant 0
\end{aligned}
$$

**解:** 为了进一步说明可行方向法的原理，求解时将先采用优选方向法，后采用梯度投影法来确定可行方向。该问题的图解见图6-28。

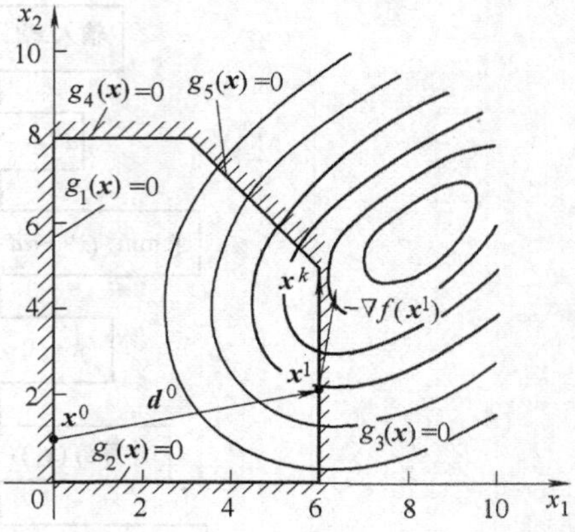

图6-28 例6-4图解

取初始点 $\boldsymbol{x}^0=(0\quad 1)^{\mathrm{T}}$ 为约束边界 $g_1(\boldsymbol{x})=0$ 上的一点。第一次迭代用优选方向法确定可行方向。为此，首先计算 $\boldsymbol{x}^0$ 点的目标函数 $f(\boldsymbol{x}^0)$ 和约束函数 $g_1(\boldsymbol{x}^0)$ 的梯度

$$\nabla f(\boldsymbol{x}^0)=\begin{pmatrix}-10+2x_1-x_2\\-4+2x_2-x_1\end{pmatrix}_{x_0}=\begin{pmatrix}-11\\-2\end{pmatrix}$$

$$\nabla g_1(\boldsymbol{x}^0)=\begin{pmatrix}-1\\0\end{pmatrix}$$

为在可行下降扇形区内寻找最优方向，需要求解一个以可行方向 $\boldsymbol{d}=(d_1\quad d_2)^{\mathrm{T}}$ 为设计变量的线性规划问题，其数学模型为

$$\min\ [\nabla f(\boldsymbol{x}^0)]^{\mathrm{T}}\boldsymbol{d}=-11d_1-2d_2$$

$$\text{s.t.}\ [\nabla g_1(\boldsymbol{x}^0)]^{\mathrm{T}}\boldsymbol{d}=-d_1\leqslant 0$$

$$[\nabla f(\boldsymbol{x}^0)]^{\mathrm{T}}\boldsymbol{d}=-11d_1-2d_2\leqslant 0$$

$$d_1^2+d_2^2\leqslant 1$$

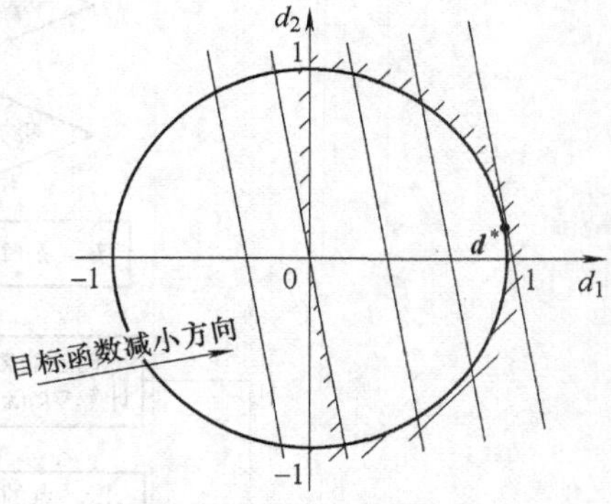

图6-29 用线性规划法求最优方向

现用图解法求解，如图6-29所示，最优方向是 $\boldsymbol{d}^*=[0.984\quad 0.179]^{\mathrm{T}}$，它是目标函数等值线（直线束）和约束函数 $d_1^2+d_2^2=1$（半径为1的圆）的切点。第一次迭代的可行方向为 $\boldsymbol{d}^0=\boldsymbol{d}^*$。若取步长 $\alpha_0=6.098$，则

$$\boldsymbol{x}^1=\boldsymbol{x}^0+\alpha_0\boldsymbol{d}^0=(0\quad 1)^{\mathrm{T}}+6.098\times(0.984\quad 0.179)^{\mathrm{T}}=(6\quad 2.091)^{\mathrm{T}}$$

可见，第一次迭代点 $\boldsymbol{x}^1$ 在约束边界 $g_3(\boldsymbol{x}^1)=0$ 上。

第二次迭代用梯度投影法来确定可行方向。迭代点 $\boldsymbol{x}^1$ 的目标函数负梯度 $-\nabla f(\boldsymbol{x}^1)=(0.091\quad 5.818)^{\mathrm{T}}$，不满足方向的可行条件。现将 $-\nabla f(\boldsymbol{x}^1)$ 投影到约束边界 $g_3(\boldsymbol{x})=0$ 上，按式（6-33）计算投影算子 $\boldsymbol{P}$

$$\boldsymbol{P}=\begin{pmatrix}1&0\\0&1\end{pmatrix}-\begin{pmatrix}1\\0\end{pmatrix}\left[(1\quad 0)\begin{pmatrix}1\\0\end{pmatrix}\right]^{-1}(1\quad 0)=\begin{pmatrix}0&0\\0&1\end{pmatrix}$$

本次迭代的可行方向为

$$\boldsymbol{d}^1=\frac{-\boldsymbol{P}\ \nabla f(\boldsymbol{x}^1)}{\|\boldsymbol{P}\ \nabla f(\boldsymbol{x}^1)\|}=\begin{pmatrix}0\\1\end{pmatrix}$$

显然，$\boldsymbol{d}^1$ 为沿约束边界 $g_3(\boldsymbol{x})=0$ 的方向。若取 $\alpha_1=2.909$，则本次迭代点

$$\boldsymbol{x}^2=\boldsymbol{x}^1+\alpha_1\boldsymbol{d}^1=(6\quad 2.091)^{\mathrm{T}}+2.909\times(0\quad 1)^{\mathrm{T}}=(6\quad 5)^{\mathrm{T}}$$

即为该问题的约束最优点 $\boldsymbol{x}^*$，则得约束最优解 $\boldsymbol{x}^*=(6\quad 5)^{\mathrm{T}}$，$f(\boldsymbol{x}^*)=11$。

## 6.5 惩罚函数法

惩罚函数法是一种使用很广泛、很有效的间接解法。它的基本原理是将约束优化问题

$$\begin{cases} \min f(\boldsymbol{x}) \\ \text{s.t.}\ \ g_j(\boldsymbol{x}) \leqslant 0\ \ (j=1,2,\cdots,m) \\ \qquad h_k(\boldsymbol{x}) = 0\ \ (k=1,2,\cdots,l) \end{cases} \tag{6-46}$$

中的不等式和等式约束函数经过加权转化后，和原目标函数结合形成新的目标函数——惩罚函数

$$\phi(\boldsymbol{x},r_1,r_2) = f(\boldsymbol{x}) + r_1 \sum_{j=1}^{m} G(g_j(\boldsymbol{x})) + r_2 \sum_{k=1}^{l} H(h_k(\boldsymbol{x})) \tag{6-47}$$

通过求解新目标函数的无约束极小值来得到原问题的约束最优解。为此，按一定的法则改变加权因子 $r_1$ 和 $r_2$ 的值，构成一系列的无约束优化问题，求得一系列的无约束最优解，并不断地逼近原约束优化问题的最优解。因此，惩罚函数法又称序列无约束极小化方法，也称为 SUMT 法（Sequential Unconstrained Minimization Technique）。

式（6-47）中的 $r_1 \sum_{j=1}^{m} G(g_j(\boldsymbol{x}))$ 和 $r_2 \sum_{k=1}^{l} H(h_k(\boldsymbol{x}))$ 称为加权转化项。根据它们在惩罚函数中的作用，又分别称为障碍项和惩罚项。障碍项的作用是当迭代点在可行域内时，在迭代过程中阻止迭代点越出可行域；惩罚项的作用是当迭代点在非可行域或不满足等式约束条件时，在迭代过程中将迫使迭代点逼近约束边界或等式约束曲面。

根据迭代过程是否在可行域内进行，惩罚函数法可分为内点惩罚函数法、外点惩罚函数法和混合惩罚函数法三种。

### 6.5.1 内点惩罚函数法

内点惩罚函数法简称内点法，这种方法将新目标函数定义于可行域内，序列迭代点在可行域内逐步逼近约束边界上的最优点。内点法只能用来求解具有不等式约束的优化问题。

对于只具有不等式约束的优化问题

$$\begin{cases} \min f(\boldsymbol{x}) \\ \text{s.t.}\ \ g_j(\boldsymbol{x}) \leqslant 0\ \ (j=1,2,\cdots,m) \end{cases} \tag{6-48}$$

转化后的惩罚函数形式为

$$\phi(\boldsymbol{x},r) = f(\boldsymbol{x}) - r\sum_{j=1}^{m} \frac{1}{g_j(\boldsymbol{x})} \tag{6-49}$$

或

$$\phi(\boldsymbol{x},r) = f(\boldsymbol{x}) - r\sum_{j=1}^{m} \ln[-g_j(\boldsymbol{x})] \tag{6-50}$$

式中 $r$ 为惩罚因子，它是由大到小且趋近于0的数列，即 $r^0 > r^1 > r^2 > \cdots \to 0$；$\sum_{j=1}^{m} \frac{1}{g_j(\boldsymbol{x})}$ 或 $\sum_{j=1}^{m} \ln[-g_j(\boldsymbol{x})]$ 为障碍项。

由于内点法的迭代过程在可行域内进行，障碍项的作用是阻止迭代点超出可行域。由障

碍项的函数形式可知，当迭代点靠近某一约束边界时，该约束函数值趋近于0，因此障碍项的值陡然增加，并趋近于无穷大，好像在可行域的边界上筑起了一道“围墙”，使迭代点始终不能越出可行域。显然，只有当惩罚因子 $r \to 0$ 时，才能求得在约束边界上的最优解。下面用一简例来说明内点法的基本原理。

**例 6-5** 用内点法求下列约束优化问题的最优解。

$$\min f(\boldsymbol{x}) = x_1^2 + x_2^2$$

$$\text{s.t.}\ g(\boldsymbol{x}) = 1 - x_1 \leqslant 0$$

**解**：如图6-30所示，该问题的约束最优点为 $\boldsymbol{x}^* = (1\quad 0)^{\mathrm{T}}$，该点是目标函数等值线 $x_1^2 + x_2^2 = 1$ 和约束函数 $1 - x_1 = 0$ 的切点，最优值为 $f(\boldsymbol{x}^*) = 1$。

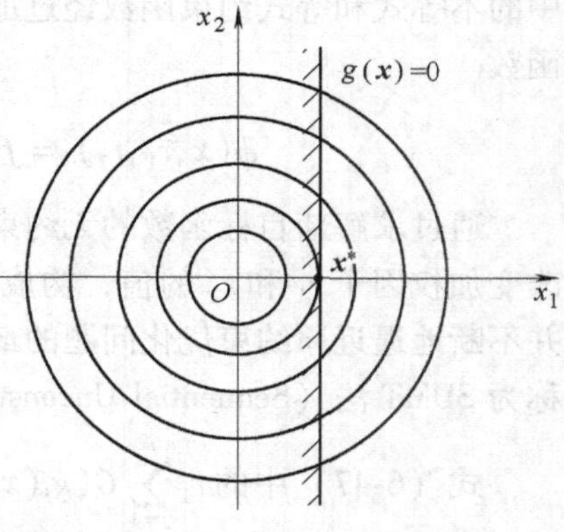

图6-30 例6-5 图解

用内点法求解该问题时，首先按式（6-50）构造内点惩罚函数

$$\phi(\boldsymbol{x},r) = x_1^2 + x_2^2 - r\ln(x_1 - 1)$$

对于任意给定的惩罚因子 $r(r>0)$，函数 $\phi(\boldsymbol{x},r)$ 为凸函数。用解析法求函数 $\phi(\boldsymbol{x},r)$ 的极小值，即令 $\nabla\phi(\boldsymbol{x},r) = 0$，得方程组

$$\begin{cases} \dfrac{\partial\phi}{\partial x_1} = 2x_1 - \dfrac{r}{x_1 - 1} = 0 \\ \dfrac{\partial\phi}{\partial x_2} = 2x_2 = 0 \end{cases}$$

求解上述方程组得

$$\begin{cases} x_1(r) = \dfrac{1 \pm \sqrt{1+2r}}{2} \\ x_2(r) = 0 \end{cases}$$

当 $x_1(r) = \dfrac{1 - \sqrt{1+2r}}{2}$ 时，不满足约束条件 $g(\boldsymbol{x}) = 1 - x_1 \leqslant 0$，故应舍去。因此，无约束极值点为

$$\begin{cases} x_1^*(r) = \dfrac{1 + \sqrt{1+2r}}{2} \\ x_2^*(r) = 0 \end{cases}$$

当 $r=4$ 时，$\boldsymbol{x}^*(r) = (2\quad 0)^{\mathrm{T}}$，$f(\boldsymbol{x}^*(r)) = 4$

当 $r=1.2$ 时，$\boldsymbol{x}^*(r) = (1.422\quad 0)^{\mathrm{T}}$，$f(\boldsymbol{x}^*(r)) = 2.022$

当 $r=0.36$ 时，$\boldsymbol{x}^*(r) = (1.156\quad 0)^{\mathrm{T}}$，$f(\boldsymbol{x}^*(r)) = 1.336$

当 $r=0$ 时，$\boldsymbol{x}^*(r) = (1\quad 0)^{\mathrm{T}}$，$f(\boldsymbol{x}^*(r)) = 1$

由计算可知，当逐步减小 $r$ 值直至趋近于0时，$\boldsymbol{x}^*(r)$ 逼近原问题的约束最优解。当 $r=4$、1.2、0.36时，惩罚函数 $\phi(\boldsymbol{x},r)$ 的等值线分别如图6-31a、b、c所示。从图中可以看出，当 $r$ 逐渐减小时，无约束极值点 $\boldsymbol{x}^*(r)$ 的序列将在可行域内逐步逼近最优点。

下面介绍内点法中初始点 $\boldsymbol{x}^0$、惩罚因子的初值 $r^0$ 及其缩减系数 $c$ 等重要参数的选取和收敛条件的确定方法。

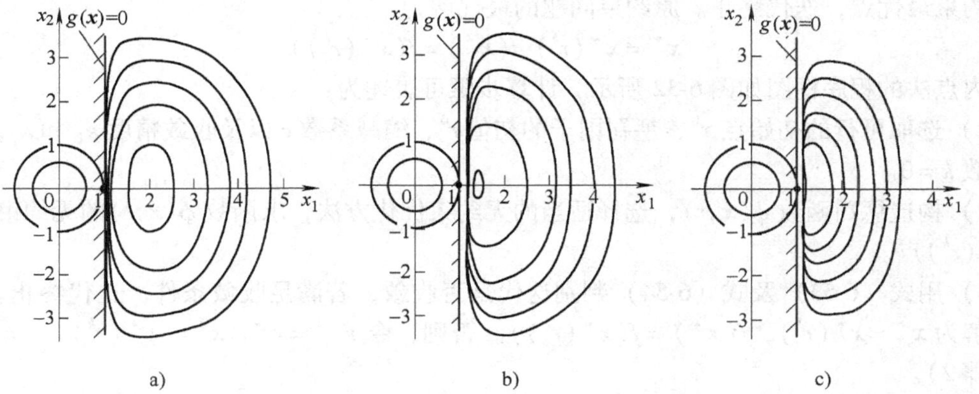

图6-31 内点惩罚函数的极小点向约束最优点逼近

（1）初始点 $x^0$ 的选取 使用内点法时，初始点 $x^0$ 应选择一个离约束边界较远的可行点。若 $x^0$ 太靠近某一约束边界，构造的惩罚函数可能由于障碍项的值很大而变得畸形，使求解无约束优化问题发生困难。程序设计时，可行初始点可人工输入或计算机自动生成。计算机自动生成可行初始点的常用方法是利用随机数生成设计点，该方法已在本章介绍过。

（2）惩罚因子的初值 $r^0$ 的选取 惩罚因子的初值 $r^0$ 应适当，否则会影响迭代计算的正常进行。一般来说，$r^0$ 太大，将增加迭代次数；$r^0$ 太小，会使惩罚函数的性态变坏，甚至难以收敛到极值点。由于问题函数的多样化，使得 $r^0$ 的取值相当困难，目前还无一定的有效方法。对于不同的问题，都要经过多次试算，才能决定一个适当的 $r^0$。以下的方法可作为试算取值的参考。

1）取 $r^0=1$，根据试算的结果，再决定增加或减小 $r^0$ 的值。

2）按经验公式

$$r^0 = \left|\frac{f(\boldsymbol{x}^0)}{\displaystyle\sum_{j=1}^{m}\frac{1}{g_j(\boldsymbol{x}^0)}}\right| \tag{6-51}$$

计算 $r^0$ 的值。这样选取的 $r^0$，可以使惩罚函数中的障碍项和原目标函数的值大致相当，不会因为障碍项的值太大而起支配作用，也不会因为障碍项的值太小而被忽略。

（3）惩罚因子的缩减系数 $c$ 的选取 在构造序列惩罚函数时，惩罚因子 $r$ 是一个逐次递减到0的数列，相邻两次迭代的惩罚因子的关系为

$$r^k = cr^{k-1} \quad (k=1,2,\cdots) \tag{6-52}$$

式中的 $c$ 称为惩罚因子的缩减系数，$c$ 为小于1的正数。一般的看法是，$c$ 值的大小在迭代过程中不起决定性作用，通常的取值范围在0.1 ~ 0.7之间。

（4）收敛条件 内点法的收敛条件为

$$\left|\frac{\phi(\boldsymbol{x}^*(r^k),r^k)-\phi(\boldsymbol{x}^*(r^{k-1}),r^{k-1})}{\phi(\boldsymbol{x}^*(r^{k-1}),r^{k-1})}\right| \leqslant \varepsilon_1 \tag{6-53}$$

$$\| \boldsymbol{x}^*(r^k)-\boldsymbol{x}^*(r^{k-1}) \| \leqslant \varepsilon_2 \tag{6-54}$$

式（6-53）说明相邻两次迭代的惩罚函数值相对变化量充分小，式（6-54）说明相邻两

次迭代的无约束极小点已充分接近。满足上述收敛条件的无约束极小点 $\boldsymbol{x}^*(r^k)$ 已逼近原问题的约束最优点，迭代终止。原约束问题的最优解为

$$\boldsymbol{x}^* = \boldsymbol{x}^*(r^k), f(\boldsymbol{x}^*) = f(\boldsymbol{x}^*(r^k))$$

内点法的程序框图如图6-32所示，计算步骤可表述为：

1）选取可行的初始点 $\boldsymbol{x}^0$、惩罚因子的初值 $r^0$、缩减系数 $c$ 以及收敛精度 $\varepsilon_1$ 和 $\varepsilon_2$，令迭代次数 $k=0$。

2）构造惩罚函数 $\phi(\boldsymbol{x},r)$，选择适当的无约束优化方法，求函数 $\phi(\boldsymbol{x},r)$ 的无约束极值，得 $\boldsymbol{x}^*(r^k)$ 点。

3）用式（6-53）及式（6-54）判别迭代是否收敛，若满足收敛条件，迭代终止。约束最优解为 $\boldsymbol{x}^* = \boldsymbol{x}^*(r^k)$，$f(\boldsymbol{x}^*) = f(\boldsymbol{x}^*(r^k))$。否则，令 $r^{k+1} = cr^k$，$\boldsymbol{x}^0 = \boldsymbol{x}^*(r^k)$，$k=k+1$，转步骤2）。

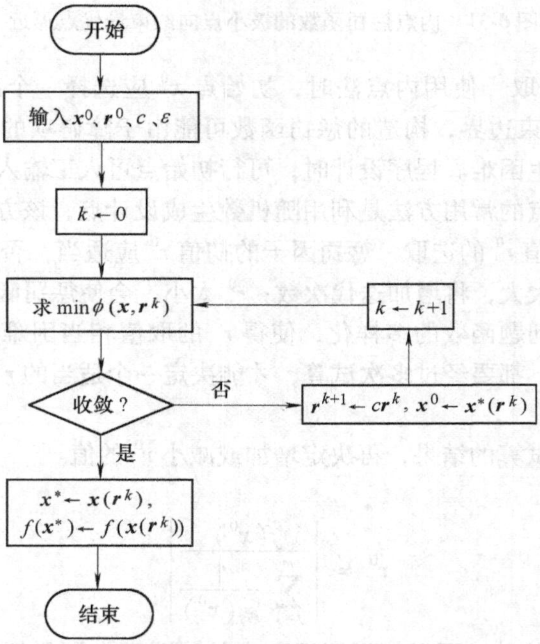


图6-32 内点法的程序框图

## 6.5.2 外点惩罚函数法

外点惩罚函数法简称外点法。外点法与内点法相反，新目标函数定义在可行域之外，序列迭代点从可行域之外逐渐逼近约束边界上的最优点。外点法可以用来求解含不等式和等式约束的优化问题。

对于约束优化问题

$$\begin{aligned}
&\min f(\boldsymbol{x}) \\
&\text{s.t.}\ \ g_j(\boldsymbol{x}) \leqslant 0\ (j=1,2,\cdots,m) \\
&\qquad h_k(\boldsymbol{x}) = 0\ (k=1,2,\cdots,l)
\end{aligned}$$

转化后的外点惩罚函数的形式为

$$\phi(\boldsymbol{x},r)=f(\boldsymbol{x})+r\sum_{j=1}^{m}\max\{0,g_j(\boldsymbol{x})\}^2+r\sum_{k=1}^{l}[h_k(\boldsymbol{x})]^2 \tag{6-55}$$

式中 $r$——惩罚因子，它是由小到大，且趋近于∞ 的数列，即 $r^0<r^1<r^2<\cdots\to\infty$；

$\sum_{j=1}^{m}\max\{0,g_j(\boldsymbol{x})\}^2$，$\sum_{k=1}^{l}[h_k(\boldsymbol{x})]^2$——分别对应于不等式和等式约束函数的惩罚项。

由于外点法的迭代过程在可行域之外进行，惩罚项的作用是迫使迭代点逼近约束边界或等式约束曲面。由惩罚项的形式可知，当迭代点 $\boldsymbol{x}$ 不可行时，惩罚项的值大于0，使得惩罚函数 $\phi(\boldsymbol{x},r)$ 大于原目标函数，这可看成是对迭代点不满足约束条件的一种惩罚。当迭代点不断接近约束边界和等式约束曲面时，惩罚项的值减小，且趋近于0，惩罚项的作用逐渐消失，迭代点也就趋近于约束边界上的最优点了。

下面仍用与例 6-5 相同的问题来说明外点法的基本原理。

**例 6-6** 用外点法求例 6-5 问题的约束最优解。

**解：** 前面已用内点法求解过这一问题，其约束最优解为 $\boldsymbol{x}^*=(1\quad 0)^{\mathrm{T}}$，$f(\boldsymbol{x}^*)=1$。用外点法求解时，首先按式（6-55）构造外点惩罚函数

$$\phi(\boldsymbol{x},r)=x_1^2+x_2^2+r(1-x_1)^2$$

对于任意给定的惩罚因子 $r$（$r>0$），函数 $\phi(\boldsymbol{x},r)$ 为凸函数。用解析法求 $\phi(\boldsymbol{x},r)$ 的无约束极小值，即令 $\nabla\phi(\boldsymbol{x},r)=0$，得方程组

$$\begin{cases}\dfrac{\partial\phi}{\partial x_1}=2x_1-2r(1-x_1)=0\\[2mm]\dfrac{\partial\phi}{\partial x_2}=2x_2=0\end{cases}$$

求解上述方程组得

$$\begin{cases}x_1^*(r)=\dfrac{r}{1+r}\\[2mm]x_2^*(r)=0\end{cases}$$

当 $r=0.3$ 时，$\boldsymbol{x}^*(r)=(0.231\quad 0)^{\mathrm{T}}$，$f(\boldsymbol{x}^*(r))=0.053$

当 $r=1.5$ 时，$\boldsymbol{x}^*(r)=(0.6\quad 0)^{\mathrm{T}}$，$f(\boldsymbol{x}^*(r))=0.36$

当 $r=7.5$ 时，$\boldsymbol{x}^*(r)=(0.882\quad 0)^{\mathrm{T}}$，$f(\boldsymbol{x}^*(r))=0.78$

当 $r\to\infty$ 时，$\boldsymbol{x}^*(r)=(1\quad 0)^{\mathrm{T}}$，$f(\boldsymbol{x}^*(r))=1$

由计算可知，当逐步增大 $r$ 值直至趋近于∞ 时，$\boldsymbol{x}^*(r)$ 逼近原问题的约束最优解。当 $r=0.3$、$1.5$、$7.5$ 时，惩罚函数 $\phi(\boldsymbol{x},r)$ 的等值线分别如图 6-33a、b、c 所示。从图中可以看出，当 $r$ 逐渐增大时，无约束极值点 $\boldsymbol{x}^*(r)$ 的序列将在可行域外逐步逼近约束最优点。

外点法的惩罚因子按下式递增

$$r^k=cr^{k-1}\ (k=1,2,\cdots) \tag{6-56}$$

式中 $c$——递增系数，通常取 $c=5\sim10$。

与内点法相反，惩罚因子的初值 $r^0$ 若取相当大的值，会使 $\phi(\boldsymbol{x},r)$ 的等值线变形或偏心，求 $\phi(\boldsymbol{x},r)$ 的极值将发生困难；若 $r^0$ 取值过小，势必增加迭代次数。因此，在外点法中，$r^0$ 的合理取值也是很重要的。许多计算表明，取 $r^0=1$，$c=10$ 常常可以取得满意的结

果，有时也按下面的经验公式来计算 $r^0$ 值：

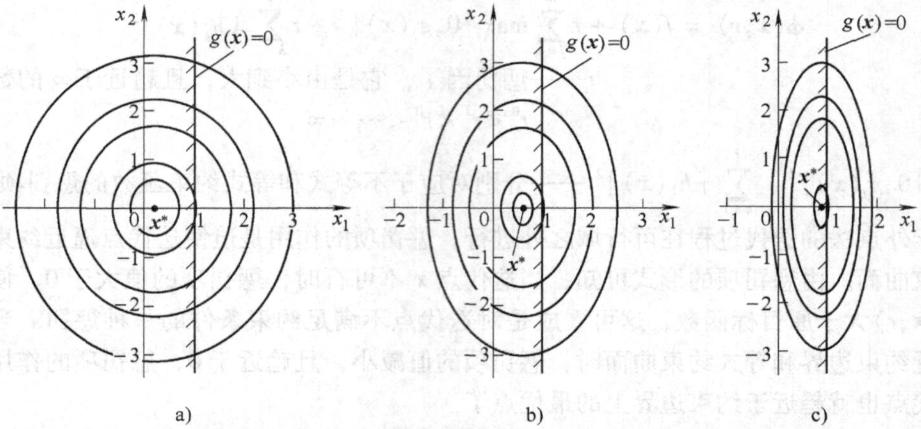


图 6-33 外点惩罚函数的极小点向约束最优点逼近

$$r^0 = \max\{r_j^0\} \quad (j=1,2,\cdots,m) \tag{6-57}$$

式中
$$r_j^0 = \frac{0.02}{mg_j(\boldsymbol{x}^0)f(\boldsymbol{x}^0)} \quad (j=1,2,\cdots,m)$$

外点法的收敛条件与内点法相同，其计算步骤、程序框图也与内点法相近。

## 6.5.3 混合惩罚函数法

混合惩罚函数法简称混合法。这种方法是把内点法和外点法结合起来，用来求解同时具有等式约束和不等式约束函数的优化问题。

对于约束优化问题

$$\begin{aligned}&\min f(\boldsymbol{x})\\&\text{s.t. } g_j(\boldsymbol{x})\leqslant 0 \ (j=1,2,\cdots,m)\\&\qquad h_k(\boldsymbol{x})=0 \ (k=1,2,\cdots,l)\end{aligned}$$

转化后的混合惩罚函数的形式为

$$\phi(\boldsymbol{x},r) = f(\boldsymbol{x}) - r\sum_{j=1}^{m}\frac{1}{g_j(\boldsymbol{x})} + \frac{1}{\sqrt{r}}\sum_{k=1}^{l}[h_k(\boldsymbol{x})]^2 \tag{6-58}$$

式中 $r\sum_{j=1}^{m}\frac{1}{g_j(\boldsymbol{x})}$——障碍项。惩罚因子 $r$ 按内点法选取，即 $r^0>r^1>r^2>\cdots\to 0$；

$\frac{1}{\sqrt{r}}\sum_{k=1}^{l}[h_k(\boldsymbol{x})]^2$——惩罚项。惩罚因子为$\frac{1}{\sqrt{r}}$，当 $r\to 0$ 时，$\frac{1}{\sqrt{r}}\to\infty$，满足外点法对惩罚因子的要求。

混合法具有内点法的求解特点，即迭代过程在可行域内进行，因而初始点 $\boldsymbol{x}^0$、惩罚因子的初值 $r^0$ 均可参考内点法选取，计算步骤和程序框图也与内点法相近。

**例 6-7** 试求点集 $A(x_1,x_2,x_3)$ 和点集 $B(x_4,x_5,x_6)$ 之间的最短距离。限制条件为

$$\left.\begin{aligned}&x_1^2+x_2^2+x_3^2\leqslant 5\\&(x_4-3)^2+x_5^2\leqslant 1\\&4\leqslant x_6\leqslant 8\end{aligned}\right\}$$

**解**：由图 6-34 可知，$x_1^2+x_2^2+x_3^2\leqslant 5$ 表示以原点为球心，半径为$\sqrt{5}$的球体，点集 $A(x_1,x_2,x_3)$ 在球面面上取点。$(x_4-3)^2+x_5^2\leqslant 1$，$4\leqslant x_6\leqslant 8$ 表示一个圆柱体，点集 $B(x_4,x_5,x_6)$ 在圆柱面上取点。因此该问题就是求这两个几何体间的最短距离的约束优化问题，其数学模型为

$$\min f(\boldsymbol{x})=(x_1-x_4)^2+(x_2-x_5)^2+(x_3-x_6)^2$$

$$\text{s.t.}\ \ g_1(\boldsymbol{x})=x_1^2+x_2^2+x_3^2-5\leqslant 0$$

$$g_2(\boldsymbol{x})=(x_4-3)^2+x_5^2-1\leqslant 0$$

$$g_3(\boldsymbol{x})=x_6-8\leqslant 0$$

$$g_4(\boldsymbol{x})=4-x_6\leqslant 0$$

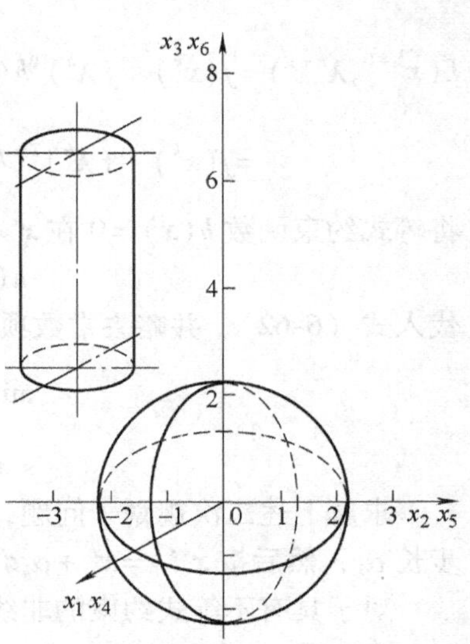

图 6-34　例 6-7 图解

用混合法程序计算时，取

$$\boldsymbol{x}^0=(1\quad 1\quad 1\quad 3\quad 1\quad 5)^{\mathrm{T}},r^0=1,c=0.2$$

在计算机上运行，共迭代 13 次，求得最优解为

$$\boldsymbol{x}^*=(1.0015\quad -0.0035\quad 1.999\quad 2.0\quad -0.0077\quad 4.07)^{\mathrm{T}},f(\boldsymbol{x}^*)=5.0008$$

与理论解 $\boldsymbol{x}^*=(1\quad 0\quad 2\quad 2\quad 0\quad 4)^{\mathrm{T}}$，$f(\boldsymbol{x}^*)=5$ 比较，误差很小。

## 6.6　二次规划法

二次规划法的基本原理是将原问题转化为一系列二次规划子问题，然后求解子问题，得到本次迭代的搜索方向，沿搜索方向寻优，最终逼近问题的最优点，因此这种方法又称序列二次规划法。另外，算法是利用拟牛顿法（变尺度法）来近似构造海赛矩阵，以建立二次规划子问题，故又可称约束变尺度法。二次规划法是目前最先进的非线性规划计算方法。

原问题的数学模型为

$$\min f(\boldsymbol{x})$$

$$\text{s.t.}\ \ h(\boldsymbol{x})=0$$

相对应的拉格朗日函数为　$L(\boldsymbol{x},\boldsymbol{\lambda})=f(\boldsymbol{x})+\boldsymbol{\lambda}^{\mathrm{T}}h(\boldsymbol{x})$

在 $\boldsymbol{x}^k$ 点作泰勒展开，取二次近似表达式

$$L(\boldsymbol{x}^{k+1},\boldsymbol{\lambda}^{k+1})=L(\boldsymbol{x}^k,\boldsymbol{\lambda}^k)+[\nabla L(\boldsymbol{x}^k,\boldsymbol{\lambda}^k)]^{\mathrm{T}}(\boldsymbol{x}^{k+1}-\boldsymbol{x}^k)+\frac{1}{2}(\boldsymbol{x}^{k+1}-\boldsymbol{x}^k)^{\mathrm{T}}\boldsymbol{H}_k(\boldsymbol{x}^{k+1}-\boldsymbol{x}^k) \tag{6-59}$$

式中　$\boldsymbol{H}_k$——海赛矩阵，$\boldsymbol{H}_k=\nabla^2L(\boldsymbol{x}^k,\boldsymbol{\lambda}^k)$。该矩阵一般用拟牛顿法中的变尺度矩阵 $\boldsymbol{B}^k$ 来代替。

令

$$\boldsymbol{d}^k=\boldsymbol{x}^{k+1}-\boldsymbol{x}^k \tag{6-60}$$

拉格朗日函数的一阶导数为

$$\nabla L(\boldsymbol{x}^k,\boldsymbol{\lambda}^k)=\nabla f(\boldsymbol{x}^k)+(\nabla h(\boldsymbol{x}^k))^{\mathrm{T}}\boldsymbol{\lambda}^k \tag{6-61}$$

将式（6-60）和式（6-61）代入式（6-59），得

$$L(\boldsymbol{x}^{k+1},\boldsymbol{\lambda}^{k+1})=f(\boldsymbol{x}^k)+(\boldsymbol{\lambda}^k)^{\mathrm{T}}h(\boldsymbol{x}^k)+(\nabla f(\boldsymbol{x}^k)+(\nabla h(\boldsymbol{x}^k))^{\mathrm{T}}\boldsymbol{\lambda}^k)^{\mathrm{T}}\boldsymbol{d}^k+\frac{1}{2}(\boldsymbol{d}^k)^{\mathrm{T}}\boldsymbol{B}^k\boldsymbol{d}^k$$
$$=f(\boldsymbol{x}^k)+(\boldsymbol{\lambda}^k)^{\mathrm{T}}(h(\boldsymbol{x}^k)+\nabla h(\boldsymbol{x}^k)\boldsymbol{d}^k)+(\nabla f(\boldsymbol{x}^k))^{\mathrm{T}}\boldsymbol{d}^k+\frac{1}{2}(\boldsymbol{d}^k)^{\mathrm{T}}\boldsymbol{B}^k\boldsymbol{d}^k \tag{6-62}$$

将等式约束函数 $h(\boldsymbol{x})=0$ 在 $\boldsymbol{x}^k$ 处作泰勒展开，取线性近似式

$$h(\boldsymbol{x}^{k+1})=h(\boldsymbol{x}^k)+\nabla h(\boldsymbol{x}^k)^{\mathrm{T}}\boldsymbol{d}^k=0 \tag{6-63}$$

代入式（6-62），并略去常数项，则构成二次规划子问题

$$\begin{aligned}&\min\ QP(\boldsymbol{d})=[\nabla f(\boldsymbol{x})]^{\mathrm{T}}\boldsymbol{d}+\frac{1}{2}\boldsymbol{d}^{\mathrm{T}}\boldsymbol{B}\boldsymbol{d}\\&\mathrm{s.t.}\ \ h(\boldsymbol{x})+\nabla h(\boldsymbol{x})^{\mathrm{T}}\boldsymbol{d}=0\end{aligned} \tag{6-64}$$

求解上述二次规划子问题，得到的 $\boldsymbol{d}^k$ 就是搜索方向。沿搜索方向进行一维搜索，确定步长 $\alpha_k$，然后按 $\boldsymbol{x}^{k+1}=\boldsymbol{x}^k+\alpha_k\boldsymbol{d}^k$ 的格式进行迭代，最终得到原问题的最优解。

对于具有不等式约束的非线性规划问题

$$\begin{aligned}&\min f(\boldsymbol{x})\\&\mathrm{s.t.}\ \ h(\boldsymbol{x})=0\\&\qquad g(\boldsymbol{x})\leqslant 0\end{aligned}$$

仍可用同样的推导方法得到相应的二次规划子问题

$$\begin{aligned}&\min\ QP(\boldsymbol{d})=[\nabla f(\boldsymbol{x})]^{\mathrm{T}}\boldsymbol{d}+\frac{1}{2}\boldsymbol{d}^{\mathrm{T}}\boldsymbol{B}\boldsymbol{d}\\&\mathrm{s.t.}\ \ h(\boldsymbol{x})+\nabla h(\boldsymbol{x})^{\mathrm{T}}\boldsymbol{d}=0\\&\qquad g(\boldsymbol{x})+\nabla g(\boldsymbol{x})^{\mathrm{T}}\boldsymbol{d}\leqslant 0\end{aligned}$$

求解时，在每次迭代中应对不等式约束进行判断，保留其中起作用的约束，除掉不起作用的约束，将起作用的约束纳入等式约束中，这样，含有不等式约束的子问题和只具有等式约束的子问题保持了一致。此外，变尺度矩阵 $\boldsymbol{B}^k$ 也应包含起作用的不等式约束的信息。

二次规划法的迭代步骤如下：

1）给定初值 $\boldsymbol{x}^0$、$\boldsymbol{\lambda}^0$，令 $\boldsymbol{B}^0=\boldsymbol{I}$（单位矩阵）。

2）计算原问题的函数值、梯度值，构造二次规划子问题。

3）求解二次规划子问题，确定新的乘子向量 $\boldsymbol{\lambda}^k$ 和搜索方向 $\boldsymbol{d}^k$。

4）沿 $\boldsymbol{d}^k$ 进行一维搜索，确定步长 $\alpha_k$，得到新的近似极小点：$\boldsymbol{x}^{k+1}=\boldsymbol{x}^k+\alpha_k\boldsymbol{d}^k$。

5）满足收敛精度

$$\left|\frac{f(\boldsymbol{x}^{k+1})-f(\boldsymbol{x}^k)}{f(\boldsymbol{x}^k)}\right|\leqslant\varepsilon$$

即终止计算。否则转下一步。

6）采用拟牛顿公式（如 BFGS 公式）对 $\boldsymbol{B}^k$ 进行修正得到 $\boldsymbol{B}^{k+1}$，返回步骤 2）。

## 6.7 工程设计应用

### 6.7.1 螺旋压缩弹簧的优化设计

**1. 基础知识**

螺旋压缩弹簧的几何形状及参数如图 6-35 所示。螺旋压缩弹簧设计必须满足如下要求：

（1）强度条件

$$\tau_{max}=\left(\frac{4C-1}{4C-4}+\frac{0.615}{C}\right)\frac{8FD_2}{\pi d^3}\leqslant[\tau]$$

式中 $\tau_{max}$——弹簧最大切应力（MPa）；

$C$——弹簧旋绕比，$C=D_2/d$；

$F$——弹簧受的压力（N）；

$D_2$——弹簧中径（mm）；

$d$——弹簧丝直径（mm）；

$[\tau]$——材料许用应力（MPa）。

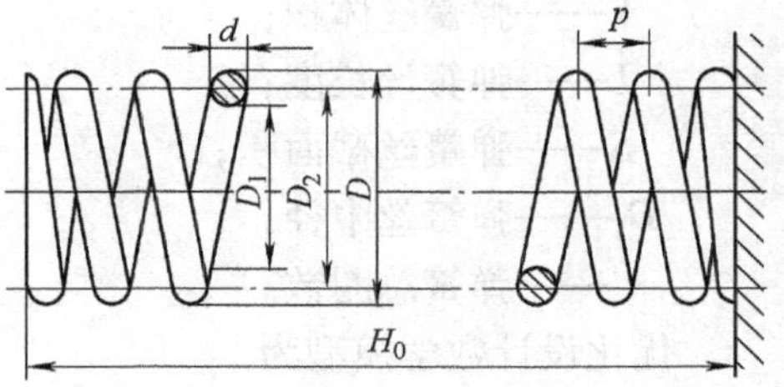

图 6-35 螺旋压缩弹簧的几何形状与参数

（2）刚度条件

$$n=\frac{G\lambda d^4}{8FD_2^3}\geqslant 2$$

式中 $n$——弹簧有效圈数；

$G$——弹簧材料的切变模量，对于钢为 $8\times10^4$ MPa；

$\lambda$——弹簧对应压力 $F$ 产生的变形量，$\lambda=F/c$，$c$ 为弹簧刚度。

（3）稳定性条件

$$\frac{H_0}{D_2}\leqslant b$$

式中 $H_0$——弹簧自由长度；

$b$——弹簧两端均为回转端时≤2.6，均为固定端时≤5.3，一端固定一端回转时≤3.7，弹簧内外分别加导向杆和导向套时可增大。

（4）几何关系 弹簧螺旋角

$$\alpha=5°\sim10°$$

$$\alpha=\arctan\frac{p}{\pi D_2}$$

式中 $p$——弹簧在自由状态下的节距。$p=d+\frac{\lambda_{max}}{n}+\delta$，$\delta=0.1d$。

（5）几何条件 视具体工作环境和要求确定。

**2. 一般设计问题**

试设计一圆弹簧丝的螺旋压缩弹簧。已知 $F_{max}=700$N，$\lambda_{max}=50$mm；该弹簧系套在一直径为 22mm 的轴上工作，并限制其最大外径在 42mm 以下，自由长度在 110 ~ 130mm 范围内。该弹簧不经常工作，但较重要。弹簧端部选不磨平端，末端有一圈支承圈。

**3. 传统设计方法**

采用盲目试凑法，凭经验选择设计参数，分别进行检验。其设计过程烦琐，设计周期长，难以取得最优设计。

**4. 优化设计**

在满足设计要求的前提下，以弹簧总质量最轻为优化目标函数。弹簧总质量为

$$m=V\rho=LS\rho=\frac{\pi D_2 n'}{\cos\alpha}\,\frac{\pi}{4}d^2\rho=\frac{\pi D_2(n+2)}{\cos\alpha}\,\frac{\pi}{4}d^2\rho$$

式中 $\rho$——弹簧材料密度；

$V$——弹簧丝体积；

$L$——弹簧丝长度；

$S$——弹簧丝截面积；

$D_2$——弹簧丝中径；

$n'$——弹簧总圈数。

优化设计数学模型为

$$\begin{cases}\min f(\boldsymbol{x}) = \dfrac{x_1(n+2)}{\cos\alpha}x_2^2 \\ g_1(\boldsymbol{x}) = x_1 - x_2 - 22 \geqslant 0 \\ g_2(\boldsymbol{x}) = 42 - x_1 - x_2 \geqslant 0 \\ g_3(\boldsymbol{x}) = np + 2x_2 - 110 \geqslant 0 \\ g_4(\boldsymbol{x}) = 130 - np - 2x_2 \geqslant 0 \\ g_5(\boldsymbol{x}) = \arctan\dfrac{p}{\pi x_1} - 5° \geqslant 0 \\ g_6(\boldsymbol{x}) = 10° - \arctan\dfrac{p}{\pi x_1} \geqslant 0 \\ g_7(\boldsymbol{x}) = [\tau] - \left(\dfrac{4c-1}{4c-4} + \dfrac{0.615}{c}\right)\dfrac{8F_{\max}x_1}{\pi x_2^2} \geqslant 0 \\ \boldsymbol{x} = \begin{pmatrix} x_1 \\ x_2 \end{pmatrix} = \begin{pmatrix} D_2 \\ d \end{pmatrix}\end{cases}$$

取弹簧材料为Ⅱa 组碳素弹簧钢丝，$[\tau] = 560\text{MPa}$，采用外点惩罚函数法，取 $\varepsilon = 0.1$，$\boldsymbol{x}^0 = (30 \quad 10)^{\mathrm{T}}$时，结果无解。

取弹簧材料为50GrVA，$[\tau] = 600\text{MPa}$，采用外点惩罚函数法，计算结果如下：

(1) $\varepsilon = 0.1$，$\boldsymbol{x}^0 = (30 \quad 10)^{\mathrm{T}}$时，$x^*(1) = 28.915$，$x^*(2) = 4.663$，$f^* = 10103.90$。

(2) $\varepsilon = 0.1$，$\boldsymbol{x}^0 = (20 \quad 10)^{\mathrm{T}}$时，$x^*(1) = 28.915$，$x^*(2) = 4.663$，$f^* = 10103.90$。

设计问题的优化结果见下表。

| $D$/mm | $D_1$/mm | $D_2$/mm | $d$/mm | $H_0$/mm | $p$/mm | $n$ | $\alpha$/(°) | $w$ |
|---|---|---|---|---|---|---|---|---|
| 33.58 | 24.26 | 28.92 | 4.663 | 131.1 | 8.7 | 14 | 5.47 | 10103.90 |

外点惩罚函数法获得的解是非可行解，对比上表及设计要求，不难发现优化数学模型中的约束条件 $g_4(\boldsymbol{x}) = 130 - np - 2x_2 \geqslant 0$ 没有得到满足。如果需要严格的解，可以通过改变原始设计要求中的约束条件，如将 $g_4(\boldsymbol{x}) = 130 - np - 2x_2 \geqslant 0$ 改为 $g_4(\boldsymbol{x}) = 128 - np - 2x_2 \geqslant 0$，然后再进行优化迭代计算，或许会很好地解决上表出现的设计结果不满足设计要求的问题。

## 6.7.2 链传动优化设计

### 1. 基础知识

对于链传动，通常设计步骤是凭经验确定链轮的齿数、链传动中心距、链的传动列数，然后根据传动条件计算功率、小链轮转速，由链的极限功率曲线查出单排链在特定条件下传递的最大功率，然后选择链的节距号。这种传统的设计方法试凑盲目，设计周期长，设计结果难以得到最优。

链传动的优化设计首先为了充分发挥链的最大传递功率，确定出所需的最少链排数，然后在此基础上使尺寸紧凑并优选其他设计参数。链传动的基本设计式为

$$z_pP_0 \geqslant \frac{k_AP}{k_zk_ak_ik_p}$$

式中　$z_p$——链的列数；

$P_0$——特定条件下单列链传递的功率（kW）；

$P$——链传动的额定功率（kW）；

$k_A$——工作情况系数；

$k_z$——小链轮齿数系数；

$k_a$——中心距系数；

$k_i$——传动比系数；

$k_p$——多列链系数。

由于以上系数多依靠表和图线，给寻优自动取值造成诸多不便，所以需要将其进行数学函数公式化处理。

$$P_0 = 0.003z_1^{1.08}n_1^{0.9}\left(\frac{t}{25.4}\right)^{(3-0.028t)}$$

$$k_z = \left(\frac{z_1}{19}\right)^{1.08}$$

$$k_a = 0.71332 + 0.0085k_0 - \frac{0.0001k_0^2}{3}$$

$$k_i = \begin{cases} 0.685 + 0.15i(1-0.1i), & i \leqslant 3 \\ 0.94 + 0.005i(1+i), & i > 3 \end{cases}$$

$$k_p = z_p^{0.84}$$

式中　$z_1$——小链轮齿数；

$n_1$——小链轮转速（r/min）；

$t$——链节距（mm）；

$i$——链传动比系数，$i = n_1/n_2$，$n_2$ 为大链轮转速（r/min）；

$k_0$——中心距的链节数，$k_0 = a/t$，$a$ 为链传动中心距（mm）。

**2. 数学模型**

（1）设计变量　一般设计问题的已知条件为：传递功率 $P$、小链轮转速 $n_1$、链传动比 $i$、原动机及工作机的载荷工作情况系数 $k_A$。

若以单列链为基础（$k_p = 1$），则链传动的设计变量为：小链轮齿数 $z_1$、链节距 $t$、中心距的链节距 $k_0$。即

$$\boldsymbol{x} = \begin{pmatrix} z_1 \\ t \\ k_0 \end{pmatrix}, 令 \begin{pmatrix} z_1 \\ t \\ k_0 \end{pmatrix} = \begin{pmatrix} x_1 \\ x_2 \\ x_3 \end{pmatrix}$$

（2）目标函数　为了在已知条件下充分发挥链的最佳传动能力，以单列链传动功率最大或以链的列数最少为优化目标函数。即

$$\max f(\boldsymbol{x}) = P_0 k_z k_i k_a \quad 或 \quad \min f(\boldsymbol{x}) = \frac{k_A p}{P_0 k_z k_i k_a}$$

（3）约束条件

小链轮齿数限制　$z_{\min} \leqslant z_1 \leqslant z_{\max}$

链节距限制　$t_{\min} \leqslant t \leqslant t_{\max}$

链传动中心距限制　$a_{\min} \leqslant a \leqslant a_{\max}$

链速限制　$v_{\min} \leqslant v \leqslant v_{\max}$

**3. 设计实例**

**例 6-8**　电动机通过链传动带动运输机，传动功率 $P = 10\text{kW}$，电动机转速 $n_1 = 970\text{r/min}$，从动轮转速 $n_2 = 330\ \text{r/min}$。希望链节距 $t \leqslant 12.7\text{mm}$，中心距 $a \leqslant 60t$。原有方案用三排链，链节距 $t = 12.7\text{mm}$，中心距 $a = 55t$，小链轮齿数 $z_1 = 23$。为发挥链的最大传递能力，试改良原方案。

**解**：取 $k_A = 1.3$，其他设计参数取值范围为

$$19 \leqslant z_1 \leqslant 25$$
$$9.5 \leqslant t \leqslant 12.7$$
$$50t \leqslant a \leqslant 60t$$
$$0.6 \leqslant v \leqslant 15$$

优化数学模型为

$$\min f(\boldsymbol{x}) = \frac{k_A P}{P_0 k_z k_i k_a}$$

$$\begin{aligned}
\text{s.t.}\ & g_1(\boldsymbol{x}) = x_1 - 19 \geqslant 0 \\
& g_2(\boldsymbol{x}) = 25 - x_1 \geqslant 0 \\
& g_3(\boldsymbol{x}) = x_2 - 9.5 \geqslant 0 \\
& g_4(\boldsymbol{x}) = 12.7 - x_2 \geqslant 0 \\
& g_5(\boldsymbol{x}) = x_3 - 50t \geqslant 0 \\
& g_6(\boldsymbol{x}) = 60t - x_3 \geqslant 0 \\
& g_7(\boldsymbol{x}) = x_1 x_2 - 37.1134 \geqslant 0 \\
& g_8(\boldsymbol{x}) = 927.835 - x_1 x_2 \geqslant 0
\end{aligned}$$

$$\boldsymbol{x} = (x_1 \quad x_2 \quad x_3)^{\mathrm{T}}$$

采用内点惩罚函数法，取 $\varepsilon = 0.01$，$\boldsymbol{x}^0 = (22 \quad 10 \quad 55)^{\mathrm{T}}$，计算结果为

$$\boldsymbol{x}^* = (22.993 \quad 12.689 \quad 59.973)^{\mathrm{T}}$$

$$f(\boldsymbol{x}^*) = 1.739$$

较好的设计方案为

| $z_1$ | $z_2$ | $t$/mm | $a$/mm | $z_p$ |
|---|---|---|---|---|
| 23 | 67 | 12 | 762 | 1 |

如果希望采用双排链（$k_p=1.7$），机构进一步紧凑，可再次进行优化，将优化的目标函数改为

$$\min f(\boldsymbol{x})=\left(2-\frac{k_A P}{P_0 k_z k_i k_a \times 1.7}\right)^2$$

约束条件不变。

### 6.7.3 按初始位置驱动转矩最大设计摇块机构

**1. 设计问题**

设计如图 6-36 所示的摇块机构。已知液压缸驱动力 $F$、液压缸初始长度 $H_0$、行程 $H$、摇杆的工作摆角 $\varphi$，希望设计的机构在初始位置的驱动转矩 $M$ 最大。确定机构的机架长度 $a$、摇杆长度 $l$ 和摇杆位置的摆角 $\varphi_0$。

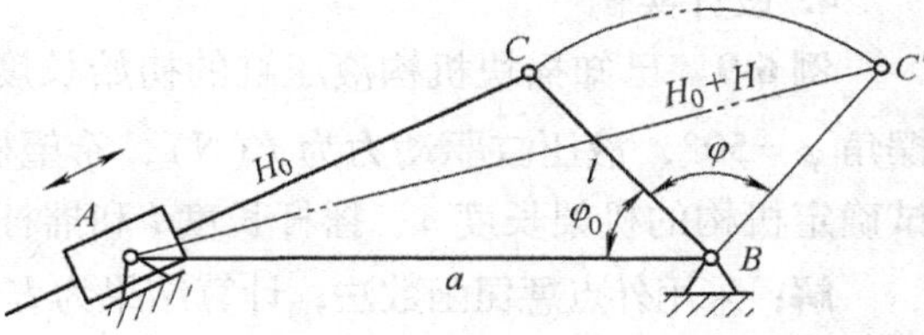

图 6-36 机构尺寸关系示意图

**2. 函数关系**

图 6-36 所示为机构 $H_0$、$H$、$\varphi$、$a$、$l$ 的关系。因为

$$H_0^2=a^2+l^2-2al\cos\varphi_0$$

所以
$$\varphi_0=\arccos\frac{a^2+l^2-H_0^2}{2al}$$

又因为
$$(H_0+H)^2=a^2+l^2-2al\cos(\varphi_0+\varphi)$$

所以
$$\varphi_0+\varphi=\arccos\frac{a^2+l^2-(H_0+H)^2}{2al}$$

故有
$$\varphi=\arccos\frac{a^2+l^2-(H_0+H)^2}{2al}-\arccos\frac{a^2+l^2-H_0^2}{2al}$$

如图 6-37 所示，机构在初始位置的驱动转矩为

$$M=Fl\sin\gamma_0$$

式中 $F$——液压缸的推力。

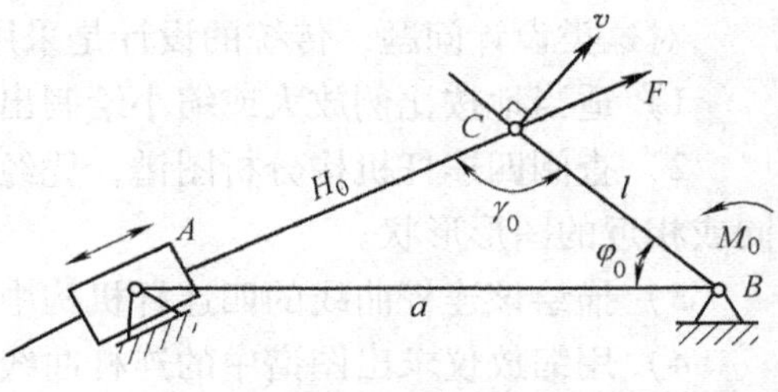

图 6-37 机构初始位置的转矩关系图

因为
$$\frac{\sin\gamma_0}{a}=\frac{\sin\varphi_0}{H_0}$$

所以
$$\sin\gamma_0=\frac{a}{H_0}\sin\varphi_0=\frac{a}{H_0}\sqrt{1-\cos^2\varphi_0}$$

又因为
$$H_0^2=a^2+l^2-2al\cos\varphi_0$$

所以
$$\cos\varphi_0=\frac{a^2+l^2-H_0^2}{2al}$$

$$\sin\gamma_0=\frac{\sqrt{(2al)^2-(a^2+l^2-H_0^2)^2}}{2H_0 l}$$

$$M=\frac{F}{2H_0}\sqrt{(2al)^2-(a^2+l^2-H_0^2)^2}$$

**3. 优化设计模型**

已知机构的$H$、$H_0$、$\varphi$、$F$时，设$x_1=a$，$x_2=l$。机构初始位置驱动转矩最大的优化设计模型为

$$\begin{cases}\max f(\boldsymbol{x})=\dfrac{F}{2H_0}\sqrt{(2x_1x_2)^2-(x_1{}^2+x_2{}^2-H_0^2)^2}\\ h(\boldsymbol{x})=\varphi+\arccos\dfrac{x_1{}^2+x_2{}^2-H_0^2}{2x_1x_2}-\arccos\dfrac{x_1{}^2+x_2{}^2-(H_0+H)^2}{2x_1x_2}=0\\ \boldsymbol{x}=(x_1\quad x_2)^{\mathrm{T}}\end{cases}$$

**4. 设计实例**

**例 6-9** 已知摇块机构液压缸的初始长度$H_0=1400\text{mm}$，行程$H=1000\text{mm}$，摇杆的工作摆角$\varphi=50°$，液压缸驱动力为$F(\text{N})$，希望机构在初始位置的驱动转矩$M$（N·mm）最大。试确定机构的机架长度$a$、摇杆长度$l$和摇杆初始位置的摆角$\varphi_0$。

**解**：采用外点惩罚函数法，计算结果为$l^*=1510.304\text{mm}$，$a^*=1510.303\text{mm}$，$\varphi_0^*=55.224°$，$M_{\max}=1338.289F$。

通过理论分析能够获得如下结论：当机构初始转矩呈最大时，有$a^*=l^*$。因此该设计问题可简化为

$$\min f(\boldsymbol{x})=\left|\varphi+\arccos\frac{2x^2-H_0^2}{2x^2}-\arccos\frac{2x^2-(H_0+H)^2}{2x^2}\right|$$

其中 $x\in\Omega$。

采用一维搜索进行优化，则有$a^*=l^*=x^*$。

## 6.7.4 再现连杆轨迹曲柄摇杆机构的优化设计

在工程应用中，有时会给定了连杆上某点的运动轨迹，要求设计的四连杆机构连杆运动轨迹误差尽可能小，有时还会附加其他的设计要求。

对这类设计问题，传统的设计是采用如下试验性质的设计方法：

1）适当地按比例放大或缩小绘制出要求实现的连杆上定点运动轨迹。

2）查阅四连杆机构分析图谱，凭经验从图谱中查出连杆运动轨迹与要求实现的轨迹相同或相近的图形形状。

3）描绘该连杆曲线的四连杆机构中各构件的相对尺寸。

4）用缩放仪求出图谱中的连杆曲线和要求设计的轨迹间相差的倍数，确定出四连杆机构的尺寸。

5）验证设计要求、机构运动压力角条件及设计运动轨迹的误差量。若设计曲柄四杆机构，则需要验证曲柄存在的条件。

6）为了提高设计质量，可进一步验证，调整连杆固定点的位置或诸杆的尺寸，修正设计参数。

上述设计方法有如下缺点：

1）四连杆机构分析图谱列出的连杆定点轨迹曲线有限，故这种试验性质的设计方法使用局限性很大。

2）设计过程烦琐，设计周期长，计算精度低，设计效果取决于试验中试凑的运气和修正设计结果的次数。

3）设计误差事先不能计算和控制，设计结果难以确定。

4）无法找到最优的设计结果。

由此引出了四连杆机构的优化设计。

例如有一设计问题，要求设计的曲柄摇杆机构的连杆定点随曲柄转动，再现下表所示的12个点。

| $i$ | 1 | 2 | 3 | 4 | 5 | 6 | 7 | 8 | 9 | 10 | 11 | 12 |
|---|---|---|---|---|---|---|---|---|---|---|---|---|
| $\varphi_i$ | 0° | 30° | 60° | 90° | 120° | 150° | 180° | 210° | 240° | 270° | 300° | 330° |
| $M_x^i$ | 365 | 371 | 334 | 271 | 203 | 154 | 138 | 129 | 153 | 201 | 262 | 322 |
| $M_y^i$ | 324 | 393 | 440 | 454 | 428 | 368 | 288 | 235 | 192 | 175 | 194 | 250 |

注：$M_x^i$ 为再现各点的 $x$ 坐标值，$M_y^i$ 为再现各点的 $y$ 坐标值。

设曲柄摇杆机构结构尺寸如图6-38所示，曲柄摇杆机构连杆定点 $Q$ 的运动轨迹取决于设计变量 $\boldsymbol{x}$，有

$$\boldsymbol{x} = (x_0 \quad y_0 \quad l_1 \quad l_2 \quad l_3 \quad l_4 \quad l_5 \quad \varphi_0 \quad \theta)^{\mathrm{T}}$$
$$= (x_1 \quad x_2 \quad x_3 \quad x_4 \quad x_5 \quad x_6 \quad x_7 \quad x_8 \quad x_9)^{\mathrm{T}}$$

式中　$x_0$、$y_0$——曲柄铰链点的位置；

$l_1$——机架长度；

$l_2$——曲柄长度；

$l_3$——连杆长度；

$l_4$——摇杆长度；

$l_5$——连杆刚度展开长度；

$\varphi_0$——机架相对坐标 $x$ 的倾角；

$\theta$——连杆刚度展开角度。

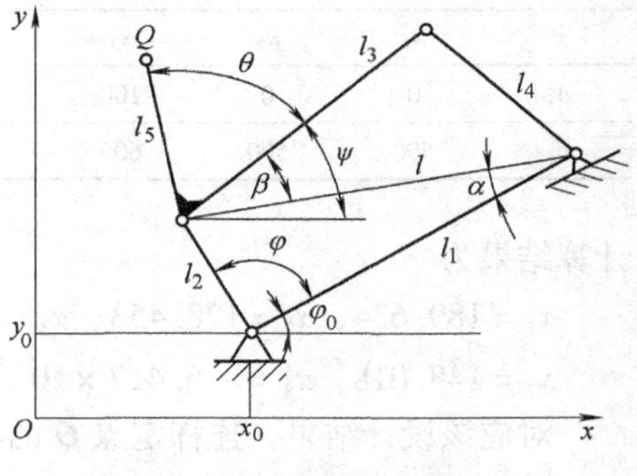


图6-38　曲柄摇杆机构结构尺寸

当要求连杆上 $Q$ 点的运动轨迹尽可能地经过给定的12个 $M$ 点，即希望 $Q^i$ 与 $M^i$ 的距离最小，于是设计问题的目标函数为

$$\min f(\boldsymbol{x}) = \sum_{i=1}^{12} [(Q_x^i - M_x^i)^2 + (Q_y^i - M_y^i)^2]$$

如图6-38所示，动点 $Q$ 与设计变量 $\boldsymbol{x}$ 的关系为

$$\begin{cases} Q_x = x_0 + l_2\cos(\varphi_0 + \varphi) + l_5\cos(\theta + \psi) \\ Q_y = y_0 + l_2\sin(\varphi_0 + \varphi) + l_5\sin(\theta + \psi) \end{cases}$$

$$\psi = \beta + (\varphi_0 - \alpha)$$

由于

$$l^2 = l_1^2 + l_2^2 - 2l_1 l_2\cos\varphi, l_4^2 = l^2 + l_3^2 - 2ll_3\cos\beta$$

所以

$$\beta = \arccos\frac{l^2 + l_3^2 - l_4^2}{2ll_3}$$

因为 $$\frac{l_2}{\sin\alpha}=\frac{l}{\sin\varphi}$$

所以 $$\alpha=\arcsin\left(\frac{l_2}{l}\sin\varphi\right)$$

一般设计问题的约束要求如下：

1）四杆机构为曲柄摇杆机构。

2）诸杆的长度为非负值。

3）机构传动角 $\gamma_{\min}$ 不能太小。

约束条件为

$$\begin{cases}g_1(\boldsymbol{x})=l_1-l_2\geqslant 0\\ g_2(\boldsymbol{x})=l_3-l_2\geqslant 0\\ g_3(\boldsymbol{x})=l_4-l_2\geqslant 0\\ g_4(\boldsymbol{x})=l_3+l_4-l_1-l_2\geqslant 0\\ g_5(\boldsymbol{x})=l_3+l_1-l_2-l_4\geqslant 0\\ g_6(\boldsymbol{x})=l_4+l_1-l_2-l_3\geqslant 0\end{cases}$$

采用复合形法，当曲柄转角 $\varphi$ 分别取 $(j-1)\times 30°$，$j=1$，2，…，12 时，设计变量的边界估计值见下表：

| $\boldsymbol{x}$ | $x_1$ | $x_2$ | $x_3$ | $x_4$ | $x_5$ | $x_6$ | $x_7$ | $x_8$ | $x_9$ |
|---|---|---|---|---|---|---|---|---|---|
| $A_j$ | 0 | 0 | 100 | 100 | 100 | 100 | 100 | 0 | 0 |
| $B_j$ | 500 | 500 | 600 | 200 | 600 | 600 | 200 | 0.1 | 0.1 |

计算结果为

$x_1=189.634$，$x_2=178.453$，$x_3=602.850$，$x_4=150.994$，$x_5=481.721$，$x_6=272.276$

$x_7=148.018$，$x_8=-5.417\times 10^{-3}$，$x_9=0.821$，$f^*=10.977$

对应该设计结果，连杆定点 $Q$ 的实际运动轨迹见下表：

| $i$ | 1 | 2 | 3 | 4 | 5 | 6 | 7 |
|---|---|---|---|---|---|---|---|
| $Q_x^i$ | 365.160 | 369.948 | 333.364 | 270.337 | 203.486 | 154.727 | 138.443 |
| $Q_y^i$ | 323.605 | 392.863 | 440.525 | 454.054 | 428.166 | 367.789 | 288.581 |

| $i$ | 8 | 9 | 10 | 11 | 12 |
|---|---|---|---|---|---|
| $Q_x^i$ | 128.868 | 151.654 | 200.535 | 262.587 | 323.137 |
| $Q_y^i$ | 233.866 | 191.096 | 175.014 | 195.289 | 250.235 |

机构最小传动角计算结果：

$$\gamma_1=\arccos\frac{l_3^2+l_4^2-(l_1-l_2)^2}{2l_3l_4}=67.1144°$$

$$\gamma_2=\arccos\frac{l_3^2+l_4^2-(l_1+l_2)^2}{2l_3l_4}=177.6024°$$

$$\gamma_3 = 180° - \gamma_2 = 2.3976°$$
$$\gamma_{\min} = (\gamma_1, \gamma_3) = 2.3976°$$

连杆上定点运动轨迹的相对误差

$$\Delta = \frac{1}{12}\sum_{i=1}^{12}\sqrt{\left(\frac{\Delta x_i}{x_i}\right)^2 + \left(\frac{\Delta y_i}{y_i}\right)^2} = 0.38765\%$$

如果该设计除上述约束条件外，还有传动性能要求 $\gamma_{\min} \geqslant 30°$，采用复合形法，设计变量的边界估计值同上。计算结果为

$x_1 = 145.916$，$x_2 = 203.206$，$x_3 = 1060.932$，$x_4 = 154.094$，$x_5 = 498.321$，$x_6 = 757.650$，$x_7 = 149.622$，$x_8 = -0.122987$，$x_9 = 543.125$，$f^* = 543.125$

对应该设计结果，连杆定点 $Q$ 的实际运动轨迹见下表：

| $i$ | 1 | 2 | 3 | 4 | 5 | 6 | 7 |
|---|---|---|---|---|---|---|---|
| $Q_x^i$ | 358.259 | 363.635 | 334.185 | 277.321 | 210.685 | 154.856 | 124.965 |
| $Q_y^i$ | 321.622 | 392.285 | 441.431 | 454.776 | 427.535 | 366.619 | 292.593 |
| $i$ | 8 | 9 | 10 | 11 | 12 | | |
| $Q_x^i$ | 125.792 | 155.484 | 206.805 | 267.301 | 322.410 | | |
| $Q_y^i$ | 230.055 | 189.304 | 176.846 | 197.807 | 250.100 | | |

机构最小传动角计算结果：

$$\gamma_1 = \arccos\frac{l_3^2 + l_4^2 - (l_1 - l_2)^2}{2l_3 l_4} = 89.9999°$$
$$\gamma_2 = \arccos\frac{l_3^2 + l_4^2 - (l_1 + l_2)^2}{2l_3 l_4} = 149.9984°$$
$$\gamma_3 = 180° - \gamma_2 = 30.0016°$$
$$\gamma_{\min} = (\gamma_1, \gamma_3) = 30.0016°$$

连杆上定点运动轨迹的相对误差

$$\Delta = \frac{1}{12}\sum_{i=1}^{12}\sqrt{\left(\frac{\Delta x_i}{x_i}\right)^2 + \left(\frac{\Delta y_i}{y_i}\right)^2} = 2.7080\%$$

## 6.7.5　按连杆曲线上两尖点位置优化设计曲柄摇杆机构

### 1. 问题引出

连杆动点轨迹上的尖点可以用来产生瞬时停歇。为了能使运动的始末都有瞬时停歇，可以在曲柄摇杆机构中设计两个尖点位置。按给定的连杆曲线上两个尖点位置和对应的曲柄转角来设计曲柄摇杆机构，目前使用的是图解法。这种设计方法其设计过程烦琐，可靠性差，可行设计结果有无穷多，很难找到最优的设计结果。如果应用优化设计，在满足设计要求的前提下，以机构拥有最小传动角最大为优化目标函数，可以获得最优的设计结果。

### 2. 曲柄摇杆机构两尖点的综合问题

如图 6-39 所示，设 $C_1$、$C_2$ 为连杆曲线上的两个尖点，则 $C_1$、$C_2$ 在焦点圆 $k$ 上，即 $C_1$、

$C_2$、$Q_A$、$Q_B$ 共圆，而且 $C_1$、$C_2$ 都是连杆平面在该位置的瞬心（机架与连杆绝对速度瞬心）。由反转原理，当 $C_1B_1O_B$ 共线，刚性系统反转 $\psi$ 至 $C_2B_2O_B$ 时，则

$$\angle C_2O_AC_1=\psi$$

$$\angle A_1O_AA_2=\angle 180°-\psi=\varphi$$

故 $$\angle C_1C_2O_B=\angle C_2C_1O_B=\frac{\varphi}{2}$$

式中 $\varphi$——对应两尖点位置 $C_1$、$C_2$ 曲柄转过的角度。

又因为 $$A_1O_B=A_2O_B,A_1O_A=A_2O_A$$

所以 $$\triangle O_AA_1O_B=\triangle O_AA_2O_B$$

$$\angle O_AA_1O_B=\angle O_AA_2O_B=90°$$

即曲柄铰链 $A_1A_2$ 应在以 $O_AO_B$ 为直径的圆上。

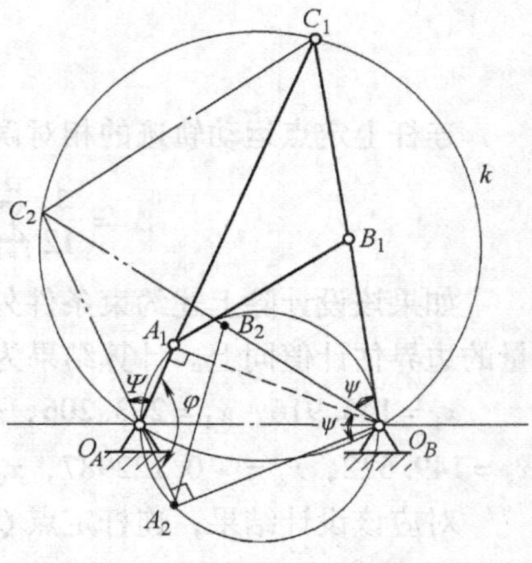

图 6-39 机构两尖点位置的综合

**3. 传统图解法设计简介**

如图 6-40 所示，当给定连杆曲线上两个尖点的距离 $H$，对应曲柄转过的转角 $\varphi$ 以及机构的许用传动角 $[\gamma]$，图解法的设计步骤如下：

1）取比例尺，画出两尖点的位置 $C_1$、$C_2$，$C_1C_2=H$。

2）分别过 $C_1$、$C_2$ 点，作 $\angle C_1C_2A=\angle C_2C_1A=\frac{\varphi}{2}$ 的射线得交点 $A$。

3）作 $C_1$、$C_2$、$A$ 的同心圆。

4）在弧 $\overset{\frown}{C_2A}$ 上凭经验任取一点 $B$，即为曲柄支点。

5）过 $A$ 点向 $BC_1$ 的连线作垂线交 $D$ 点，$BD$ 即为曲柄尺寸。

6）在 $AC_1$ 线段内凭经验任取一点 $E$，$AE>BD$，$AE$ 即为摇杆尺寸。

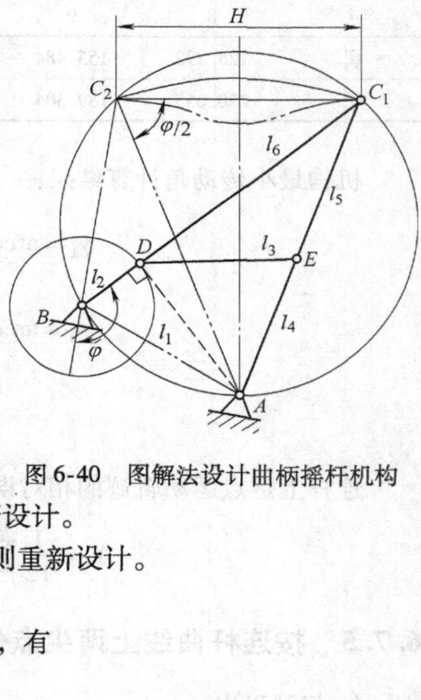

图 6-40 图解法设计曲柄摇杆机构

7）检验机构是否能构成曲柄摇杆机构，不成立则重新设计。

8）检验机构最小传动角 $\gamma_{\min}\geqslant[\gamma]$ 是否成立，不成立则重新设计。

**4. 机构几何尺寸关系**

如图 6-40 所示，当已知 $H$ 及 $\varphi$，以 $l_1$、$l_4$ 为设计变量，有

$$AC_1=\frac{H}{2}\sec\frac{\varphi}{2}$$

$$l_2=l_1\cos\frac{\varphi}{2}\quad(0<l_1\leqslant AC)$$

$$AD=l_1\sin\frac{\varphi}{2}$$

$$l_3=\sqrt{AD^2+l_4^2-2l_4AD\cos\alpha}=\sqrt{AD^2\left(1-2\frac{l_4}{AC}\right)+l_4^2}\quad(l_2<l_4\leqslant AC)$$

$$l_5=AC_1-l_4$$

$$l_6 = \sqrt{AC_1^2 - AD^2}$$

**5. 曲柄摇杆机构的优化设计**

以机构最小传动角最大为优化目标函数，有

$$\max[(\gamma_1, \gamma_2)_{\min}]$$

$$\gamma_1 = \arccos\frac{l_3^2 + l_4^2 - (l_1 - l_2)^2}{2l_3l_4}$$

$$\gamma_2 = \arccos\frac{l_3^2 + l_4^2 - (l_1 + l_2)^2}{2l_3l_4}$$

如果 $\gamma_2 \leqslant 90°$，则 $\gamma_3 = \gamma_2$；如果 $\gamma_2 > 90°$，则 $\gamma_3 = 180° - \gamma_2$。

机构保证曲柄存在的条件：设

$$l = (l_1, l_2, l_3, l_4)_{\max}$$

则

$$l_2 + 2l \leqslant l_1 + l_3 + l_4$$

优化设计数学模型为

$$\max f(\boldsymbol{x}) = [(\gamma_1, \gamma_3)_{\min}]$$
$$g_1(\boldsymbol{x}) = l_1 > 0$$
$$g_2(\boldsymbol{x}) = AC - l_1 \geqslant 0$$
$$g_3(\boldsymbol{x}) = l_4 - l_2 > 0$$
$$g_4(\boldsymbol{x}) = AC - l_4 \geqslant 0$$
$$g_5(\boldsymbol{x}) = l_3 - l_2 > 0$$
$$g_6(\boldsymbol{x}) = l_1 + l_3 + l_4 - l_2 - 2l \geqslant 0$$
$$\boldsymbol{x} = (l_1 \quad l_4)^{\mathrm{T}}$$

**6. 设计实例**

**例 6-10**　已知连杆曲线上两尖点的距离 $H = 50\text{mm}$，对应的曲柄转角 $\varphi = 144°$，试设计曲柄摇杆机构，使机构的最小传动角最大。

**解**：采用复合形法，取收敛精度 $\varepsilon = 10^{-5}$，变量估计区间为

$$10 < l_1 < 100, \quad 10 < l_4 < 100$$

计算结果为：$l_1^* = 54.665\text{mm}$，$l_2^* = 16.892\text{mm}$，$l_3^* = 40.453\text{mm}$，$l_4^* = 40.462\text{mm}$，$l_5^* = 40.440\text{mm}$，$l_6^* = 61.985\text{mm}$，$\gamma_{\min}^* = 55.656°$。

## 6.7.6　二级斜齿圆柱齿轮减速器的优化设计

**1. 优化数学模型的建立**

对于二级斜齿圆柱齿轮减速器，工程中通常是在实现工作性能的前提下，尽可能减小体积，如图 6-41 所示，优化设计的目标函数为

$$\min f(\boldsymbol{x}) = V = (s_1 + s_2 + s_3 + s_4 + s_5)B$$

$$= \left[\left(d_1 + \frac{d_2}{2} + \frac{d_3}{2} + d_4\right)\frac{d_4}{2} + \frac{1}{4} \times \frac{\pi}{4}d_1^2 + \frac{1}{4} \times \frac{\pi}{4}d_4^2 + \frac{1}{8}(d_1 + d_2)^2 + \frac{1}{8}(d_3 + d_4)(d_2 + d_4)\right](b_1 + b_3 + l)$$

其中　$d_1 = \dfrac{m_{n1}z_1}{\cos\beta_1}$，$d_2 = \dfrac{m_{n1}z_2}{\cos\beta_1}$，$d_3 = \dfrac{m_{n3}z_3}{\cos\beta_3}$，$d_4 = \dfrac{m_{n3}z_4}{\cos\beta_3}$，$l = 10\text{mm}$

式中 $\beta_1$、$\beta_3$——齿轮 1、3 的螺旋角；

$l$——齿轮 2、3 的轴向间距。

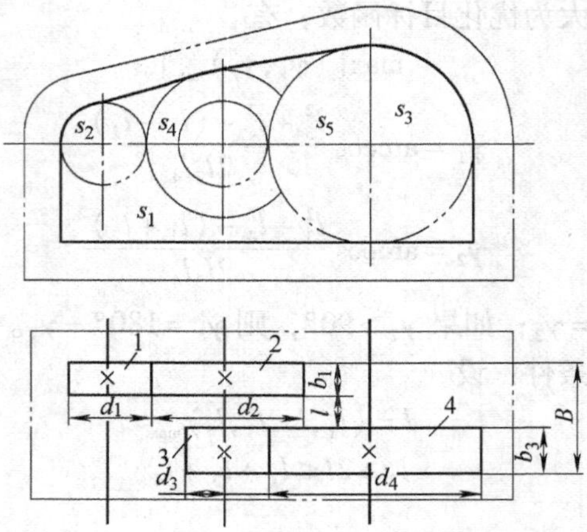


图 6-41 二级斜齿圆柱齿轮减速器

对于齿轮传动，设计中应满足如下条件：

1）齿轮法向模数 $m_n \geqslant 1.5$mm，有

$$g_1(\boldsymbol{x}) = m_{n1} - 1.5 \geqslant 0$$

$$g_2(\boldsymbol{x}) = m_{n3} - 1.5 \geqslant 0$$

2）不发生根切的最少齿数 $z_v \geqslant 17$，有

$$g_3(\boldsymbol{x}) = \frac{z_1}{\cos^3\beta_1} - 17 \geqslant 0$$

$$g_4(\boldsymbol{x}) = \frac{z_3}{\cos^3\beta_3} - 17 \geqslant 0$$

3）斜齿轮螺旋角的取值范围为 $8° \leqslant \beta \leqslant 15°$，有

$$g_5(\boldsymbol{x}) = \beta_1 - \frac{8}{180}\pi \geqslant 0$$

$$g_6(\boldsymbol{x}) = \beta_3 - \frac{8}{180}\pi \geqslant 0$$

$$g_7(\boldsymbol{x}) = \frac{15}{180}\pi - \beta_1 \geqslant 0$$

$$g_8(\boldsymbol{x}) = \frac{15}{180}\pi - \beta_3 \geqslant 0$$

4）为了满足齿轮传动的润滑条件，取 $i_1 = (1.1 \sim 1.5) i_2$，其中

$$i = i_1 i_2$$

式中 $i$——减速器总减速比；

$i_1$——高速级传动比；

$i_2$——低速级传动比。

有

$$g_9(\boldsymbol{x}) = \left(\frac{z_2}{z_1}\right)^2 - 1.1i \geqslant 0$$

$$g_{10}(\boldsymbol{x}) = 1.5i - \frac{z_2}{z_1} \geqslant 0$$

5）齿轮齿宽系数 $0.6 \leqslant \varphi_d \leqslant 1.2$（设该设计问题属于齿轮为软齿面非对称分布传动）

$$g_{11}(\boldsymbol{x}) = b_1 - 0.6\frac{m_{n1}z_1}{\cos\beta_1} \geqslant 0$$

$$g_{12}(\boldsymbol{x}) = b_3 - 0.6\frac{m_{n3}z_3}{\cos\beta_3} \geqslant 0$$

$$g_{13}(\boldsymbol{x}) = 1.2\frac{m_{n1}z_1}{\cos\beta_1} - b_1 \geqslant 0$$

$$g_{14}(\boldsymbol{x}) = 1.2\frac{m_{n3}z_3}{\cos\beta_3} - b_3 \geqslant 0$$

6）满足齿面接触强度条件 $\sigma_H \leqslant [\sigma]_H$

$$\sigma_H = Z_E Z_H Z_\varepsilon \sqrt{\frac{2KT_1}{bd_1^2}\frac{u+1}{u}} \leqslant [\sigma]_H$$

式中　$Z_E$——材料系数，钢—钢制材料为 189.8；

$Z_H$——节点啮合系数；

$Z_\varepsilon$——接触强度重合度系数；

$K$——载荷系数；

$T_1$——齿轮 1 的传递转矩（N · mm）；

$u$——一对齿轮的齿数比。

$$Z_H = \frac{1}{\cos\alpha_t}\sqrt{\frac{2\cos\beta}{\tan\alpha_t}} = 2.27235\frac{(\cos^2\beta + 0.1325)^{\frac{3}{4}}}{\sqrt{\cos\beta}}$$

$$Z_\varepsilon = \frac{1}{\sqrt{0.95\varepsilon_\alpha}} = \frac{0.75354}{\sqrt{\left(0.5875 - \frac{1}{Z_1} - \frac{1}{Z_2}\right)\cos\beta}}$$

$$K = K_A K_V K_\beta K_\alpha$$

$$T_1 = 950000\frac{P}{n_1}$$

$$T_3 = 0.97 i_1 T_1$$

式中　$\alpha_t$——斜齿轮端面啮合角；

$\varepsilon_\alpha$——斜齿轮端面重合度；

$K_A$——工作情况系数；

$K_V$——齿轮传动的动载系数；

$K_\beta$——齿向载荷分布系数；

$K_\alpha$——齿间载荷分布系数；

$P$——输入功率（kW）；

$n_1$——齿轮 1 转速（r/min）；

$T_3$——齿轮 3 的传递转矩（N · mm）。

有
$$g_{15}(\boldsymbol{x})=[\sigma]_{H12}-Z_EZ_{H1}Z_{\varepsilon1}\sqrt{\frac{2KT_1}{b_1d_1^2}\frac{i_1+1}{i_1}}\geqslant0$$
$$g_{16}(\boldsymbol{x})=[\sigma]_{H34}-Z_EZ_{H3}Z_{\varepsilon3}\sqrt{\frac{2KT_3}{b_3d_3^2}\frac{i_2+1}{i_2}}\geqslant0$$

7）满足齿轮齿根抗弯强度 $\sigma_F\leqslant[\sigma]_F$
$$\sigma_F=\frac{2KT}{bdm_n}Y_FY_\varepsilon Y_\beta Y_S\leqslant[\sigma]_F$$
式中 $Y_\varepsilon$——抗弯强度重合度系数，$Y_\varepsilon=Z_\varepsilon^2$，$Y_\varepsilon=0.25+0.75/\varepsilon_\alpha$；
$Y_\beta$——螺旋角系数，$Y_\beta=1-\beta/140°$；
$Y_F$——齿形系数；
$Y_S$——齿根应力集中系数。

对应齿轮的当量齿数 $z_V$，$Y_F$、$Y_S$ 的函数关系为
$$z_V=17\sim23,\quad Y_FY_S=8.16-1.276\ln z_V$$
$$z_V=23\sim60,\quad Y_FY_S=4.85-0.224\ln z_V$$
$$z_V=60\sim100,\quad Y_FY_S=3.952-0.00607\ln z_V$$
$$z_V>100,\quad Y_FY_S=3.658+0.0577\ln z_V$$
有
$$g_{17}(\boldsymbol{x})=[\sigma]_{F12}-\frac{2KT_1}{b_1d_1m_{n1}}Y_{F1}Y_{\varepsilon1}Y_{\beta1}Y_{S1}\geqslant0$$
$$g_{18}(\boldsymbol{x})=[\sigma]_{F34}-\frac{2KT_3}{b_3d_3m_{n3}}Y_{F3}Y_{\varepsilon3}Y_{\beta3}Y_{S3}\geqslant0$$

设计变量为 $\boldsymbol{x}=(m_{n1}\quad m_{n3}\quad z_1\quad z_2\quad z_3\quad \beta_1\quad \beta_3\quad b_1\quad b_3)^T$

**3. 设计实例**

**例 6-11** 二级斜齿圆柱齿轮减速器，已知输入功率 $P=4.5$kW，转速 $n_1=960$r/min，传动比 $i=20$。如取齿轮材料为 45 钢调质，其材料性能参数 $[\sigma]_H=540$MPa，$[\sigma]_F=167$MPa。试确定设计参数。

**解**：采用复合形法，已知数据见下表。

| $n$ | $P$ | $n_1$ | $i$ | $K_H$ | $K_F$ | $[\sigma]_{H12}$ | $[\sigma]_{H34}$ | $[\sigma]_{F12}$ | $[\sigma]_{F34}$ | $l$ |
|---|---|---|---|---|---|---|---|---|---|---|
| 9 | 4.5 | 960 | 20 | 1.4 | 1.5 | 540 | 540 | 167 | 167 | 10 |

设计变量估计边界见下表。

| $x$ | $m_{n1}$ | $m_{n3}$ | $z_1$ | $z_2$ | $z_3$ | $\cos\beta_1$ | $\cos\beta_3$ | $b_1$ | $b_3$ |
|---|---|---|---|---|---|---|---|---|---|
| $A_i$ | 2 | 2 | 20 | 100 | 20 | 0.96 | 0.96 | 100 | 100 |
| $B_i$ | 4 | 4 | 40 | 140 | 40 | 1 | 1 | 120 | 120 |

取收敛精度 $\varepsilon=0.01$，计算结果为

| $m_{n1}$ | $m_{n3}$ | $z_1$ | $z_2$ | $z_3$ | $\cos\beta_1$ | $\cos\beta_3$ | $b_1$ | $b_3$ |
|---|---|---|---|---|---|---|---|---|
| 1.958 | 2.336 | 22.356 | 122.444 | 29.645 | 11.060 | 10.727 | 34.823 | 78.462 |

由于减速器部分设计参数是离散值，需对原程序加入取整处理。

## 习　　题

6-1　已知约束优化问题

$$\min y=(x_1-2)^2+(x_2-1)^2$$
$$\text{s. t. } g_1(\boldsymbol{x})=x_1^2-x_2\leqslant 0$$
$$g_2(\boldsymbol{x})=x_1+x_2-2\leqslant 0$$

试从第 $k$ 次的迭代点 $\boldsymbol{x}^k=(-1\quad 2)^{\mathrm{T}}$ 出发，沿由（$-1$，1）区间的随机数 0.562 和 $-0.254$ 所确定的方向进行搜索，完成一次迭代，获取一个新的迭代点 $\boldsymbol{x}^{k+1}$，并作图画出目标函数的等值线、可行域和本次迭代的搜索路线。

6-2　已知约束优化问题

$$\min y=(x_1-3)^2+x_2^2$$
$$\text{s. t. } g_1(\boldsymbol{x})=4-x_1^2-x_2\geqslant 0$$
$$g_2(\boldsymbol{x})=x_2\geqslant 0$$
$$g_3(\boldsymbol{x})=x_1-0.5\geqslant 0$$

试以 $\boldsymbol{x}_1^0=(0.5\quad 2)^{\mathrm{T}}$，$\boldsymbol{x}_2^0=(1\quad 2)^{\mathrm{T}}$，$\boldsymbol{x}_3^0=(0.6\quad 3)^{\mathrm{T}}$，$\boldsymbol{x}_4^0=(0.9\quad 2.6)^{\mathrm{T}}$ 为复合形的初始顶点，用复合形法进行两次迭代计算。

6-3　用梯度投影法求解：

（1）$\min y=x_1^2+4x_2$

$$\text{s. t. } -x_1-x_2+1\leqslant 0$$
$$-15x_1-10x_2+12\leqslant 0$$
$$-x_1\leqslant 0$$
$$-x_2\leqslant 0$$

可取 $\boldsymbol{x}^0=(0\quad 2)^{\mathrm{T}}$

（2）$\min y=x_1^2+2x_1+x_2^2$

$$\text{s. t. } -2x_1-x_2+2\leqslant 0$$
$$-x_1\leqslant 0$$
$$-x_2\leqslant 0$$

可取 $\boldsymbol{x}^0=(0\quad 3)^{\mathrm{T}}$

6-4　已知目标函数

$$\min y=x_1^2+4x_2^2$$
$$\text{s. t. } g_1(\boldsymbol{x})=-x_1-2x_2+1\leqslant 0$$
$$g_2(\boldsymbol{x})=-x_1+x_2\leqslant 0$$
$$g_3(\boldsymbol{x})=-x_1\leqslant 0$$

试用约束优化问题的直接解法求从初始点 $\boldsymbol{x}^0=(8\quad 8)^{\mathrm{T}}$ 开始的一个迭代过程。

6-5　分别用内、外惩罚函数法求解：

（1）$\min y=\frac{1}{2}\left(x_1^2+\frac{1}{3}x_2^2\right)$

$$\text{s. t. } x_1+x_2-1=0$$

（2）$\min y=x_1^2+x_2^2$

$$\text{s. t. } 1-x_1\leqslant 0$$

(3) $\min y = x_1^2 + 4x_2^2 - 2x_1 - x_2$

s. t. $x_1 + x_2 \leqslant 1$

(4) $\min y = \frac{1}{3}(x_1 + 1)^3 + x_2$

s. t. $1 - x_1 \leqslant 0$

$-x_2 \leqslant 0$

6-6 用混合惩罚函数法求下列问题的最优解

$$\min y = -x_1 + x_2$$
$$\text{s. t. } g(\boldsymbol{x}) = -\ln x_1 \leqslant 0$$
$$h(\boldsymbol{x}) = x_1 + x_2 - 1 \leqslant 0$$

6-7 图6-42所示为一悬臂梁，其一端用钢索吊住。已知悬臂梁长度 $L=7600\text{mm}$，截面高度 $h=500$ mm，均布载荷 $F=68000$ N/mm，梁的许用弯曲应力$[\sigma]_w=200\text{MPa}$，钢索的许用拉应力$[\sigma]_c=700\text{MPa}$，梁的许用挠度 $\Delta m=25\text{mm}$，试以梁宽度 $b$、悬挂点距离 $H$ 以及钢索截面积 $A$ 为设计变量，以结构质量最轻为目标函数进行优化设计。

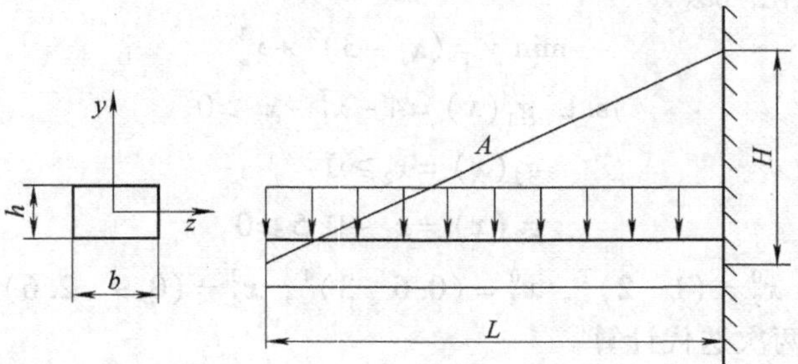


图6-42 题6-7附图

# 第7章

# 多目标及离散变量优化方法简介

## 7.1 多目标优化问题

在实际问题中，对于大量的工程设计方案为评价其优劣，往往要同时考虑多个目标。

例如，对于车床齿轮变速箱的设计，提出了下列要求：

1）各齿轮体积总和$f_1(\boldsymbol{x})$尽可能小，使材料消耗减少，成本降低。

2）各传动轴间的中心距总和$f_2(\boldsymbol{x})$尽可能小，使变速箱结构紧凑。

3）齿轮的最大圆周速度$f_3(\boldsymbol{x})$尽可能低，使变速箱运转噪声小。

4）传动效率尽可能高，亦即机械损耗率$f_4(\boldsymbol{x})$尽可能低，以节省能源。

此外，该变速箱设计时须满足轮齿不根切、不干涉等几何约束条件，还须满足齿轮强度等约束条件，以及有关设计变量的非负约束条件等。

按照上述要求，可分别建立四个目标函数：$f_1(\boldsymbol{x})$、$f_2(\boldsymbol{x})$、$f_3(\boldsymbol{x})$、$f_4(\boldsymbol{x})$。若这几个目标函数都要达到最优，且又要满足约束条件，则可归纳为

$$
\begin{aligned}
&V-\min_{x\in\mathbf{R}^n} F(\boldsymbol{x}) = \min\ (f_1(\boldsymbol{x})\quad f_2(\boldsymbol{x})\quad f_3(\boldsymbol{x})\quad f_4(\boldsymbol{x}))^{\mathrm{T}}\\
&\text{s. t.}\quad g_j(\boldsymbol{x})\leqslant 0\quad (j=1,2,\cdots,p)\\
&\qquad\ \ h_k(\boldsymbol{x})=0\quad (k=1,2,\cdots,q)
\end{aligned}
$$

显然这个问题是一个约束多目标优化问题。

又如，在机械加工时，对于用单刀在一次进给中将零件车削成形，为选择合适的切削速度和每转进给量，提出以下目标：

1）机械加工成本最低。

2）生产率最高。

3）刀具寿命最长。

此外，还应满足进给量小于毛坯所留最大余量以及刀具强度等约束条件。显然，这个问题也属于多目标优化问题。类似的问题还可以列举很多。

一般地说，若有$l$个目标函数，则多目标优化问题的表达式可写成为

$$
\begin{aligned}
&V-\min_{x\in\mathbf{R}^n} F(\boldsymbol{x}) = \min\ (f_1(\boldsymbol{x})\quad f_2(\boldsymbol{x})\quad \cdots\quad f_l(\boldsymbol{x}))^{\mathrm{T}}\\
&\text{s. t.}\quad g_j(\boldsymbol{x})\leqslant 0\quad (j=1,2,\cdots,p)\\
&\qquad\ \ h_k(\boldsymbol{x})=0\quad (k=1,2,\cdots,q)
\end{aligned}
$$

式中 $\min F(\boldsymbol{x})=\min\ (f_1(\boldsymbol{x})\quad f_2(\boldsymbol{x})\quad \cdots\quad f_l(\boldsymbol{x}))^{\mathrm{T}}$ 称为向量目标函数。$V-\min\limits_{x\in\mathbf{R}^n}F(\boldsymbol{x})$ 表示多目标极小化数学模型用向量形式的简写。上式为向量数学规划的表达式，$V-\min$ 表示向量极小化，即向量目标函数 $F(\boldsymbol{x})=\min\ (f_1(\boldsymbol{x})\quad f_2(\boldsymbol{x})\quad \cdots\quad f_l(\boldsymbol{x}))^{\mathrm{T}}$ 中各个目标函数被同等地极小化的意思。s. t. $g_j(\boldsymbol{x})\leqslant 0\quad (j=1,2,\cdots,p)$，$h_k(\boldsymbol{x})=0\quad (k=1,2,\cdots,q)$ 表示设计变量 $\boldsymbol{x}$ 应满足的所有约束条件。

在多目标优化模型中，还有一类模型，其特点是，在约束条件下，各个目标函数不是同等地被最优化，而是按不同的优先层次先后地进行优化。

如某工厂生产：1 号产品，2 号产品，3 号产品，…，$n$ 号产品。应如何安排生产计划，在避免开工不足的条件下，使工厂获得最大利润，工人加班时间尽量地少。

若决策者希望把所考虑的两个目标函数按其重要性分成以下两个优先层次：第一优先层次——工厂获得最大利润；第二优先层次——工人加班时间尽可能地少。那么这种先在第一优先层次极大化总利润，然后在此基础上再进行第二优先层次同等地极小化工人加班时间的问题，就是分层多目标优化问题。

以上诸例说明，在实际问题中确实存在着大量多目标优化问题。由于这类问题要同时考虑多个指标，而且有时会碰到多个定性指标，且有时难以判断哪个决策更好，这就造成多目标优化问题的特殊性。

多目标优化设计问题要求各分量目标都达到最优，如能获得这样的结果，当然十分理想。但是一般比较困难，尤其是各个分目标的优化互相矛盾时更是如此。例如，机械优化设计中技术性能的要求往往与经济性的要求互相矛盾。所以解决多目标优化设计问题也是一个复杂的问题。

近年来国内外学者虽然做了许多研究，也提出了一些解决的方法，但比起单目标优化设计问题来，在理论上和算法上都还很不完善，也不够系统。

本章将在前述各章单目标优化方法的基础上，扼要介绍多目标优化设计问题的一些基本概念、求解思路和处理方法。

由上述有关多目标优化问题的数学模型可见，多目标（向量）优化问题与单目标（标量）优化问题的一个本质的不同点是：多目标优化是一个向量函数的优化，比较向量函数值的大小，要比标量值大小的比较复杂。在单目标优化问题中，任何两个解都可以比较其优劣，因此是完全有序的。可是对于多目标优化问题，任何两个解不一定都可以比出其优劣，因此只能是半有序的。例如，设计某一产品时，希望对不同要求的 $A$ 和 $B$ 为最小。一般来说，这种要求是难以完美实现的，因此它们没有确切的意义。除非这些性质完全靠不同的设计变量组来决定，而且全部约束也是各自独立的。

假设产品有 $D_1$ 与 $D_2$ 两个设计，$A(D_1)$ 和 $A(D_2)$ 小于全部可接受 $D$ 的任何一个 $A(D)$，而 $B(D_1)$ 和 $B(D_2)$ 也小于全部可接受 $D$ 的任何一个 $B(D)$。设 $A(D_1)<A(D_2)$ 和 $B(D_2)<B(D_1)$，可见上述 $D_1$ 与 $D_2$ 两个设计，没有一个是能同时满足 $A$ 与 $B$ 为最小的要求。即没有一个设计是所期望的。

更一般的情形，设 $\boldsymbol{x}^{(0)}$ 和 $\boldsymbol{x}^{(1)}$ 是多目标优化问题的满足约束条件的两个方案（即设计点），要判断这两个设计方案的优劣，需先求出各自目标函数的值：

$$f_1(\boldsymbol{x}^{(0)}),f_2(\boldsymbol{x}^{(0)}),\cdots,f_l(\boldsymbol{x}^{(0)})$$

$$f_1(\boldsymbol{x}^{(1)}),f_2(\boldsymbol{x}^{(1)}),\cdots,f_l(\boldsymbol{x}^{(1)})$$

若 $$f_i(\boldsymbol{x}^{(1)}) < f_i(\boldsymbol{x}^{(0)}) \quad (i=1,2,\cdots,l)$$
则方案$\boldsymbol{x}^{(1)}$肯定比方案$\boldsymbol{x}^{(0)}$好。

但是，绝大多数的情况是：$\boldsymbol{x}^{(1)}$对应的某些$f(\boldsymbol{x}^{(1)})$的值小于$\boldsymbol{x}^{(0)}$对应的某些$f(\boldsymbol{x}^{(0)})$的值；而另一些则刚好相反。因此对多目标设计指标而言，任意两个设计方案的优劣一般是难以判别的，这就是多目标优化问题的特点。这样，在单目标优化问题中得到的是最优解，而在多目标优化问题中得到的只是非劣解。而且非劣解往往不止一个。如何求得能接受的最好非劣解，关键是要选择某种形式的折中。

所谓非劣解［或称有效解，帕雷托（Pareto）最优解］，是指若有 $m$ 个目标$f_i(\boldsymbol{x}^{(0)})(i=1,2,\cdots,m)$，当要求（$m-1$）个目标值不变坏时，找不到一个$\boldsymbol{x}$，使得另一个目标函数值$f_i(\boldsymbol{x})$比$f_i(\boldsymbol{x}^*)$更好，则将此$\boldsymbol{x}^*$作为非劣解。

下面举例说明。

**例 7-1** 求 $V-\min F(\boldsymbol{x}) = (f_1(x) \quad f_2(x))^{\mathrm{T}}$

$$f_1(x) = x^2 - 2x, f_2(x) = -x$$
$$D = \{x \mid 0 \leqslant x \leqslant 2\}$$

这是两个一元目标函数构成的双目标优化问题，在区间［0,2］内求最优解。对于两个目标函数$f_1(x)$和$f_2(x)$，虽然容易分别求得其最优解

$$x^{(1)} = 1, f_1(x^{(1)}) = -1, x^{(2)} = 2, f_2(x^{(2)}) = -2$$

如图 7-1 所示，但是无法求得两者共同的最优解。从图中可以看出，$a$ 点与 $b$ 点根本就无法判别其优劣，因为在 $a$ 点有$f_1(a) < f_2(a)$；而在 $b$ 点则有$f_2(b) < f_1(b)$。

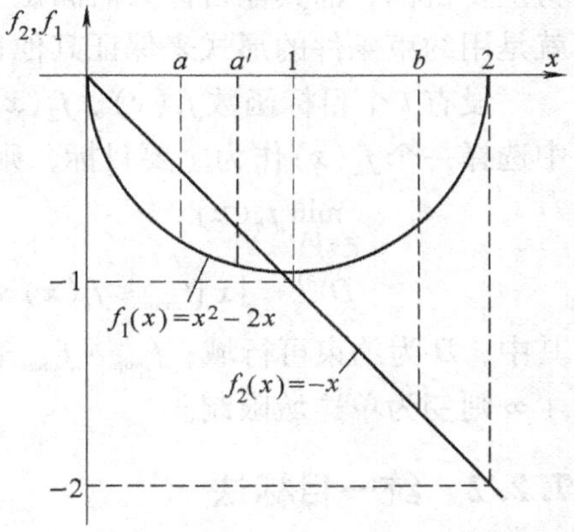


图 7-1 多目标优化解举例

同样，$a'$点与 $b$ 点也无法比较。如果在区间［0,1］内，有 $a'$点比 $a$ 点优，则 1 点是两者共同的最优解。

现在进一步分析多目标优化问题解的可能情况。

1）若$\boldsymbol{x}^* \in D$，对任意$\boldsymbol{x} \in D$都有$f_i(\boldsymbol{x}) \geqslant f_i(\boldsymbol{x}^*)$ $(i=1,2,\cdots,l)$，则$\boldsymbol{x}^*$是多目标优化问题的绝对最优解。如图 7-1 所示，在 $x \in [0,1]$内，共同最优解$x^* = 1$，$f_1(x^*) = -1$，$f_2(x^*) = -1$，就是绝对最优解。

2）若$\boldsymbol{x}^* \in D$，又存在$\boldsymbol{x} \in D$，有$F(\boldsymbol{x}^*) \geqslant F(\boldsymbol{x})$，它表示$\boldsymbol{x}$对应的$f_i(\boldsymbol{x})(i=1,2,\cdots,l)$中，存在着$\boldsymbol{x}$的某个或某些解比$\boldsymbol{x}^*$对应的$f_i(\boldsymbol{x}^*)(i=1,2,\cdots,l)$中每个分目标值都要小，所以$\boldsymbol{x}^*$就成为劣解。如图 7-1 所示，在 $x \in [0,2]$内，$a$、$a'$点都是劣解。

3）若$\boldsymbol{x}^* \in D$，且不存在$\boldsymbol{x} \in D$，有$F(\boldsymbol{x}) \leqslant F(\boldsymbol{x}^*)$，则$\boldsymbol{x}^*$为非劣解。这意味着在约束集$\boldsymbol{x}^*$中已找不到一个$\boldsymbol{x}$，使得对应的$F(\boldsymbol{x}) = (f_1(\boldsymbol{x}) \quad \cdots \quad f_l(\boldsymbol{x}))^{\mathrm{T}}$中每个分目标值都不比$F(\boldsymbol{x}^*) = (f_1(\boldsymbol{x}) \quad \cdots \quad f_l(\boldsymbol{x}))^{\mathrm{T}}$中相应的更大，并且$F(\boldsymbol{x})$中至少有一个分目标值要比$F(\boldsymbol{x}^*)$中相应值为小。如图 7-1 所示，在 $x \in [0,2]$中，所有点都是非劣解。例如 $b$ 点，不存在另一点 $b'$满足$F(b') \leqslant F(b)$，所以 $b$ 点是非劣解。

4）若$\boldsymbol{x}^* \in D$，且不存在$\boldsymbol{x} \in D$，使$F(\boldsymbol{x}) < F(\boldsymbol{x}^*)$，则$\boldsymbol{x}^*$为弱非劣解，或称弱有效解。

显然，多目标优化问题只有当求得的解是非劣解或弱非劣解时才有意义，劣解是没有意

义的，而绝对最优解存在的可能性很小。

## 7.2 多目标优化方法

多目标优化的求解方法很多，其中最主要的有两大类：

一类是直接求出非劣解，然后从中选择较好的解。属于这类方法的如合适等约束法等。

另一类是将多目标优化问题求解时做适当处理。处理的方法分为两种：一种是将多目标优化问题重新构造一个函数，即评价函数，从而将多目标（向量）优化问题转变为求评价函数的单目标（标量）优化问题。另一种是将多目标（向量）优化问题转化为一系列的单目标（标量）优化问题来求解。属于这一大类求解的前一种方法有：主要目标法、线性加权和法、理想点法、平方和加权法、分目标乘除法、功效系数法——几何平均法、极大极小法等；属于后一种的有分层序列法等。此外还有其他类型的方法，如协调曲线法等。

下面简要介绍几种常用的方法。

先介绍几种用评价函数处理多目标优化问题的方法。

### 7.2.1 主要目标法

主要目标法的思想是抓住主要目标，兼顾其他要求。求解时从多目标中选择一个目标作为主要目标，而其他目标只需满足一定要求即可。为此，可将这些目标转化成约束条件。也就是用约束条件的形式来保证其他目标不致太差。这样处理后，就成为单目标优化问题。

设有 $l$ 个目标函数 $f_1(\boldsymbol{x})$、$f_2(\boldsymbol{x})$、…、$f_l(\boldsymbol{x})$，其中 $\boldsymbol{x}\in D$，求解时可从上述多目标函数中选择一个 $f_k(\boldsymbol{x})$ 作为主要目标，则问题变为

$$\min_{\boldsymbol{x}\in D^{(k)}} f_k(\boldsymbol{x})$$

$$D^{(k)}=\{\boldsymbol{x}\,|f_{i\min}\leqslant f_i(\boldsymbol{x})\leqslant f_{i\max}\}\quad(i=1,2,\cdots,k-1,k+1,\cdots,l;\boldsymbol{x}\in D)$$

其中，$D$ 为约束可行域；$f_{i\min}$、$f_{i\max}$ 表示第 $i$ 个目标函数的上、下限。若 $f_{i\min}=-\infty$ 或 $f_{i\max}=+\infty$ 则变为单边域限制。

### 7.2.2 统一目标法

统一目标法又称综合目标法。它是将原多目标优化问题通过一定方法转化为统一目标函数或综合目标函数作为该多目标优化问题的评价函数，然后用前述的单目标函数优化方法求解。其转化方法如下：

**1. 线性加权和法**

线性加权和法又称线性组合法，是处理多目标优化问题常用的较简便的一种方法。这种方法因为有一定理论依据，故已被广泛应用。但这种方法的成功与否在很大程度上取决于一个确定方向的凸性条件。如果缺乏凸性，这种方法将归于失败。

所谓线性加权和法，即将多目标函数组成一个综合目标函数，把一个要最小化的函数 $F(\boldsymbol{x})$ 规定为有关性质的联合。例如，设计时希望对不同要求的 $A$ 和 $B$ 为最小的问题，可写成综合目标函数：

$$F(\boldsymbol{x})=A(D)+B(D)$$

或 $$F(\boldsymbol{x}) = W_1A(D) + W_2B(D)$$
其中，$W$ 为某一系数，称为权系数或加权因素。

建立这样的综合目标函数，要注意其原有单位已脱离通常概念，例如 $A$ 的单位为 mm，$B$ 的单位为元，则 $A+B$ 作为目标函数是完全可以接受的。

线性加权和法的一般表示如下：

根据多目标优化问题中各个目标函数 $f_1(\boldsymbol{x})$、$f_2(\boldsymbol{x})$、…、$f_l(\boldsymbol{x})$ 的重要程度，对应地选择一组权系数 $W_1$、$W_2$、…、$W_l$，并有

$$\sum_{i=1}^{l} W_i = 1, W_i \geqslant 0 \quad (i = 1,2,\cdots,l)$$

用 $f_i(\boldsymbol{x})$ 与 $W_i$ 的线性组合构成一个评价函数

$$F(\boldsymbol{x}) = \sum_{i=1}^{l} W_i f_i(\boldsymbol{x}) \rightarrow \min$$

将多目标优化问题转化成单目标优化问题，即求评价函数

$$\min_{\boldsymbol{x} \in D} F(\boldsymbol{x}) = \min_{\boldsymbol{x} \in D}\left\{\sum_{i=1}^{l} W_i f_i(\boldsymbol{x})\right\}$$

的最优解 $\boldsymbol{x}^*$，它就是原多目标优化问题的解。

使用这个方法的难处在于如何找到合理的权系数 $W_i$，以反映各个单目标函数对整个多目标函数中的重要程度。使原多目标优化问题较合理地转化为单目标优化问题，且此单目标优化问题的解又是原多目标优化问题的好的非劣解。权系数的选取，反映了对各分目标的不同估价、折中，故应根据具体情况作具体处理，有时要凭经验、凭估计或统计计算并经试算得出。

下面介绍一种确定权系数的方法。

对于多目标优化问题的评价函数

$$\min_{\boldsymbol{x} \in D} F(\boldsymbol{x}) = \min_{\boldsymbol{x} \in D}\left\{\sum_{i=1}^{l} W_i f_i(\boldsymbol{x})\right\}$$

其中

$$W_i = \frac{1}{f_i^*}$$

$$f_i^* = \min_{\boldsymbol{x} \in D} f_i(\boldsymbol{x}) \quad (i = 1,2,\cdots,l)$$

即将各单目标最优化值的倒数取作权系数。

可见，这种函数反映了各个单目标函数值离开各自的最优值的程度。在确定权系数时，只需预先求出各个单目标最优值，而无须其他信息，使用方便。

此法适用于需同时考虑所有目标或各目标在整个问题中有同等重要的场合。

此法的本质也可理解为对各个分目标函数做统一量纲处理。这时在列出综合目标函数时，不会受各分目标值相对大小的影响，能充分反映出各分目标在整个问题中有同等重要含义。若各分目标重要程度不同，则可在上述统一量纲的基础上再另外赋予相应的权系数值。这样权系数的相对大小才能充分反映出各分目标在全问题中的相对重要程度。

**2. 理想点法与平方和加权法**

先对各个目标函数分别求出最优值 $f_i^{\Delta}$ 和相应的最优点 $\boldsymbol{x}_i^{\Delta}$。一般所有目标难以同时都达

到最优解，即找不到一个最优解$x^*$使各个目标都能达到各自的最优值。因此对于向量目标函数$\boldsymbol{F}(\boldsymbol{x})=(f_1(\boldsymbol{x})\quad\cdots\quad f_l(\boldsymbol{x}))^{\mathrm{T}}$来说，向量$\boldsymbol{F}^{\Delta}=(f_1^{\Delta}\quad f_2^{\Delta}\quad\cdots\quad f_l^{\Delta})^{\mathrm{T}}$这个理想点一般是都达不到的。但是若能使各个目标尽可能接近各自的理想值，那么就可以求出较好的非劣解。

根据这个思想，将多目标优化问题转化为求单目标函数（评价函数）的极值，构造出理想点的评价函数为

$$U(\boldsymbol{x}) = \sum_{i=1}^{l}\left[\frac{f_i(\boldsymbol{x})-f_i^{\Delta}}{f_i^{\Delta}}\right]^2$$

求此评价函数的最优解，即是求原多目标优化问题的最终解。式中用$f_i^{\Delta}$相除是使之无量纲化。

若在理想点法的基础上引入权系数$W_i$，构造的评价函数为

$$U(\boldsymbol{x}) = \sum_{i=1}^{l} W_i[f_i(\boldsymbol{x})-f_i^{\Delta}]^2$$

此即为平方和加权法。

这个评价函数既考虑到各个目标尽可能接近各自的理想值，又反映了各个目标在整个多目标优化问题中的重要程度。加权系数的确定可参照前面线性加权和法中权系数的确定方法。

求得评价函数的最优解，就是原多目标优化问题的解：

$$\min_{\boldsymbol{x}\in D}\left\{\sum_{i=1}^{l} W_i[f_i(\boldsymbol{x})-f_i^{\Delta}]^2\right\}$$

**3. 分目标乘除法**

多目标优化问题中，有一类属于多目标混合优化问题，其优化模型为

$$V-\begin{cases}\min F'(\boldsymbol{x})\\ \max F''(\boldsymbol{x})\\ x\in D\end{cases}$$

其中，$\boldsymbol{F}'(\boldsymbol{x})=(f_1(\boldsymbol{x})\quad\cdots\quad f_r(\boldsymbol{x}))^{\mathrm{T}}$，$\boldsymbol{F}''(\boldsymbol{x})=(f_{r+1}(\boldsymbol{x})\quad\cdots\quad f_m(\boldsymbol{x}))^{\mathrm{T}}$。

求解上述优化模型的方法可用分目标乘除法。

该法的主要特点是将模型中的各分目标函数进行相乘和相除处理后在可行域上求解。即求解

$$\min_{\boldsymbol{x}\in D}\frac{f_1(\boldsymbol{x})\quad\cdots\quad f_r(\boldsymbol{x})}{f_{r+1}(\boldsymbol{x})\quad\cdots\quad f_m(\boldsymbol{x})}$$

的问题。由上述数值极小化问题所得的优化解，显然是使位于分子的各目标函数尽可能小，而位于分母的各目标函数取尽可能大的值的解。

以上所述利用极小化乘除分目标函数求解模型的方法，实际上是对它构造了评价函数：

$$U(F)=U(f_1(\boldsymbol{x}),\cdots,f_m(\boldsymbol{x}))=\frac{f_1(\boldsymbol{x})\quad\cdots\quad f_r(\boldsymbol{x})}{f_{r+1}(\boldsymbol{x})\quad\cdots\quad f_m(\boldsymbol{x})}$$

为使上式有意义，在使用上述通过乘除分目标函数求解时，一般要求各自目标函数在可行域上均取正值。其求解极小化方法与单目标方法类同。

## 7.2.3 分层序列法及宽容分层序列法

分层序列法的基本思想是将多目标优化问题中的$l$个目标函数分清主次，按其重要程度逐一排除，然后依次对各个目标函数求最优解，不过后一目标应在前一目标最优解的集合域

内寻优。

假设$f_1(\boldsymbol{x})$最重要，$f_2(\boldsymbol{x})$其次，$f_3(\boldsymbol{x})$再其次，…

首先对第一个目标函数$f_1(\boldsymbol{x})$求解，得最优值

$$\begin{cases}\min f_1(\boldsymbol{x})=f_1^*\\ \boldsymbol{x}\in D\end{cases}$$

在第一个目标函数的最优解集合域内，求第二个目标函数$f_2(\boldsymbol{x})$的最优值，也就是将第一个目标函数转化为辅助约束，即求

$$\begin{cases}\min f_2(\boldsymbol{x})\\ \boldsymbol{x}\in D_1\subset\{\boldsymbol{x}|f_1(\boldsymbol{x})\leqslant f_1^*\}\end{cases}$$

的最优值，记作$f_2^*$。

然后再在第一、第二个目标函数的最优解集合域内求第三个目标函数$f_3(\boldsymbol{x})$的最优值，此时，第一、第二个目标函数转化为辅助约束，即求

$$\begin{cases}\min f_3(\boldsymbol{x})\\ \boldsymbol{x}\in D_2\subset\{\boldsymbol{x}|f_i(\boldsymbol{x})\leqslant f_i^*\}\quad(i=1,2)\end{cases}$$

的最优值，记作$f_3^*$。

照此进行下去，最后求第$l$个目标函数$f_l(\boldsymbol{x})$的最优值，即求

$$\begin{cases}\min f_l(\boldsymbol{x})\\ \boldsymbol{x}\in D_{l-1}\subset\{\boldsymbol{x}|f_i(\boldsymbol{x})\leqslant f_i^*\}\quad(i=1,2,\cdots,l-1)\end{cases}$$

的最优值，记作$f_l^*$。对应的最优点$\boldsymbol{x}^*$就是这个多目标优化问题的最优解。

采用分层序列法，在求解过程中可能会出现中断现象，使求解过程无法继续进行下去。当求解到第$k$个目标函数的最优解是唯一时，则再往后求第$k+1$、$k+2$、…、$l$个目标函数的解就完全没有意义了。这时可供选用的方案只有这一个，而它仅仅是由第一个至第$k$个目标函数通过分层序列求得的，没有把第$k$个以后的目标函数考虑进去。尤其是当求得的第一个目标函数的最优解是唯一时，则更失去了多目标优化的意义了。

为此引入“宽容分层序列法”。这种方法就是对各目标函数的最优值放宽了要求，可以事先对各目标函数的最优值取给定的宽容量，即$\varepsilon_1>0$，$\varepsilon_2>0$，…这样，在求后一个目标函数的最优值时，对前一目标函数不严格限制在最优解内，而是在前一目标函数最优值附近的某一范围内进行优化，因而避免了计算过程的中断。

$$\left.\begin{aligned}
&1)\ \begin{cases}\min f_1(\boldsymbol{x})=f_1^*\\ \boldsymbol{x}\in D\end{cases}\\
&2)\ \begin{cases}\min f_2(\boldsymbol{x})=f_2^*\\ \boldsymbol{x}\in D_1\subset\{\boldsymbol{x}|f_1(\boldsymbol{x})\leqslant f_1^*+\varepsilon_1\}\end{cases}\\
&3)\ \begin{cases}\min f_3(\boldsymbol{x})=f_3^*\\ \boldsymbol{x}\in D_2\subset\{\boldsymbol{x}|f_i(\boldsymbol{x})\leqslant f_i^*+\varepsilon_i\}\quad(i=1,2)\end{cases}\\
&\quad\vdots\\
&l)\ \begin{cases}\min f_l(\boldsymbol{x})=f_l^*\\ \boldsymbol{x}\in D_{l-1}\subset\{\boldsymbol{x}|f_i(\boldsymbol{x})\leqslant f_i^*+\varepsilon_i\}\quad(i=1,2,\cdots,l-1)\end{cases}
\end{aligned}\right\}$$

其中，$\varepsilon_i>0$。

最后求得最优解 $\boldsymbol{x}^*$。

两目标优化问题用宽容分层序列法求最优解的情况如图7-2所示。不作宽容时，$\tilde{x}$ 为最优解，它就是第一个目标函数 $f_1(x)$ 的严格最优解。若给定宽容值 $\varepsilon_1$，则宽容的最优解为 $x^{(1)}$，它已经考虑了第二个目标函数 $f_2(x)$，但是，对第一个目标函数来说，其最优值有一个误差。

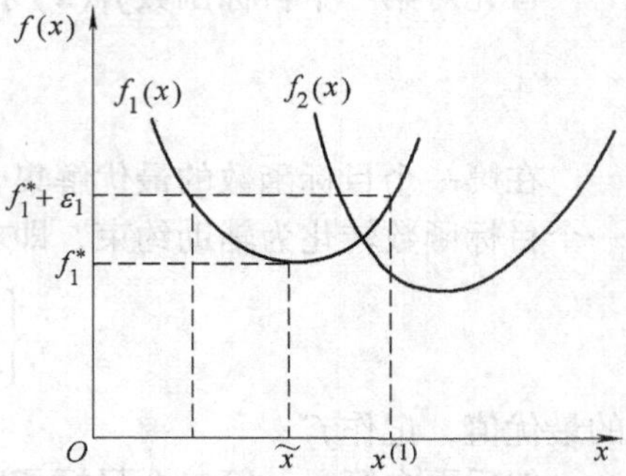

图7-2 宽容分层序列法求最优解的情况

**例7-2** 用宽容分层序列法求解

$$V-\max_{x\in D}\boldsymbol{F}(x)$$

其中，$\boldsymbol{F}(x)=(f_1(x)\quad f_2(x))^{\mathrm{T}}$，$f_1(x)=\dfrac{1}{2}(6-x)\cos\pi x$，$f_2(x)=1+(x-2.9)^2$，$D=\{x|1.5\leqslant x\leqslant 2.5\}$

按重要程度将目标函数排队为 $f_1(x)$、$f_2(x)$。

首先求解 $V-\max\limits_{x\in D}f_1(x)=\dfrac{1}{2}(6-x)\cos\pi x$，得最优点

$$x^{(1)}=2$$

对应的最优值为

$$f_1(x^{(1)})=\frac{1}{2}(6-2)\cos 2\pi=2$$

设给定的宽容值 $\varepsilon_1=0.052$，则可得

$$D_1=\{x|f_1(x)>f_1(x^{(1)})-0.052,1.5\leqslant x\leqslant 2.5\}$$

然后求解 $\max\limits_{x\in D_1}f_2(x)$，即求解

$$\max f_2(x)=1+(x-2.9)^2$$
$$D_1=\{x|f_1(x)>1.948,1.5\leqslant x\leqslant 2.5\}$$

得最优点为

$$x^{(2)}=1.9$$

这就是该两目标函数的最优点 $x^*$，其对应的最优值为

$$f_1(x^{(2)})=1.948$$
$$f_2(x^{(2)})=2$$

最优解的情况如图7-3所示。

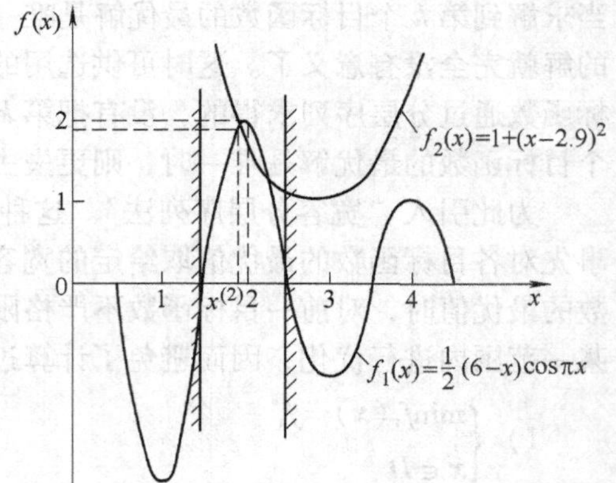

图7-3 宽容分层序列法求例7-2

## 7.3 离散变量优化问题

前面研究的优化方法都是针对连续变量而言的。在工程优化问题中，经常会遇到非连续变量的一些参数，它们是整数变量或离散变量。整数变量如齿轮的齿数、加强肋的数目、冷凝器管子的数目、行星轮的个数等。离散变量如齿轮的模数、型钢尺寸以及大量的标准表

格、数据等。整数亦可视为是离散数的一种特殊情形。

综上所述，离散变量是指在规定的变量界限内，只能从有限个离散值或整数值中取值的一种变量。离散变量中有等间隔离散变量和非均匀间隔离散变量两种。

由于离散变量在工程中大量存在，故研究离散变量的优化方法是非常必要的。

处理离散变量的一种最简易方法，是先将这种设计变量视为连续变量来处理，在得出优化解后，圆整成最近的值。这种方法虽简单易行，但有很大盲目性，主要是圆整后的值不在可行域以内的可能性很大。因为很多约束条件是用“小于”及“等于”某一界限来表示。通常优化解多半只满足于“等于”条件。也就是说，优化解一般是在某一条等值线与可行域边界的切点上，即在可行域的边界上。圆整后的优化解，可能落于非可行域中，从而破坏了约束条件，不能作为整数优化解。

纠正这个缺点的方法是校核未取整前优化解附近的所有整数点或离散点，以保证不出现上述圆整后违反约束条件的情况。但这样做需较长的计算时间。此外，在多维空间中，未取整前优化解的附近有多少个整数点也较难确定，并且不能排除在离未取整前优化解较远的整数点恰恰是真正优化解的可能性。

另外，有些设计变量是不允许最后取整的。如设计变位齿轮传动，优化结果是非整数的齿数、非标准的模数及变位系数，如果将齿数圆整，模数取标准以后，原优化结果的变位系数就变得毫无意义了。

为此，需对离散变量优化问题作为专门的课题予以研究讨论。

## 7.4　离散变量优化方法

常见的离散变量优化方法有混合整数优化方法、约束非线性混合离散变量优化方法等。

约束非线性混合离散变量优化设计问题的数学模型可表达为

$$
\begin{aligned}
&\min f(\boldsymbol{x}) \\
&\text{s. t.}\quad g_j(\boldsymbol{x}) \leqslant 0 \qquad (j=1,2,\cdots,m) \\
&\qquad x_{i\min} \leqslant x_i \leqslant x_{i\max} \qquad (i=1,2,\cdots,m)
\end{aligned}
$$

式中　$\boldsymbol{x} = (\boldsymbol{x}^D \quad \boldsymbol{x}^C) \in \mathbf{R}^n$

$\boldsymbol{x}^D = (x_1 \quad x_2 \quad \cdots \quad x_p)^{\mathrm{T}} \in \mathbf{R}^D$

$\boldsymbol{x}^C = (x_{p+1} \quad x_{p+2} \quad \cdots \quad x_n)^{\mathrm{T}} \in \mathbf{R}^C$

$\mathbf{R}^n = \mathbf{R}^D \times \mathbf{R}^C$

其中，$x_{i\min}$、$x_{i\max}$ 分别为变量 $x_i$ 的下界值与上界值，$\boldsymbol{x}^D$ 为离散变量的子集合，$\boldsymbol{x}^C$ 为全连续变量的子集合。$\boldsymbol{x}^D$ 为空集时，为全连续变量型问题；反之，$\boldsymbol{x}^C$ 为空集时，为全离散型问题；二者均为非空集时为混合型问题。若将整数视为离散数的一种特殊情况，则混合离散变量优化问题实际上已包含了混合整数变量的优化问题。

解决工程问题离散变量优化的方法需要有与一般处理连续变量优化技术不完全相同的一种理论和方法。离散最优化是数学规划和运筹学中最有意义，但也是较困难的领域之一。

约束非线性离散变量的优化方法主要有以下四类：

1）以连续变量优化方法为基础的方法，如圆整法、拟离散法、离散型惩罚函数法。

2）离散变量的随机型优化方法，如离散变量随机试验法、随机离散搜索法。

3）离散变量搜索优化方法，如启发式组合优化方法、整数梯度法、离散复合形法。

4）其他离散变量优化方法，如非线性隐枚举法、分支定界法、离散型网格与离散型正交网格法、离散变量的组合型法。

这些方法的解题能力与数学模型的函数性态和变量多少有很大关系。下面只介绍其中几种主要的方法。

## 7.4.1 以连续变量优化方法为基础的方法

**1. 整型化、离散化法**（圆整法、凑整法）

该方法是先按连续变量方法求得优化解$\boldsymbol{x}^*$，然后再进一步寻找整型量或离散量优化解。这一过程称为整型化或离散化。

设有 $n$ 维优化问题，其实型最优点为$\boldsymbol{x}^* \in \mathbf{R}^n$，它的 $n$ 个实型分量为 $x_i^*$（$i=1,2,\cdots,n$），则 $x_i^*$ 的整数部分（或它的偏下一个标准量）$[x_i^*]$和整数部分加 1 即$[x_i^*]+1$（或它的偏上一个标准量）便是最接近 $x_i^*$ 的两个整型（或离散型）分量。由这些整型分量的不同组合，便构成了最邻近于实型最优点$\boldsymbol{x}^*$的两个整型分量及相应的一组整型点群$[x_i^*]^{(t)}$（$t=1,2,\cdots,2^n$；$n$ 为变量维数），该整型点群包含有 $2^n$ 个设计点。在整型点群中，可能有些不在可行域内，应将它们剔除；在其余可行域内的若干整型点中，选取一个目标函数值最小的点，作为最优的整型点给予输出。

图 7-4 所示是二维的例子。在实型量最优点$\boldsymbol{x}^*$周围的整型点群有 $A$、$B$、$C$、$D$ 四点，图中 $B$ 点在域外，$A$、$C$、$D$ 三点为在域内的整型点群。分别计算其目标函数。由图中等值线可以看出，其最优整型点是 $C$ 点，它即为最优整型设计点$[\boldsymbol{x}^*]$。

但这样做有时不一定行得通，因为连续变量的最优点通常处于约束边界上，在连续变量最优点附近凑整所得的设计点，有可能均不在可行域内，如图 7-5 所示。显然在这种情况下，采用连续变化量优化点附近凑整法，就可能得不到一个可行设计方案。另一方面，这种简单的凑整法是基于一种假设，即假设离散变量的最优点是在连续变量最优点附近。然而这种假设并非总能成立。

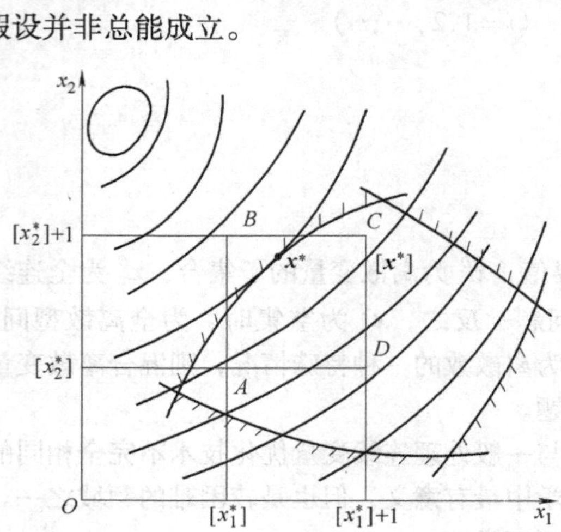


图 7-4　$\boldsymbol{x}^*$ 周围的整型点群

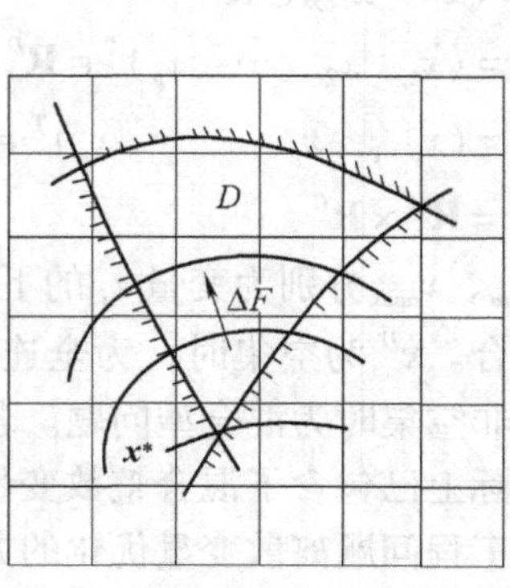


图 7-5　$\boldsymbol{x}^*$ 周围的整型点群均不在可行域内

如图7-6所示，按上述假设，在连续变量最优点$\boldsymbol{x}^*$附近凑整得到$Q$点，该点虽是可行的，但并非离散变量的最优点。从图中可见，该问题离散变量最优点应是离$\boldsymbol{x}^*$较远的$P$点，而且如果目标函数与约束函数的非线性越严重，这种情况越易出现。

这些情况表明，凑整法虽然简便，但不一定能得到理想的结果。

由以上分析可知，离散优化点不一定落在某个约束面上，因此对连续变量约束最优解的K-T条件不再成立。与连续变量优化解一样，离散变量优化解通常也是指局部优化解。

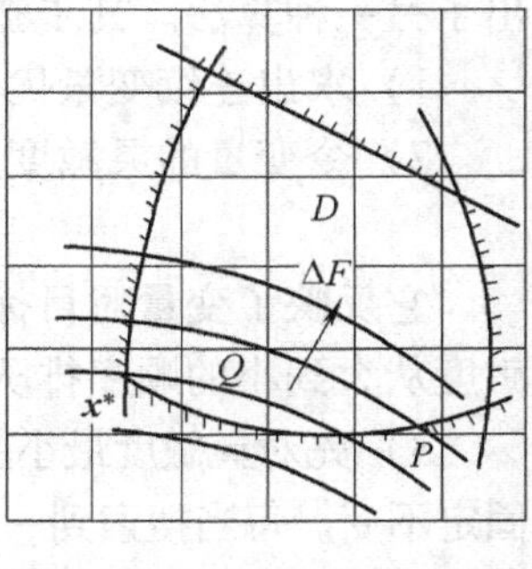

图7-6 离$\boldsymbol{x}^*$较远处整型点$P$为优化点的情形

所谓局部离散优化解，是指在此点单位邻域$UN(\boldsymbol{x})$内查点未搜索到优于$\boldsymbol{x}^*$点的离散点，所得的解即为局部离散优化解$\boldsymbol{x}^*$。

当目标函数为凸函数、约束集合为凸集时，此点也是全域的约束离散优化解。

**2. 拟离散法**

该法是在求得连续变量优化解$\boldsymbol{x}^*$后，不是用简单的圆整方法来寻优，而是在$\boldsymbol{x}^*$点附近按一定方法进行搜索来求得优化离散解的。

该法虽然比前述圆整法前进了一步，但因仍是在连续变量优化解附近邻域进行搜索，往往也不可能取得正确的离散优化解。

（1）交替查点法（Luns法） 该法适用于全整数变量优化问题，其优化离散解的搜索方法为：

1）先按连续变量求得优化解$\boldsymbol{x}^*$，并将它圆整到满足约束条件的整数解上。

2）依次将每个圆整后的优化分量$[x_i^*]$ $(i=1,2,\cdots,n)$加1，检查该点是否为可行点，然后仅保留目标函数值为最小的$x_i$点；重复此过程，直到可行的$x_i$不再增大为止。

3）将一个分量加1，其余$n-1$个分量依次减1。如将$x_1$增加到$x_1+1$，再将$x_2$减到$x_2-1$，如此下去，直到$x_n$减到$x_n-1$为止，最后选择目标函数值为最小的点去替换旧点。再依次增大$x_2$、$x_3$、…、$x_n$，重复上述循环。最终比较目标函数值的大小，找到优化解，即认为是该问题的整数优化解。

（2）离散分量取整，连续分量优化法（Pappas法） 该法是针对混合离散变量问题（即变量中既含有离散分量，也含有连续分量）提出来的。其计算步骤为：

1）先将连续变量优化解$\boldsymbol{x}^*$圆整到最近的一个离散点$[\boldsymbol{x}^*]$上。

2）将$[\boldsymbol{x}^*]$的离散分量固定，对其余的连续分量进行优化。

3）若得到的新优化点可行，且满足收敛准则，则输出优化结果，结束。否则把离散分量转移到$\boldsymbol{x}^*$邻近的其他离散点上，再对连续分量进行优化，即转2）。如此重复，直到$\boldsymbol{x}^*$附近离散点全部轮换到为止。

该法实际上只能从上述几个方案中选出一个较好的可行解作为近似优化解。

由于离散变量移动后得到的离散点可能已在可行域外，故要求连续变量所用优化程序应选择其始点可以是外点的一种算法。

该算法可适用于设计变量较多但连续变量显著多于离散变量的情形，且计算工作量增加不大。

对离散变量较多，而变量维数又较低（少于6个）的混合离散变量问题，Pappas又提出了另一种算法。其步骤为：

1）求出连续变量优化解$x^*$，取整到最靠近$x^*$的离散值上。

2）令变量的灵敏度为$S_i$，它是目标函数的增量与自变量增量的比值。即

$$S_i = |[f(x+\Delta x_i) - f(x)]/\Delta x_i|$$

它反映了变量对目标函数的影响程度。计算各离散变量的灵敏度$S_i$，并将离散变量按灵敏度从大到小的顺序排队：$x_1$、$x_2$、…、$x_k$（$1 \leqslant k \leqslant n$）。

3）先对灵敏度最小的离散变量$x_k$作离散一维搜索，并使其他离散变量$x_1$、$x_2$、…、$x_{k-1}$固定不变。每当搜索到一个较好的离散点时，便需要对所有连续变量优化一次。然后再对$x_{k-1}$作一维离散搜索，此时将其余的离散变量$x_1$、$x_2$、…、$x_{k-2}$保持不变，但对分量$x_k$还要再作一次搜索。找到好的离散点后，仍需对所有的连续变量再进行优化。如此重复，直到$x_1$为止。

4）由3）所得终点重新计算灵敏度并进行排队。若与第2）步结果相近，则停止计算，其终点即为优化解。否则转3）继续搜索。

该法可采用连续变量优化程序对初始点是外点的一种算法。

拟离散法是目前求解离散变量优化的一种常用方法，但这类算法都是基于离散优化解一定在连续优化解附近的这样一种观点的基础之上。而实际情况又往往不一定是这样的，而且这类算法工作量较大，因此具有一定的局限性。

**3. 离散惩罚函数法**

若将设计变量的离散性视为对该变量的一种约束条件，则可用连续变量的优化方法来计算离散变量问题的优化解。按此思路可以拉格朗日乘子法或SUMT法等连续变量优化方法为基础作一些变换后，再用来求解离散变量的优化问题。

下面介绍一种离散惩罚函数法。

1）构造一个具有下列性质的离散惩罚函数项$Q_k(\boldsymbol{x}^D)$

$$Q_k(\boldsymbol{x}^D) = \begin{cases} 0, & \boldsymbol{x}^D \in R^D \\ \mu > 0, & \boldsymbol{x}^D \notin R^D \end{cases}$$

其中，$R^D$为设计空间离散点的集合。

玛卡尔（Marcal）定义的离散惩罚函数项为

$$Q_k(\boldsymbol{x}^D) = \sum_{j \in d} \prod_{i=1}^{d} \left| \frac{x_{ij} - Z_{ij}}{Z_{ij}} \right|$$

其中，$x_{ij}$为第$j$个离散变量的坐标；$Z_{ij}$是该变量允许取的第$j$个离散值。乘积可保证求和式中的每一项在变量趋于离散值时为零。

该式定义的函数形式简洁，但此函数值变化范围较大，计算时不易控制。

吉斯沃尔德（Gisvold）定义了另一种形式的离散惩罚函数项：

$$Q_k(\boldsymbol{x}^D) = \sum_{j \in d} [4q_i(1-q_i)]^{\beta_k}$$

式中 $q_i = (x_i - x_{i\min})/(x_{i\max} - x_{i\min})$

$x_{i\min} \leqslant x_i \leqslant x_{i\max}$

其中，$x_i$为$x_{i\min}$和$x_{i\max}$之间任意点坐标，$x_{i\min}$和$x_{i\max}$是两相邻的离散值。离散惩罚函数项$Q_k(\boldsymbol{x}^D)$是一对称的规范化的函数，见图7-7。上式的每一项的最大值是1，而且对于所有$\beta_k \geqslant 1$的情形，在离散值之间的范围内，函数的一阶导数是连续的。

2）将离散惩罚函数项 $Q_k(\boldsymbol{x}^D)$ 加到内点法 SUMT 的惩罚项中，可得离散惩罚函数

$$\Phi(\boldsymbol{x},\gamma,S) = f(\boldsymbol{x}) + \gamma_k\sum_{u=1}^{m}\frac{1}{g_u(\boldsymbol{x})} + S_kQ_k(\boldsymbol{x}^D)$$

其中，$f(\boldsymbol{x})$ 为原目标函数；$\gamma_k$ 为参数（或惩罚因子）；$g_u(\boldsymbol{x})$ 为不等式约束条件；$S_k$ 为离散项罚因子。$\gamma_k > \gamma_{k+1}$，而 $S_k < S_{k+1}$，当 $k\to\infty$ 时有 $\gamma_k\to 0$，此时

$$\min[\Phi(\boldsymbol{x},\gamma,S)]\to\min f(\boldsymbol{x})$$

$$g_u(\boldsymbol{x})\geqslant 0 \qquad (u=1,2,\cdots,m)$$

$$Q_k(\boldsymbol{x}^D)\to 0$$

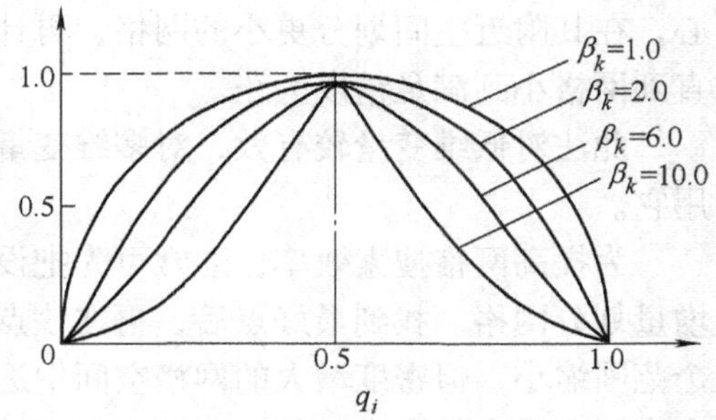


图 7-7 离散惩罚函数项

**例 7-3** 图 7-8 所示用离散惩罚函数法求解一维离散变量优化问题。设在满足不等式约束条件 $G_1(x)=1.3-x\leqslant 0$ 下，求目标函数 $f(x)=\frac{1}{2}x$ 为最小的 $x$ 整数优化解。

图 7-8a、b、c 分别表示不同 $k$ 值时，离散惩罚函数 $\Phi(\boldsymbol{x},\gamma,S)$ 的图形。由图可知，参数 $\gamma_k$、$S_k$、$\beta_k$ 数值的选取直接影响着离散惩罚函数 $\Phi(\boldsymbol{x},\gamma,S)$ 的曲线形状。逐步减小 $\gamma$，增加 $S$，可得图 7-8a、b、c，使离散优化点从 $\min\Phi_1\to\min\Phi_2\to\min\Phi_3$，最终找到 $[x]_2$ 为离散优化解。

如最初即选择图 7-8c，则有可能陷在伪优化点 $M$，即 $[x]_3$ 点，找不到真正优化解 $\min\Phi_3$，即点 $[x]_2$。

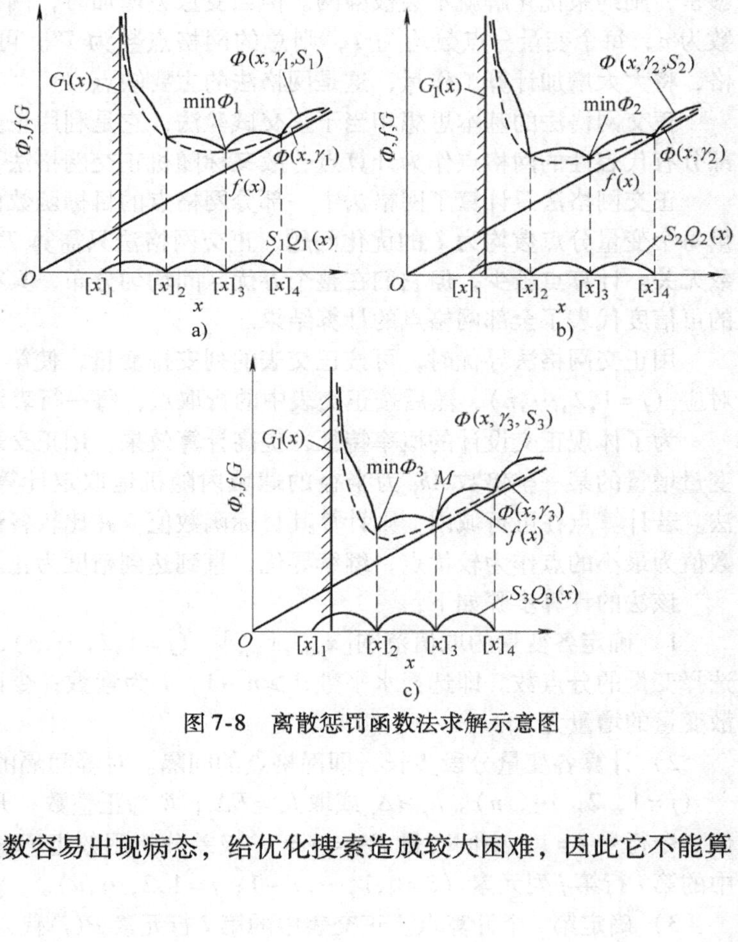


图 7-8 离散惩罚函数法求解示意图

离散惩罚函数法的缺点是函数容易出现病态，给优化搜索造成较大困难，因此它不能算是一种成功有效的方法。

## 7.4.2 离散变量型网格法

### 1. 离散变量型普通网格法

离散变量型普通网格法就是以一定的变量增量为间隔，把设计空间划分为若干个网格，计算在域内的每个网格节点上的目标函数值，比较其大小，再以目标函数值最小的节点为中

心，在其附近空间划分更小的网格，再计算在域内各节点上的目标函数值。重复进行下去，直到网格小到满足精度为止。

此法对低维变量较有效，对多维变量因其要计算的网格节点数目呈指数幂增加，故很少用它。

为提高网格搜索效率，通常可先把设计空间划分成为较稀疏的网格，如先按 50 个离散增量划分网格。找到最好点后，再在该点附近空间以 10 个离散增量为间隔划分网格，在这个范围缩小、但密度增大的网格空间中进一步搜索最好的节点。如此重复，直至网格节点的密度与离散点的密度相等，即按 1 个离散增量划分网格节点为止。这时将搜索到的最好点作为离散优化点。

**2. 离散变量型正交网格法**

由前述网格法的分析可知，只要约束优化点包含在寻优区间中，且网格节点又布置得足够密，则约束优化解就不会被漏网。但当变量数增加时，网格点数将呈幂指数增加。设变量数为 $n$，每个变量分点数均为 $T$，则总的网格点数为 $T^n$。可见在变量维数较高时要细分网格，将大大增加计算工作量，这是网格法的主要缺点。

正交网格法的基本思想相当于正交试验法，它是利用正交表，均匀地选取网格法中的一部分有代表性的网格点作为计算点，故又称随机正交网格法，或叫正交计算设计法。

正交网格法只计算了网格法中一部分网格点的目标函数值，工作量明显减少。对 $n$ 维变量每个变量分点数均为 $T$ 的优化问题，正交网格法只需算 $T^2$ 个网格点，计算点数与变量维数无关。计算点虽少，但它们在整个寻优区间均匀分布，具有很好的代表性，它们以相当高的可信度代表了全部网格点的计算结果。

用正交网格法寻优时，可按正交表的列安排变量，使第 $j$ 个变量 $x_j$ 与正交表中第 $j$ 列相对应（$j=1,2,\cdots,n$），然后按正交表中的行取点，每一行表示一个试验方案。

为了体现正交设计的概率特征，提高计算效果，用正交表取定的点为球心，以单位离散变量增量的某一整倍数 $Ah_j$ 为半径的球域内随机地取定计算点。该法可称为球域内随机点法。若计算点在可行域内，则计算其目标函数值，并比较各试验点的目标函数值，取目标函数值为最小的点作为较优点，继续寻优，直到达到精度为止。

该法的计算步骤如下：

1）确定各变量的取值范围$[x_{j\min},x_{j\max}]$ （$j=1,2,\cdots,n$），按单位离散变量的增量整数倍选择变量的分点数。即选择水平数 $T\geqslant n-1$，$T$ 为素数；令区间分段数为 $r=T-1$，单位离散变量的增量为 $\Delta_j$。

2）计算各变量分段步长，即网格点的间隔。对等间隔的离散量可取 $h_j=(x_{j\max}-x_{j\min})/r$（$j=1,\ 2,\ \cdots,\ n$）。$h_j\geqslant\Delta_j$ 或取 $h_j=E\Delta_j$，$E$ 为正整数；开始时 $E$ 取大值，以后逐步取小值。令行号 $I=1$，中间变量 $FA=+\infty$，极差分析用数组 $FK=0$，并以 $FK(i,j)$ 表示数组 $FK$ 中的第 $i$ 行第 $j$ 列元素（$i=0,1,\cdots,T-1$；$j=1,2,\cdots,n$）。

3）确定第 $I$ 个计算点。正交表中的第 $I$ 行元素 $P(j)$ 代入下式确定计算点 $\boldsymbol{x}$：

$$a_j=x_{j\min}+P(j)h_j$$

令

$$Ah_j=h_j/b_1$$

$$x_j=a_j-Ah_j+2BAh_j\quad(j=1,2,\cdots,n)$$

其中，$B$ 是区间$[0,1]$上的随机数，取小数后的位数比 $E$ 的位数少 1 或相等；$b_1$ 是大于 1 的整数，一般可取 $b_1=2\sim10$，$b_1\leqslant E$，若 $E=1$ 时 $h_j=\Delta_j$，这时即将终止计算。注意 $x_j$ 此时应取整数或取离散值。

$x_j$ 的含义见图 7-9。

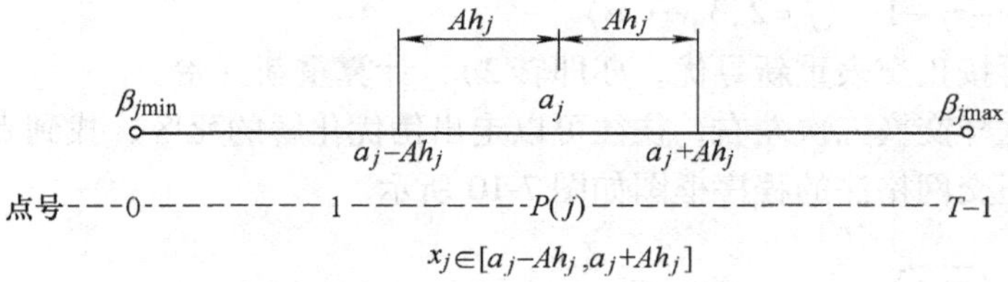


图 7-9　$x_j$ 的几何描述

由上述关系可产生由正交表中第 $I$ 行的各列元素生成的第 $I$ 个计算点$\boldsymbol{x}=(x_1\quad x_2\quad\cdots\quad x_n)^{\mathrm{T}}$。

4）验证 $\boldsymbol{x}$ 点是否在可行域内，若在可行域内，则转 5）；否则转 6）。

5）计算

$$F=F(\boldsymbol{x})$$
$$FK(P(j),j)=FK(P(j),j)+F\quad(j=1,2,\cdots,n)$$

若 $F<FA$，则令 $FA=F$，$\boldsymbol{x}_p=\boldsymbol{x}$；否则 $FA$、$\boldsymbol{x}_p$ 保持原值。

6）若 $I<T^2$，则 $I=I+1$，转 3）；否则输出 $FA$、$\boldsymbol{x}_p$。

7）极差分析。对数组 $FK$ 按列求出每列的最大值 $m_j$、最小值 $n_j$ 及对应于 $n_j$ 的水平号 $W_j$，$W_j$ 称为第 $j$ 个变量 $x_j$ 的最好水平。第 $j$ 个变量 $x_j$ 的极差为

$$R_j=m_j-n_j\quad(j=1,2,\cdots,n)$$

将 $R_j$ 从小到大排列，并与对应的变量号一起输出，以便分析各变量对目标函数的影响程度。

8）计算最好水平点的目标函数值。

令
$$x_j=x_{j\min}+h_iW_j\quad(j=1,2,\cdots,n)$$

则最好水平点 $\boldsymbol{x}=(x_1\quad x_2\quad\cdots\quad x_n)^{\mathrm{T}}$，若 $\boldsymbol{x}$ 在可行域内，则计算 $F=F(\boldsymbol{x})$，当 $F<FA$ 时，令 $FA=F$，$\boldsymbol{x}_p=\boldsymbol{x}$。

因为 $h_j$ 为单位离散量步长或单位整型量步长的整数倍，这一做法可使变量优化解为所需的整型量或离散量，因此该法可适用于整型量或离散量的优化问题。

9）对 $\boldsymbol{x}$ 为在可行域内的优化解检验迭代是否可以终止。如可检验步长 $h_j=\Delta_j$（$\Delta_j$ 为单位离散变量的增量值）是否满足，若已满足或总的迭代次数已足够，则输出 $FA$、$\boldsymbol{x}_p$，结束。若 $h_j=\Delta_j$ 不满足或优化解 $\boldsymbol{x}$ 在可行域外或 $F\geqslant FA$，则转 10）。

10）寻优区间的收缩或扩张，计算重新开始。令

$$u_j=(x_{j\max}-x_{j\min})/c_2$$
$$x_{j\min}=x_p(j)-u_j$$
$$x_{j\max}=x_p(j)\quad(j=1,2,\cdots,n)$$

其中，$x_p(j)$是$\boldsymbol{x}_p$ 的第 $j$ 个分量；$c_2\neq2$，为正整数，当取 $c_2>2$ 时，寻优区间收缩；当取 $c_2<$

2时，寻优区间扩张，转2)。

这里扩张与收缩应视具体情况决定。一般规律是先扩张，以后逐步缩小寻优区间，使 $h_j$ 逐步减小到单位离散变量的增量 $\Delta_j$ 为止。分析所得结果是否是所要求的优化解。如果出现伪优化解，这时可以采用将各变量在正交表中的列号互换位置，其实质即使原正交表改变形状，使 $x_1 \leftarrow x_n$，$x_j \leftarrow x_j - 1 \quad (j=2,3,\cdots,n)$。

如此错位后再按正交表重新寻优，亦即转2)，计算重新开始。

经验证明，这样交换三次左右，往往可以走出伪优化解的死区，找到真正优化解。

离散变量型正交网格法的程序框图如图7-10所示。

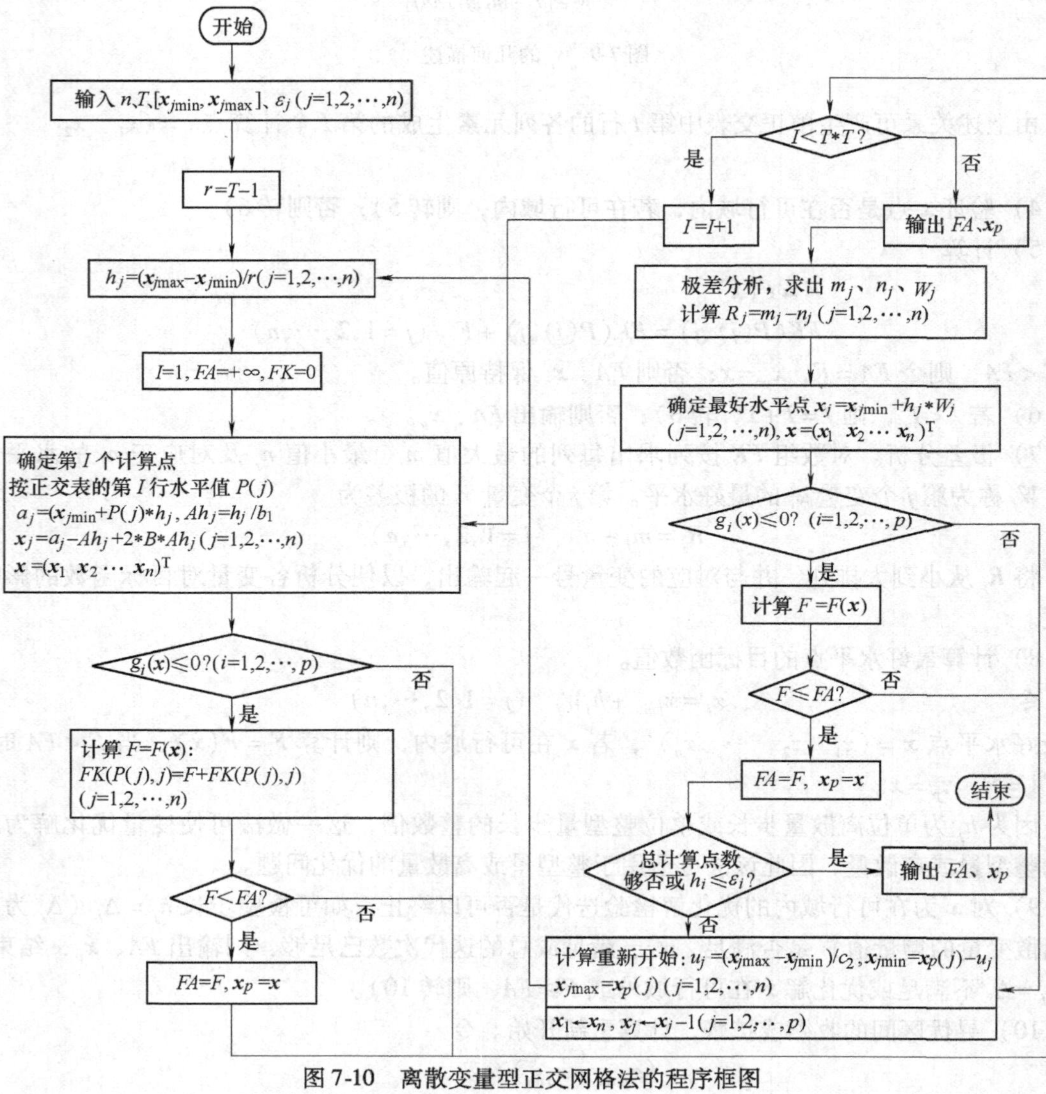

图7-10 离散变量型正交网格法的程序框图

### 7.4.3 离散变量的组合型法

下面介绍工程离散优化的通用方法之一，即离散变量的组合型优化方法，又称

MDCP 法。

这种方法是以离散复合形思想为主体，具有离散搜索策略，且备有多种功能的组合型算法。本法是一种有效的求解约束非线性离散变量问题的方法，具有较好的解题可靠性。

组合型方法的含义是指将两种单一性算法组合在一起形成的第三种算法。在计算过程中，除了方法本身按计算过程中产生的信息不断自动调用各种辅助功能外，使用者还可按计算机输出的信息进行分析判断加以人工干涉改变计算策略，使两者灵活运用，以期较好较快地求得离散变量的优化解。

该法可用于求解约束非线性混合离散变量优化设计问题。其数学模型为

$$\min f(\boldsymbol{x})$$

$$\text{s.t.}\quad g_j(\boldsymbol{x}) \leqslant 0 \qquad (j=1,2,\cdots,m)$$

$$x_{i\min} \leqslant x_i \leqslant x_{i\max} \quad (i=1,2,\cdots,m)$$

式中

$$\boldsymbol{x} = (\boldsymbol{x}^D \quad \boldsymbol{x}^C) \in \mathbf{R}^n$$

$$\boldsymbol{x}^D = (x_1 \quad x_2 \quad \cdots \quad x_p)^{\mathrm{T}} \in \mathbf{R}^D$$

$$\boldsymbol{x}^C = (x_{p+1} \quad x_{p+2} \quad \cdots \quad x_n)^{\mathrm{T}} \in \mathbf{R}^C$$

$$\mathbf{R}^n = \mathbf{R}^D \times \mathbf{R}^C$$

其中，$x_{i\min}$、$x_{i\max}$ 分别为变量 $x_i$ 的下界值与上界值，$\boldsymbol{x}^D$ 为离散变量的子集合，$\boldsymbol{x}^C$ 为全连续变量的子集合。

离散变量复合形优化的基本思想与连续变量复合形优化的思想是一致的。该法属于在离散空间直接查点的一类方法，对多维问题，计算工作量相对较大。但由于离散空间仅仅是一些离散点集，搜索的点比连续空间要少，故可用于维数 $n \leqslant 20$ 的场合，此时计算效率还是较好的。

该法的计算步骤为：

1）产生 $k \geqslant n+1$ 的初始离散复合形顶点。

2）利用复合形顶点目标函数值大小，判断目标函数下降方向，产生新的较好的顶点。

3）用新顶点代替原复合形中最坏的顶点。

4）重复计算，使复合形不断向最优点方向搜索、移动。

5）当满足收敛条件时结束，以其中最好顶点作为离散优化解。

由以上步骤可以看出，它和连续变量复合形优化的步骤是一致的。但离散变量和连续变量是有区别的，因此在形成初始复合形及搜索产生新点时都有其特点。下面针对这些特点分别予以讨论。

**1. 初始复合形顶点的形成**

给定一个初始离散点 $\boldsymbol{x}^{(0)}$，其各分量必须满足变量边界条件。即

$$x_{i\min} \leqslant x_i^{(0)} \leqslant x_{i\max} \quad (i=1,2,\cdots,n)$$

其中，$x_{i\min}$、$x_{i\max}$ 分别为变量 $x_i$ 的下界值与上界值。初始离散点 $\boldsymbol{x}^{(0)}$ 各分量只满足边界条件，但不一定全部满足其他约束条件。

初始复合形顶点可用下述方法形成：

设初始复合形顶点数 $k=2n+1$ 个，标记 $x$ 的上标为点号数，下标为该点的分量号值。取

$$x_i^{(1)} = x_i^{(0)} \qquad (i=1,2,\cdots,n)$$
$$x_i^{(j+1)} = x_i^{(0)} \qquad (i=1,2,\cdots,n;i\neq j;j=1,2,\cdots,n)$$
$$x_j^{(j+1)} = x_{j\min} \qquad (j=1,2,\cdots,n)$$
$$x_i^{(n+j+1)} = x_i^{(0)} \qquad (i=1,2,\cdots,n;i\neq j;j=1,2,\cdots,n)$$
$$x_j^{(n+j+1)} = x_{j\max} \qquad (j=1,2,\cdots,n)$$

式中，$x_i^{(j)}$、$x_j^{(0)}$ 是初始离散复合形顶点的坐标值。这些顶点可能有些是可行点，有些是不可行点。如图 7-11 所示，5 个初始复合形顶点中 $A$、$B$、$\boldsymbol{x}^{(0)}$ 三点为可行点，$C$、$D$ 两点为不可行点。

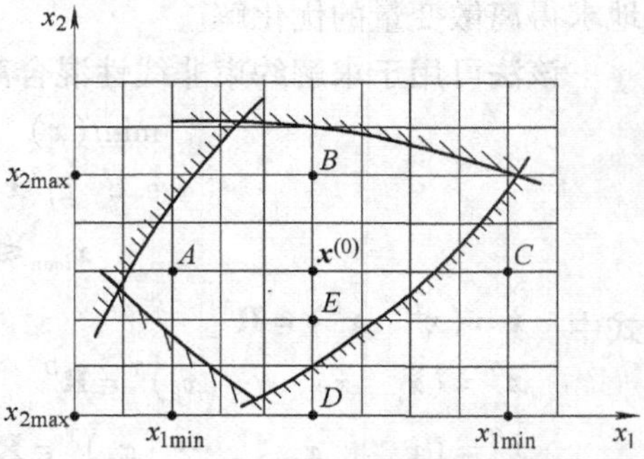

图 7-11 初始复合形顶点的形成

**2. 离散一维搜索产生新点**

由上一步产生的离散复合形顶点，可计算各顶点的目标函数值。令目标函数值最大的为最坏点，反之为最好点。按连续变量复合形产生新点的方法，是以最坏点向其余各顶点的几何中心连线方向进行反射，再根据反射点目标函数值进行延伸或收缩，找出比最坏点要好的可行点，完成一次寻优运算，形成新的复合形。如此反复进行，使复合形向最优点逼近。而离散组合型算法与连续变量不同点在于希望产生的新点落在离散空间的离散点上，或者说希望落在离散空间值域矩阵 $\boldsymbol{Q}$ 的元素 $q_{ij}$上。

若把最坏顶点作为一维搜索初始点$\boldsymbol{x}^{(b)}$，以最坏顶点向其余各顶点的几何中心$\boldsymbol{x}^{(e)}$，即点集中心的连续方向作为离散一维搜索的方向 $S$，这时可把反射、延伸或收缩几个步骤统一用该离散一维搜索来替代。搜索方向 $S$ 的各分量值 $S_i$ 计算式为

$$S_i = x_i^{(e)} - x_i^{(b)} \quad (i=1,2,\cdots,n)$$

除最坏点$\boldsymbol{x}^{(b)}$外的其他各顶点的几何中心$\boldsymbol{x}^{(e)}$的各分量值$x_i^{(e)}$计算式为

$$x_i^{(e)} = \frac{1}{n-1}\sum_{\substack{j=1 \\ j\neq b}} s_{ij}^{(j)} \quad (i = 1,2,\cdots,n;j = 1,2,\cdots,k)$$

设离散一维搜索得到的新点为$\boldsymbol{x}^{(t)}$，其各分量值为

$$x_i^{(t)} = x_i^{(b)} + TS_i \quad (i=1,2,\cdots,n)$$

取

$$x_i^{(t)} = [x_i^{(t)}] \quad (i=1,2,\cdots,p\leqslant n)$$

其中，$T$ 为离散一维搜索的步长因子。$[x_i^{(t)}]$表示取最靠近 $x_i^{(t)}$ 的离散值 $q_{ij}$。$j=1$，2，…，$k$ 代表顶点数；$i=1$，2，…，$p$ 代表离散变量子集的下标；$i=p+1$，$p+2$，…，$n$ 代表连续变量子集的下标。离散一维搜索方法可采用离散一维搜索进退对分法。其搜索步长为单位离散步长的整倍数。

**3. 约束条件的处理**

在上面讨论的初始离散复合形的形成及离散一维搜索产生新点中，均未考虑约束条件，这一点与连续变量复合形法是不同的。这样做完全是为了降低搜索离散可行顶点的难度，否则其搜索工作量相当大。下面用一种新的技巧来处理约束条件，避开寻找初始离散可行点的困难，使离散复合形顶点自动在寻优迭代中由非可行域向可行域内移动，直至进入可行域，

最后求得可行的离散优化解。该法称为自动进入可行域寻优技巧。

自动进入可行域寻优技巧可用下述方法来实现：

定义一有效目标函数 $EF(\boldsymbol{x})$，令

$$EF(\boldsymbol{x}) = \begin{cases} f(\boldsymbol{x}), & \boldsymbol{x} \in D \\ M + SUM, & \boldsymbol{x} \notin D \end{cases}$$

其中，$f(\boldsymbol{x})$为原目标函数；$M$ 为一常数，其值比$f(\boldsymbol{x})$的值在数量上大得多；$SUM$ 为一特殊函数，其值与所有违反约束量的总和成正比，可由下式求出：

$$SUM = C \sum_{j \in P} g_j(\boldsymbol{x})$$

$$P = \{j | g_j(\boldsymbol{x}) > 0\} \quad (j = 1,2,\cdots,m)$$

其中，$C$ 为一常数。

图7-12 表示一维变量时有效目标函数性态的示意图。由图可见，可行域 $D$ 像一个“陷阱”，在可行域外，$EF(\boldsymbol{x})$像一“漏斗”形曲线向可行域 $D$ 倾斜。当在可行域 $D$ 之外，沿有效目标函数 $EF(\boldsymbol{x})$的下降方向一维搜索时，搜索点会自动沿漏斗滑入“陷阱”内，在可行域 $D$ 的边界上由 $M$ 筑了一道“围墙”。当离散一维搜索在可行域 $D$ 内搜索时，一旦搜索到边界，就会被 $M$ 的“围墙”挡住，保证离散一维搜索始终在可行域内进行。

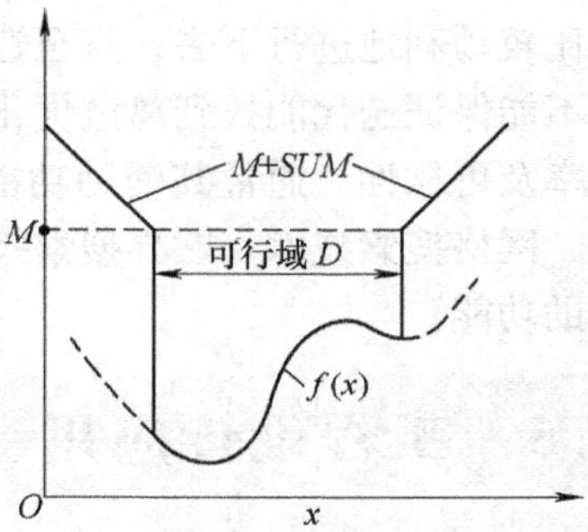

图7-12　有效目标函数性态的示意图

当初始离散复合形顶点中存在不可行顶点时，最坏的顶点总是不可行离散点之一。以最坏顶点$\boldsymbol{x}^{(b)}$为离散一维搜索的基点，则其有效目标函数值应为

$$EF(\boldsymbol{x}^{(b)}) = M + SUM$$

其中，$M$ 为常量，在搜索中其值不变；$SUM$ 的值是随着搜索点离约束面的位置不同而增大或减小。离约束面越远，$SUM$ 值越大；反之，$SUM$ 的值越小。

由此可知，从不可行离散顶点出发的离散一维搜索，实际上就是沿 $S$ 方向搜索，求 $SUM$ 的极小值。当 $SUM$ 为零时，求得的新点满足所有的约束条件，即进入可行域内。这时 $EF(\boldsymbol{x}) = f(\boldsymbol{x})$，即有效目标函数等于原目标函数。此时若继续进行离散一维搜索，即为对$f(\boldsymbol{x})$求极小值。可见引入有效目标函数 $EF(\boldsymbol{x})$来处理约束条件后，即能自动地从不可行离散点进入可行离散点，直到找到离散优化点。

**4. 重新启动技术**

由上所述沿 $S$ 方向进行离散一维搜索只是目标函数可能的下降方向，只能表明其下降概率较大，但不一定能保证是下降方向，也就不一定能求得好的离散点。当出现这种情形时，需要采用重新启动技术，它属于算法的一个辅助功能。但它与离散复合形产生合适的新点关系十分密切。重新启动技术可以有两种方法：一是改变搜索基点和搜索方向；二是离散复合形的各顶点向最好顶点搜索。

**5. 组合型算法终止总则**

令

$$a_i = \max[x_i^{(j)}] \quad (j = 1,2,\cdots,k)$$

$$b_i = \min[x_i^{(j)}] \quad (j = 1, 2, \cdots, k)$$
$$L_i = a_i - b_i \quad (i = 1, 2, \cdots, n)$$

取连续变量的精度值（或称拟增量）为 $\varepsilon_i$，其值由实际设计变量的含义事先选定，如可取为$10^{-4}$；离散变量的增量可取为 $\Delta_i$；取变量中期望满足精度的分量个数为 $EN$，$EN$ 为一取定的正整数。通常取 $n/2 \leqslant EN \leqslant n$，并设 $L_i \leqslant \Delta_i$（或 $\varepsilon_i$）的个数为 $RN$。则当

$$RN \geqslant EN$$

时，离散复合形寻优迭代运算结束，这时表明离散复合形各顶点坐标值不再产生有意义的变化。将这时最好顶点作为离散变量的优化解输出。

**6. 组合型算法的辅助功能**

上述离散复合形运算中，加入了重新启动技术，这一辅助功能可使产生新点寻优迭代工作比较顺利地进行下去，直至迭代满足精度要求结束运算。但此时不能保证迭代的高效率，也不能保证迭代能找到离散优化解。为此，该算法中还需要加入其他辅助功能，以提高求解效率及可靠性。通常其辅助功能除了上述的重新启动技术外，还有加速技巧、变量分解策略、网格搜索技术、贴界搜索技术、离散复合形最终反射技术和离散复合形重构技术等 6 种辅助功能。

## 7.5 工程设计应用

### 7.5.1 机械刨床的优化设计

**1. 设计问题**

工程中会有这样一种设计问题，如图 7-13 所示；已知刨床的行程速比系数 $K$、曲柄长度 $l_{AB}$、机构的行程 $H$ 和刨头切削区域 $h$，希望：

1）在切削区域 $h$ 内机构的最大压力角最小。

2）结构紧凑，且有小的滑距 $S$ 和小的推杆长度 $l_{CD}$。

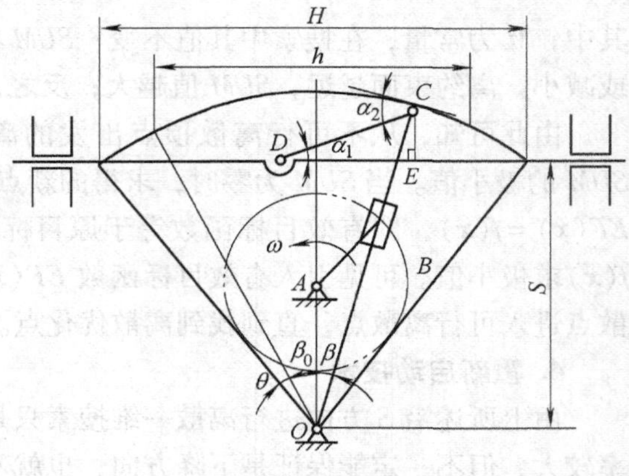

图 7-13 机械刨床机构简图

优化数学模型为

$$\begin{cases} \boldsymbol{F}(\boldsymbol{x}) = (f_1(\boldsymbol{x}) \quad f_2(\boldsymbol{x}) \quad f_3(\boldsymbol{x}))^{\mathrm{T}} \\ \min f_1(\boldsymbol{x}) = \{\alpha_{\max}\} \\ \min f_2(\boldsymbol{x}) = S \\ \min f_3(\boldsymbol{x}) = l_{CD} \\ \boldsymbol{x} \in D \end{cases}$$

几何关系：

机构极位夹角 $\theta = 180°(K-1)/(K+1)$

机构机架长度 $l_{OA} = l_{AB}/\sin(\theta/2)$

机构摇杆长度 $l_{OC} = H/2\sin(\theta/2)$

摇杆在工作区域最大摆角　　$\beta_0 \approx \arcsin(h/2l_{OC})$

**2. 机构压力角分析**

推杆与摇杆的压力角 $\alpha_1$ 为

$$\alpha_1 = \arcsin(CE/l_{CD}) = \arcsin[(l_{OC}\cos\beta - S)/l_{CD}]$$

式中　$\beta$——摇杆与其对称中心的夹角。

推杆与摇杆在右区构成的压力角 $\alpha_2$ 为

$$\alpha_2 = \alpha_1 + \beta, \beta \in [0, \theta/2]$$

推杆与摇杆在左区构成的压力角 $\alpha_3$ 为

$$\alpha_3 = |\alpha_1 - \beta|, \beta \in [0, \theta/2]$$

故机构最大压力角

$$\alpha_{\max} = \max\{\alpha_2, \alpha_3\}$$

**3. 机构推杆及滑距对机构压力角的影响**

如图7-14所示，对应确定的推杆长 $l_{CD}$ 和滑距 $S$，机构正行程（摇杆由右趋左）时机构压力角的变化规律如下：

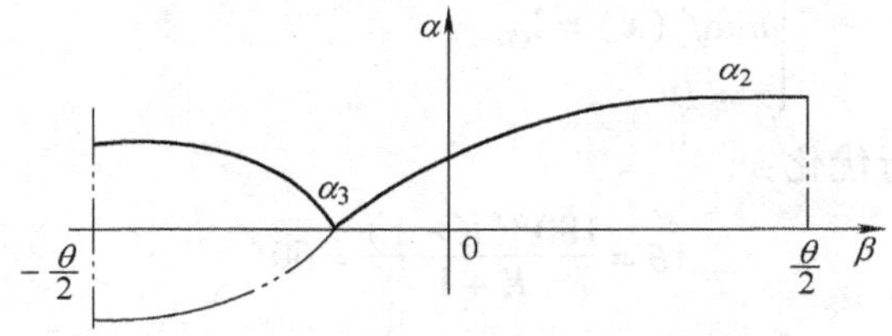


图7-14　推杆滑距对机构压力角的影响

1）减少滑距 $S$ 时，机构压力角在右区域增大，在左区域减小；增大滑距 $S$ 时，机构压力角在右区域减小，在左区域增大。

2）随着推杆长 $l_{CD}$ 的增大，机构行程最大压力角会减小，但是当推杆长 $l_{CD}$ 增加到某值后，机构最大压力角将不再减小且趋于端点的压力角值。

**4. 分层序列法进行多目标优化**

按目标函数的重要程度排序为 $f_1(\boldsymbol{x})$、$f_2(\boldsymbol{x})$、$f_3(\boldsymbol{x})$。

当追求刨头在切削加工区域机构最大压力角最小时，有 $\alpha_{\max} \geqslant \beta_0$，令 $\alpha_{\max} = \beta_0$，从而实现 $\min f_1(\boldsymbol{x})$。此时对应的最优解必然在 $\beta_0$ 位置处有 $\alpha_1 = 0$，即

$$\arcsin\frac{l_{OC}\cos\beta_0 - S}{l_{CD}} = 0$$

则

$$S^* = l_{OC}\cos\beta_0$$

从而被动实现 $\min f_2(\boldsymbol{x})$。

由于刨头进入切削加工区域后，$\alpha_1$ 呈正向夹角，必然会有 $(\alpha_3)_{\max} \leqslant (\alpha_2)_{\max}$，令 $\alpha_2 \leqslant \beta_0$，即 $\alpha_2 = \alpha_1 + \beta \leqslant \beta_0$，$\beta \in [0, \beta_0]$，则

$$\arcsin\frac{l_{OC}\cos\beta - S^*}{l_{CD}} + \beta \leqslant \beta_0$$

或

$$\arcsin\frac{l_{OC}(\cos\beta - \cos\beta_0)}{l_{CD}} \leqslant \beta_0 - \beta$$

则
$$l_{CD} \geqslant \frac{\cos\beta - \cos\beta_0}{\sin(\beta_0 - \beta)} l_{OC}, \beta \in [0, \beta_0]$$

满足上式且追求 $\min f_3(\boldsymbol{x})$，于是有

$$l_{CD}^* \geqslant \max \frac{\cos\beta - \cos\beta_0}{\sin(\beta_0 - \beta)} l_{OC}, \beta \in [0, \beta_0]$$

**5. 设计实例**

**例 7-4** 试设计一机械刨床，已知刨床的行程速比系数 $K=2$，曲柄 $l_{AB}=75\text{mm}$，机构行程 $H=300\text{mm}$，刨头切削加工区域 $h=250\text{mm}$，希望：

1）刨头在切削区域机构压力角最小。

2）机构推杆长度 $l_{CD}$ 和滑距 $S$ 尽可能小。

**解**：该设计问题的优化数学模型为

$$\begin{cases} \boldsymbol{F}(\boldsymbol{x}) = (f_1(\boldsymbol{x}) \quad f_2(\boldsymbol{x}) \quad f_3(\boldsymbol{x}))^{\mathrm{T}} \\ \min f_1(\boldsymbol{x}) = \{\alpha_{\max}\} \\ \min f_2(\boldsymbol{x}) = S \\ \min f_3(\boldsymbol{x}) = l_{CD} \\ \boldsymbol{x} \in D \end{cases}$$

采用分层序列法进行优化：

机构极位夹角
$$\theta = \frac{180°(K-1)}{K+1} = 60°$$

机构机架长度
$$l_{OA} = \frac{l_{AB}}{\sin(\theta/2)} = 150\text{mm}$$

机构摇杆长度
$$l_{OC} = \frac{H}{2\sin(\theta/2)} = 300\text{mm}$$

机构工作区域最大压力角，即

$$\min f_1(\boldsymbol{x}) = \{\alpha_{\max}\}$$
$$\alpha_{\max}^* = \beta_0 \approx \arcsin\frac{h}{2l_{OC}} = 24.624°$$

机构最佳滑距
$$S^* = l_{OC}\cos\beta_0 = 272.718\text{mm}$$

机构最佳推杆长度
$$l_{CD}^* = \max\frac{\cos\beta - \cos\beta_0}{\sin(\beta_0 - \beta)} l_{CD} = 125\text{mm}, \ \beta \in [0, \beta_0]$$

机构全程最大压力角
$$\alpha_{\max} = 35.928°$$

## 7.5.2 按连杆长及两运动位置优化设计曲柄摇杆机构

对曲柄摇杆机构的设计，有时给定连杆的长度及两个运动位置，希望：

1）机构最小传动角越大越好。

2）曲柄摇杆机构尽可能紧凑，诸杆长之和越小越好。

这样的问题通常采用传统的图解试凑法进行设计，这种设计方法试凑盲目、设计过程烦琐、设计周期长、可靠性差。而且仅仅从机构的两个静止的、独立的几何位置出发，设计出的结果很难实现设计要求，更不可能实现最优。

**1. 优化设计数学模型的建立**

如图7-15所示，该机构的优化数学模型为

$$\begin{cases} \boldsymbol{F}(\boldsymbol{x}) = (f_1(\boldsymbol{x}) \quad f_2(\boldsymbol{x}))^{\mathrm{T}} \\ \max f_1(\boldsymbol{x}) = \gamma_{\min} \\ \max f_2(\boldsymbol{x}) = l_1 + l_2 + l_3 + l_4 \\ \boldsymbol{x} \in D \\ \boldsymbol{x} = (x_1 \quad x_2)^{\mathrm{T}} \end{cases}$$

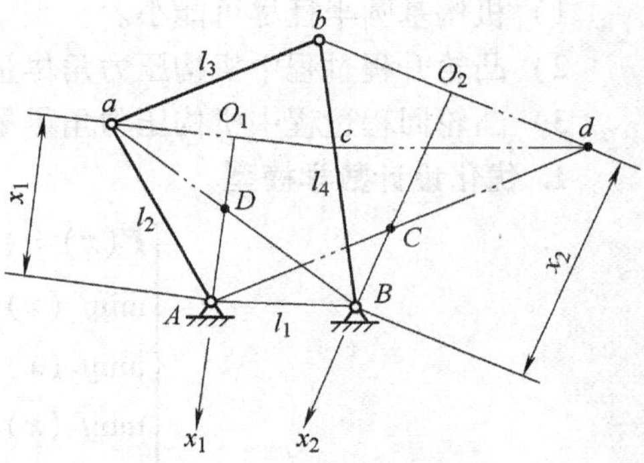

图7-15　四杆机构几何关系

式中　$\gamma_{\min}$——机构最小传动角；

$l_1$——机架长度；

$l_2$——曲柄长度；

$l_3$——连杆长度；

$l_4$——摇杆长度。

约束条件为

$$G_1(\boldsymbol{x}) = l_1 - l_2 \geqslant 0$$
$$G_2(\boldsymbol{x}) = l_3 - l_2 \geqslant 0$$
$$G_3(\boldsymbol{x}) = l_4 - l_2 \geqslant 0$$
$$G_4(\boldsymbol{x}) = l_1 + l_3 - l_2 - l_4 \geqslant 0$$
$$G_5(\boldsymbol{x}) = l_1 + l_4 - l_2 - l_3 \geqslant 0$$
$$G_6(\boldsymbol{x}) = l_3 + l_4 - l_2 - l_1 \geqslant 0$$

如果曲柄左置，有　$G_7(\boldsymbol{x}) = x_{2B} - x_{2C} \geqslant 0$

如果曲柄右置，有　$G_8(\boldsymbol{x}) = x_{1A} - x_{1D} \geqslant 0$

采用宽容序列法，首先按目标函数的重要性排序为$f_1(\boldsymbol{x})$、$f_2(\boldsymbol{x})$，然后分别按曲柄左置和曲柄右置寻优确定实现单目标$\max f_1(\boldsymbol{x})$时曲柄摇杆机构最小传动角和相应的机构几何尺寸。再依据传动要求，宽容确定机构的许用传动角［$\gamma$］，相应增加新的约束条件

$$G_9(\boldsymbol{x}) = \gamma_{\min} - [\gamma] \geqslant 0$$

最后再对$\min f_2(\boldsymbol{x})$进行单目标优化。其最后解，即为多目标设计问题的最优解。

**2. 设计实例**

**例7-5**　如图7-15所示，已知连杆长度$l_3 = ab = 930\mathrm{mm}$，连杆在两个位置时对应的尺寸为$ac = 370\mathrm{mm}$，$bd = 460\mathrm{mm}$，$bc = 610\mathrm{mm}$，试设计曲柄摇杆机构，使机构最小传动角尽可能大，四连杆长之和尽可能短。

采用宽容序列法，套用复合形法。

**解**：1）当曲柄左置时，有$l_1^* = 989.552\mathrm{mm}$，$l_2^* = 185\mathrm{mm}$，$l_4^* = 1309.6\mathrm{mm}$，$\gamma_{\min}^* = 73.494°$。

2）当曲柄右置时，有$l_1^* = 3759.551\mathrm{mm}$，$l_2^* = 367.881\mathrm{mm}$，$l_4^* = 3661.237\mathrm{mm}$，$\gamma_{\min}^* = 66.034°$。

令$[\gamma] = 44°$，选择曲柄右置，套用复合形法，确定宽容量，取$\varepsilon = 0.1$，优化结果为$l_1^* = 970.975\mathrm{mm}$，$l_2^* = 265.369\mathrm{mm}$，$l_4^* = 385.231\mathrm{mm}$，$\gamma_{\min}^* = 44.001°$。

## 7.5.3　凸轮最小基圆半径及最佳偏心距的确定

在偏置直动盘状凸轮机构中，随着凸轮基圆半径的增大，机构压力角会减小，运动性能

会提高，但同时会伴随着机构趋于庞大。如果减小凸轮基圆半径，使机构紧凑，则机构运动压力角会增加，运动性能会劣化。设计中期望：

1）机构基圆半径尽可能小。

2）凸轮升程过程中机构压力角尽量小。

3）凸轮回程过程中机构压力角尽量小。

**1. 优化设计数学模型**

$$\begin{cases} \boldsymbol{F}(\boldsymbol{x}) = (f_1(\boldsymbol{x}) \quad f_2(\boldsymbol{x}) \quad f_3(\boldsymbol{x}))^{\mathrm{T}} \\ \min f_1(\boldsymbol{x}) = r_0 \\ \min f_2(\boldsymbol{x}) = \alpha_1 \\ \min f_3(\boldsymbol{x}) = \alpha_2 \\ \boldsymbol{x} \in D \end{cases}$$

采用主要目标函数法将上式转化为

$$\begin{cases} \min f(\boldsymbol{x}) = r_0 \\ \alpha_{1\max} \leqslant [\alpha_1] \\ \alpha_{2\max} \leqslant [\alpha_2] \\ \boldsymbol{x} \in D \end{cases}$$

式中 $r_0$——凸轮的基圆半径；

$\alpha_1$——机构升程压力角；

$\alpha_2$——机构回程压力角；

$[\alpha_1]$——机构升程许用压力角；

$[\alpha_2]$——机构回程许用压力角。

**2. 函数关系**

如图 7-16 所示，偏置直动盘状凸轮机构主要参数间的函数关系为

$$\tan\alpha = \frac{|OP - e|}{s + \sqrt{r_0^2 - e^2}} = \frac{|OP - e|}{s + l}$$

其中
$$OP = \frac{v}{\omega} = \frac{\mathrm{d}s/\mathrm{d}t}{\mathrm{d}\varphi/\mathrm{d}t} = \frac{\mathrm{d}s}{\mathrm{d}\varphi}, l = \sqrt{r_0^2 - e^2}$$

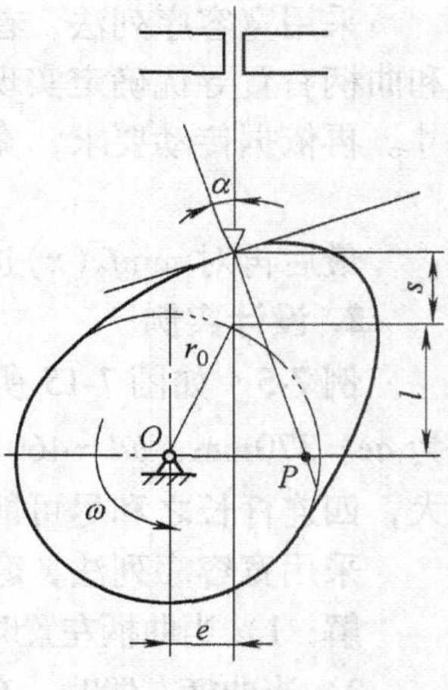

图 7-16 偏置凸轮机构

式中 $v$——从动杆运动速度；

$\omega$——凸轮转动角速度；

$e$——凸轮偏心距；

$P$——机构速度瞬心。

由此得设计要求为

$$\begin{cases} \tan\alpha_1 = \dfrac{|OP - e|}{s_1 + l_1} \leqslant \tan[\alpha_1] \\ \tan\alpha_2 = \dfrac{|OP - e|}{s_2 + l_2} \leqslant \tan[\alpha_2] \end{cases}$$

式中 $s_1$——从动杆升程运动位移；

$s_2$——从动杆回程运动位移。

设计问题的最优解分以下三部分优化确定：

1）如图 7-17a 所示，由传统图解法可知，机构最优解的可能点在 A 处，由上式确定设计参数

$$l_1 = \frac{|ds_1/d\varphi_1 - e|}{\tan[\alpha_1]} - s_1 \qquad (0 \leqslant \varphi_1 \leqslant \delta_1)$$

$$l_2 = \frac{|ds_2/d\varphi_2 - e|}{\tan[\alpha_2]} - s_2 \qquad (0 \leqslant \varphi_2 \leqslant \delta_3)$$

式中 $\delta_1$——凸轮升程运动角；

$\delta_2$——凸轮回程运动角。

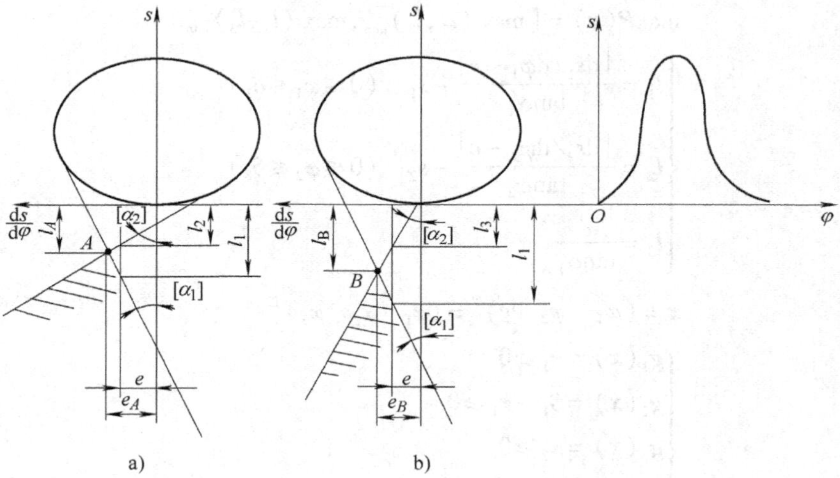

图 7-17 偏置凸轮机构设计参数最优解的可能点

$$l_A = (l_1, l_2)_{\min}$$

寻优 $$f_1(\boldsymbol{x}) = \max l_A$$

有 $$\begin{cases} e_A = e^* \\ l_A = f_1^* \end{cases}$$

2）如图 7-17b 所示，由修正的图解法可知，机构最优解的可能点在 B 处，确定设计参数为

$$l_1 = \frac{|ds_1/d\varphi_1 - e|}{\tan\alpha_1} - s_1 \quad (0 \leqslant \varphi_1 \leqslant \delta_1)$$

$$l_3 = \frac{e}{\tan\alpha_1}$$

$$l_B = (l_1 l_3)_{\min}$$

寻优 $$f_2(\boldsymbol{x}) = \max l_B$$

有 $$\begin{cases} e_B = e^* \\ l_B = f_2^* \end{cases}$$

3）如图 7-17a、b 所示，确定设计问题最优点如下：

如果 $e_A > e_B$，则 $e^* = e_B$，$l^* = l_B$，$r_0^* = \sqrt{e^{*2} + l^{*2}}$。

否则 $e_A \leqslant e_B$，则 $e^* = e_A$，$l^* = l_A$，$r_0^* = \sqrt{e^{*2} + l^{*2}}$。

**3. 优化设计数学模型**

对双目标问题

$$\boldsymbol{F}(\boldsymbol{x}) = (f_1(\boldsymbol{x}) \quad f_2(\boldsymbol{x}))^{\mathrm{T}}$$

$$f_1(\boldsymbol{x}) = \max l_A = \max[(l_1, l_2)_{\min}]$$

$$f_2(\boldsymbol{x}) = \max l_B = \max[(l_1, l_3)_{\min}]$$

$$\boldsymbol{x} \in D$$

构造评价函数

$$\max P(\boldsymbol{x}) = [\max(l_1, l_2)_{\min}, \max(l_1, l_3)_{\min}]$$

$$\begin{cases} l_1 = \dfrac{|\mathrm{d}s_1/\mathrm{d}\varphi_1 - e|}{\tan\alpha_1} - s_1 & (0 \leqslant \varphi_1 \leqslant \delta_1) \\ l_2 = \dfrac{|\mathrm{d}s_2/\mathrm{d}\varphi_2 - e|}{\tan\alpha_2} - s_2 & (0 \leqslant \varphi_2 \leqslant \delta_3) \\ l_3 = \dfrac{e}{\tan\alpha_1} \end{cases}$$

$$\boldsymbol{x} = (\varphi_1 \quad \varphi_2 \quad e)^{\mathrm{T}} = (x_1 \quad x_2 \quad x_3)^{\mathrm{T}}$$

$$\begin{cases} g_1(\boldsymbol{x}) = x_1 \geqslant 0 \\ g_2(\boldsymbol{x}) = \delta_1 - x_1 \geqslant 0 \\ g_3(\boldsymbol{x}) = x_2 \geqslant 0 \\ g_4(\boldsymbol{x}) = \delta_3 - x_2 \geqslant 0 \\ g_5(\boldsymbol{x}) = x_3 \geqslant 0 \end{cases}$$

**4. 设计实例**

**例 7-6** 设计一偏置直动尖底盘状凸轮机构，已知从动件运动规律升程、回程均为余弦加速度运动，从动件最大升程为 30mm，机构升程运动角 $\delta_1 = 120°$，回程运动角 $\delta_3 = 90°$，试确定凸轮机构的基圆半径和偏心距。希望设计的凸轮机构结构尽可能紧凑，机构运动压力角尽可能小。

**解：** 取 $[\alpha_1] = 30°$，$[\alpha_2] = 70°$，由

$$s_1 = 15[1 - \cos(1.5\varphi_1)]$$

$$\mathrm{d}s_1/\mathrm{d}\varphi_1 = 22.5\sin(1.5\varphi_1) \quad (0 \leqslant \varphi_1 \leqslant 120°)$$

$$s_2 = 15[1 + \cos(2\varphi_2)]$$

$$\mathrm{d}s_2/\mathrm{d}\varphi_2 = -30\sin(2\varphi_2) \quad (0 \leqslant \varphi_2 \leqslant 90°)$$

令 $\boldsymbol{x} = (x_1 \quad x_2 \quad x_3)^{\mathrm{T}} = (\varphi_1 \quad \varphi_2 \quad e)^{\mathrm{T}}$，有

$$l_1 = 1.73205\,|22.5\sin(1.5x_1) - x_3| - 15[1 - \cos(1.5x_1)]$$

$$l_2 = 0.36397\,|-30\sin(2x_2) - x_3| - 15[1 + \cos(2x_2)]$$

$$l_3 = 1.73205x_3$$

针对多目标优化问题，采用评价函数法构造评价函数

$$\max P(\boldsymbol{x}) = [\max(l_1, l_2)_{\min}, \max(l_1, l_3)_{\min}]$$

$$g_1(\boldsymbol{x}) = x_1 \geqslant 0$$

$$g_2(\boldsymbol{x}) = 120° - x_1 \geqslant 0$$

$$g_3(\boldsymbol{x}) = x_2 \geqslant 0$$

$$g_4(\boldsymbol{x}) = 90° - x_2 \geqslant 0$$

$$g_5(\boldsymbol{x}) = x_3 \geqslant 0$$

$$\boldsymbol{x} = (x_1 \quad x_2 \quad x_3)^{\mathrm{T}}$$

采用复合形法，计算结果为 $x_1 = 45.945$，$x_2 = 38.894$，$x_3 = 7.724$，因此有 $l_1^* = 13.379\text{mm}$，$l_2^* = 15.006\text{mm}$，$l_3^* = 13.379\text{mm}$，则 $l^* = 13.379\text{mm}$，$e^* = 7.724\text{mm}$，$r_0^* = \sqrt{e^{*2} + l^{*2}} = 15.449\text{mm}$。

### 7.5.4　螺旋压缩弹簧的优化设计

**1. 基础知识**

在设计螺旋压缩弹簧时，通常给出的设计要求如下：

1）弹簧丝的直径是离散值，直径序列如…，2.5，3，3.5，4，4.5，5，5.5，6，…。

2）弹簧丝的中径是离散值，中径序列如…，20，25，30，35，40，45，50，…。

3）限制弹簧的安装尺寸。

4）弹簧要满足强度、刚度及稳定性条件。

5）尽量减轻弹簧的质量或者减少弹簧空间体积。

对这类设计问题，传统的设计方法是采用试凑的办法，设计不仅盲目、烦琐，且很难满足设计要求，更谈不上优化设计。对于这类约束条件少、设计变量均为离散值的设计问题，如采用惩罚函数法或复合形法等，因其得到的结果是连续值，取整缺乏科学依据，故工程中难以采用。如果采用网格法或改进的网格法，可以使该设计问题变得简单，寻优快速，结果实用。

**2. 螺旋压缩弹簧的设计参数及其几何关系**

螺旋压缩弹簧的设计参数及其几何关系为：

$d$——弹簧丝直径；

$D_2$——弹簧中径；

$D_1$——弹簧内经，$D_1 = D_2 - d$；

$n$——弹簧的有效圈数；

$n'$——弹簧的实际圈数，$n' = n + 2 \times (0.75 \sim 1.75)$；

$p$——弹簧节距，$p = d + \lambda_{\max}/n + \delta \approx 1.1d + \lambda_{\max}/n$；

$\alpha$——弹簧螺旋角，$\alpha = \arctan[p/(\pi D_2)] = 6° \sim 9°$；

$H_0$——弹簧自由长度（两端不磨平），$H_0 = np + 3d$；

$L$——弹簧展开长度，$L = (\pi D_2 n')/\cos\alpha$。

**3. 压缩弹簧的计算内容**

（1）弹簧旋绕比

$$C=\frac{D_2}{d}\geqslant 4$$

（2）强度计算　弹簧最大切应力

$$\tau_{max}=\left(\frac{4C-1}{4C-4}+\frac{0.615}{C}\right)\frac{8F_{max}D_2}{\pi d^3}\leqslant[\tau]$$

（3）刚性计算　弹簧有效圈数 $n$

$$n=\frac{G\lambda_{max}d^4}{8F_{max}D_2^3}$$

式中　$G$——弹簧材料的切变模量，对于钢材为 $8\times10^4$MPa；

$F_{max}$——弹簧承受的最大工作载荷；

$\lambda_{max}$——对应最大工作载荷的压缩量。

（4）稳定性计算

$$\frac{H_0}{D_2}\leqslant b$$

弹簧两端均为回转端时，$b\leqslant2.6$。

弹簧两端均为固定端时，$b\leqslant5.3$。

弹簧一端回转一端固定时，$b\leqslant3.7$。

当弹簧附设导向杆或导向套时，$b$ 可以增大。

（5）弹簧最大贮能计算

$$E_{max}=\frac{1}{2}F_{max}\lambda_{max}$$

**4. 弹簧优化设计数学模型**

以弹簧质量最轻为优化目标函数。即

$$\min f(\boldsymbol{x})=m=\rho V=\rho\frac{\pi}{4}d^2\frac{\pi D_2 n'}{\cos\alpha}$$

式中　$m$——弹簧质量；

$V$——弹簧丝体积；

$\rho$——弹簧材料密度。

优化目标函数简化为

$$\min f(\boldsymbol{x})=\frac{D_2d^2n'}{\cos\alpha}$$

设计变量　$\boldsymbol{x}=(d\quad D_2)^T=(x_1\quad x_2)^T$

约束条件

$$g_1(\boldsymbol{x})=D_1-[D_1]\geqslant0$$
$$g_2(\boldsymbol{x})=[D]-D\geqslant0$$
$$g_3(\boldsymbol{x})=H_0-[H_{min}]\geqslant0$$
$$g_4(\boldsymbol{x})=[H_{max}]-H_0\geqslant0$$
$$g_5(\boldsymbol{x})=\alpha-6^\circ\geqslant0$$

$$g_6(\boldsymbol{x}) = 9° - \alpha \geqslant 0$$

$$g_7(\boldsymbol{x}) = [\tau] - \tau \geqslant 0$$

$$g_8(\boldsymbol{x}) = 5.3 - b \geqslant 0$$

$$g_9(\boldsymbol{x}) = C - 4 \geqslant 0$$

$$g_{10}(x) = d > 0$$

**5. 优化方法——网格法**

如图7-18所示，设计问题满足约束条件 $g_j \geqslant 0(j=1,2,\cdots,10)$ 的设计可行域为图中公共约束线所围部分，其可行域的大小除了几何约束条件外，主要随弹簧材料 $[\tau]$ 的增加而增大。当设计问题有严格的安装几何约束时，则设计问题的网格范围限制在 $g_1(\boldsymbol{x})$、$g_2(\boldsymbol{x})$、…、$g_{10}(\boldsymbol{x})$ 所构成的△ABC内。以约束位置C点起，进行网格计算，对应弹簧丝网格，$d_k(k=1,2,\cdots,m)$ 为

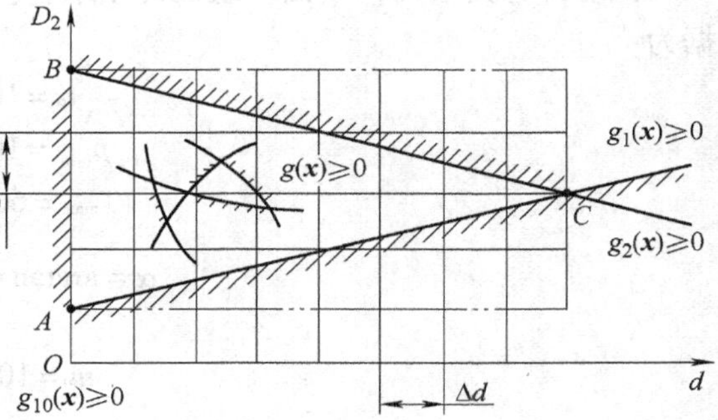


图7-18　弹簧设计网格点阵

$$d_1 = \frac{1}{2}([D] - [D_1])$$

$$d_2 = d_1 - \Delta d$$

$$\vdots$$

$$d_m = 0$$

网格中的 $\Delta d$ 可依据弹簧丝的直径系列分段取值。如当设计的弹簧丝直径在 $d = 2 \sim 5\text{mm}$ 内，取 $\Delta d = 0.5\text{mm}$；在 $d = 6 \sim 12\text{mm}$ 内，取 $\Delta d = 2\text{mm}$。另一设计变量弹簧中径 $D_2$ 可在△ABC内按弹簧中径系列分段取值，如果弹簧中径在20～60mm范围内，可取 $\Delta D_2 = 5\text{mm}$。

**6. 优化方法——改进的网格法**

如图7-18所示，由C点起，对应诸网格，$d_k(k=1,2,\cdots,m)$ 沿CB线检验 $g_4(\boldsymbol{x})$、$g_6(\boldsymbol{x})$、$g_8(\boldsymbol{x})$，沿CA线检验 $g_3(\boldsymbol{x})$、$g_5(\boldsymbol{x})$、$g_7(\boldsymbol{x})$、$g_9(\boldsymbol{x})$，如果任一约束 $g_j(\boldsymbol{x})(j=1,2,\cdots,9)$ 不满足 $g_j(\boldsymbol{x}) \geqslant 0$，则无论另一设计变量 $D_2$ 取何值均不能使 $g_j(\boldsymbol{x}) \geqslant 0$，故该 $d_k$ 处不可行，不必再检验计算下去，可转下一网格点 $d_{k+1}$。如果在 $d_k$ 处，均有 $g_j(\boldsymbol{x}) \geqslant 0(j=1,2,\cdots,9)$，则 $d_k$ 具有设计可行的必要条件，对应弹簧丝直径 $d_k$ 在CB、CA线内，对 $D_{2k}(k=1,2,\cdots,n)$ 进行网格计算，比较目标函数值，记录最优解。

$$D_{2k\max} = [D] - d_k$$

$$D_{2k\min} = [D] + d_k$$

依次计算直至△ABC全部检验完，记录的最优解为设计问题的最优结果。

**7. 设计实例**

**例7-7**　试设计一圆弹簧丝的螺旋压缩弹簧。数据如下：$F_{\max} = 700\text{N}$，$\lambda_{\max} = 50\text{mm}$；该弹簧系套在一直径为22mm轴上工作，并限制其最大外径在42mm以下，自由长度在110～130mm范围内。该弹簧不经常工作，但比较重要。弹簧端部选不磨平端，每端有一

圈死圈。

**解**：采用试凑的设计方法，设计三种方案：

1）$[\tau]=600\text{MPa}$，$d=4\text{mm}$，$D_2=30\text{mm}$。

2）$[\tau]=560\text{MPa}$，$d=5\text{mm}$，$D_2=30\text{mm}$。

3）$[\tau]=532\text{MPa}$，$d=6\text{mm}$，$D_2=30\text{mm}$。

试凑计算失败后，给出一组设计结果：$[\tau]=608\text{MPa}$，$d=5\text{mm}$，$D_2=35\text{mm}$，其相关数据为

$$n=10.4123$$

$$p_{\min}=10.302\text{mm}$$

$$\tau_{\max}=605.35\text{MPa}$$

$$\alpha=\arctan\frac{p}{\pi D_2}=5.33°$$

$$m=10908\rho\frac{\pi^2}{4}$$

由于 $\alpha=5.33°<6°$（设计要求为 $6°\leqslant\alpha\leqslant9°$），所以该设计结果仍不可行。

采用优化设计，设计的优化数学模型为

$$\min f(\boldsymbol{x})=\frac{D_2d^2}{\cos\alpha}(n+2)$$

$$\boldsymbol{x}=(d\quad D_2)^{\mathrm{T}}=(x_1\quad x_2)^{\mathrm{T}}$$

$$g_1(\boldsymbol{x})=D_2-d-22\geqslant0$$

$$g_2(\boldsymbol{x})=42-D_2-d\geqslant0$$

$$g_3(\boldsymbol{x})=H_0-110\geqslant0$$

$$g_4(\boldsymbol{x})=130-H_0\geqslant0$$

$$g_5(\boldsymbol{x})=\alpha-6°\geqslant0$$

$$g_6(\boldsymbol{x})=9°-\alpha\geqslant0$$

$$g_7(\boldsymbol{x})=[\tau]-\tau\geqslant0$$

$$g_8(\boldsymbol{x})=5.3-\frac{H_0}{D_2}\geqslant0$$

$$g_9(\boldsymbol{x})=\frac{D_2}{d}-4\geqslant0$$

$$g_{10}(\boldsymbol{x})=d>0$$

采用网格法或改进的网格法，设计结果如下：

1）弹簧丝按直径系列…，2，2.5，3，3.5，4，4.5，5，6，8，10，…取值，且弹簧按中径系列…，20，25，30，35，40，45，50，55，60，…取值，无论取何种材料，均无设计可行解。

2）当弹簧丝按直径系列取值，弹簧中径离散取值为…，20，21，22，…，58，59，60，…，仍无可行解，显然该设计问题的设计条件过于苛刻。

3）若改动约束条件，如将约束条件 $110\text{mm}\leqslant H_0\leqslant130\text{mm}$ 改变为 $100\text{mm}\leqslant H_0\leqslant130\text{mm}$，

弹簧丝按直径系列取值，弹簧中径按…，20，21，22，…，58，59，60，…取值。计算结果见下表。

| [$\tau$]/MPa | $d$/mm | $D_2$/mm | $\alpha$/(°) | $n$ | $H_0$/mm | $p$/mm | $\tau_{max}$/MPa | $f(x)$ |
|---|---|---|---|---|---|---|---|---|
| [0, 776] | 无解 | | | | | | | |
| [777, 795] | 4.5 | 33 | 6.103 | 8.150 | 103.845 | 11.084 | 776.108 | 6821.682 |
| [796, 891] | 4.5 | 34 | 6.230 | 7.452 | 100.389 | 11.659 | 795.316 | 6546.505 |
| [892, 918] | 4 | 26 | 6.430 | 10.404 | 107.777 | 9.206 | 891.420 | 5192.649 |
| [919, +∞) | 4 | 27 | 6.578 | 9.290 | 102.877 | 9.782 | 918.612 | 4909.651 |

# 第8章 智能优化计算简介

本章对目前常用的几种智能优化计算算法做简单介绍，以使读者对它们有一个基本认识。内容包括神经网络、遗传算法、模拟退火算法和神经网络权位混合优化学习策略。

## 8.1 人工神经网络与神经网络优化算法

人工神经网络是近年来得到迅速发展的一个前沿课题。神经网络出于其大规模并行处理、容错性、自组织、自适应能力和联想功能强等特点，已成为解决很多问题的有力工具。本节首先对神经网络做简单介绍，然后介绍几种常用的神经网络，包括前向神经网络、Hopfield 网络。

### 8.1.1 人工神经网络发展简史

最早的研究可以追溯到 20 世纪 40 年代。1943 年，心理学家 McCulloch 和数学家 Pitts 合作提出了形式神经元的数学模型。这一模型一般被简称为 M—P 神经网络模型，至今仍在应用，可以说，人工神经网络的研究时代，由此开始了。

1949 年，心理学家 Hebb 提出神经系统的学习规则，为神经网络的学习算法奠定了基础。现在，这个规则被称为 Hebb 规则，许多人工神经网络的学习还遵循这一规则。

1957 年，F. Rosenblatt 提出“感知器”模型，第一次把神经网络的研究从纯理论的探讨付诸工程实践，掀起了人工神经网络研究的第一次高潮。

20 世纪 60 年代以后，数字计算机的发展达到全盛时期，人们误以为数字计算机可以解决人工智能、专家系统、模式识别问题，而放松了对“感知器”的研究。于是，从 20 世纪 60 年代末期起，人工神经网络的研究进入了低潮。

1982 年，美国加州工学院物理学家 Hopfield 提出了离散的神经网络模型，标志着神经网络的研究又进入了一个新高潮。1984 年，Hopfield 又提出连续神经网络模型，开拓了计算机应用神经网络的新途径。

1986 年，Rumelhart 和 McCelland 提出多层网络的误差反传学习算法，简称 BP 算法。BP 算法是目前最为重要、应用最广的人工神经网络算法之一。

自 20 世纪 80 年代中期以来，世界上许多国家掀起了神经网络的研究热潮，可以说，神经网络已成为国际上的一个研究热点。

## 8.1.2　人工神经元模型与人工神经网络模型

人工神经元是一个多输入、单输出的非线性元件，如图 8-1 所示。其输入、输出关系可描述为

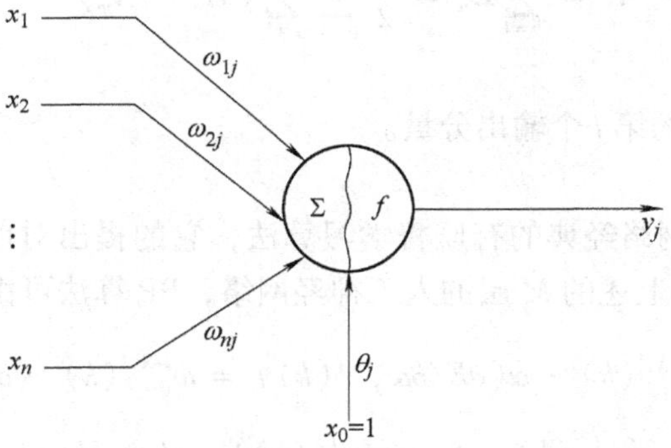


图 8-1　人工神经元输入、输出关系图

$$\begin{cases} X_j = \sum_{i=1}^{n} \omega_{ij} x_i - \theta_j \\ y_j = f(X_j) \end{cases}$$

式中　$x_i(i=1,2,\cdots,n)$——从其他神经元传来的输入信号；

$X_j$——神经元 $j$ 的综合输入值；

$\theta_j$——阈值；

$\omega_{ij}$——从神经元 $i$ 到神经元 $j$ 的连接权值；

$f(\cdot)$——传递函数。

人工神经网络是由大量的神经元互连而成的网络，按其拓扑结构来分，可以分成两大类：层次网络模型和互连网络模型。层次网络模型是神经元分成若干层顺序连接，在输入层上加上输入信息，通过中间各层，加权后传递到输出层后输出，其中有的在同一层中的各神经元相互之间有连接，有的从输出层到输入层有反馈；互连网络模型中，任意两个神经元之间都有相互连接的关系，在连接中，有的神经元之间是双向的，有的是单向的，按实际情况决定。

## 8.1.3　前向神经网络

### 1. 多层前向网络

一个 $M$ 层的多层前向网络可描述为：

1）网络包含一个输入层（定义为第 0 层）和 $M-1$ 个隐层，最后一个隐层称为输出层。

2）第 $l$ 层包含 $N_l$ 个神经元和一个阈值单元（定义为每层的第 0 单元），输出层不含阈值单元。

3）第 $l-1$ 层第 $i$ 个单元到第 $l$ 层第 $j$ 个单元的权值表为 $\omega_{ij}^{l-1,l}$。

4）第 $l$ 层（$l>0$）第 $j$ 个（$j>0$）神经元的输入定义为 $x_j^l = \sum_{i=0}^{N_{l-1}} \omega_{ij}^{l-1,l} y_i^{l-1}$，输出定义为

$y_j^l = f(x_j^l)$，$f(\cdot)$为隐单元激励函数，常采用 Sigmoid 函数，$f(x) = [1 + \exp(-x)]^{-1}$。输入单元一般采用线性激励函数$f(x) = x$，阈值单元的输出始终为 1。

5）目标函数通常采用

$$E = \sum_{p=1}^{P} E_p = \frac{1}{2}\sum_{p=1}^{P}\sum_{j=1}^{N_{M-1}} (y_{jp}^{M-1} - t_{jp})^2$$

式中 $P$——样本数；

$t_{j,p}$——第 $p$ 个样本的第 $j$ 个输出分量。

**2. BP 算法**

BP 算法是前向神经网络经典的有监督学习算法，它的提出对前向神经网络的发展起过历史性的推动作用。对于上述的 $M$ 层的人工神经网络，BP 算法可由下列迭代式描述：

$$\omega_{ij}^{l-1,l}(k+1) = \omega_{ij}^{l-1,l}(k) - \alpha(\partial E/\partial\omega_{ij}^{l-1,l}(k)) = \omega_{ij}^{l-1,l}(k) - \alpha\sum_{p=1}^{P}\delta_{j,p}^{l}(k)y_{i,p}^{l-1}(k)$$

$$\delta_{j,p}^{l}(k) = \begin{cases} [y_{j,p}^{l}(k) - t_{j,p}]f'(x_{j,p}^{l}(k)), & l = M-1 \\ f'(x_{j,p}^{l}(k))\sum_{m=1}^{N_{l+1}}\delta_{m,p}^{l+1}(k)\omega_{jm}^{l+1}(k), & l = M-2,\cdots,1 \end{cases}$$

其中 $\alpha$ 为学习率。

实质上，BP 算法是一种梯度下降算法，算法性能依赖于初始条件，学习过程易于陷入局部极小。数值仿真结果表明，BP 算法的学习速度、精度、初值鲁棒性和网络推广性能都较差，不能满足应用的需要，实用中应根据需要适当改进。

## 8.1.4 Hopfield 网络

1982 年，Hopfield 开创性地在物理学、神经生物学和计算机科学等领域架起了桥梁，提出了 Hopfield 反馈神经网络模型（HNN），证明在高强度连接下的神经网络依靠集体协同作用能自发产生计算行为。Hopfield 网络是典型的全连接网络。在网络中引入能量函数以构造动力学系统，并使网络的平衡态与能量函数的极小解相对应，从而将求解能量函数极小解的过程转化为网络向平衡态的演化过程。

**1. 离散型 Hopfield 网络**

离散型 Hopfield 网络的输出为二值型，网络采用全连接结构。令 $v_1$，$v_2$，…，$v_n$ 为各神经元的输出，$\omega_{1i}$，$\omega_{2i}$，…，$\omega_{ni}$为各神经元与第 $i$ 个神经元的连续权值，$\theta_i$ 为第 $i$ 个神经元的阈值，则有

$$\nu_i = f\Big(\sum_{\substack{j=1\\j\neq i}}^{n}\omega_{ji}\nu_j - \theta_i\Big) = f(u_i) = \begin{cases}1, & u_i \geqslant 0\\ -1, & u_i < 0\end{cases}$$

能量函数定义为 $E = -\frac{1}{2}\sum_{i=1}^{n}\sum_{\substack{j=1\\j\neq i}}^{n}\omega_{ij}\nu_i\nu_j + \sum_{i=1}^{n}\theta_i\nu_i$，则其变化量为

$$\Delta E = \sum_{i=1}^{n}\frac{\partial E}{\partial\nu_i}\Delta\nu_i = \sum_{i=1}^{n}\Delta\nu_i\Big(-\sum_{\substack{j=1\\j\neq i}}^{n}\omega_{ji}\nu_j + \theta_j\Big) \leqslant 0$$

也就是说，能量函数总是随神经元状态的变化而下降的。

**2. 连续型 Hopfield 网络**

连续型 Hopfield 网络的动态方程可简化描述为

$$\begin{cases} C_i \dfrac{\mathrm{d}u_i}{\mathrm{d}t} = \sum\limits_{j=1}^{n} T_{ji}\nu_j - \dfrac{u_i}{R_i} + I_i \\ \nu_i = g(u_i) \end{cases}$$

其中，$u_i$、$\nu_i$ 分别为第 $i$ 个神经元的输入和输出；$g(\cdot)$ 为具有连续且单调递增性质的神经元激励函数；$T_{ij}$ 为第 $i$ 个神经元到第 $j$ 个神经元的连续权；$I_i$ 为施加在第 $i$ 个神经元的偏置；$C_i>0$ 和 $Q_i$ 分别为相应的电容和电阻，$1/R_i = 1/Q_i + \sum\limits_{j=1}^{n} T_{ji}$。

定义能量函数

$$E = -\frac{1}{2}\sum_{i=1}^{n}\sum_{j=1}^{n} T_{ij}\nu_i\nu_j - \sum_{i=1}^{n} I_i\nu_i + \sum_{i=1}^{n}\int_0^{\nu_i} g^{-1}(\nu)\,\mathrm{d}\nu/R_i$$

则其变化量
$$\frac{\mathrm{d}E}{\mathrm{d}t} = \sum_{i=1}^{n}\frac{\partial E}{\partial \nu_i}\frac{\mathrm{d}\nu_i}{\mathrm{d}t}$$

其中

$$\frac{\partial E}{\partial \nu_i} = -\frac{1}{2}\sum_{j=1}^{n} T_{ij}\nu_j - \frac{1}{2}\sum_{j=1}^{n} T_{ji}\nu_j + \frac{u_i}{R_i} - I_i = -\frac{1}{2}\sum_{j=1}^{n}(T_{ij}-T_{ji})\nu_j - \left(\sum_{j=1}^{n} T_{ji}\nu_j - \frac{u_i}{R_i} + I_i\right)$$

$$= -\frac{1}{2}\sum_{j=1}^{n}(T_{ij}-T_{ji})\nu_j - C_i\frac{\mathrm{d}u_i}{\mathrm{d}t} = -\frac{1}{2}\sum_{j=1}^{n}(T_{ij}-T_{ji})\nu_j - C_i g^{-1}(\nu_i)\frac{\mathrm{d}\nu_i}{\mathrm{d}t}$$

于是，当 $T_{ij}=T_{ji}$ 时，$\dfrac{\mathrm{d}E}{\mathrm{d}t} = -\sum\limits_{i=1}^{n} C_i g^{-1}(\nu_i)\left(\dfrac{\mathrm{d}\nu_i}{\mathrm{d}t}\right)^2 \leqslant 0$，且当 $\dfrac{\mathrm{d}\nu_i}{\mathrm{d}t}=0$ 时，$\dfrac{\mathrm{d}E}{\mathrm{d}t}=0$。因此，随时间的增加，神经网络在状态空间中的轨迹总是向能量函数减小的方向变化，且网络的稳定点就是能量函数的极小点。

连续型 Hopfield 网络广泛用于联想记忆和优化计算问题。

## 8.2 遗传算法

遗传算法是模拟生物在自然环境中的遗传和进化过程而形成的一种自适应全局优化概率搜索算法。它最早由美国密歇根大学的 Holland 教授提出，起源于 20 世纪 60 年代对自然和人工自适应系统的研究。20 世纪 70 年代，De Jong 基于遗传算法的思想在计算机上进行了大量的纯数值函数优化计算实验。在一系列研究工作的基础上，20 世纪 80 年代由 Goldberg 进行归纳总结，形成了遗传算法的基本框架。

### 8.2.1 遗传算法概要

对于一个求函数最大值的优化问题，一般可描述为下述数学规划模型

$$\max f(\boldsymbol{x})$$
$$\text{s.t. } \boldsymbol{x} \in \mathbf{R}$$
$$P \subseteq U$$

式中 $\boldsymbol{x} = (x_1 \quad x_2 \quad \cdots \quad x_n)^{\mathrm{T}}$——决策变量；

$f(\boldsymbol{x})$——目标函数；

$U$——基本空间；

$\mathbf{R}$——$U$的一个子集。

遗传算法中，将$n$维决策向量$\boldsymbol{x}=(x_1 \quad x_2 \quad \cdots \quad x_n)^{\mathrm{T}}$用$n$个记号$\boldsymbol{x}_i(i=1,2,\cdots,n)$所组成的符号串$\boldsymbol{x}$来表示

$$\boldsymbol{x}=\boldsymbol{x}_1\boldsymbol{x}_2\cdots\boldsymbol{x}_n \Rightarrow \boldsymbol{x}=(x_1 \quad x_2 \quad \cdots \quad x_n)^{\mathrm{T}}$$

把每一个$\boldsymbol{x}_i$看作一个遗传基因，它的所有可能取值称为等位基因，这样，$\boldsymbol{x}$就可看作是由$n$个遗传基因所组成的一个染色体。染色体的长度$n$可以是固定的，也可以是变化的。等位基因既可以是一组整数，也可以是某一范围内的实数值，或者是记号。最简单的等位基因是由0和1这两个整数组成的，相应的染色体就可表示为一个二进制符号串。这种编码所形成的排列形式$\boldsymbol{x}$是个体的基因型，与它对应的$\boldsymbol{x}$值是个体的表现型。染色体$\boldsymbol{x}$也称为个体$\boldsymbol{x}$，对于每一个个体$\boldsymbol{x}$，要按照一定的规则确定出其适应度。个体的适应度与其对应的个体表现型$\boldsymbol{x}$的目标函数值相关联，$\boldsymbol{x}$越接近于目标函数的最优点，其适应度越大；反之，其适应度越小。

遗传算法中，决策变量$\boldsymbol{x}$组成了问题的解空间。对问题最优解的搜索是通过对染色体$\boldsymbol{x}$的搜索来进行的，从而由所有的染色体$\boldsymbol{x}$组成了问题的搜索空间。

生物的进化是以集团为主体的。与此相对应，遗传算法的运算对象是由$M$个个体所组成的集合，称为群体。与生物一代一代的自然进化过程相似，遗传算法的运算过程也是一个反复迭代的过程，第$t$代群体记作$P(t)$，经过一代遗传和进化后，得到第$t+1$代群体，它们也是由多个个体组成的集合，记作$P(t+1)$。这个群体不断地经过遗传和进化，并且每次都按照优胜劣汰的规则将适应度较高的个体更多地遗传到下一代，这样最终在群体中将会得到一个优良的个体$\boldsymbol{x}$，它所对应的表现型$\boldsymbol{x}$将达到或接近于问题的最优解$\boldsymbol{x}^*$。

生物的进化过程主要是通过染色体之间的交叉和染色体的变异来完成的。遗传算法中最优解的搜索过程也模仿生物的这个进化过程，使用所谓的遗传算子作用于群体$P(t)$中，进行下述遗传操作，从而得到新一代群体$P(t+1)$。

（1）选择　根据各个个体的适应度，按照一定的规则或方法，从第$t$代群体$P(t)$中选择出一些优良的个体遗传到下一代群体$P(t+1)$中。

（2）交叉　将群体$P(t)$内的各个个体随机搭配成对，对每一个个体，以某个概率（称为交叉概率）交换它们之间的部分染色体。

（3）变异　对群体$P(t)$中的每一个个体，以某一概率（称为变异概率）改变某一个或一些基因座上基因值为其他的等位基因。

## 8.2.2　遗传算法的特点

遗传算法是一类可用于复杂系统优化计算的鲁棒搜索算法，与其他一些优化算法相比，主要有下述几个特点：

1）遗传算法以决策变量的编码作为运算对象。传统的优化算法往往直接利用决策变量的实际值本身进行优化计算，但遗传算法不是直接以决策变量的值，而是以决策变量的某种形式的编码为运算对象，从而可以很方便地引入和应用遗传操作算子。

2）遗传算法直接以目标函数值作为搜索信息。传统的优化算法往往不只需要目标函数

值，还需要目标函数的导数等其他信息。这样，对许多目标函数无法求导或很难求导的函数，遗传算法就比较方便。

3）遗传算法同时进行解空间的多点搜索。传统的优化算法往往从解空间的一个初始点开始搜索，这样容易陷入局部极值点。遗传算法进行群体搜索，而且在搜索的过程中引入遗传运算，使群体又可以不断进化。这是遗传算法所特有的一种隐含并行性。

4）遗传算法使用概率搜索技术。遗传算法属于一种自适应概率搜索技术，其选择、交叉、变异等运算都是以一种概率的方式来进行的，从而增加了其搜索过程的灵活性。实践和理论都已证明，在一定条件下，遗传算法总是以概率1收敛于问题的最优解。

## 8.2.3 遗传算法的发展

20世纪60年代，美国密歇根大学的Holland教授及其学生们受到生物模拟技术的启发，创造出了一种基于生物遗传和进化机制的适合于复杂系统计算优化的自适应概率优化技术——遗传算法。下面是在遗传算法的发展进程中一些关键人物所作出的一些主要贡献。

**1. J. H. Holland**

20世纪60年代，Holland认识到了生物的遗传和自然进化现象与人工自适应系统的相似关系，运用生物遗传和进化的思想来研究自然和人工自适应系统的生成以及它们与环境的关系，提出在研究和设计人工自适应系统时可以借鉴生物遗传的机制，以群体的方法进行自适应搜索，并且充分认识到了交叉、变异等运算策略在自适应系统中的重要性。

20世纪70年代，Holland提出了遗传算法的基本定理——模式定理，奠定了遗传算法的理论基础。1975年，Holland出版了第一本系统论述遗传算法和人工自适应系统的专著《自然与人工系统中的适应（Adaptation in Nature and Artificial Systems)》。

20世纪80年代，Holland实现了第一个基于遗传算法的机器学习系统——分类器系统，开创了基于遗传算法学习的新概念，为分类器系统构造出了一个完整的框架。

**2. J. D. Bagley**

1967年，Holland的学生Bagley在其博士论文中首次提出了“遗传算法”一词，并发表了遗传算法应用方面的第一篇论文。他发展了复制、交叉、变异、显性、倒位等遗传算子，在个体编码上使用了双倍体的编码方法。这些都与目前遗传算法中所使用的算子和方法类似。他还敏锐地意识到了在遗传算法执行的不同阶段可以使用不同的选择率，这将有利于防止遗传算法的早熟现象，从而创立了自适应遗传算法的概念。

**3. K. A. De Jong**

1975年，De Jong在其博士论文中结合模式定理进行了大量的纯数值函数优化计算实验，树立了遗传算法的工作框架，得到了一些重要且具有指导意义的结论。他推荐了在大多数优化问题中都比较适用的遗传算法参数，还建立了著名的De Jong五函数测试平台，定义了评价遗传算法性能的在线指标和离线指标。

**4. D. J. Goldberg**

1989年，D. J. Goldberg出版了专著《搜索、优化和机器学习中的遗传算法》。该书系统地总结了遗传算法的主要研究成果，全面而完整地论述了遗传算法的基本原理及其应用。

**5. L. Davis**

1991年，Davis编辑出版了《遗传算法手册》，书中包含了遗传算法在科学计算、工程技术和社会经济中的大量应用实例，该书为推广和普及遗传算法的应用起到了重要的指导作用。

**6. J. R. Koza**

1992 年，Koza 将遗传算法应用于计算机程序的优化设计及自动生成，提出了遗传编程的概念。Koza 成功地将提出的遗传编程方法应用于人工智能、机器学习、符号处理等方面。

### 8.2.4 遗传算法的应用

遗传算法提供了一种求解复杂系统优化问题的通用框架，它不依赖于问题的具体领域，对问题的种类有很强的鲁棒性，所以广泛应用于很多学科。下面列举一些遗传算法的主要应用领域。

（1）函数优化　函数优化是遗传算法的经典应用领域，也是对遗传算法进行性能测试评价的常用算例。对于一些非线性、多模型、多目标的函数优化问题，用其他优化方法较难求解，而遗传算法可以方便地得到较好的结果。

（2）组合优化　遗传算法是寻求组合优化问题满意解的最佳工具之一。实践证明，遗传算法对于组合优化问题中的 NP 完全问题非常有效。

（3）生产调度问题　生产调度问题在很多情况下所建立起来的数学模型难以精确求解，即使经过一些简化之后可以进行求解，也会因简化得太多而使求解结果与实际相差太远。现在，遗传算法已经成为解决复杂调度问题的有效工具。

（4）自动控制　遗传算法已经在自动控制领域中得到了很好的应用，例如基于遗传算法的模糊控制器的优化设计、基于遗传算法的参数辨识、基于遗传算法的模糊控制规则的学习、利用遗传算法进行人工神经网络的结构优化设计和权值学习等。

（5）机器人学　机器人是一类复杂的难以精确建模的人工系统，而遗传算法的起源就来自于对人工自适应系统的研究，所以机器人学自然成为遗传算法的一个重要应用领域。

（6）图像处理　图像处理是计算机视觉中的一个重要研究领域。在图像处理过程中，如扫描、特征提取、图像分割等不可避免地存在一些误差，这些误差会影响图像处理的效果。如何使这些误差最小，是使计算机视觉达到实用化的重要要求，遗传算法在这些图像处理中的优化计算方面得到了很好的应用。

（7）人工生命　人工生命是用计算机、机械等人工媒体模拟或构造出的具有自然生物系统特有行为的人造系统，自组织能力和自学习能力是人工生命的两大重要特征。人工生命与遗传算法有着密切的关系，基于遗传算法的进化模型是研究人工生命现象的重要理论基础。

（8）遗传编程　Koza 发展了遗传编程的概念，他使用了以 LISP 语言所表示的编码方法，基于对一种树形结构所进行的遗传操作来自动生成计算机程序。

（9）机器学习　基于遗传算法的机器学习在很多领域中都得到了应用。例如，基于遗传算法的机器学习可用来调整人工神经网络的连接权，也可以用于人工神经网络的网络结构优化设计。

### 8.2.5 基本遗传算法

基本遗传算法（Simple Genetic Algorithms，简称 SGA）是一种统一的最基本的遗传算法。它只使用选择、交叉、变异这三种基本遗传算子，其遗传进化操作过程简单，容易理解，是其他一些遗传算法的雏形和基础，不仅给各种遗传算法提供了一个基本框架，同时也具有一定的应用价值。

**1. 基本遗传算法的构成要素**

（1）染色体编码方法　基本遗传算法使用固定长度的二进制符号串来表示群体中的个体，其等位基因是由二值符号集 {0,1} 所组成。初始群体中每个个体的基因值可用均匀分布的随机数来生成。

（2）个体适应度评价　基本遗传算法按与个体适应度成正比的概率来决定当前群体中每个个体遗传到下一代群体中的机会多少。为正确计算这个概率，这里要求所有个体的适应度必须为正数或零。

（3）遗传算子　基本遗传算法使用下述三种遗传算子：选择运算使用比例选择算子，交叉运算使用单点交叉算子，变异运算使用基本位变异算子或均匀变异算子。

（4）基本遗传算法的运行参数　基本遗传算法有下述四个运行参数需要提前设定：群体大小 $M$，即群体中所含个体数目，一般取为 20～100；遗传运算的终止进化代数 $T$，一般取为 100～500；交叉概率 $p_c$，一般取为 0.4～0.99；变异概率 $p_m$，一般取为 0.0001～0.1。

（5）基本遗传算法的形式化定义　基本遗传算法可定义为一个 8 元组：

$$SGA=(C\quad E\quad P_0\quad M\quad \Phi\quad \Gamma\quad \Psi\quad T)$$

其中，$C$ 为个体的编码方法；$E$ 为个体适应度评价函数；$P_0$ 为初始群体；$M$ 为群体大小；$\Phi$ 为选择算子；$\Gamma$ 为交叉算子；$\Psi$ 为变异算子；$T$ 为遗传运算终止条件。

**2. 基本遗传算法的实现**

（1）个体适应度评价　在遗传算法中，以个体适应度的大小来确定该个体被遗传到下一代群体中的概率。个体适应度越大，该个体被遗传到下一代的概率也越大；反之，个体的适应度越小，该个体被遗传到下一代的概率也越小。基本遗传算法使用比例选择算子来确定群体中各个个体遗传到下一代群体中的数量。为正确计算不同情况下各个个体的遗传概率，要求所有个体的适应度必须为正数或零，不能是负数。

为满足适应度取非负值的要求，基本遗传算法一般采用下面两种方法之一将目标函数值 $f(\boldsymbol{x})$ 变换为个体的适应度 $F(\boldsymbol{x})$。

1）对于目标函数是求极大化，方法为

$$F(\boldsymbol{x})=\begin{cases}f(\boldsymbol{x})+C_{\min}, & f(\boldsymbol{x})+C_{\min}>0\\0, & f(\boldsymbol{x})+C_{\min}\leqslant 0\end{cases}$$

其中，$C_{\min}$ 为一个适当地相对比较小的数，它可用下面几种方法之一来选取：预先指定的一个较小的数；进化到当前代为止的最小目标函数值；当前代或最近几代群体中的最小目标值。

2）对于求目标函数最小值的优化问题，变换方法为

$$F(\boldsymbol{x})=\begin{cases}C_{\max}-f(\boldsymbol{x}), & f(\boldsymbol{x})<C_{\max}\\0, & f(\boldsymbol{x})\geqslant C_{\max}\end{cases}$$

其中，$C_{\max}$ 为一个适当地相对比较大的数，它可用下面几种方法之一来选取：预先指定的一个较大的数；进化到当前代为止的最大目标函数值；当前代或最近几代群体中的最大目

标值。

(2) 比例选择算子 比例选择实际上是一种有退还随机选择，也叫作赌盘选择，因为这种选择方式与赌博中的赌盘操作原理非常相似。

比例选择算子的具体执行过程是：首先计算出群体中所有个体的适应度之和；其次计算出每个个体的相对适应度的大小，此值即为各个个体被遗传到下一代群体中的概率；最后再使用模拟赌盘操作（即 0 到 1 之间的随机数）来确定各个个体被选中的次数。

(3) 单点交叉算子 单点交叉算子是最常用和最基本的交叉操作算子。单点交叉算子的具体执行过程如下：对群体中的个体进行两两随机配对；对每一对相互配对的个体，随机设置某一基因座之后的位置为交叉点；对每一对相互配对的个体，依设定的交叉概率 $p_c$ 在其交叉点处相互交换两个个体的部分染色体，从而产生出两个新个体。

(4) 基本位变异算子 基本位变异算子的具体执行过程为：对个体的每一个基因座，依变异概率 $p_m$ 指定其为变异点；对每一个指定的变异点，对其基因值作取反运算或用其他等位基因值来代替，从而产生出一个新的个体。

**3. 遗传算法的应用步骤**

遗传算法提供了一种求解复杂系统优化问题的通用框架。对于具体问题，可按下述步骤来构造：

1) 确定决策变量及其各种约束条件，即确定出个体的表现型 $\boldsymbol{x}$ 和问题的解空间。

2) 建立优化模型，即描述出目标函数的类型及其数学描述形式或量化方法。

3) 确定表示可行解的染色体编码方法，即确定出个体的基因型 $\boldsymbol{x}$ 及遗传算法的搜索空间。

4) 确定解码方法，即确定出由个体基因型 $\boldsymbol{x}$ 到个体表现型 $\boldsymbol{x}$ 的对应关系或转换方法。

5) 确定个体适应度的量化评价方法，即确定出由目标函数值 $f(\boldsymbol{x})$ 到个体适应度 $F(\boldsymbol{x})$ 的转换规则。

6) 设计遗传算子，即确定出选择运算、交叉运算、变异运算等遗传算子的具体操作方法。

7) 确定遗传算法的有关运行参数，即确定出遗传算法的 $M$、$T$、$p_c$、$p_m$ 等参数。

## 8.2.6 遗传算法的模式定理

Holland 提出的模式定理是遗传算法的基本原理，从进化动力学的角度提供了能够较好地解释遗传算法机理的一种数学工具，同时也是编码策略、遗传策略等分析的基础。

**1. 模式与模式空间**

遗传算法将实际问题表示成位串空间，以群体为基础，根据适者生存的原则，从中选择出高适应值的位串进行遗传操作，产生出下一代适应性好的位串集合，从而将整个群体不断转移到位串空间中适应值高的子集上，直到获得问题的最优解。在这一过程中，群体中是由哪些信息来指导和记忆寻优过程呢？Holland 发现，位串中的某些等位基因的连接与适应值函数之间存在着某种联系，这种联系提供了寻优过程的指导信息，引导着群体在位串空间中的移动方向。

遗传算法在工作过程中，建立并管理着问题参数空间、位串空间（或者称为编码空间）、模式空间和适应值空间等四个空间及其之间的转换关系。如图 8-2 所示。

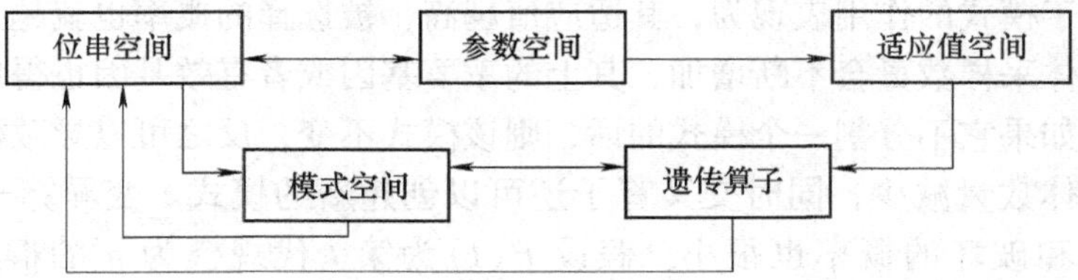


图 8-2　遗传算子与四个空间之间的关系

(1) 模式空间　采用字符集 $K=\{0,1\}$ 对位体参数进行二进制编码，位串空间表示为 $\boldsymbol{S}^L=\{0,1\}^L$，该空间的基数为 $|\boldsymbol{S}^L|=2^L$。

扩展字符集 $K'=\{0,1,*\}$，其中 * 是通配符，即可与 0 或 1 匹配。扩展位串空间表示为 $\boldsymbol{S}_e^L=\{0,1,*\}^L$，该空间的基数为 $|\boldsymbol{S}_e^L|=3^L$。

称 $\boldsymbol{S}_e^L$ 为 $\boldsymbol{S}^L$ 的模式空间。显然，包含 $2^L$ 个位串的位串空间，对应着 $3^L$ 个模式位串的模式空间。

(2) 模式　扩展位串空间 $\boldsymbol{S}_e^L=\{0,1,*\}^L$ 中的任何一个点，称为对应于位串空间 $\boldsymbol{S}^L=\{0,1\}^L$ 的一个模式。

模式是由 $\boldsymbol{S}^L$ 中具有共同特征的位串所组成的集合，它描述了该集合中位串上的共同基因特征。例如，模式 00 ** 表示位串程度为 4，两个高位基因为 00 的位串集合，即 {0000，0001，0010，0011}。

(3) 模式的阶　模式的阶是指模式中所含有 0、1 确定基因位的个数，记作 $O(H)$。

(4) 模式的定义长度　模式的定义长度是指模式中从左到右第一个非 * 位和最后一个非 * 位之间的距离，记作 $\delta(H)$。

(5) 模式的维数　模式的维数是指模式中所包含的位串的个数，也称为模式的容量，记作 $D(H)$，$D(H)=2^{L-O(H)}$。

(6) 模式的适应值　令 $m=m(H,t)$ 为模式 $H$ 在第 $t$ 代群体中所包含位串数量，模式在 $t$ 代群体中包含的个体位串为 $\{a_1,a_2,\cdots,a_m\}$，称为模式 $H$ 在群体中的生存数量或者采样样本，$a_j\in H(j=1,2,\cdots,m)$，则模式 $H$ 在第 $t$ 代群体中的适应值估计（简称模式的适应值）为

$$f(H,t)=\sum_{j=1}^{m}\frac{f(a_j)}{m}$$

从编码空间来看，$m(H,t)$ 是当前群体中包含于模式 $H$ 的个体数量，反映了所对应的模式空间的分布情况。该数量越大，说明群体搜索越集中于模式 $H$ 代表的子空间。从模式空间来看，$m(H,t)$ 是模式 $H$ 在当前群体中的个体采样数量，反映了所对应的编码空间的分布情况。该数量越大，说明群体中的个体越趋向相似和一致，在编码空间的搜索范围越小。例如，模式 $H=*101*$，则 $O(H)=3$，$\delta(H)=2$，$D(H)=2^{L-O(H)}=2^{5-3}=2^2=4$。可见，一个模式 $H$ 由位串长度 $L$、阶 $O(H)$、定义长度 $\delta(H)$、容量 $D(H)$ 和适应值 $f(H,t)$ 等五个指标来描述。

**2. 模式生存模型**

遗传算法在群体进化过程中，可以看作是通过选择、交叉和变异算子，不断发现重要基因，寻找较好模式的过程。高适应值的个体被选择的概率大于低适应值的个体。

选择算子对于模式的作用表现为，其适应值越高，被选择的概率也就越大，所以好的模式在群体中的个体采样数量会不断增加，其上的重要基因或者有效基因也得以遗传下来；对交叉算子来讲，如果它不分割一个模式的话，则该模式不变，反之可以导致模式消失或所包含的高适应值个体数量减少，同时交叉算子还可以创建新的模式。变异算子的变异概率很小，对模式生成和破坏的概率也很小。假设 $P(t)$ 为第 $t$ 代规模为 $n$ 的群体，则 $P(t)=\{a_1(t),a_2(t),\cdots,a_n(t)\}$。

（1）选择算子对模式 $H$ 生存数量的影响　假定在 $t$ 代群体中模式 $H$ 的生存数量为 $m(H,t)$，在选择操作过程中，个体按概率 $p_i=\dfrac{f(a_i)}{\sum\limits_{i=1}^{n}f(a_i)}$ 被选择，则在第 $t+1$ 代，模式 $H$ 的生存数量为

$$m(H,t+1)=\frac{m(H,t)nf(H)}{\sum\limits_{i=1}^{n}f(a_i)}$$

将群体的平均适应值表示为 $\bar{f}=\dfrac{\sum\limits_{i=1}^{n}f(a_i)}{n}$，故上式可表示为

$$m(H,t+1)=\frac{m(H,t)f(H)}{\bar{f}}$$

该式说明下一代群体中模式 $H$ 的生存数量与模式的适应值成正比，与群体平均适应值成反比。当 $f(H)>\bar{f}$ 时，$H$ 的生存数量增加；当 $f(H)<\bar{f}$ 时，$H$ 的生存数量减少。群体中任一模式的生存数量都将在选择操作中按上式规律变化。

设 $f(H)-\bar{f}=c\bar{f}$，其中 $c$ 为常数，则公式变为

$$m(H,t+1)=m(H,t)\frac{\bar{f}+c\bar{f}}{\bar{f}}=m(H,t)(1+c)$$

群体从 $t=0$ 开始选择操作，假设 $c$ 保持固定不变，则上式可以表示为

$$m(H,t)=m(H,0)(1+c)^t$$

可以看出，在选择算子作用下，模式的生存数量是以迭代次数为指数函数方式进行变化的。当 $c>0$ 时，模式的生存数量以指数规律增加；当 $c<0$ 时，模式的生存数量以指数规律减少。这种变化仅仅是已有模式生存数量的变化，并没有产生新的模式。

（2）交叉算子对模式 $H$ 生存数量的影响　交叉操作对模式的影响与其定义长度 $\delta(H)$ 有关。$\delta(H)$ 越大，模式被破坏的可能性越大。若染色体位串长度为 $L$，在单点交叉算子作用下，模式 $H$ 的存活概率 $p_s=1-\delta(H)/(L-1)$。在交叉概率为 $p_c$ 的单点交叉算子作用下，该模式的存活概率为

$$p_s\geqslant 1-p_c\delta(H)/(L-1)$$

那么，模式 $H$ 在选择、交叉算子共同作用下的生存数量可用下式计算

$$m(H,t+1)=m(H,t)\frac{f(H)}{\bar{f}}p_s\geqslant m(H,t)\frac{f(H)}{\bar{f}}\left(1-\frac{p_c\delta(H)}{L-1}\right)$$

可见，在选择算子、交叉算子共同作用下，模式生存数量的变化与其平均适应值及定义长度 $\delta(H)$ 密切相关。当 $f(H)>\bar{f}$，且 $\delta(H)$ 较小时，群体中该模式生存数量以指数规律增

长；反之则以指数规律减少。

（3）变异算子对模式 $H$ 生存数量的影响　对于群体中的任一个体，变异操作就是以概率 $p_m$ 随机改变某一基因位的等位基因。为了使模式 $H$ 在变异操作中生存下来，其上所有确定位的等位基因均不发生变化的概率为 $(1-p_m)^{O(H)}$。一般情况下 $p_m \ll 1$，所以模式 $H$ 的生存概率可近似表示为 $(1-p_m)^{O(H)}=1-p_m O(H)$。那么在选择、变异算子的共同作用下，模式的生存数量为

$$m(H,t+1)=m(H,t)\frac{f(H)}{\bar{f}}(1-p_m O(H))$$

综合考虑选择、交叉和变异算子的共同作用，模式的生存数量可表示为

$$m(H,t+1)\geqslant m(H,t)\frac{f(H)}{\bar{f}}\left(1-p_c\frac{\delta(H)}{L-1}\right)(1-p_m O(H))$$

忽略高次极小项 $(p_c\delta(H)/(L-1))(p_m O(H))$，上式变为

$$m(H,t+1)\geqslant m(H,t)\frac{f(H)}{\bar{f}}\left(1-p_c\frac{\delta(H)}{L-1}-p_m O(H)\right)$$

**3. 模式定理**

通过以上关于三个遗传算子对生存模式数量的影响分析，可以得出如下“模式定理”。

模式定理：在选择、交叉、变异算子的作用下，那些低阶、定义长度短、超过群体平均适应值的模式的生存数量，将随着迭代次数的增加以指数规律增长。

这就是由 Holland 提出的模式定理，称之为遗传算法进化动力学的基本原理。该定理反映了重要基因的发现过程。重要基因的缔结对应于较高的适应值，说明了它们所代表的个体在下一代有较高的生存能力，是提高群体适应性的进化方向。

## 8.3　模拟退火算法

模拟退火算法（简称 SA）的思想最早（于 1953 年）是由 Metropolis 等提出的，1983 年 Kirkpatrick 等将其用于组合优化。SA 算法是基于 Monte Carlo 迭代求解策略的一种随机寻优算法，其出发点是根据物理中固体物质的退火过程与一般组合优化问题之间的相似性。模拟退火算法在某一初温下，伴随温度参数的不断下降，结合概率突跳特性，在解空间中随机寻找目标函数的全局最优解，即在局部最优解能概率性地跳出并最终趋于全局最优解。模拟退火算法是一种通用的优化算法，目前已在工程中得到广泛应用。

### 8.3.1　物理退火过程和 Metropolis 准则

简单而言，物理退火过程由以下三部分组成：

（1）加温过程　其目的是增强粒子的热运动，使其偏离平衡位置。当温度足够高时，固体将熔解为液体，从而消除系统原先可能存在的非均匀态，使随后进行的冷却过程以某一平衡态为起点。熔解过程与系统的熵增过程联系，系统能量也随温度的升高而增大。

（2）等温过程　物理学的知识告诉我们，对于与周围环境交换热量而温度不变的封闭系统，系统状态的自发变化总是朝自由能减少的方向进行，当自由能达到最小时，系统达到平衡态。

（3）冷却过程　其目的是使粒子的热运动减弱并渐趋有序，系统能量逐渐下降，从而得到低能的晶体结构。

Metropolis 等在 1953 年提出了重要性采样法，即以概率接受新状态。具体而言，在温度 $t$，由当前状态 $i$ 产生新状态 $j$，两者的能量分别为 $E_i$ 和 $E_j$，若 $E_j < E_i$，则接受新状态 $j$ 为当前状态；否则，若概率 $p_r = \exp[-(E_j - E_i)/kt]$ 大于 [0,1) 区间内的随机数，则仍接受新状态 $j$ 为当前状态，若不成立，则保留 $i$ 为当前状态，其中 $k$ 为 Boltzmann 常数。这种重要性采样过程在高温下可接受与当前状态能量差较大的新状态，而在低温下基本只接受与当前能量差较小的新状态，而且当温度趋于零时，就不能接受比当前状态能量高的新状态。这种接受准则通常称为 Metropolis 准则。

## 8.3.2　模拟退火算法的基本思想和步骤

标准模拟退火算法的一般步骤：

（1）给定初温　给定初温 $t = t_0$，随机产生初始状态 $s = s_0$，令 $k = 0$。

（2）一般迭代步骤　一般迭代步骤如下：

1）重复下述过程

产生新状态 $s_j = \text{Genete}(s)$；

if $\min\{1, \exp[-(C(s_j) - C(s))]\} \geqslant \text{random}[0,1)$　$s = s_j$

直到抽样稳定准则满足，转 2）。

2）退温 $t_{k+1} = \text{update}(t_k)$，并令 $k = k + 1$。

直到算法终止准则满足，转（3）。

（3）输出算法搜索结果。

## 8.3.3　模拟退火算法关键参数和操作的设定

从算法流程上看，模拟退火算法包括三函数两准则，即状态产生函数、状态接受函数、温度更新函数、内循环终止准则和外循环终止准则。这些环节的设计将决定 SA 算法的优化性能。此外，初温的选择对 SA 算法性能也有很大影响。

**1. 状态产生函数**

设计状态产生函数（邻域函数）的出发点应该是尽可能保证产生的候选解遍布全部的解空间。通常，状态产生函数由两部分组成，即产生候选解的方式和候选解产生的概率分布。

**2. 状态接受函数**

状态接受函数一般以概率的方式给出，不同接受函数的差别主要在于接受概率的形式不同。设计状态接受概率，应该遵循以下原则：

1）在固定温度下，接受使目标函数值下降的候选解的概率要大于使目标值上升的候选解的概率。

2）随着温度的下降，接受使目标函数值上升的解的概率要逐渐减小。

3）当温度趋于零时，只能接受目标函数值下降的解。

状态接受函数的引入是 SA 算法实现全局搜索的最关键的因素。SA 算法中通常采用 $\min\{1, \exp(-\Delta C/t)\}$ 作为状态接受函数。

**3. 初温**

初始温度 $t_0$、温度更新函数、内循环终止准则和外循环终止准则通常被称为退火历程。实验表明，初温越大，获得高质量解的概率越大，但花费的计算时间将增加。因此，初温的确定应折中考虑优化质量和优化效率。常用方法包括：

1）均匀抽样一组状态，以各状态目标值的方差为初温。

2）随机产生一组状态，确定两两状态间的最大目标值差 $|\Delta_{max}|$，然后依据差值，利用一定的函数确定初温。如 $t_0 = -\Delta/\ln p_r$，其中 $p_r$ 为初始接受概率。

3）利用经验公式给出。

**4. 温度更新函数**

温度更新函数即温度的下降方式，用于在外循环中修改温度值。

目前，最常用的温度更新函数为指数退温函数，即 $t_{k+1} = \lambda t_k$，其中 $0 < \lambda < 1$，且其大小可以不断变化。

**5. 内循环终止准则**

内循环终止准则，或称抽样稳定准则，用于决定在各温度下产生候选解的数目。在非齐时 SA 算法理论中，由于在每个温度下只产生一个或少量候选解，所以不存在选择内循环终止准则的问题。而在齐时 SA 算法理论中，收敛条件要求在每个温度下产生候选解的数目趋于无穷大，以使相应的马尔柯夫链达到平稳概率分布。显然在实际应用算法时这是无法实现的。常用的抽样准则包括；

1）检验目标函数的均值是否稳定。

2）连续若干步的目标值变化较小。

3）按一定的步数抽样。

**6. 外循环终止准则**

外循环终止准则，即算法终止准则，用于决定算法何时结束。设置温度终值是一种简单的方法。SA 算法的收敛性理论中要求温度终值趋于零，这显然不符合实际。通常的做法是：

1）设置终止温度的阈值。

2）设置外循环迭代次数。

3）算法收敛到的最优值连续若干步保持不变。

4）检验系统熵是否稳定。

## 8.4　神经网络权位的混合优化学习策略

鉴于 GA、SA 的全局优化特性和通用性，即优化过程无须导数信息，可以基于实数编码构造 BPSA、BPGA 混合优化学习策略，以提高前向网络学习的速度、精度，特别是避免陷入局部极小的能力。

### 8.4.1　BPSA 混合学习策略

在 BPSA 混合学习策略中，采用以 BP 为主框架，并在学习过程中引入 SA 策略。这样做既利用了基于梯度下降的思路来提高局部搜索性能，也利用了 SA 的概率突跳性来实现最终的全局收敛，从而可提高学习速度和精度。

混合学习策略的算法步骤如下：

1）随机产生初始权值 $\omega(0)$，确定初温 $t_1$，令 $k=1$。

2）利用 BP 计算 $\omega(k)$。

3）利用 SA 进行搜索：

① 利用 SA 状态产生函数产生新权值 $\omega'(k)$，$\omega'(k)=\omega(k)+\beta$，其中 $\beta\in(-1,1)$ 为随机扰动。

② 计算 $\omega'(k)$ 的目标函数值与 $\omega(k)$ 的目标函数值之差 $\Delta C$。

③ 计算接受概率 $p_r=\min\{1,\exp(-\Delta C/t_k)\}$。

④ 若 $p_r>\mathrm{random}[0,1)$，则取 $\omega(k)=\omega'(k)$；否则 $\omega(k)$ 保持不变。

4）利用退温函数 $t_{k+1}=vt_k$ 进行退温，其中 $v\in(0,1)$ 为退温速率。

若 $\omega(k)$ 对应的目标函数满足要求精度 $\varepsilon$，则终止算法，并输出结果；否则令 $k=k+1$，转步骤（2）。

## 8.4.2 BPGA 混合学习策略

神经网络的连接权包含着神经网络系统的全部知识。反向传播的 BP 神经网络的学习算法是基于梯度下降的，因而具有以下缺点：网络训练速度慢、容易陷入局部极小值、全局搜索能力差等。而遗传算法的搜索遍及整个解空间，因此容易得到全局最优解，而且遗传算法不要求目标函数连续、可微，甚至不要求目标函数有显函数的形式，只要求问题可计算。因此，将擅长全局搜索的遗传算法和局部寻优能力较强的 BP 算法结合起来，可以避免陷入局部极小值，提高算法收敛速度，很快找到问题的全局最优解。

BP 算法和遗传算法结合训练神经网络权重的主要步骤为：

1）以神经网络节点之间的连接权重和节点的阈值为参数，采用实数编码。采用三层神经网络，设输入节点数为 $p$，输出节点数为 $q$，隐层节点数为 $r$，则编码长度 $n=(p+1)r+(r+1)q$。

2）设定神经网络节点连接权重的取值范围 $[x_{\min},x_{\max}]$，产生相应范围的均匀分布随机数赋给基因值，产生初始群体。

3）对群体中个体进行评价。将个体解码赋值给相应的连接权（包括节点阈值），引入学习样本，计算出学习误差 $E$，然后定义个体的适应度 $f=\dfrac{1}{1+E}$。

4）对群体中的个体执行遗传操作：

① 选择操作。采用比例选择算子，若群体规模为 $M$，则适应度为 $f_i$ 的个体 $x_i$ 被选中进入下一代的概率为 $p_i=\dfrac{f_i}{\sum_{j=1}^{M}f_j}$。

② 交叉操作。由于采用实数编码，故选择算术交叉算子。父代中的个体 $x_1$ 和 $x_2$ 以交叉概率 $p_c$ 进行交叉操作，可产生的子代个体为 $x_1'=ax_1+(1-a)x_2$ 和 $x_2'=(1-a)x_1+ax_2$，其中 $a$ 为参数，$a\in(0,1)$。

③ 变异操作。采用均匀变异算子。个体 $x_i$ 的各个基因位以变异概率 $p_m$ 发生变异，即按概率 $p_m$ 用区间 $[x_{\min},x_{\max}]$ 中的均匀分布随机数代替原有值。

5）引入最优保留策略。

6）判断满足遗传算法操作终止条件否？不满足则转步骤（3），否则转步骤（7）。

7）将遗传算法搜索的最优个体解码，赋值给神经网络权重（包括节点阈值），继续采用 BP 算法优化神经网络的权重和阈值。

### 8.4.3　GASA 混合学习策略

采用三层前馈网络，GA 和 SA 结合训练神经网络权重的步骤如下：

1）给定模拟退火初温 $t_0$，令 $k=1$。

2）以神经网络节点之间的连接权重和节点的阈值为参数，采用实数编码。采用三层神经网络，设输入节点数为 $p$，输出节点数为 $q$，隐层节点数为 $r$，则编码长度 $n=(p+1)r+(r+1)q$。

3）设定神经网络节点连接权重的取值范围 $[x_{\min}, x_{\max}]$，产生相应范围的均匀分布随机数赋给基因值，产生初始群体。

4）对群体中个体进行评价。将个体解码赋值给相应的连接权（包括节点阈值），引入学习样本，计算出学习误差 $E$，然后定义个体的适应度为 $f=\dfrac{1}{1+E}$。

5）对群体中的个体执行遗传操作：

① 选择操作。采用比例选择算子，若群体规模为 $M$，则适应度为 $f_i$ 的个体 $x_i$ 被选中进入下一代的概率为 $p_i = \dfrac{f_i}{\sum_{j=1}^{M} f_j}$。

② 交叉操作。由于采用实数编码，故选择算术交叉算子。父代中的个体 $x_1$ 和 $x_2$ 以交叉概率 $p_c$ 进行交叉操作，可产生的子代个体为 $x_1' = ax_1 + (1-a)x_2$ 和 $x_2' = (1-a)x_1 + ax_2$，其中 $a$ 为参数，$a \in (0,1)$。

③ 变异操作。采用均匀变异算子。个体 $x_i$ 的各个基因位以变异概率 $p_m$ 发生变异，即按概率 $p_m$ 用区间 $[x_{\min}, x_{\max}]$ 中的均匀分布随机数代替原有值。

6）引入最优保留策略。

7）对群体中每一个个体引入模拟退火操作：

① 利用 SA 状态产生函数产生新基因值 $g'(k)$，$g'(k)=g(k)+\beta$，其中 $\beta \in (-1,1)$ 为随机扰动。

② 计算 $g'(k)$ 的目标函数值与 $g(k)$ 的目标函数值之差 $\Delta C$。

③ 计算接受概率 $p_r = \min\{1, \exp(-\Delta C/t_k)\}$。

④ 若 $p_r > \text{random}[0,1)$，则取 $g(k)=g'(k)$；否则 $g(k)$ 保持不变。

⑤ 引入最优保留策略。

⑥ 利用退温函数 $t_{k+1} = vt_k$ 进行退温，其中 $v \in (0,1)$ 为退温速率。

8）判断满足遗传算法操作终止条件否？不满足则转步骤（4），否则转步骤（9）。

9）将遗传算法搜索的最优个体解码，赋值给神经网络权重（包括节点阈值）。

## 8.5　工程设计应用

铁路营业里程的预测，对国家宏观经济规划、铁路有关企业的生产和经营计划的制定是非常重要的。铁路营业里程的数值受多个因素的影响，而且这些因素多是复杂的非线性因素。神经网络在非线性系统建模中广泛使用，采用前馈神经网络预测铁路营业里程。由于具有任意一个节点的三层前馈网络可以以任意精度逼近一个连续函数，所以采用三层前馈网络。考虑到我国企事业系统大多以5年为计划期，故输入节点数 $n=5$；以连续5年的数据来预测第6年的数据，故输出节点数为 $m=1$。经过试算，选取隐层节点数 $q=8$。当网络拓扑结构确定后，网络学习归结为确定网络的权值。

## 8.5.1 原始数据序列、学习样本、测试样本

取1980—2001年我国铁路营业里程数据为原始数据序列（单位：$10^4$km）：

$$\{x_n\}=\{5.33,5.39,5.29,5.41,5.45,5.50,5.57,5.58,5.61,5.69,5.78,5.78,\\5.81,5.86,5.90,5.97,6.49,6.60,6.64,6.74,6.87,7.01\}$$

用于训练神经网络的学习样本和测试样本，见表8-1。其中前14组数据为学习样本，最后3组数据为测试样本。

**表8-1 用于训练神经网络的学习样本和测试样本**

| $p$ | 输入节点数据/($10^4$km) | | | | | 输出节点阈值/($10^4$km) |
|---|---|---|---|---|---|---|
| 1 | 5.33 | 5.39 | 5.29 | 5.41 | 5.45 | 5.50 |
| 2 | 5.39 | 5.29 | 5.41 | 5.50 | 5.57 | 5.57 |
| 3 | 5.29 | 5.41 | 5.45 | 5.50 | 5.57 | 5.58 |
| 4 | 5.41 | 5.45 | 5.50 | 5.57 | 5.58 | 5.61 |
| 5 | 5.45 | 5.50 | 5.57 | 5.58 | 5.61 | 5.69 |
| 6 | 5.50 | 5.57 | 5.58 | 5.61 | 5.69 | 5.78 |
| 7 | 5.57 | 5.58 | 5.61 | 5.69 | 5.78 | 5.78 |
| 8 | 5.58 | 5.61 | 5.69 | 5.78 | 5.78 | 5.81 |
| 9 | 5.61 | 5.69 | 5.78 | 5.78 | 5.81 | 5.86 |
| 10 | 5.69 | 5.78 | 5.78 | 5.81 | 5.86 | 5.90 |
| 11 | 5.78 | 5.78 | 5.81 | 5.86 | 5.90 | 5.97 |
| 12 | 5.78 | 5.81 | 5.86 | 5.90 | 5.97 | 6.49 |
| 13 | 5.81 | 5.86 | 5.90 | 5.97 | 6.49 | 6.60 |
| 14 | 5.86 | 5.90 | 5.97 | 6.49 | 6.60 | 6.64 |
| 15 | 5.90 | 5.97 | 6.49 | 6.60 | 6.64 | 6.74 |
| 16 | 5.97 | 6.49 | 6.60 | 6.64 | 6.74 | 6.87 |
| 17 | 6.49 | 6.60 | 6.64 | 6.74 | 7.87 | 7.01 |

## 8.5.2 BP算法学习训练结果

采用三层神经网络，经过试算，选取隐层节点数 $q=8$，动量因子取值0.6，学习速率取为0.8。网络学习训练结果见表8-2和表8-3。

**表8-2 BP神经网络学习训练结果**

| BP神经网络 | | | | |
|---|---|---|---|---|
| 学习次数 | 学习误差 | 实际数据/($10^4$km) | 预测值/($10^4$km) | 相对误差（%） |
| 3002 | 0.021833 | 6.74 | 5.959161 | -11.5851 |
| | | 6.87 | 5.954750 | -13.3224 |
| | | 7.01 | 5.954465 | -15.0576 |

**表 8-3　BP 神经网络学习训练各隐层输入输出关系**

| 节点之间权重和节点阈值 | | 输入层 1 | 输入层 2 | 输入层 3 | 输入层 4 | 输入层 5 | 隐层节点阈值 | 输出层 1 |
|---|---|---|---|---|---|---|---|---|
| 隐层 | 1 | -1.003625 | -0.727998 | -0.369330 | 0.520611 | 1.617877 | -2.250533 | 1.105531 |
| | 2 | -0.708512 | -0.448735 | -0.209442 | -0.103912 | -0.052789 | 1.254535 | -1.515359 |
| | 3 | 0.554193 | 0.822974 | -0.865788 | -0.268366 | 0.414444 | -1.399554 | 0.015785 |
| | 4 | 0.243930 | 0.510577 | 0.810132 | -0.678555 | -0.111095 | -1.350508 | -0.313754 |
| | 5 | -0.156129 | 0.106521 | 0.354780 | 0.524401 | 0.655872 | -0.461720 | -0.343427 |
| | 6 | -0.587574 | -0.326802 | -0.103586 | -0.108413 | -0.194713 | 1.743814 | -1.639798 |
| | 7 | -0.596193 | -0.339680 | -0.115395 | -0.109106 | -0.187001 | 1.782603 | -1.853275 |
| | 8 | 0.905656 | 1.161622 | -0.644511 | -0.813303 | -1.155800 | 2.049195 | -2.627405 |
| 输出层节点阈值 | | | | | | | | -2.146681 |

## 8.5.3　BPSA 混合优化算法学习训练结果

采用三层神经网络，经过试算，选取隐层节点数 $q=8$，动量因子取值 0.6，学习速率取为 0.8。初始温度取 30000，退火速率取 0.8。网络学习训练结果见表 8-4 和表 8-5。

**表 8-4　BPSA 神经网络学习训练结果**

| BPSA 神经网络 | | | | |
|---|---|---|---|---|
| 学习次数 | 学习误差 | 实际数据/($10^4$km) | 预测值/($10^4$km) | 相对误差（%） |
| 1110 | 0.002339 | 6.74 | 6.595492 | -2.1440 |
| | | 6.87 | 6.613467 | -3.7341 |
| | | 7.01 | 6.619349 | -5.5728 |

**表 8-5　BPSA 神经网络学习训练各隐层输入输出关系**

| 节点之间权重和节点阈值 | | 输入层 1 | 输入层 2 | 输入层 3 | 输入层 4 | 输入层 5 | 隐层节点阈值 | 输出层 1 |
|---|---|---|---|---|---|---|---|---|
| 隐层 | 1 | 2.463044 | 33.028389 | 9.997607 | -5.046765 | -2.651281 | -0.887619 | 0.076483 |
| | 2 | 2.793483 | -4.511968 | 5.342437 | 0.904947 | -10.738095 | -5.969753 | -2.945163 |
| | 3 | 0.747896 | 0.688220 | -0.562083 | 4.210847 | 1.016797 | 6.171978 | 12.894426 |
| | 4 | -3.130220 | -7.246418 | -4.461019 | 5.088262 | 1.616898 | -4.981256 | 0.396711 |
| | 5 | 3.907992 | -9.448885 | 2.551838 | -1.197805 | -17.565416 | -11.841555 | 152.100769 |
| | 6 | -26.980413 | -37.412994 | -14.535545 | -1.790354 | -30.847483 | -12.178206 | -14.707128 |
| | 7 | 2.774137 | 1.672866 | -2.304316 | 0.659526 | -1.647821 | 6.012952 | -128.647888 |
| | 8 | -1.981376 | 0.040480 | 1.086576 | 4.516848 | 2.170709 | 6.536786 | 3.898142 |
| 输出层节点阈值 | | | | | | | | -0.446569 |

## 8.5.4　BPGA 混合优化算法学习训练结果

采用三层神经网络，经过试算，选取隐层节点数 $q=8$，动量因子取值 0.6，学习速率取为 0.8。最大进化代数为 5000，种群中个体数目为 80，交叉概率为 0.6，交叉因子 $a$ 为 0.6，变异概率为 0.001，初始权值的最小、最大值分别为 -10.0，10.0。网络学习训练结果见表 8-6 和表 8-7。

**表 8-6 BPGA 神经网络学习训练结果**

| BPGA 神经网络 | | | | |
|---|---|---|---|---|
| 学习次数 | 学习误差 | 实际数据/($10^4$km) | 预测值/($10^4$km) | 相对误差(%) |
| 619 | 0.003036 | 6.74 | 6.522854 | -3.2217 |
| | | 6.87 | 6.495876 | -5.4458 |
| | | 7.01 | 6.557264 | -6.4584 |

**表 8-7 BPGA 神经网络学习训练各隐层输入输出关系**

| 节点之间权重和节点阈值 | | 输入层 1 | 输入层 2 | 输入层 3 | 输入层 4 | 输入层 5 | 隐层节点阈值 | 输出层 1 |
|---|---|---|---|---|---|---|---|---|
| 隐层 | 1 | 3.202545 | -2.726321 | 4.980141 | -7.447078 | 8.289735 | 5.772695 | 3.087178 |
| | 2 | -2.486515 | 2.013720 | -4.447034 | -8.024870 | 8.330725 | -0.636630 | -1.789744 |
| | 3 | -2.502576 | -7.561352 | -0.842129 | -3.078633 | 8.578509 | -7.087863 | -1.196340 |
| | 4 | 8.547687 | -4.498800 | 3.947000 | -0.998815 | -3.671627 | 4.452668 | 4.613879 |
| | 5 | 0.662987 | 1.035421 | 9.378882 | -5.381822 | 9.316665 | -3.330477 | -5.378485 |
| | 6 | 1.860000 | -8.060000 | -0.040000 | -3.160000 | -3.020000 | 8.220000 | 2.280000 |
| | 7 | -4.031953 | 0.695042 | -2.806816 | 5.551961 | 1.529662 | 0.513623 | 5.137680 |
| | 8 | -4.880000 | 9.180000 | -6.420000 | 6.420000 | 1.800000 | -9.720000 | -0.434806 |
| 输出层节点阈值 | | | | | | | | -1.974800 |

## 8.5.5 BPSA 混合优化算法学习训练结果

采用三层神经网络，最大进化代数为5000，种群中个体数目为80，交叉概率为0.6，交叉因子 $a$ 为0.6，变异概率为0.001，初始权值的最小、最大值分别为-10.0，10.0。初始温度取30000，退火速率取0.8。网络学习训练结果见表8-8和表8-9。

**表 8-8 BPSA 神经网络学习训练结果**

| BPSA 神经网络 | | | | |
|---|---|---|---|---|
| 学习次数 | 学习误差 | 实际数据/($10^4$km) | 预测值/($10^4$km) | 相对误差(%) |
| 500 | 0.000966 | 6.74 | 6.639984 | -1.4839 |
| | | 6.87 | 6.639964 | -3.3484 |
| | | 7.01 | 6.639980 | -5.2785 |

**表 8-9 BPSA 神经网络学习训练各隐层输入输出关系**

| 节点之间权重和节点阈值 | | 输入层 1 | 输入层 2 | 输入层 3 | 输入层 4 | 输入层 5 | 隐层节点阈值 | 输出层 1 |
|---|---|---|---|---|---|---|---|---|
| 隐层 | 1 | 0.039999 | -5.762001 | 5.697999 | -2.794000 | 26.395990 | 22.083996 | 18.504055 |
| | 2 | -14.215994 | -4.981997 | 17.528000 | 10.836001 | -4.238001 | -25.446005 | -1.437112 |
| | 3 | 8.437998 | -16.926001 | -6.400001 | 29.401999 | -26.136002 | -18.839993 | 13.110501 |
| | 4 | -2.086001 | -1.944000 | -3.936841 | 7.066701 | 6.931846 | 3.148504 | -12.2601044 |
| | 5 | -7.803123 | 15.907043 | -2.961499 | -11.389932 | -6.684065 | -8.302293 | 3.727202 |
| | 6 | -9.725577 | -25.118416 | 2.021510 | 14.765192 | -0.396678 | -17.580406 | 2.534320 |
| | 7 | 23.112101 | -20.070330 | -23.658899 | -33.163952 | -25.534637 | 14.928686 | -17.229042 |
| | 8 | -18.317671 | 6.326551 | -6.378065 | 11.890058 | -9.075460 | 2.347119 | 10.733266 |
| 输出层节点阈值 | | | | | | | | 3.200463 |

# 部分习题参考答案

## 第 3 章

2. $x^* = 1$
3. $x^* = 0.6298$，$f^* = -0.2034$
4. $\alpha^* = 7.07$
5. $x^* = 0$，$f^* = 0$
6. $l_2^* = 47.04696$，$l_3^* = 127.919$，$e^* = 39.86474$，$\gamma_{\min}^* = 47.20107°$
7. $K^* = 1.286206$
8. $l^* = 0.6376$，$\varphi_0^* = 71.4097°$

## 第 4 章

1. $x_1^* = 2$，$x_2^* = 1$，$f^* = 0$
2. $x_1^* = 2$，$x_2^* = 1$，$f^* = 0$
3. $x_1^* = 1$，$x_2^* = 1$，$f^* = -1$
4. $x_1^* = 4$，$x_2^* = 2$，$f^* = -8$
5. $x_1^* = 1$，$x_2^* = 1$，$f^* = -1$

## 第 5 章

1. （1）$x_1^* = x_2^* = x_3^* = 0$，$x_4^* = 3$，$y^* = -3$
   （2）$x_1^* = 2.6667$，$x_2^* = 2$，$x_3^* = 1.3333$，$y^* = 2.6667$
3. （1）$x_1^* = 6$，$x_2^* = 0$，$y^* = -6$
   （2）$x_1^* = x_2^* = 0$，$y^* = 0$
   （3）$x_1^* = x_2^* = x_3^* = 0$，$x_4^* = 5$，$y^* = -5$
   （4）$x_1^* = 1.5$，$x_2^* = 0$，$x_3^* = 1.5$，$x_4^* = 0$，$y^* = -18$
4. $x_1^* = 4$，$x_2^* = 2$，$f^* = 14$
5. $x_1^* = 0$，$x_2^* = 2$，$x_3^* = 0$，$y^* = -4$
6. $x_1^* = 0.2$，$x_2^* = 0$，$x_3^* = 1.6$，$y^* = -5.4$

## 第 6 章

3. （1）$x_1^* = 1$，$x_2^* = 0$，$y^* = 1$；（2）$x_1^* = 0.6$，$x_2^* = 0.8$，$y^* = 2.2$
4. $x_1^* = 0.5$，$x_2^* = 0.25$，$y^* = 0.5$
5. （1）$x_1^* = 0.25$，$x_2^* = 0.75$，$y^* = 0.125$；（2）$x_1^* = 1$，$x_2^* = 0$，$y^* = 1$
   （3）$x_1^* = 0$，$x_2^* = 0$，$y^* = 0$；（4）$x_1^* = 1$，$x_2^* = 0$，$y^* = 2.66667$
6. $x_1^* = 1$，$x_2^* = 0$，$y^* = -1$

# 参 考 文 献

[1] 孙靖民．机械优化设计［M］．北京：机械工业出版社，2003.
[2] 邓先礼．最优化技术［M］．重庆：重庆大学出版社，1998.
[3] 孙国正．优化设计及应用［M］．北京：人民交通出版社，2000.
[4] 孙靖民．现代机械设计方法［M］．哈尔滨：哈尔滨工业大学出版社，2000.
[5] 张维刚，钟志华．现代机械设计方法［M］．北京：机械工业出版社，2005.
[6] 陈秀宁．机械优化设计［M］．杭州：浙江大学出版社，2002.
[7] 高健．机械优化设计基础［M］．北京：科学出版社，2000.
[8] 黄纯颖．工程设计方法［M］．北京：中国科学技术出版社，1990.
[9] 孙靖民．机械结构优化设计［M］．哈尔滨：哈尔滨工业大学出版社，1985.
[10] 陈立周，张英会，吴青一，等．机械优化设计［M］．上海：上海科学技术出版社，1982.
[11] 薛毅．数学建模基础［M］．北京：北京工业大学出版社，2004.
[12] 王兵团．数学建模基础［M］．北京：清华大学出版社，2004.
[13] 解可新，韩健，林友联．最优化方法［M］．天津：天津大学出版社，1997.
[14] 孟兆明，常德功．机械最优设计技术及其应用［M］．北京：机械工业出版社，2008.
[15] 吴祈宗，侯福均．运筹学与最优化方法［M］．北京：机械工业出版社，2013.
[16] 樊军庆．机械优化设计及应用［M］．北京：机械工业出版社，2011.